住房城乡建设部土建类学科专业“十三五”规划教材

高等院校卓越计划系列丛书

土 力 学

龚晓南 谢康和 主编

中国建筑工业出版社

图书在版编目(CIP)数据

土力学/龚晓南，谢康和主编. —北京：中国建筑工业出版社，2014.9

高等院校卓越计划系列丛书

ISBN 978-7-112-16976-4

Ⅰ.①土… Ⅱ.①龚… ②谢… Ⅲ.①土力学-高等学校-教材 Ⅳ.①TU43

中国版本图书馆CIP数据核字(2014)第125100号

本教材被住建部评为高等学校土建类学科专业“十三五”规划教材；是高等院校卓越计划系列丛书中浙江大学建筑工程学院卓越计划系列教材之一。主要根据全国高等学校土木工程专业教学指导委员会编制的教学大纲编写。内容包括土的物理性质与工程分类、土的渗透性与渗流、地基中应力与计算、土的压缩性和固结理论、地基沉降计算、土的抗剪强度、土压力和支挡结构、地基承载力、土坡稳定分析等。注重基本概念的阐述和基本原理的工程应用。

本书可作为土木工程专业各专业方向，如建筑工程、市政工程、地下工程、道桥等，以及水利工程、海洋工程等专业土力学课程教材，亦可供土建、水利等专业人员学习参考。

* * *

责任编辑：朱象清　赵梦梅

责任设计：张　虹

责任校对：张　颖　关　健

住房城乡建设部土建类学科专业“十三五”规划教材

高等院校卓越计划系列丛书

土力学

龚晓南　谢康和　主编

*

中国建筑工业出版社出版、发行(北京海淀三里河路9号)

各地新华书店、建筑书店经销

北京红光制版公司制版

北京建筑工业印刷厂印刷

*

开本：787×1092毫米　1/16　印张：17　字数：410千字

2014年11月第一版　2020年4月第三次印刷

定价：**59.00**元

ISBN 978-7-112-16976-4

(35454)

高等院校卓越计划系列丛书
浙江大学建筑工程学院卓越计划系列教材

《土力学》编写人员

主　编　龚晓南　谢康和

参　编　刘松玉　李广信　胡安峰　谢新宇

徐日庆　唐晓武　邹维列

浙江大学建筑工程学院卓越计划系列教材

丛书序言

随着时代进步，国家大力提倡绿色节能建筑，推进城镇化建设和建筑产业现代化，我国基础设施建设得到快速发展。在新型建筑材料、信息技术、制造技术、大型施工装备等新材料、新技术、新工艺广泛应用新的形势下，建筑工程无论在建筑结构体系、设计理论和方法、以及施工与管理等各个方面都需要不断创新和知识更新。简而言之，建筑业正迎来新的机遇和挑战。

为了紧跟建筑行业的发展步伐，为了呈现更多的新知识、新技术，为了启发更多学生的创新能力，同时，也能更好地推动教材建设，适应建筑工程技术的发展和落实卓越工程师计划的实施，浙江大学建筑工程学院与中国建筑工业出版社诚意合作，精心组织、共同编纂了“高等院校卓越计划系列丛书”之“浙江大学建筑工程学院卓越计划系列教材”。

本丛书编写的指导思想是：理论联系实际，编写上强调系统性、实用性，符合现行行业规范。同时，推动基于问题、基于项目、基于案例多种研究性学习方法，加强理论知识与工程实践紧密结合，重视实训实习，实现工程实践能力、工程设计能力与工程创新能力的提升。

丛书凝聚着浙江大学建筑工程学院教师们长期的教学积累、科研实践和教学改革与探索，具有了鲜明的特色：

（1）重视理论与工程的结合，充实大量实际工程案例，注重基本概念的阐述和基本原理的工程实际应用，充分体现了专业性、指导性和实用性；

（2）重视教学与科研的结合，融进各位教师长期研究积累和科研成果，使学生及时了解最新的工程技术知识，紧跟时代，反映了科技进步和创新；

（3）重视编写的逻辑性、系统性，图文相映，相得益彰，强调动手作图和做题能力，培养学生的空间想象能力、思考能力、解决问题能力，形成以工科思维为主体并融合部分人性化思想的特色和风格。

本丛书目前计划列入的有：《土力学》、《基础工程》、《结构力学》、《混凝土结构设计原理》、《混凝土结构设计》、《钢结构原理》、《钢结构设计》、《工程流体力学》、《结构力学》、《土木工程设计导论》、《土木工程试验与检测》、《土木工程制图》、《画法几何》等。丛书分册列入是开放的，今后将根据情况，做出调整和补充。

本丛书面向土木、水利、建筑、园林、道路、市政等专业学生，同时也可以作为土木工程注册工程师考试及土建类其他相关专业教学的参考资料。

浙江大学建筑工程学院卓越计划系列教材编委会

2014.10

前　　言

2002 年我们组织编写了大学本科教材《土力学》(龚晓南主编，2002 年中国建筑工业出版社出版)，至今已 12 年。为了适应土木工程专业教学改革和培养新世纪卓越工程师教学的需要，并反映这些年来土力学学科的发展，我们联合浙江大学、清华大学、东南大学、武汉大学、浙江大学宁波理工学院等 5 所院校的 9 位教授和学者，在《土力学》2002 版的基础上，重新编写了此《土力学》教材。

《土力学》教材不仅适用于土木工程各专业方向，如建筑工程、市政工程、地下工程、道桥等专业方向土力学课程的教学，也适用于水利工程、海洋工程等专业土力学课程教学。

《土力学》由浙江大学滨海和城市岩土工程研究中心龚晓南院士、谢康和教授主编。全书共分 10 章。第 1 章绪论，由龚晓南院士、谢康和教授编写；第 2 章土的物理性质与工程分类，由东南大学刘松玉教授编写；第 3 章土的渗透性与渗流，由清华大学李广信教授编写；第 4 章地基中应力与计算，由浙江大学胡安峰副教授编写；第 5 章土的压缩性和固结理论，由谢康和教授编写；第 6 章地基沉降计算，由浙江大学宁波理工学院谢新宇教授编写；第 7 章土的抗剪强度，由龚晓南院士编写；第 8 章土压力和支挡结构，由浙江大学徐日庆教授编写；第 9 章地基承载力，由浙江大学唐晓武教授编写；第 10 章土坡稳定分析，由武汉大学邹维列教授编写。浙江大学滨海和城市岩土工程研究中心的黄大中、孙中菊、张玮鹏、吴浩和夏长青等研究生参加了本书部分章节的排版打印和校核工作。

在编写过程中，编者注重基本概念的阐述和基本原理的工程应用，强调土力学是一门技术科学，重要的是在实际工程中如何将土力学基本理论加以运用。

在内容安排上注意兼顾土建、道路、市政、水利等工程领域的需要。教学时数各校可根据具体情况灵活选用，如打“*”号的内容可以不作为教学要求，或用于因材施教。特殊土工程性质将在本教材姐妹篇《基础工程》一书中特殊土地基基础工程部分介绍。

限于编者水平和能力，本教材中肯定有不少不当甚至错误之处，诚恳欢迎读者批评指正。

目　录

第1章 绪 论

1.1 土力学研究对象及其重要性

地壳是人类赖以生存的地球中固体圈层的最外层，主要由岩石构成，其平均厚度约为17km，其中大陆地壳平均厚度约35km，而海洋地壳平均仅约厚7km。土力学研究的对象就是地壳表层中的土体。

土是由地壳表层不同的岩石（主要有岩浆岩、变质岩和沉积岩）在物理的、化学的、生物的风化作用下，又经流水、冰川、风力等自然力的搬运、沉积作用而形成的自然历史产物。土的组成及其工程性质与母岩成分、风化作用性质和搬运沉积的环境条件有极其密切的关系。土的种类很多，按沉积条件可分为：残积土、坡积土、洪积土、冲积土、湖积土、海积土和风积土等。按土体中的有机质含量可分为无机土、有机土、泥炭质土和泥炭。按颗粒级配或塑性指数可分为碎石土、砂土、粉土和黏性土。根据土的工程特殊性质又可分为软黏土、杂填土、冲填土、素填土、黄土、红黏土、膨胀土、多年冻土、盐渍土、垃圾土、污染土等。土是多相体，由固相、液相和气相三部分组成。只有固相和液相两部分的称为饱和土。土中水形态也很复杂，有自由水、弱结合水、强结合水、结晶水等形态。从上述分析可以看到土力学的研究对象是非常复杂的。在研究中常常需要作一些简化假设，忽略一些次要因素。为了满足工程建设的要求，土力学主要研究土的物理力学性质、土的强度理论、渗透理论和变形理论，为工程建设服务。

“万丈高楼从地起”，所有的建（构）筑物，包括房屋、桥梁、道路、堤坝等，均建造在地壳表层（即地层，包括岩层和土层）上。除少数直接坐落在岩层上外，大部分坐落在土层上。受上述建（构）筑物荷载作用的地层土体，其性状对建（构）筑物的安全及正常使用必然有直接影响。不仅要求地基土体保持稳定，还要求地基土体的变形在允许的范围内。对国内外土木工程事故原因统计分析表明，由地基原因造成的土木工程事故所占比例较高。这里地基原因主要指在荷载作用下地基失稳、地基沉降或沉降差过大等，这些都与土的强度特性、变形特性和渗透特性有关。地基土作为自然历史的产物，其性质复杂多变，不仅土层分布不均匀，即使是同一层土，其物理力学性质也存在不均匀性。而且同一类土，分布地区不同，其工程性质也有差异。这就要求工程师根据工程具体情况应用土力学知识处理好地基基础问题。另外，地基基础部分在土木工程建设中所占投资比例不小，以软土地基上多层建筑为例，地基基础部分投资约占总投资的25％～40％，甚至更多，而且该部分节约潜力大，应用土力学知识搞好地基基础设计和施工显得更加重要。上述分析表明：以土体作为研究对象的土力学在土木工程学科中具有非常重要的地位。土木工程师必须掌握土力学的理论知识和实际技能，才能正确解决土木工程中的地基基础技术问题。

1.2 土力学学科特点

土力学是土木工程学的一个分支，是应用材料力学、流体力学等基础知识研究土的工程性质以及研究与土有关的工程问题的技术学科，其主要任务是研究并解决地基土体的变形和稳定（强度）问题。土力学创始人太沙基（Terzaghi）晚年曾精辟地总结了土力学学科的特点，他指出：土力学不仅是一门科学，也是一门艺术。土力学学科这一特点是其研究对象——土的特性决定的。

前面已经谈到，土是自然历史的产物。由于各地质时期、各地区的风化环境、搬运和沉积条件的差异，不仅土类不同、土的工程性质不同，而且同一类土，地区不同其工程性质也可能有较大差异。土的种类多，工程性质复杂，因此，土力学的研究对象——土体与其他工程材料如钢材、塑料、混凝土等有很大的差异。土体的复杂性、区域性和个性决定了土力学的学科特点。

经典土力学的学科体系是建立在海相黏性土和石英砂的室内试验基础上的，由此建立的土力学原理具有一般性，也具有一定的特殊性。土类不同，土的工程性质差异很大，特别是特殊土，其工程性质有较大的特殊性，如湿陷性土、膨胀土、盐渍土等。应用土力学基础知识去研究其他土的工程性质和处理与其有关的工程问题时，一定要重视其特殊性。关于特殊土工程性质的特殊性将在基础工程课程中介绍。

在上节中已经谈到土的种类很多，而且在地基中分布很不均匀，因此，在应用土力学知识处理地基基础问题时，也需要重视工程地质勘查，重视土工试验，并重视工程师的经验。

20 世纪 60 年代末至 70 年代初，人们将土力学、岩石力学、工程地质学三者结合为一体并应用于土木工程实践，称为岩土工程学科。1936 年建立并由太沙基担任首届主席的国际土力学及基础工程协会现已改名为国际土力学及岩土工程协会。

1.3 土力学发展概况

土力学的发展可以划分为三个阶段：1925 年以前，1925 年至 1960 年左右，1960 年左右至今。

通常认为太沙基（1925）出版的第一本《土力学》著作标志着土力学学科的形成。1925 年以前土力学尚未形成一门学科，应该说是土力学形成学科的奠基阶段。在人类发展过程中，最早接触的工程材料就是土和岩石。在挖洞、筑堤、修路的过程常遇到土体的强度和稳定问题。工程实践可追溯到远古时代，如在我国西安半坡村新石器时代遗址就发掘出了土台和石础。有文字记载的，可称为理论的最早贡献通常认为是库伦（Coulomb）于 1773 年根据试验建立的库伦强度理论，随后还发展了库伦土压力理论。1856 年，达西（Darcy）研究了砂土的渗透性，建立了达西渗透公式，即今仍广为应用的达西定律。1857 年朗肯（Rankine）研究了半无限体的极限平衡，随后发展了朗肯土压力理论。1885 年布辛涅斯克（Boussinesq）求得了弹性半空间体在竖向集中力作用下应力和变形的理论解答。1922 年弗伦纽斯（Fellenius）建立了极限平衡法，应用于土坡稳定分析。这些理论的建立与发展为土力学学科的形成奠定了基础。到目前为止，库伦和朗肯土压力理论、弗伦纽斯条分法仍在堤坝、边坡和挡土墙设计中被广泛应用，而布辛涅斯克解一直是计算地基中附加应力的基本理论。

太沙基根据试验研究首先提出了超静孔隙水压力和有效应力概念，发展了有效应力原理，建立了土体一维固结理论，并于1925年出版了第一本《土力学》著作。该书的出版、发行标志着土力学学科的形成，并促使土力学进入近代大发展阶段。继太沙基后，卡萨格兰德（Casagrande）、泰勒（Taylor）、斯肯普顿（Skempton）以及世界各国许多学者对土的抗剪强度、土的变形、土的渗透性、土的应力一应变关系和破坏机理进行了大量研究工作，并逐渐将土力学的基本理论，普遍应用于解决各种不同条件下的工程问题。

20世纪60年代计算机及其应用的高速发展，有力促进了现代科学和技术的发展，土力学理论也不例外。计算机技术、计算技术以及现代测试技术的发展大大促进了土力学的发展，例如人们试图建立较复杂的考虑土的应力一应变一强度一时间关系的本构模型，并将其应用于具体的工程计算中，以得到更符合实际的结果来满足工程要求。现代土力学将在理论、数值计算、试验和工程应用几个领域中得到更大的发展，并相互促进，使土力学发展到一个新的水平。

1.4 土力学课程内容和学习方法

土力学课程内容包括：土的物理性质与工程分类，土的渗透性与渗流，地基中应力与计算，土的压缩性和固结理论，地基沉降计算，土的抗剪强度理论，土压力和支挡结构，地基承载力和土坡稳定分析等。

学习土力学不仅要重视理论知识的学习，还要重视土工试验和工程实例的分析研究。只有通过土工试验，通过工程实例分析才能逐步加深对土力学理论的认识、不断提高处理地基基础问题的能力。土的种类很多，工程性质很复杂，重要的不是一些具体的知识，而是要搞清土力学中的一些概念，而不要死记硬背某些条文和数字；土力学是一门技术学科，重要的是学会如何应用基本理论去解决具体工程问题，例如：学习一种分析土坡稳定的方法，不仅要掌握计算方法本身，而且要搞清该分析方法所采用的参数以及参数的测定方法，还要搞清其适用范围。应用土力学解决工程问题要重视理论、室内外测试和工程经验三者相结合，在学习土力学基本理论时就要牢固建立这一思想。

第 2 章　土的物理性质与工程分类

2.1　概述

土是岩石在风化作用下形成的大小悬殊的颗粒，经过不同的搬运方式，在各种自然环境中生成的没有粘结或弱粘结的沉积物。在漫长的地质年代中，由于各种内力和外力地质作用形成了许多类型的岩石和土。岩石经历风化、剥蚀、搬运、沉积生成土，而土历经压密固结、胶结硬化也可再生成岩石。

土的物质成分包括作为土骨架的固态颗粒、孔隙中的水及其溶解物质以及气体。因此，土是由颗粒（固相）、水（液相）和气（气相）所组成的三相体系。各种土的颗粒大小和矿物成分差别很大，土的三相间的数量比例也不尽相同，而且土粒与其周围的水又发生了复杂的物理化学作用，所以，要研究土的性质就必须了解土的三相组成以及在天然状态下土的结构和构造等特征。

土的三相组成物质的性质、相对含量以及土的结构构造等各种因素，会在土的轻重、松密、干湿、软硬等一系列物理性质和状态上有不同的反映。土的物理性质又在一定程度上决定了它的力学性质，所以物理性质是土的最基本的工程特性。

在处理地基基础问题和进行土力学计算时，不但要知道土的物理性质特征及其变化规律，从而了解各类土的特性，而且还必须掌握表示土的物理性质的各种指标的测定方法和指标间的相互换算关系，并熟悉土的有关特征和指标来制订地基土的分类方法。

本章主要介绍土的成因和组成、土的物理性质与状态指标、无黏性土与黏性土的物理特征、土的结构性、击实性以及地基土的工程分类。

2.2　土的成因与组成

2.2.1　形成作用与成因类型

（一）形成作用

在自然界，土的形成过程是十分复杂的，地壳表层的岩石在阳光、大气、水和生物等因素影响下，发生风化作用，使岩石崩解、破碎，经流水、风、冰川等动力搬运作用，在各种自然环境下沉积，形成土体，因此通常说土是岩石风化的产物。

风化作用主要包括物理风化和化学风化，它们经常是同时进行，而且是互相加剧发展的。物理风化是指由于温度变化、水的冻胀、波浪冲击、地震等引起的物理力使岩体崩解、碎裂的过程，这种作用使岩体逐渐变成细小的颗粒。化学风化是指岩体与空气、水和各种水溶液相作用的过程，这种作用不仅使岩石颗粒变细，更重要的是使岩石成分发生变化，形成大量细微颗粒（黏粒）和可溶盐类。化学风化常见的作用如下：

（1）水解作用——指矿物成分被分解，并与水进行化学成分的交换，形成新的矿物，如正长石经水解作用后，形成高岭石；

(2) 水化作用——指水和某种矿物发生化学反应，形成新的矿物，如土中的 $CaSO_4$（硬石膏）水化后成为 $CaSO_4 \cdot 2H_2O$（含水石膏）；

(3) 氧化作用——指某种矿物与氧结合形成新的矿物，如黄铁矿氧化后变成 $FeSO_4$（铁钒）。

其他还有溶解作用、碳酸化作用等。

在自然界，岩石和土在其存在、搬运和沉积的各个过程中都在不断进行风化，由于形成条件、搬运方式和沉积环境不同，自然界的土也就有不同的成因类型。

（二）土的主要成因类型及其基本特征

根据土的形成条件，常见的成因类型有：

(1) 残积土——岩石经风化后未被搬运而残留于原地的碎屑堆积物。它的基本特征是颗粒表面粗糙、多棱角、无分选、无层理。

(2) 坡积土——残积土受重力和暂时性流水（雨水、雪水）的作用，搬运到山坡或坡脚处沉积起来的土。坡积土粒度有一定的分选性和局部层理。

(3) 洪积土——残积土和坡积土受洪水冲刷、搬运，在山沟出口处或山前平原沉积下来的土。随离山远近有一定的分选性，颗粒有一定的磨圆。

(4) 冲积土——河流的流水作用搬运到河谷坡降平缓的地带沉积起来的土。这类土经过长距离的搬运，颗粒是有较好的分选性和磨圆度，常具有层理。

(5) 湖积土——在湖泊及沼泽等极为缓慢水流或静水条件下沉积起来的土。这类土除了含大量细微颗粒外，常伴有生物化学作用所形成的有机物，成为具有特殊性质的淤泥或淤泥质土。

(6) 海积土——由河流流水搬运到海洋环境下沉积下来的土。

(7) 风积土——由风力搬运形成的土，其颗粒磨圆度好，分选性好。我国西北黄土就是典型的风积土。

土的上述形成过程决定了它具有特殊物理力学性质，与一般建筑材料相比，土具有三个重要特点，即 (1) 散体性：颗粒之间无粘结或弱粘结，存在大量孔隙，可以透水透气；(2) 多相性：土往往是由固体颗粒、水和气体组成的三相体系，相、系之间质和量的变化直接影响它的工程性质；(3) 自然变异性：土是在自然界漫长的地质历史时期演化形成的多矿物组合体，性质复杂，不均匀，且随时间还在不断变化的材料。

深刻理解、分析这些特点，可以帮助我们掌握土力学性质的本质。

2.2.2 土的组成

（一）土的固体颗粒

土中固体颗粒（简称土粒）的大小和形状、矿物成分及其组成情况是决定土的物理力学性质的重要因素。粗颗粒往往是岩石经物理风化作用形成的碎屑，或是岩石中未产生化学变化的矿物颗粒，如石英和长石等；而细颗粒主要是化学风化作用形成的次生矿物和生成过程中混入的有机物质。粗颗粒其形状常呈块状或粒状，而细颗粒形状主要呈片状。土粒的组合情况就是大大小小土粒含量的相对数量关系。

1. 土的颗粒级配

土的固体颗粒都是由大小不同的土粒组成。土粒的粒径由粗到细变化时，土的性质相应地发生变化，例如土的性质随着粒径的变细可由无黏性变化到有黏性。颗粒的大小通常以粒径表示，界于一定范围内的土粒，称为粒组。可以将土中不同粒径的土粒，按适当的粒径范围，分为若干粒组，各个粒组随着分界尺寸的不同而呈现出一定质的变化。划分粒组的分界尺寸称为界限粒径。目前土的粒组划分方法并不完全一致，表 2-1 提供的是一种常用的土粒粒组的划分方法，表中根据界限粒径 200mm、60mm、2mm、0.075mm 和 0.005mm 把土粒分为六大粒组：漂石（块石）颗粒、卵石（碎石）颗粒、圆砾（角砾）颗粒、砂粒、粉粒及黏粒。

土粒粒组的划分 **表 2-1**

粒组名称		粒径范围（mm）	一般特征
漂石或块石颗粒		＞200	透水性很大，无黏性，无毛细水
卵石或碎石颗粒		200～60	
圆砾或角砾颗粒	粗	60～20	透水性大，无黏性，毛细水上升高度不超过粒径大小
	中	20～5	
	细	5～2	
砂粒	粗	2～0.5	易透水，当混入云母等杂质时透水性减小，而压缩性增加，无黏性，遇水不膨胀，干燥时松散；毛细水上升高度不大，随粒径变小而增大
	中	0.5～0.25	
	细	0.25～0.1	
	极细	0.1～0.075	
粉粒	粗	0.075～0.01	透水性小，湿时稍有黏性，遇水膨胀小，干时稍有收缩；毛细水上升高度较大较快，极易出现冻胀现象
	细	0.01～0.005	
黏粒		＜0.005	透水性很小，湿时有黏性、可塑性，遇水膨胀大，干时收缩显著；毛细水上升高度大，但速度较慢

注：1. 漂石、卵石和圆砾颗粒均呈一定的磨圆形状（圆形或亚圆形）；块石、碎石和角砾颗粒都带有棱角。
2. 黏粒或称黏土粒；粉粒或称粉土粒。
3. 黏粒的粒径上限也有采用 0.002mm 的。
4. 粉粒的粒径上限也有直接以 200 号筛的孔径 0.074mm 为准。

土粒的大小及其组成情况，通常以土中各个粒组的相对含量（各粒组占土粒总量的百分数）来表示，称为土的颗粒级配。

土的颗粒级配是通过土的颗粒大小分析试验测定的。对于粒径大于 0.075mm 的粗粒组可用筛分法测定。试验时将风干、分散的代表性土样通过一套孔径不同的标准筛（例如 20mm、2mm、0.5mm、0.25mm、0.1mm、0.075mm），称出留在各个筛子上的土重，即可求得各个粒组的相对含量。粒径小于 0.075mm 的粉粒和黏粒难以筛分，一般可以根据土粒在水中匀速下沉时的速度与粒径的理论关系，用比重计法或移液管法测得颗粒级配。实际上，土粒并不是球体颗粒，因此用理论公式求得的粒径并不是实际的土粒尺寸，而是与实际土粒在液体中有相同沉降速度的理想球体的直径（称为水力当量直径）。

根据颗粒大小分析试验结果，可以绘制如图 2-1 所示的颗粒级配累积曲线。其横坐标表示粒径。因为土粒粒径相差常在百倍、千倍以上，所以宜采用对数坐标表示。纵坐标则表示小于（或大于）某粒径的土重含量（或称累计百分含量）。由曲线的坡度可以大致判断土的均匀程度，如曲线较陡，则表示粒径大小相差不多，土粒较均匀；反之，曲线平

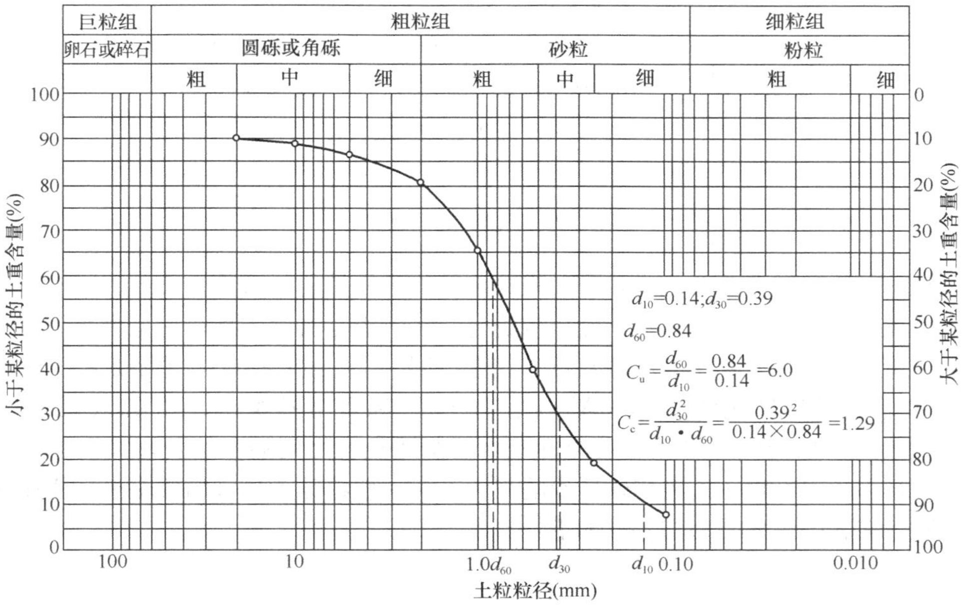

图 2-1　颗粒级配曲线

缓，则表示粒径大小相差悬殊，土粒不均匀，即级配良好。

小于某粒径的土粒质量累计百分数为 10%时，相应的粒径称为有效粒径 d_{10}。小于某粒径的土粒质量累计百分数为 30%时的粒径用 d_{30} 表示。当小于某粒径的土粒质量累计百分数为 60%时，该粒径称为限定粒径 d_{60}。

利用颗粒级配累积曲线可以确定土粒的级配指标，如 d_{60} 与 d_{10} 的比值 C_u 称为不均匀系数：

$$C_u=d_{60}/d_{10} \tag{2.2.1}$$

又如曲率系数 C_c 用下式表示：

$$C_c=\frac{d_{30}^2}{d_{10}\cdot d_{60}} \tag{2.2.2}$$

不均匀系数 C_u 反映大小不同粒组的分布情况。C_u 越大表示土粒大小的分布范围越大，其级配越良好，作为填方工程的土料时，则比较容易获得较大的密实度。曲率系数 C_c 描写的是累积曲线的分布范围，反映曲线的整体形状。

在一般情况下，工程上把 $C_u<5$ 的土看作是均粒土，属级配不良；$C_u>10$ 的土，属级配良好。实际上，单独只用一个指标 C_u 来确定土的级配情况是不够的，要同时考虑累积曲线的整体形状，所以需参考曲率系数 C_c 值。一般认为：砾类土或砂类土同时满足 $C_u\geqslant5$ 和 $C_c=1\sim3$ 两个条件时，则定名为良好级配砾或良好级配砂。

颗粒级配可以在一定程度上反映土的某些性质。对于级配良好的土，较粗颗粒间的孔隙被较细的颗粒所填充，因而土的密实度较好，相应的地基土的强度和稳定性也较好，透水性和压缩性也较小，可用作堤坝或其他土建工程的填方土料。对于粗粒土，不均匀系数 C_u 和曲率系数 C_c 是评价渗透稳定性的重要指标。

2. 土粒的矿物成分

土中固体颗粒的矿物成分如图 2-2 所示，绝大部分是矿物质，有时含有机质。

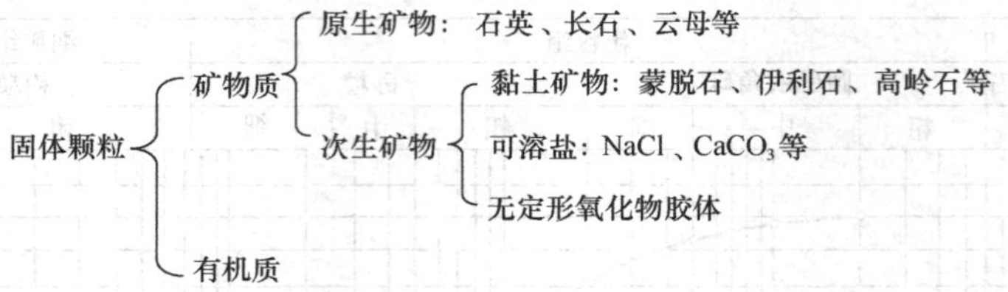

图 2-2　固体颗粒矿物成分

颗粒的矿物质成分分两大类，一类是原生矿物，常见的如石英、长石、云母等，是岩石经物理风化形成的，其物理化学性质较稳定；另一类是次生矿物，它是由原生矿物经化学风化后所形成的新矿物，其成分与母岩完全不同，土中的次生矿物主要是黏土矿物，此外还有些无定形的氧化物胶体（Al_2O_3、Fe_2O_3）和可溶盐类（$CaCO_3$、$CaSO_4$、NaCl 等），后者对土的工程性质影响往往是在浸水后削弱土粒之间的联结及增大孔隙。黏土矿物的种类、多少对黏性土的工程性质影响很大，对一些特殊土类（如膨胀土）往往起决定作用。黏土矿物的主要类型与特点如下：

（1）常见黏土矿物

黏土矿物基本上是由两种晶片构成的。一种是硅氧晶片，它的基本单元是 Si-O 四面体；另一种是铝氢氧晶片，它的基本单元是 Al-OH 八面体（图 2-3）。由于晶片结合情况的不同，便形成了具有不同性质的各种黏土矿物，主要有蒙脱石、伊利石和高岭石三类。

蒙脱石是化学风化的初期产物，其结构单元（晶胞）是两层硅氧晶片之间夹一层铝氢氧晶片所组成的。由于晶胞的两个面都是氧原子，其间没有氢键，因此联结很弱［图 2-4(*a*)］，水分子可以进入晶胞之间，从而改变晶胞之间的距离，甚至达到完全分散到单晶胞为止。因此当土中蒙脱石含量较大时，则具有较大的吸水膨胀和脱水收缩的特性。

伊利石的结构单元类似于蒙脱石，所不同的是 Si-O 四面体中的 Si^{4+} 可以被 Al^{3+}、Fe^{3+} 所取代，因而在相邻晶胞间将出现若干一价正离子（K^{+}）以补偿晶胞中正电荷的不足［图 2-4(*b*)］。所以伊利石的结晶构造没有蒙脱石那样活动，其亲水性不如蒙脱石。

高岭石的结构单元是由一层铝氢氧晶片和一层硅氧晶片组成的晶胞。高岭石的矿物就是由若干重叠的晶胞构成的［图 2-4(*c*)］。这种晶胞一面露出氢氧基，另一面则露出氧原子。晶胞之间的联结是氧原子与氢氧基之间的氢键，它具有较强的联结力，因此晶胞之间的距离不易改变，水分子不能进入，所以它的亲水性比伊利石还小。

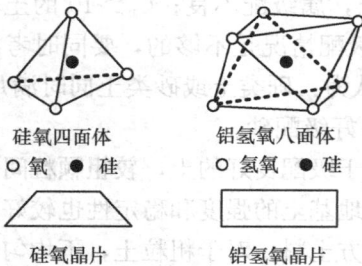

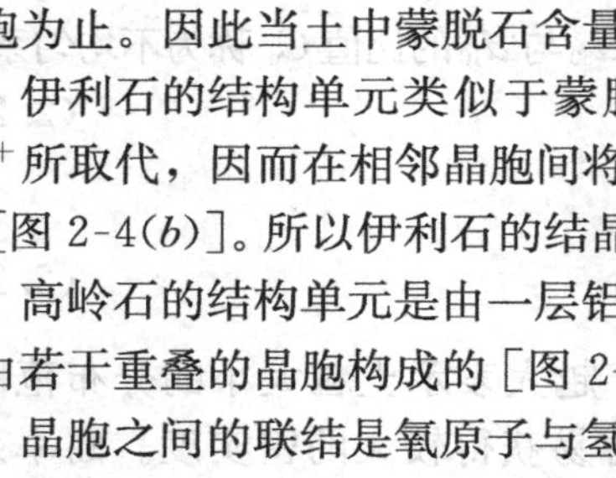

图 2-3　黏土矿物的晶片示意图

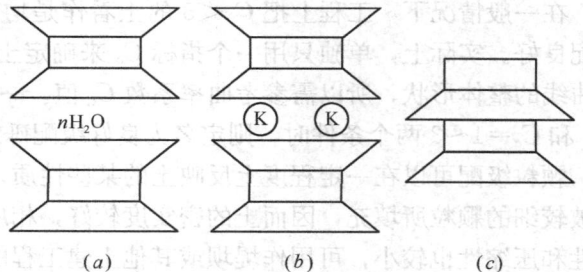

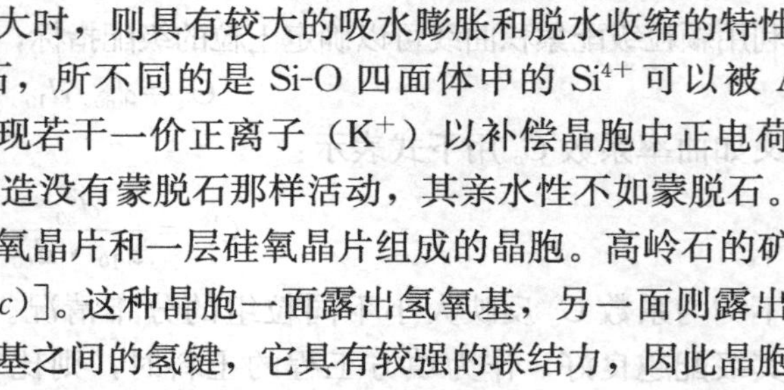

图 2-4　黏土矿物构造单位示意图

(*a*) 蒙脱石；(*b*) 伊利石；(*c*) 高岭石

由于黏土矿物是很细小的扁平颗粒，颗粒表面具有很强的与水相互作用的能力，表面积愈大，这种能力就愈强。黏土矿物表面积的相对大小可以用单位体积（或质量）的颗粒总表面积（称为比表面）来表示，例如一个棱边为 1cm 的立方体颗粒，其体积为 $1cm^3$，总表面积只有 $6cm^2$，比表面为 $6cm^2/cm^3=6cm^{-1}$；若将 $1cm^3$ 立方体颗粒分割为棱边 0.001mm 的许多立方体颗粒，则其总表面积可达 $6\times10^4cm^2$，比表面可达 $6\times10^4cm^{-1}$。由此可见，由于土粒大小不同而造成比表面数值上的巨大变化，必然导致土的性质的突变。因此，对于黏性土，比表面积是反映黏性土特征的一个重要指标。

（2）黏土矿物的带电性

黏土颗粒的带电现象早在 1809 年为莫斯科大学列依斯发现。他把黏土块放在一个玻璃器皿内，将两个无底的玻璃筒插入黏土块中，向筒中注入相同深度的清水，并将两个电极分别放入两个筒内的清水中，然后将直流电源与电极连接。通电后即可发现放阳极的筒中水位下降，水逐渐变浑；放阴极的筒中水位逐渐上升，如图 2-5 所示。这说明黏土颗粒本身带有一定量的负电荷，在电场作用下向阳极移动，这种现象称为电泳；而水分子在电场作用下向负极移动，且水中含有一定量的阳离子（K^+，Na^+等），水的移动实际上是水分子随这些水化了的阳离子一起移动，这种现象称为电渗。电泳、电渗是同时发生的，统称为电动现象。

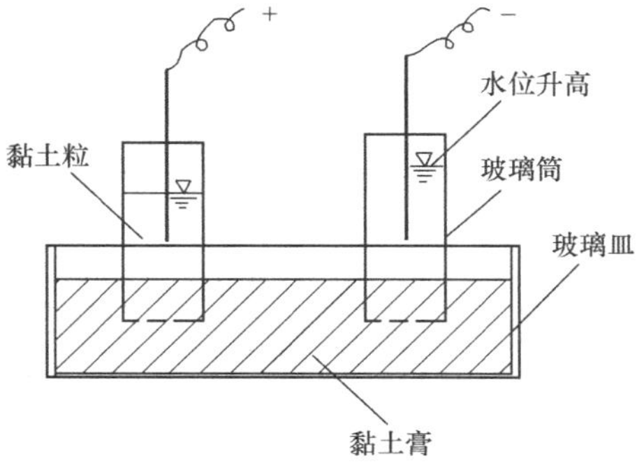

图 2-5 黏土膏的电渗电泳试验

研究表明，片状黏土颗粒的表面，由于下列原因常带有不平衡的负电荷。①离解，指晶体表面的某些矿物在水介质中产生离解，离解后阳离子扩散于水中，阴离子留在颗粒表面；②吸附作用，指晶体表面的某些矿物把水介质中一些带电荷的离子吸附到颗粒的表面；③同象置换，指矿物晶格中高价的阳离子被低价的离子置换，产生过剩的未饱和负电荷，如黏土矿物铝八面体中的铝被镁或铁置换，这种现象在蒙脱石中尤为显著，故其表面负电性最强。

由于黏土矿物的带电性，黏土颗粒四周形成一个电场，将使颗粒四周的水发生定向排列，直接影响土中水的性质，从而使黏性土具有许多无黏性土所没有的性质。

土中有机质一般是混合物与组成土粒的其他成分稳固地结合在一起，按其分解程度可分为未分解的动植物残体，半分解的泥炭和完全分解的腐殖质，以腐殖质为主。腐殖质主要成分是腐殖酸，它具有多孔的海绵状结构，致使具有比黏土矿物更强的亲水性和吸附性，所以有机质比黏土矿物对土性质的影响更剧烈。

3. 土的矿物成分与粒度成分的关系

土中矿物成分与粒度成分存在着一定的内在联系，如图 2-6 所示。各粒组矿物成分取决于矿物的强度与物理化学稳定性。强度高、物理化学稳定性差的原生矿物多集中于粗粒组，强度低、物理化学稳定性好的次生矿物多存在于细粒组，黏粒组几乎全部由次生矿物及有机质组成。

（二）土中的水

在自然条件下，土中水可以处于液态、固态或气态。土中细粒愈多即土的分散度愈

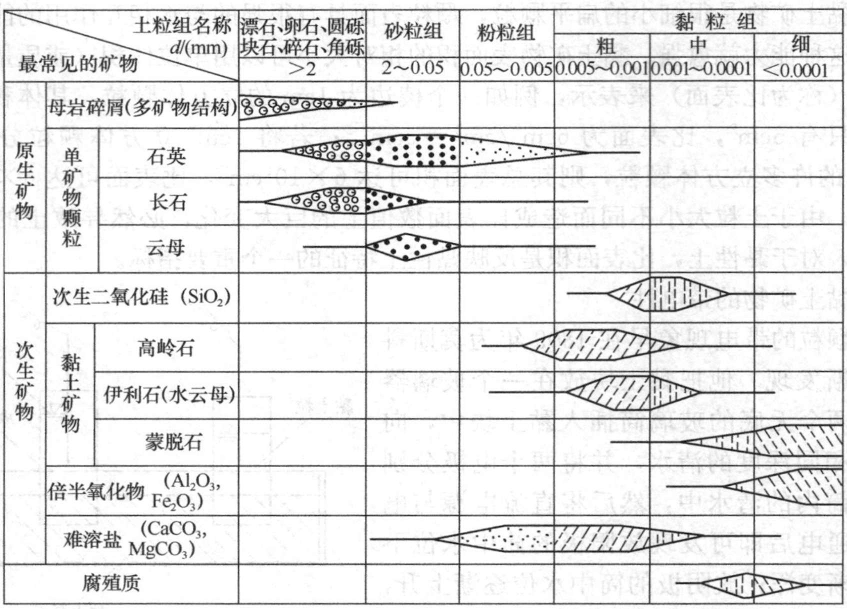
土粒组名称
d/(mm)
最常见的矿物
漂石、卵石、圆砾
块石、碎石、角砾
>2
砂粒组
2～0.05
粉粒组
0.05～0.005
黏粒组
粗
0.005～0.001
中
0.001～0.0001
细
<0.0001
母岩碎屑(多矿物结构)
原生矿物
单矿物颗粒
石英
长石
云母
次生矿物
次生二氧化硅（SiO2）
黏土矿物
高岭石
伊利石(水云母)
蒙脱石
倍半氧化物（Al2O3, Fe2O3）
难溶盐（CaCO3, MgCO3）
腐殖质

图 2-6　颗粒大小与矿物成分间的关系

大，水对土的性质的影响也愈大。研究土中水，必须考虑到水的存在状态及其与土粒的相互作用。

存在于土粒矿物的晶体格架内部或是参与矿物构造中的水称为矿物内部结合水，它只有在比较高的温度（80～680℃，随土粒的矿物成分不同而异）下才能化为气态水而与土粒分离。从土的工程性质上分析，可以把矿物内部结合水当作矿物颗粒的一部分。

存在于土中的液态水可分为结合水和自由水两大类：

1. 结合水（吸附水）

结合水是指受电分子吸引力吸附于土粒表面的土中水。这种电分子吸引力高达几千到几万个大气压，使水分子和土粒表面牢固地粘结在一起。

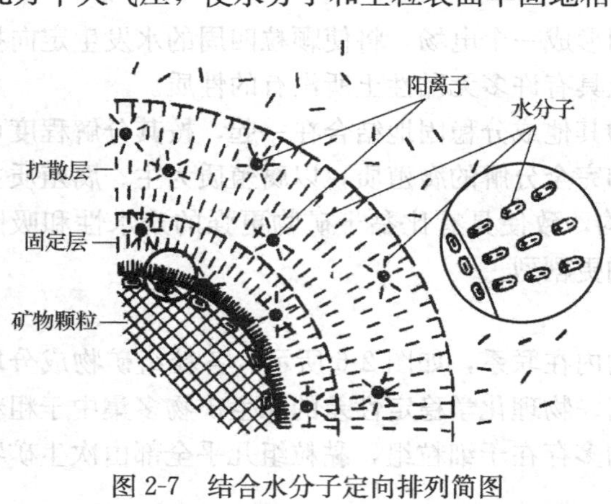

图 2-7　结合水分子定向排列简图

由于土粒（矿物颗粒）表面一般带有负电荷，围绕土粒形成电场，在土粒电场范围内的水分子和水溶液中的阳离子（如 Na^{+}、Ca^{2+}、Al^{3+} 等）一起吸附在土粒表面。因为水分子是极性分子（氢原子端显正电荷，氧原子端显负电荷），它被土粒表面电荷或水溶液中离子电荷的吸引而定向排列（图 2-7）。

土粒周围水溶液中的阳离子，一方面受到土粒所形成电场的静电引力作用，另一方面又受到布朗运动（热运动）的扩散力作用。在最靠近土粒表面处，静电引力最强，把水化离子和极性水分子牢固地吸附在颗粒表面上形成固定层。在固定层外围，静电引力比较小，因此水化离子和极性水分子的活动性比在固定层中大些，形成扩散层。固定层和扩散层中所含的阳离子（反离子）与土粒表面负电荷一起即构成双电层（图 2-7）。

水溶液中的反离子（阳离子）的原子价愈高，它与土粒之间的静电引力愈强，则扩散层厚度愈薄。在实践中可以利用这种原理来改良土质，例如用三价及二价离子（如 Fe^{3+}、Al^{3+}、Ca^{2+}、Mg^{2+}）处理黏土，使得它的扩散层变薄，从而增加土的稳定性，减少膨胀性，提高土的强度；有时，可用含一价离子的盐溶液处理黏土，使扩散层增厚，而大大降低土的透水性。

从上述双电层的概念可知，反离子层中的结合水分子和交换离子，愈靠近土粒表面，则排列得愈紧密和整齐，活动性也愈小。因而，结合水又可以分为强结合水和弱结合水两种。强结合水是相当于反离子层的内层（固定层）中的水，而弱结合水则相当于扩散层中的水。

(1) 强结合水

强结合水是指紧靠土粒表面的结合水，它的特征是：没有溶解盐类的能力，不能传递静水压力，只有吸热变成蒸汽时才能移动。这种水极其牢固地结合在土粒表面上，其性质接近于固体，密度约为 1.2～2.4g/cm³，冰点为－78℃，具有极大的黏滞度、弹性和抗剪强度。如果将干燥的土移在天然湿度的空气中，则土的质量将增加，直到土中吸着的强结合水达到最大吸着度为止。土粒愈细，土的比表面愈大，则最大吸着度就愈大。砂土的最大吸着度约占土粒质量的 1%，而黏土则可达 17%。黏土中只含有强结合水时，呈固体状态，磨碎后则呈粉末状态。

(2) 弱结合水

弱结合水紧靠于强结合水的外围形成一层结合水膜，它仍然不能传递静水压力，但水膜较厚的弱结合水能向邻近的较薄的水膜缓慢转移。当土中含有较多的弱结合水时，土则具有一定的可塑性。砂土比表面较小，几乎不具可塑性，而黏性土的比表面较大，其可塑性范围就大。

弱结合水离土粒表面愈远，其受到的电分子吸引力愈弱小，并逐渐过渡到自由水。

2. 自由水

自由水是存在于土粒表面电场影响范围以外的水，它的性质和普通水一样，能传递静水压力，冰点为 0℃，有溶解能力。

自由水按其移动所受作用力的不同，可以分为重力水和毛细水。

(1) 重力水

重力水是存在于地下水位以下的透水土层中的地下水，它是在重力或压力差作用下运动的自由水，对土粒有浮力作用。重力水对土中的应力状态和开挖基槽、基坑以及修筑地下构筑物时所应采取的排水、防水措施有重要的影响。

(2) 毛细水

毛细水是受到水与空气交界面处表面张力作用的自由水。毛细水存在于地下水位以上的透水土层中。

土中存在着许多大小不同的相互连通的弯曲孔道，由于水分子与土粒分子之间的附着力和水、气界面上的表面张力，地下水将沿着这些孔道被吸引上来，而在地下水位以上形成一定高度的毛细水带，这一高度称为毛细水上升高度。它与土中孔隙的大小和形状，土粒矿物组成以及水的性质有关。在毛细水带内，只有靠近地下水位的一部分土才被认为是饱和的，这一部分就称为毛细水饱和带，如图 2-8 所示。

毛细水带内，由于水、气界面上弯液面和表面张力的存在，使水内的压力小于大气压力，即水压力为负值。

在潮湿的粉、细砂中孔隙水仅存在于土粒接触点周围，彼此是不连续的。这时，由于孔隙中的气与大气相连通，因此，孔隙水中的压力亦将小于大气压力。于是，将引起迫使相邻土粒挤紧的压力，这个压力称为毛细压力，如图 2-9 所示。毛细压力的存在，增加了粒间错动的摩擦阻力。这种由毛细压力引起的摩擦阻力犹如给予砂土以某些凝聚力，以致在潮湿的砂土中能开挖一定高度的直立坑壁。但一旦砂土被水浸没，则弯液面消失，毛细压力变为零，这种“凝聚力”也就不再存在。因而，把这种“凝聚力”称为假凝聚力。

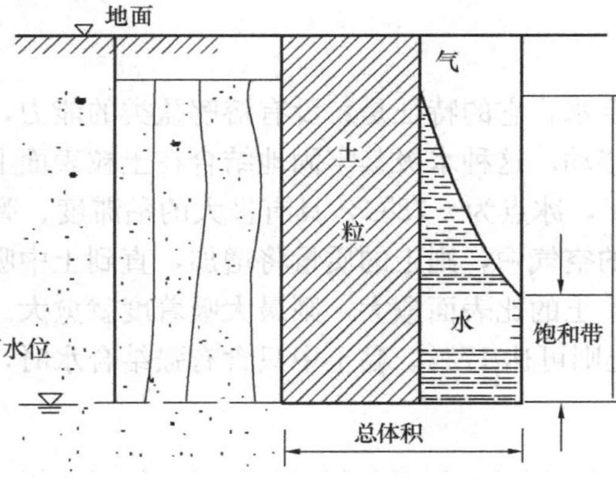

图 2-8　土层内的毛细水带

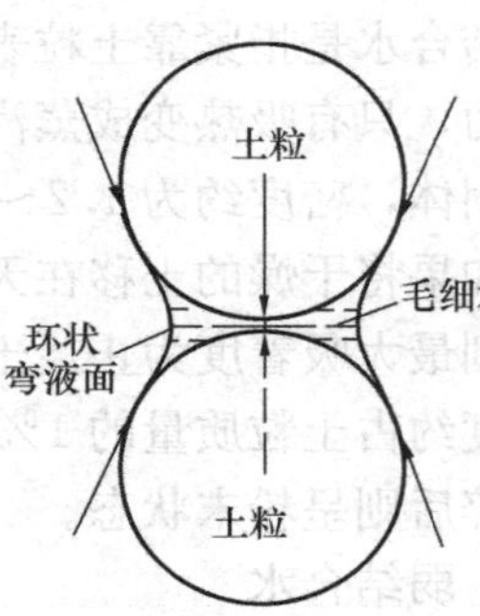

图 2-9　毛细压力示意图

在工程中，要注意毛细水的上升高度和速度，因为毛细水的上升对于建筑物地下部分的防潮措施和地基土的浸湿和冻胀等有重要影响。此外，在干旱地区，地下水中的可溶盐随毛细水上升后不断蒸发，盐分便积聚于靠近地表处而形成盐渍土。土中毛细水的上升高度可用试验方法确定。

（三）土中的气体

土中的气体存在于土孔隙中未被水所占据的部位。在粗粒的沉积物中常见到与大气相连通的空气，它对土的力学性质影响不大。在细粒土中则常存在与大气隔绝的封闭气泡，使土在外力作用下的弹性变形增加，透水性减小。

对于淤泥和泥炭等有机质土，由于微生物（嫌气细菌）的分解作用，在土中蓄积了某种可燃气体（如硫化氢、甲烷等），使土层在自重作用下长期得不到压密，而形成高压缩性土层。

2.3　土的物理性质指标

由于土是三相体系，三相间的比例关系不仅可以描述土的物理性质和它所处的状态，而且在一定程度上还可用来反映土的力学性质。所谓土的物理性质指标就是表示土中三相在体积或重量比例关系方面的一些物理量。土的物理状态指标对于粗粒土，主要指土的密实度，对于细粒土则是指土的软硬程度或称为黏性土的稠度。本节介绍土的物理性质指标。

土的物理性质指标可分为两类：一类是必须通过试验测定的，如含水量、密度和土粒相对密度；另一类是可以根据试验测定的指标换算的，如孔隙比、孔隙率、饱和度等。为了便于说明和计算，采用图2-10所示的土的三相组成示意图表示各相之间的体积和质量关系，图中符号的意义如下：

m_s——土粒质量；

m_w——土中水质量；

m——土的总质量，$m=m_s+m_w$；

V_s——土粒体积；

V_w——土中水体积；

V_a——土中气体积；

V_v——土中孔隙体积，$V_v=V_w+V_a$；

V——土的总体积，$V=V_s+V_w+V_a$

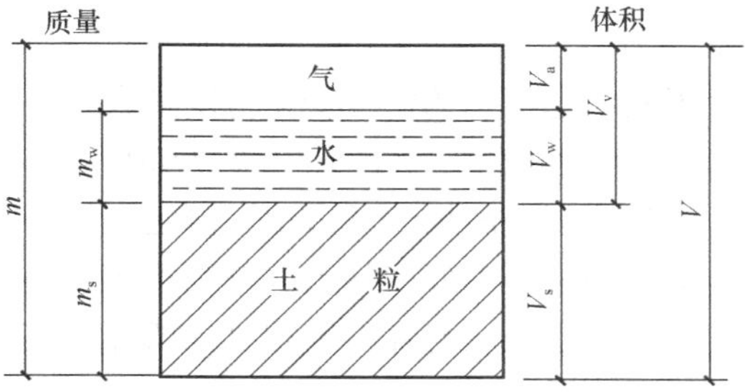

图2-10　土的三相组成示意图

1. 土粒相对密度 d_s

土粒质量与同体积的4℃时纯水的质量之比，称为土粒相对密度（又称为土粒比重，无量纲），即：

$$d_s=\frac{m_s}{V_s}\cdot\frac{1}{\rho_{w1}}=\frac{\rho_s}{\rho_{w1}} \tag{2.3.1}$$

式中　ρ_s——土粒密度（g/cm^3）；

ρ_{w1}——纯水在4℃时的密度（单位体积的质量），等于$1g/cm^3$或$1t/m^3$。

实用上，土粒相对密度在数值上等于土粒密度，但前者是两种物质的质量密度之比，无量纲。土粒相对密度取决于土的矿物成分，它的数值一般为2.6～2.8；有机质土为2.4～2.5；泥炭土为1.5～1.8。同一种类的土，其相对密度变化幅度很小。

土粒相对密度可在试验室内用比重瓶法测定，由于其变化的幅度不大，通常可按经验数值选用，一般可参考表2-2。

土粒相对密度参考值　　**表2-2**

土的名称	砂　土	粉　土	黏　性　土	
			粉质黏土	黏　土
土粒相对密度	2.65～2.69	2.70～2.71	2.72～2.73	2.74～2.76

2. 土的含水量 w

土中水的质量与土粒质量之比，称为土的含水量，以百分数计，即：

$$w=\frac{m_w}{m_s}\times100\% \tag{2.3.2}$$

含水量 w 是标志土的湿度的一个重要物理指标。天然土层的含水量变化范围很大，它与土的种类、埋藏条件及其所处的自然地理环境等有关。一般干的粗砂土，其值接近于零，而饱和砂土，可达40%；坚硬的黏性土的含水量约小于30%，而饱和状态的软黏性土（如淤泥），则可达60%或更大。一般说来，同一类土，当其含水量增大时，则其强度就降低。

土的含水量一般用“烘干法”测定。先称小块原状土样的湿土质量，然后置于烘箱内维持100℃～105℃烘至恒重，再称干土质量，湿、干土质量之差与干土质量的比值，就是土的含水量。

3. 土的密度 ρ

土单位体积的质量称为土的密度（单位为 g/cm^3），即：

$$\rho = \frac{m}{V} \tag{2.3.3}$$

天然状态下土的密度变化范围较大。一般黏性土 $\rho=1.8\sim2.0\text{g/cm}^3$；砂土 $\rho=1.6\sim2.0\text{g/cm}^3$；腐殖土 $\rho=1.5\sim1.7\text{g/cm}^3$。

土的密度一般用“环刀法”测定，用一个圆环刀（刀刃向下）放在削平的原状土样面上，徐徐削去环刀外围的土，边削边压，使保持天然状态的土样压满环刀内，称得环刀内土样质量，求得它与环刀容积之比值即为其密度。

4. 土的干密度 ρ_d、饱和密度 ρ_{sat} 和有效密度 ρ'

土单位体积中固体颗粒部分的质量，称为土的干密度 ρ_d，即：

$$\rho_d = \frac{m_s}{V} \tag{2.3.4}$$

在工程上常把干密度作为评定土体紧密程度的标准，以控制填土工程的施工质量。

土孔隙中充满水时的单位体积质量，称为土的饱和密度 ρ_{sat}，即：

$$\rho_{sat} = \frac{m_s + V_v\rho_w}{V} \tag{2.3.5}$$

式中 ρ_w 为水的密度，近似等于 $\rho_{w1}=1\text{g/cm}^3$。

在地下水位以下，单位土体积中土粒的质量扣除同体积水的质量后，即为单位土体积中土粒的有效质量，称为土的有效密度 ρ'，即：

$$\rho' = \frac{m_s - V_s\rho_w}{V} \tag{2.3.6}$$

在计算自重应力时，须采用土的重力密度，简称重度。土的湿重度 γ、干重度 γ_d、饱和重度 γ_{sat}、有效重度 γ' 分别按下列公式计算：$\gamma=\rho\cdot g$、$\gamma_d=\rho_d\cdot g$、$\gamma_{sat}=\rho_{sat}\cdot g$、$\gamma'=\rho'\cdot g$，式中 g 为重力加速度，各指标的单位为 kN/m^3。在数值上有如下关系：$\rho_{sat}\geqslant\rho\geqslant\rho_d>\rho'$。

5. 土的孔隙比 e 和孔隙率 n

土的孔隙比是土中孔隙体积与土粒体积之比，即：

$$e = \frac{V_v}{V_s} \tag{2.3.7}$$

孔隙比用小数表示，它是一个重要的物理性指标，可以用来评价天然土层的密实程度。一般 $e<0.6$ 的土是密实的低压缩性土，$e>1.0$ 的土是疏松的高压缩性土。

土的孔隙率是土中孔隙所占体积与总体积之比，以百分数表示，即：

$$n = \frac{V_v}{V}\times100\% \tag{2.3.8}$$

6. 土的饱和度 S_r

土中被水占据的孔隙体积与孔隙总体积之比，称为土的饱和度，以百分率计，即：

$$S_r = \frac{V_w}{V_v} \times 100\% \tag{2.3.9}$$

7. 指标的换算

上述土的三相比例指标中，土粒相对密度d_s、含水量w和密度ρ三个指标是通过试验测定的。在测定这三个基本指标后，可以导得其余各个指标。

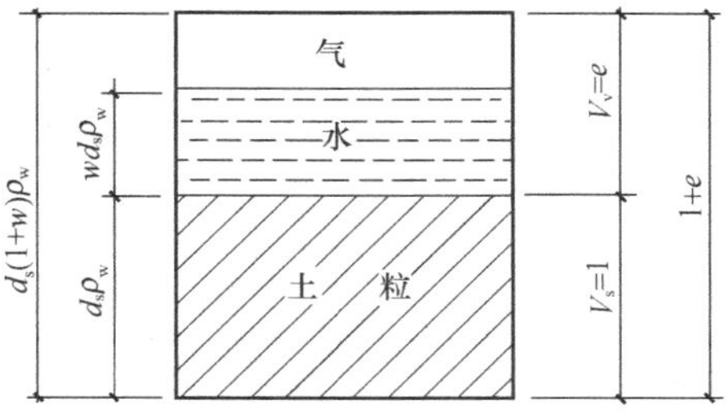

图 2-11　土的三相物理指标换算图

常用图 2-11 所示三相图进行各指标间关系的推导。令$\rho_{w1}=\rho_w$，并令$V_s=1$，则$V_v=e$，$V=1+e$，$m_s=V_s d_s \rho_w = d_s\rho_w$，$m_w = w \cdot m_s = w \cdot d_s\rho_w$，$m=d_s(1+w)\rho_w$，于是由图 2-11 可得：

$$\rho = \frac{m}{V} = \frac{d_s(1+w)\rho_w}{1+e} \tag{2.3.10}$$

$$\rho_d = \frac{m_s}{V} = \frac{d_s\rho_w}{1+e} = \frac{\rho}{1+w} \tag{2.3.11}$$

由式（2.3.11）可得：

$$e = \frac{d_s\rho_w}{\rho_d} - 1 = \frac{d_s(1+w)\rho_w}{\rho} - 1 \tag{2.3.12}$$

由图 2-11 还可得：

$$\rho_{sat} = \frac{m_s + V_v\rho_w}{V} = \frac{(d_s+e)\rho_w}{1+e} \tag{2.3.13}$$

$$\rho' = \frac{m_s - V_s\rho_w}{V} = \frac{m_s-(V-V_v)\rho_w}{V}$$

$$= \frac{m_s + V_v\rho_w - V\rho_w}{V} = \rho_{sat} - \rho_w$$

$$= \frac{(d_s-1)\rho_w}{1+e} \tag{2.3.14}$$

$$n = \frac{V_v}{V} = \frac{e}{1+e} \tag{2.3.15}$$

$$S_r = \frac{V_w}{V_v} = \frac{m_w}{V_v\rho_w} = \frac{wd_s}{e} \tag{2.3.16}$$

土的三相比例指标换算公式一并列于表 2-3。

土的三相比例指标换算公式　　**表 2-3**

名 称	符号	三相比例表达式	常用换算公式	单位	常见的数值范围
土粒相对密度	d_s	$d_s = \frac{m_s}{V_s\rho_{w1}}$	$d_s = \frac{S_r e}{w}$		黏性土：2.72～2.75 粉 土：2.70～2.71 砂类土：2.65～2.69
含水量	w	$w = \frac{m_w}{m_s} \times 100\%$	$w = \frac{S_r e}{d_s}$ $w = \frac{\rho}{\rho_d} - 1$		20%～60%

续表

名称	符号	三相比例表达式	常用换算公式	单位	常见的数值范围
密度	ρ	$\rho=\frac{m}{V}$	$\rho=\rho_d(1+w)$ $\rho=\frac{d_s(1+w)}{1+e}\rho_w$	g/cm³	1.6～2.0g/cm³
干密度	ρ_d	$\rho_d=\frac{m_s}{V}$	$\rho_d=\frac{\rho}{1+w}$ $\rho_d=\frac{d_s}{1+e}\rho_w$	g/cm³	1.3～1.8 g/cm³
饱和密度	ρ_{sat}	$\rho_{sat}=\frac{m_s+V_v\rho_w}{V}$	$\rho_{sat}=\frac{d_s+e}{1+e}\rho_w$	g/cm³	1.8～2.3 g/cm³
有效密度	ρ'	$\rho'=\frac{m_s-V_s\rho_w}{V}$	$\rho'=\rho_{sat}-\rho_w$ $\rho'=\frac{d_s-1}{1+e}\rho_w$	g/cm³	0.8～1.3 g/cm³
重度	γ	$\gamma=\frac{m}{V}\cdot g=\rho\cdot g$	$\gamma=\frac{d_s(1+w)}{1+e}\gamma_w$	kN/m³	16～20 kN/m³
干重度	γ_d	$\gamma_d=\frac{m_s}{V}\cdot g=\rho_d\cdot g$	$\gamma_d=\frac{d_s}{1+e}\gamma_w$	kN/m³	13～18 kN/m³
饱和重度	γ_{sat}	$\gamma_{sat}=\frac{m_s+V_v\rho_w}{V}\cdot g=\rho_{sat}\cdot g$	$\gamma_{sat}=\frac{d_s+e}{1+e}\gamma_w$	kN/m³	18～23 kN/m³
有效重度	γ'	$\gamma'=\frac{m_s-V_s\rho_w}{V}\cdot g=\rho'\cdot g$	$\gamma'=\frac{d_s-1}{1+e}\gamma_w$	kN/m³	8～13 kN/m³
孔隙比	e	$e=\frac{V_v}{V_s}$	$e=\frac{d_s\rho_w}{\rho_d}-1$ $e=\frac{d_s(1+w)\rho_w}{\rho}-1$		黏性土和粉土：0.40～1.20 砂类土：0.30～0.90
孔隙率	n	$n=\frac{V_v}{V}\times100\%$	$n=\frac{e}{1+e}$ $n=1-\frac{\rho_d}{d_s\rho_w}$		黏性土和粉土：30%～60% 砂类土：25%～45%
饱和度	S_r	$S_r=\frac{V_w}{V_v}\times100\%$	$S_r=\frac{wd_s}{e}$ $S_r=\frac{w\rho_d}{n\rho_w}$		0%～100%

注：水的重度 $\gamma_w=\rho_w\cdot g=1t/m^3\times9.807m/s^2=9.807\times10^3(kg\cdot m/s^2)/m^3\approx10kN/m^3$。

2.4 无黏性土的物理性质

无黏性土主要是指砂土和碎石类土。这类土中缺乏黏土矿物，不具有可塑性，呈单粒结构，其性质主要取决于颗粒粒径及其级配，所以土的密实度是反映这类土工程性质的主要指标。呈密实状态时，强度较大，是良好的天然地基；呈松散状态时则是一种软弱地基，尤其是饱和的粉细砂，稳定性很差，容易产生流沙，在振动荷载作用下，可能发生液化。

评价无黏性土密实度主要根据天然状态下孔隙比 e 的大小，划分为稍松的、中等密实的和密实的三种。由于无黏性土的级配起着很重要的作用，只有孔隙比一个指标还不够。例如某一天然孔隙比 e，对于级配不良的土，认为已经达到密实状态，但对于级配良好的土，还是属于中密或者稍松的状态，所以除 e 外通常还采用相对密实度 D_r 的概念来评价。D_r 的表达式为：

$$D_r = \frac{e_{max} - e}{e_{max} - e_{min}} \tag{2.4.1}$$

式中 e_{max}——土在最松散状态时的孔隙比，即最大孔隙比；

e_{min}——土在最密实状态时的孔隙比，即最小孔隙比；

e——土在天然状态时的孔隙比。

当 $D_r=0$，表示土处于最松状态；当 $D_r=1$，表示土处于最密状态。

不同矿物成分、不同级配和不同粒度成分的无黏性土，最大孔隙比和最小孔隙比都是不同的，因此，相对密实度 D_r 比孔隙比 e 能更全面反映上述各种因素的影响。砂类土密实度的划分标准参见表 2-4。

从理论上讲，采用相对密实度的概念比较合理，但是测定 e_{max} 和 e_{min} 的试验方法不够完善，试验结果常常有很大出入。而最困难的是现场取样，一般条件不可能完全保持砂土的天然结构，因而砂土的天然孔隙比的数值很不可靠，这就使得相对密实度的指标难于测准，所以在实际工程中并不普遍使用。

砂类土的密实度划分标准 **表 2-4**

按相对密实度 D_r	密实度			
	密实的	中等密实的		松散的
	指标			
	$0.67 \leqslant D_r < 1.0$	$0.33 < D_r < 0.67$		$D_r \leqslant 0.33$
按孔隙比 e		中密	稍密	
砾砂、粗砂、中砂	$e<0.60$	$0.66 \leqslant e \leqslant 0.75$	$0.75 < e \leqslant 0.85$	$e>0.85$
细砂、粉砂	$e<0.70$	$0.70 \leqslant e \leqslant 0.85$	$0.85 < e \leqslant 0.95$	$e>0.95$

鉴于上述原因，工程实践中较普遍采用标准贯入锤击数 N 来划分密实度的方法。根据贯入锤击数 N 划分砂土密实度的标准列于表 2-5。

按标准贯入锤击数 N 判别砂土密实度 **表 2-5**

按标准贯入锤击数 N	密实度
$N \leqslant 10$	松散
$10 < N \leqslant 15$	稍密
$15 < N \leqslant 30$	中密
$N > 30$	密实

除了密实度以外，湿度对砂土也有一定影响。根据饱和度 S_r（%），砂土可分为：

稍湿 $S_r \leqslant 50\%$

很湿　$50\% < S_r \leqslant 80\%$

饱和　$S_r > 80\%$

砂土的颗粒越细，受湿度的影响越大，因为水分起的润滑作用使土的抗剪强度降低，因此饱和的粉、细砂强度比干燥时要低。但在砂土的含水量相当小时（$w=4\%\sim8\%$），由于毛细压力的作用却能使砂土具有微小的毛细内聚力，使土不易振捣密实，对砂土的填土压实工程不利。

对于卵石、碎石、砾石等大颗粒土，密实度也是决定其工程性质的主要指标，但这类土的密实度很难做室内试验或贯入试验，通常按表 2-6 的野外鉴别法来判断，也可根据重型（圆锥）动力触探试验锤击数 $N_{63.5}$ 来划分密实程度。

碎石类土密实度野外鉴别方法　　表 2-6

密实度	骨架颗粒含量和排列	可　挖　性	可　钻　性
密实	骨架颗粒含量大于总重的70%，呈交错排列，连续接触	锹、镐挖掘困难，用撬棍方能松动；井壁一般较稳定	钻进极困难；冲击钻探时，钻杆、吊锤跳动剧烈；孔壁较稳定
中密	骨架颗粒含量等于总重的60%～70%，呈交错排列，大部分接触	锹、镐可挖掘；井壁有掉块现象，从井壁取出大颗粒处，能保持颗粒凹面形状	钻进较困难；冲击钻探时，钻杆、吊锤跳动不剧烈；孔壁有坍塌现象
稍密	骨架颗粒含量小于总重的60%，排列混乱，大部分不接触	锹可以挖掘；井壁易坍塌；从井壁取出大颗粒后，填充物砂土立即坍落	钻进较容易；冲击钻探时，钻杆稍有跳动；孔壁易坍塌

注：1. 骨架颗粒系指与表 2-1 碎石类土分类名称相对应粒径的颗粒；
2. 碎石类土密实度的划分，应按表列各项要求综合确定。

2.5　黏性土的物理性质

黏性土与砂土在性质上有很大差异，黏性土的特性主要取决于土中黏粒与水之间的相互作用，因此，黏性土最主要的状态特征是它的稠度。

2.5.1 界限含水量

同一种黏性土随其含水量的不同，可分别处于固态、半固态、可塑状态及流动状态。所谓可塑状态，就是当黏性土在某含水量范围内，可用外力塑成任何形状而不发生裂纹，并当外力移去后仍能保持既得的形状，土的这种性能叫做可塑性。黏性土由一种状态转到另一种状态的分界含水量，叫做界限含水量，它对黏性土的分类及工程性质的评价有重要意义。

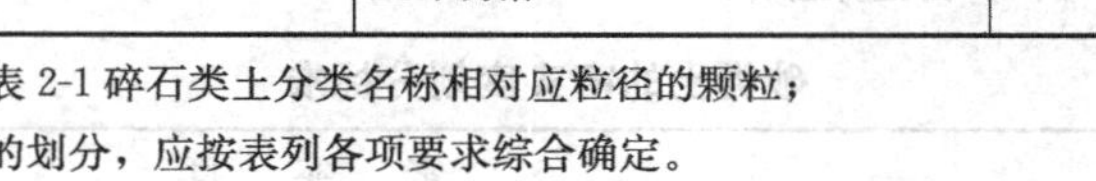

图 2-12　黏性土的物理状态与含水量关系

如图 2-12 所示，土由可塑状态转到流动状态的界限含水量叫做液限（也称塑性上限含水量或流限），用符号 w_L 表示；土由半固态转到可塑状态的界限含水量叫做塑限（也称塑性下限含水量），用符号 w_P 表示；土由半固体状态不断蒸发水分，则体积逐渐缩小，直到体积不再缩小时土的界限含水量叫缩限，用符号 w_s 表示。界限含水量都以百分数表示。

我国目前采用锥式液限仪（图 2-13）来测定黏性土的液限 w_L。将调成均匀的浓糊状试样装满盛土杯内（盛土杯置于底座上），刮平杯口表面，将 76g 重圆锥体轻放在试样表面的中心，使其在自重作用下徐徐沉入试样，若圆锥体经 5 秒钟恰好沉入 10mm 深度，这时杯内土样的含水量就是液限 w_L 值。为了避免放锥时的人为晃动影响，可采用电磁放锥的方法，可以提高测试精度，实践证明其效果较好。

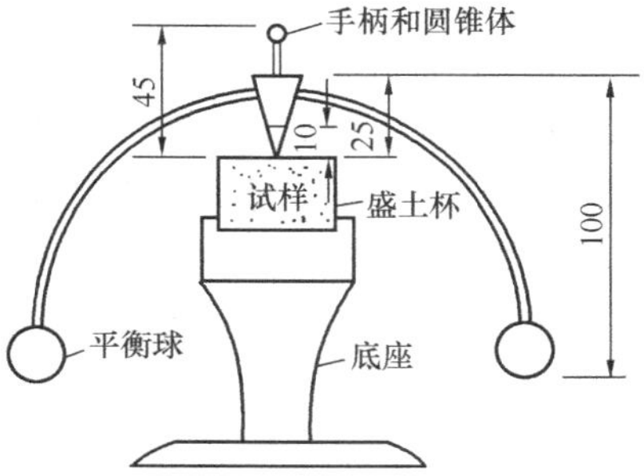

图 2-13　锥式液限仪

美国、日本等国家使用碟式液限仪来测定黏性土的液限。它是将调成浓糊状的试样装在碟内，刮平表面，用切槽器在土中成槽，槽底宽度为 2mm，如图 2-14 所示，然后将碟子抬高 10mm，使碟下落，连续下落 25 次后，如土槽合拢长度为 13mm，这时试样的含水量就是液限。

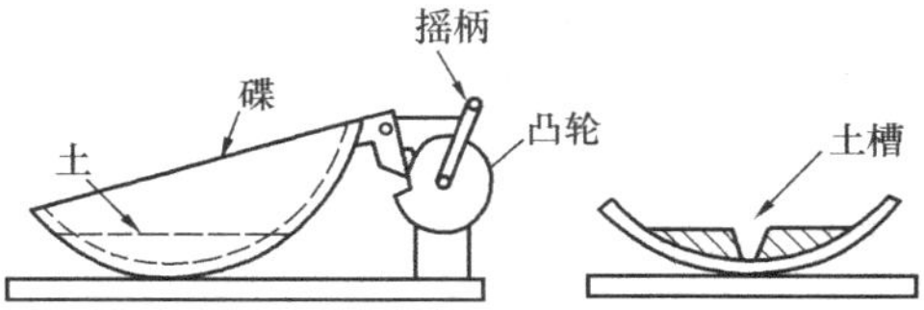

图 2-14　碟式液限仪

黏性土的塑限 w_P 采用“搓条法”测定，即用双手将天然湿度的土样搓成小圆球（球径小于 10mm），放在毛玻璃板上再用手掌慢慢搓滚成小土条，若土条搓到直径为 3mm 时恰好开始断裂，这时断裂土条的含水量就是塑限 w_P 值。

上述测定塑限的搓条法存在着较大的缺点，主要是由于采用手工操作，受人为因素的影响较大，因而成果不稳定。近年来许多单位都在探索一些新方法，以便取代搓条法，如以联合法测定液限和塑限。

联合测定法求液限、塑限是采用锥式液限仪用电磁放锥法对黏性土试样以不同的含水量进行若干次试验，并按测定结果在双对数坐标纸上作出 76g 圆锥体的入土深度与含水量的关系曲线（图 2-15）。根据大量试验资料看，它接近于一根直线。如同时采用圆锥仪法及搓条法分别作液限、塑限试验进行比较，则对应于圆锥体入土深度为 10mm 及 2mm 时土样的含水量分别为该土的液限和塑限。

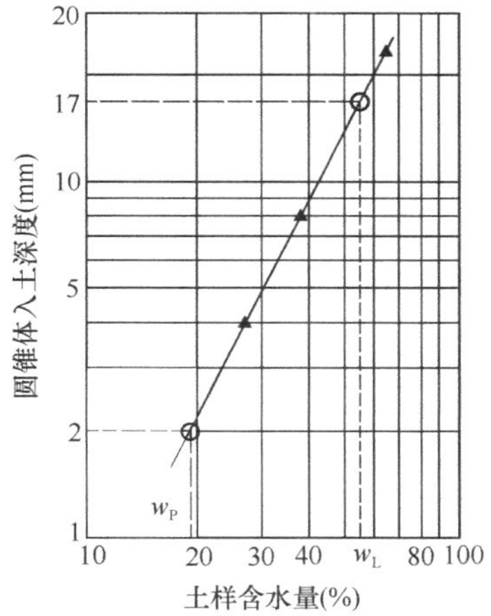

图 2-15　圆锥入土深度与含水量关系

因此，在工程实践中，为了准确、方便、迅速地求得某土样的液限和塑限时，则需用电磁放锥的锥式液限仪对土样以不同的含水量做几次（一般做三次）试验，即可在坐标纸上以相应的几个点近似地定出直线，然后可在直线上求出液限和塑限。

20世纪50年代以来，我国一直以76g圆锥仪下沉深度10mm作为液限标准，现《建筑地基基础设计规范》GB 50007—2011和《岩土工程勘察规范》GB 50021—2001（2009版）仍采用该标准，但这与碟式仪测得的液限值不一致。国内外一些研究成果分析表明，取圆锥仪下沉深度17mm为液限标准，则与碟式仪值相当，为此，国标《土的分类标准》GB/T 50145—2007关于细粒土分类的塑性图中，取消了采用76g圆锥仪下沉深度10mm对应的含水量为液限，而采用76g圆锥仪下沉深度17mm对应的含水量为液限；《公路土工试验规程》JTG E40—2007也规定采用76g圆锥仪下沉深度17mm或100g圆锥仪下沉深度20mm对应的含水量为液限，如图2-15所示。

2.5.2 塑性指数和液性指数

塑性指数是指液限和塑限的差值（省去%符号），即土处在可塑状态的含水量变化范围，用符号 I_P 表示，即：

$$I_P = w_L - w_P \tag{2.5.1}$$

显然，液限和塑限之差（或塑性指数）愈大，土处于可塑状态的含水量范围也愈大，换句话说，塑性指数的大小与土中结合水的可能含量有关，亦即与土的颗粒组成、土粒的矿物成分以及土中水的离子成分和浓度等因素有关。从土的颗粒来说，土粒越细，且细颗粒（黏粒）的含量越高，则其比表面和可能的结合水含量愈高，因而 I_P 也随之增大。从矿物成分来说，黏土矿物可能具有的结合水量大（其中尤以蒙脱石类为最大），因而 I_P 也大。从土中水的离子成分和浓度来说，当水中高价阳离子的浓度增加时，土粒表面吸附的反离子层的厚度变薄，结合水含量相应减少，I_P 也小；反之随着反离子层中的低价阳离子的增加，I_P 变大。

由于塑性指数在一定程度上综合反映了影响黏性土特征的各种重要因素，因此，在工程上常按塑性指数对黏性土进行分类。

液性指数是指黏性土的天然含水量和塑限的差值与塑性指数之比，用符号 I_L 表示，即：

$$I_L = \frac{w - w_P}{w_L - w_P} = \frac{w - w_P}{I_P} \tag{2.5.2}$$

从式中可见，当土的天然含水量 w 小于 w_P 时，I_L 小于0，天然土处于坚硬状态；当 w 大于 w_L 时，I_L 大于1，天然土处于流动状态；当 w 在 w_P 与 w_L 之间时，即 I_L 在0～1之间，则天然土处于可塑状态。因此可以利用液性指数 I_L 来表示黏性土所处的软硬状态。I_L 值愈大，土质愈软；反之，土质愈硬。

黏性土根据液性指数值划分为坚硬、硬塑、可塑、软塑及流塑五种软硬状态，其划分标准见表2-7。

黏性土软硬状态的划分 **表2-7**

状态	坚硬	硬塑	可塑	软塑	流塑
液性指数	$I_L \leqslant 0$	$0 < I_L \leqslant 0.25$	$0.25 < I_L \leqslant 0.75$	$0.75 < I_L \leqslant 1.0$	$I_L > 1.0$

2.5.3 黏性土的活动性指数

如上所述，黏性土的塑性指数是一个综合性的分类指标，它是许多因素综合结果的反映。实际上可能有两种土的塑性指数很接近，但性质却有很大差异，这主要是黏性土中所含矿物的胶体活动性引起的。为此可用塑性指数 I_P 与黏粒（粒径<0.002mm 的颗粒）含量百分数的比值即活动性指数 A 来衡量矿物的胶体活动性。

$$A = \frac{I_P}{m} \tag{2.5.3}$$

式中 m——黏粒（<0.002mm 的颗粒）含量百分比。

实际工程中按活动性指数 A 的大小可把黏性土划分为：

$A<0.75$　　不活动性黏性土

$0.75<A<1.25$　　正常黏性土

$A>1.25$　　活动性黏性土

2.6　土的结构性

很多试验资料表明，同一种土，原状土样和重塑土样的力学性质有很大差别，甚至用不同方法制备的重塑土样，尽管组成一样，密度控制也一样，但性质却有所区别。这就是说，土的组成和物理性状不是决定土性质的全部因素，土的结构对土的性质也有很大影响。这种土的性质受结构扰动影响而改变的特性称为土的结构性。天然土的结构性是普遍存在的，它是土形成与存在条件的反映，与成因类型密切相关，因此，在研究土力学问题时，必须考虑土的结构性。

2.6.1　土的结构与构造

土的结构是指由土粒单元的大小、形状、相互排列及其联结关系等因素形成的综合特征，一般分为单粒结构、蜂窝结构和絮状结构三种基本类型。

单粒结构：为碎石土和砂土的结构特征，是由粗大土粒在水或空气中下沉而形成的。因颗粒较大，土粒间的分子吸引力相对很小，所以颗粒间几乎没有联结，至于未充满孔隙的水分只可能使其具有微弱的毛细水联结。单粒结构可以是疏松的[图 2-16(*a*)]，也可以是紧密的[图 2-16(*b*)]。

(*a*)　(*b*)

图 2-16　土的单粒结构

呈紧密状单粒结构的土，由于其土粒排列紧密，在动、静荷载作用下都不会产生较大的沉降，所以强度较大，压缩性较小，是较为良好的天然地基。

具有疏松单粒结构的土，其骨架是不稳定的，当受到振动及其他外力作用时，土粒易于发生移动，土中孔隙剧烈减少，引起土的很大变形，因此，这种土层如未经处理一般不宜作为建筑物的地基。

蜂窝结构主要由粉粒（0.075～0.005mm）组成的土的结构形式。据研究，粒径在0.075～0.005mm 左右的土粒在水中沉积时，基本上是以单个土粒下沉，当碰上已沉积的土粒时，由于它们之间的相互引力大于其重力，因此土粒就停留在最初的接触点上不再下沉，形成具有很大孔隙的蜂窝状结构（图 2-17）。

絮状结构是由黏粒（<0.005mm）集合体组成的结构形式。黏粒能够在水中长期悬浮，不因自重而下沉。当这些悬浮在水中的黏粒被带到电解质浓度较大的环境中（如海水）黏粒凝聚成絮状的集粒（黏粒集合体）而下沉，并相继和已沉积的絮状集粒接触，而形成类似蜂窝而孔隙很大的絮状结构（图 2-18）。

前已述及，粒径小于 0.005mm 的呈片状或针状的土粒，表面带负电荷，而在片的断口处有局部的正电荷，因此在土粒聚合时，多半以面-边或面-面（错开）的方式接触，如图 2-19 所示。黏土的性质主要取决于集粒间的相互联系与排列。当黏粒在淡水中沉积时，因水中缺少盐类，所以黏粒或集粒间的排斥力可以充分发挥，沉积物的结构是定向（或至少半定向）排列的，即颗粒在一定程度上平行排列，形成所谓分散型结构。当黏粒在海水中沉积时，由于水中盐类的离子浓度很大，减少了颗粒间的排斥力，所以土的结构是面-边接触的絮状结构。

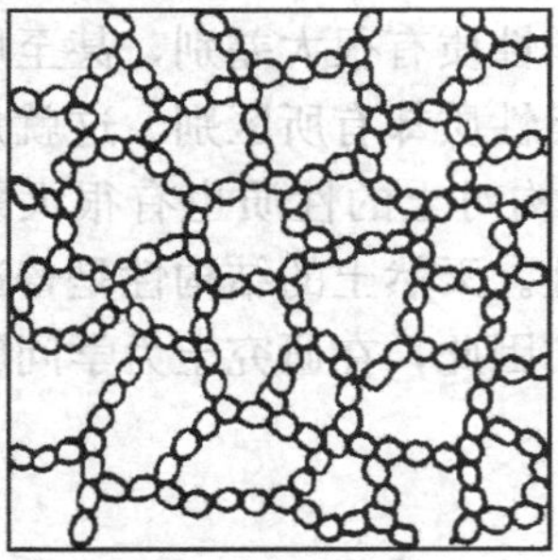

图 2-17　土的蜂窝结构

图 2-18　土的絮状结构

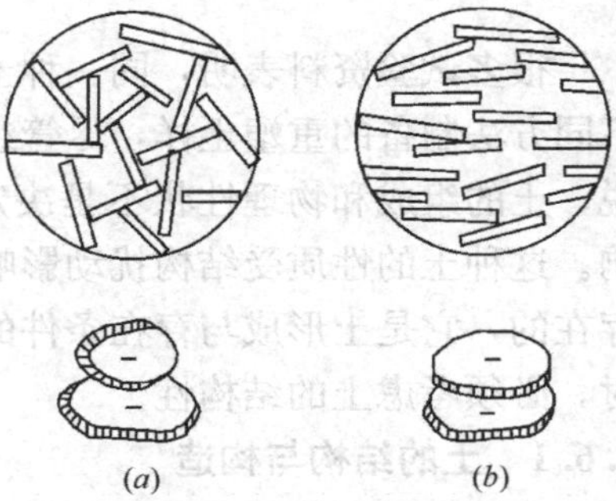

图 2-19　黏粒的接触方式

(*a*) 边对面；(*b*) 面对面

具有蜂窝结构和絮状结构的黏性土，其土粒之间的联结强度（结构强度），往往由于长期的压密作用和胶结作用而得到加强。

具有相近物质成分和颗粒大小的土层在空间的相互关系特征称为土的构造。土的构造最主要特征就是成层性，即层理构造。它是在土的形成过程中，由于不同阶段沉积的物质成分、颗粒大小或颜色不同，而沿竖向呈现的成层特征，常见的有水平层理构造和交错层理构造。土的构造的另一特征是土的裂隙性，如黄土的柱状裂隙。裂隙的存在大大降低土体的强度和稳定性，增大透水性，对工程不利。此外，也应注意到土中的包裹物（如腐殖物、贝壳、结核体等）以及天然或人为孔洞存在。这些构造特征都造成土的不均匀性。

2.6.2　黏性土的灵敏度和触变性

天然状态下的黏粒土通常都具有一定的结构性，当受到外来因素的扰动时，土粒间的胶结物质以及土粒、离子、水分子所组成的平衡体系受到破坏，土的强度降低和压缩性增大。土的结构性对强度的这种影响，一般用灵敏度来衡量。土的灵敏度是以原状土的强度与同一土经重塑（指在含水量不变条件下使土的结构彻底破坏）后的强度之比来表示的。重塑试样具有与原状试样相同的尺寸、密度和含水量。测定强度所用的常用方法有室内无侧限抗压强度试验和现场十字板抗剪强度试验。对于饱和黏性土的灵敏度 S_t 可按下式计算：

$$S_t = q_u / q'_u \tag{2.6.1}$$

式中　q_u——原状试样的无侧限抗压强度，kPa；

q'_u——重塑试样的无侧限抗压强度，kPa。

根据灵敏度可将饱和黏性土分为：低灵敏（$1<S_t\leqslant 2$）、中灵敏（$2<S_t\leqslant 4$）和高灵敏（$S_t>4$）三类。土的灵敏度愈高，其结构性愈强，受扰动后土的强度降低就愈多，所以在基础施工中应注意保护基槽，尽量减少土结构的扰动。

饱和黏性土的结构受到扰动，导致强度降低，但当扰动停止后，土的强度又随时间而逐渐增大。黏性土的这种抗剪强度随时间恢复的胶体化学性质称为土的触变性，例如在黏性土中打桩时，桩侧土的结构受到破坏而强度降低，但在停止打桩以后，土的强度渐渐恢复，桩的承载力逐渐增加，这就是受土的触变性影响的结果。

饱和软黏土易于触变的实质是这类土的微结构主要为蜂窝状结构，蜂窝中含有大量的结合水，当土体被扰动时，粒间引力被破坏，部分结合水转化为自由水，颗粒之间失去连接而成流动状态，因而土的强度急剧降低，而当外力停止后，部分自由水可向结合水转化，使颗粒间连接逐渐恢复，因而强度逐渐有所增大。

2.7 土的压实性

在很多工程建设中都遇到填土问题，如地基、路基、土堤和土坝工程等，进行填土时，经常都要采用夯击、振动或辗压等方法，使土得到压实，以提高土的强度，减小压缩性和渗透性，从而保证地基和土工建筑物的稳定。压实性就是指土体在外部压实能量作用下，土颗粒克服粒间阻力，产生位移，使土中的孔隙减小，密度增加，强度提高的特性。

实践经验表明，压实细粒土宜用夯击机具或压强较大的辗压机具，同时必须控制土的含水量，含水量太高或太低都得不到好的压密效果；压实粗粒土时，则宜采用振动机具，同时充分洒水。这也说明细粒土和粗粒土具有不同的压实性质。

2.7.1 细料土的压实性

研究细粒土的压实性可以在实验室或现场进行。在实验室内进行击实试验，是研究土压实性的基本方法。击实试验分轻型和重型两种，轻型击实试验适用于粒径小于 5mm 的黏性土，而重型击实试验适用于粒径不大于 20mm 的土，采用三层击实时，最大粒径不大于 40mm。击实试验所用的主要设备是击实仪，包括击实筒、击锤及导筒等。图 2-20

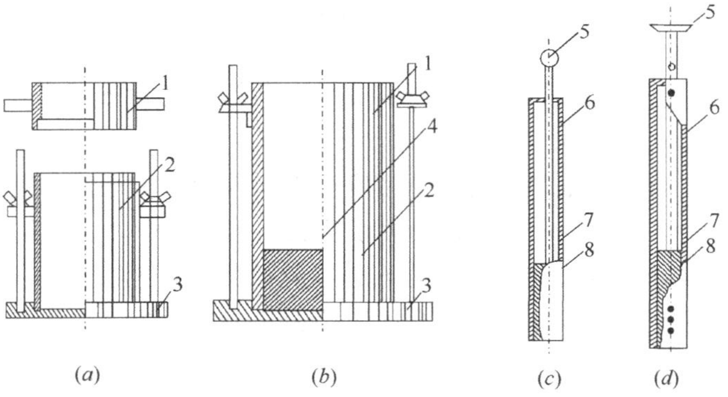

图 2-20　两种击实仪示意图

(*a*) 轻型击实筒；(*b*) 重型击实筒；(*c*) 2.5kg 击锤；(*d*) 4.5kg 击锤

1—套筒；2—击实筒；3—底板；4—垫块；5—提手；6—导筒；7—硬橡皮垫；8—击锤

为轻型和重型两种击实仪示意图，分别对应于标准击实试验（Proctor test）和改进的击实试验（Modified Proctor Test），其击实筒容积分别为 947.4cm^3 和 2103.9cm^3；击锤质量分别为 2.5kg 和 4.5kg；落高分别为 305mm 和 457mm。

试验时，将某一土样制成 6～7 份不同含水量的土样，将某一含水量的土样分层装入击实筒中，每铺一层后均用击锤按规定的落距和击数锤击土样，最后被压实的土样充满击实筒。由击实筒的体积和筒内被压实土的总质量计算出湿密度 ρ，同时按烘干法测定土的含水量（w）。以含水量为横坐标，干密度为纵坐标，绘制含水量-干密度曲线如图 2-21 所示。详细的操作方法见土工试验规程。

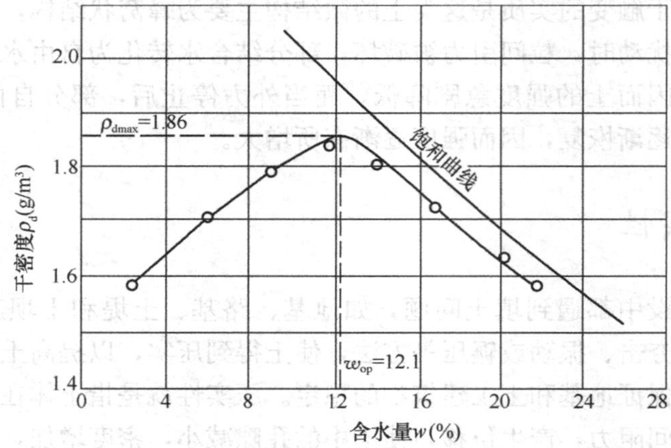

图 2-21 含水量-干密度曲线

1. 最优含水量和最大干密度

在图 2-21 的击实曲线上，峰值干密度对应的含水量，称为最优含水量 w_{op}，它表示在这一含水量下，用这种压实方法，能够得到最大干密度 ρ_{dmax}。同一种土，干密度愈大，孔隙比愈小，所以最大干密度相应于试验所达到的最小孔隙比。在某一含水量下，将土压到最密，理论上就是将土中所有的气体都从孔隙中赶走，使土达到饱和。理论上不同含水量所对应的土体达到饱和状态时的干密度如式（2.7.1）：

$$\rho_d = \frac{d_s \rho_w}{1 + w d_s} \tag{2.7.1}$$

据此可得到理论上所能达到的最大压实曲线，即饱和度为 S_r＝100％的压实曲线，也称饱和曲线（图 2-21）。

按照饱和曲线，当含水量很大时，干密度很小，因为这时土体中很大的一部分体积都是水。若含水量很小，则饱和曲线上的干密度很大。当 w＝0 时，饱和曲线的干密度应等于土颗粒的相对密度 d_s。显然除了变成岩石外，碎散的土是无法达到的。

实际上，实验的击实曲线在峰值以右逐渐接近于饱和曲线，并且大体上与它平行。在峰值以左，则两根曲线差别较大，而且随着含水量减小，差值迅速增加。土的最优含水量的大小随土的性质而异，试验表明 w_{op} 约在土的塑限 w_p 附近。有各种理论解释这种现象的机理。归纳起来，可以这样理解：对于黏性土来说，当含水量很小时，颗粒表面的水膜很薄，要使颗粒相互移动需要克服很大的粒间阻力，因而需要消耗很大的能量。这种阻力可能来源于毛细压力或者结合水的剪切阻力。随着含水量增加，水膜加厚，粒间阻力必然减小，颗粒自然容易移动；但是，当含水量超过最优含水量 w_{op} 以后，水膜继续增厚所引起的润滑作用已不明显，这时，土中的剩余空气已经不多，并且处于与大气隔绝的封闭状态。封闭气体很难全部被赶走，因此击实曲线不可能达到饱和曲线，也即击实土不会达到完全饱和状态。另外，黏性土的渗透性小，在击实辗压过程中，土中水来不及渗出，压实的过程可以认为含水量保持不变，因此必然是含水量愈高，得到的压实干密度愈小。

2. 压实功能的影响

压实功能是指压实每单位体积土所消耗的能量。击实试验中的压实功能用式（2.7.2）表示：

$$E=\frac{WdNn}{V} \tag{2.7.2}$$

式中 W——击锤质量（kg），在标准击实试验中击锤质量为 2.5kg；

d——落距（m），击实试验中定为 0.305m；

N——每层土的击实次数，标准试验为 27 击；

n——铺土层数，试验中分 3 层；

V——击实筒的体积，为 $1\times10^{-3}\mathrm{m}^3$。

每层土的击实次数不同，即表示击实功能有差异。同一种土，用不同的功能击实，得到的击实曲线如图 2-22 所示。曲线表明，压实功能愈大，得到的最优含水量愈小，相应的最大干密度愈高。所以，对于同一种土，最优含水量和最大干密度并不是恒定值，而是随着压密功能而变化。同时，从图中还可以看到，含水量超过最优含水量以后，压实功能的影响随含水量的增加而逐渐减小。击实曲线均靠近于饱和曲线。

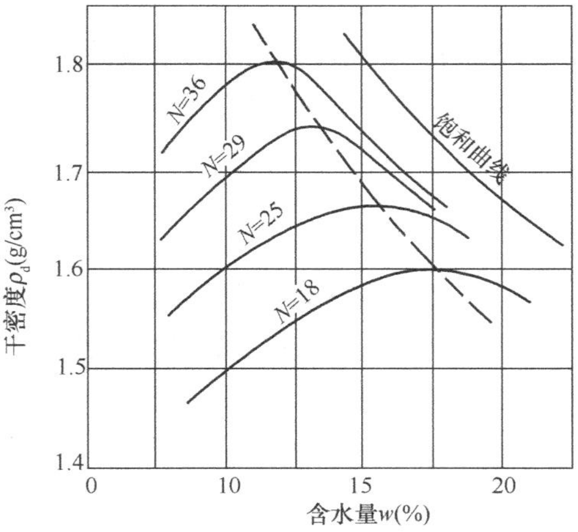

图 2-22 不同压实功能的击实曲线

3. 填土的含水量和辗压标准的控制

由于黏性填土存在着最优含水量，因此在填土施工时应将土料的含水量控制在最优含水量左右，以期用较小的能量获得最好的密度。当含水量控制在最优含水量的干侧时（即小于最优含水量），击实土的结构常具有凝聚结构的特征。这种土比较均匀，强度较高，较脆硬，不易压密，但浸水时容易产生附加沉降。当含水量控制在最优含水量的湿侧时（即大于最优含水量），土具有分散结构的特征。这种土的可塑性大，适应变形的能力强，但强度较低，且具有不等向性。所以，含水量比最优含水量偏高或偏低，填土的性质各有优缺点，在设计土料时要根据对填土提出的要求和当地土料的天然含水量，选定合适的含水量，一般选用的含水量要求在 $w_{op}\pm(2\sim3)\%$范围内。

室内击实试验用来模拟工地压实是种半经验的方法，为便于工地压实质量控制，工程上采用压实度 D_C 控制。压实度的定义是

$$D_C = \frac{\rho_d}{\rho_{dmax}} \tag{2.7.3}$$

D_C 值越接近于 1，表示对压实质量要求越高。如对高速公路主要受力层一般要求 D_C 值达 0.95。Ⅰ、Ⅱ级土石坝，D_C 值应达到 0.95～0.98 等。

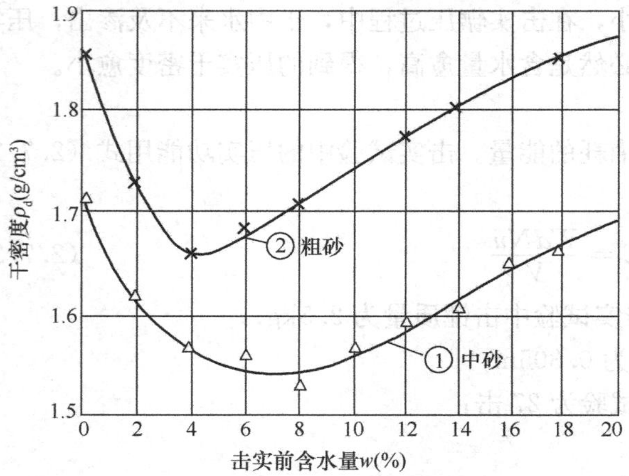

图 2-23 粗粒土的击实曲线

2.7.2 粗粒土的压实性

砂和砂砾等粗粒土的压实性也与含水量有关，不过不存在着一个最优含水量。一般在完全干燥或者充分洒水饱和的情况下容易压实到较大的干密度。潮湿状态，由于毛细压力增加了粒间阻力，压实干密度显著降低。粗砂在含水量为 4%～5%左右，中砂含水量在为 7%左右时，压实干密度最小，如图 2-23 所示。因此，在无黏性土的实际填筑中，通常需要不断洒水使其在较高含水量下压实。

粗粒土的压实标准，通常用相对密度 D_r 控制。一般要求相对密度达到 0.70 以上，近年来根据地震震害资料的分析结果，认为高烈度区相对密度还应提高。

2.8 土的工程分类

2.8.1 土的工程分类原则

自然界的土类众多，工程性质各异，土的工程分类就是根据土的工程性质差异将土划分成一定的类别，其目的在于：

(1) 根据土类，可以大致判断土的基本工程特性，并可结合其他因素对地基土作出初步评价；

(2) 根据土类，可以合理确定不同的研究内容和方法；

(3) 当土的工程性质不能满足工程要求时，也需根据土类确定相应的改良和处理方法。

目前国内外还没有统一的土分类标准，各部门根据其用途和实践经验采用各自的分类方法，但一般应遵循下列基本原则：

(1) 工程特性差异的原则：即分类应综合考虑土的主要工程特性，并采用影响土的工程特性的主要因素作为分类依据，以使划分的土类之间有一定的质或显著的量的差别；前已分析，影响土的工程性质的三个主要因素是土的三相组成、物理状态和结构性。对粗粒土，其工程性质主要取决于颗粒及其级配，对细粒土，其工程性质则主要取决于土的吸附结合水的能力，因而多用稠度指标来反映；

(2) 以成因、地质年代为基础的原则：这是因为土是自然历史的产物，土的工程性质受土的成因与形成年代控制；不同成因、不同年代的土，其工程性质有显著差异。

(3) 分类指标易测定的原则：即分类采用的指标，要既能综合反映土的主要工程性质，又要测定方法简便。

土的工程分类体系，目前国内外主要有两种：

(1) 建筑工程系统的分类体系——侧重于把土作为建筑地基和环境，故以原状土为基本对象。因此，对土的分类除考虑土的组成外，很注重土的天然结构性，即土的粒间联结性质和强度。例如我国国家标准《建筑地基基础设计规范》GB 50007—2011 和《岩土工程勘察规范》GB 50021—2001 的分类、原苏联建筑法规（СНиП Ⅱ-15-74）的分类、美国国家公路协会（AASHTO）分类以及英国基础试验规程（CP2004，1972）的分类等。

(2) 材料系统的分类体系——侧重于把土作为建筑材料，用于路堤、土坝和填土地基等工程，故以扰动土为基本对象，对土的分类以土的组成为主，不考虑土的天然结构性。例如，我国国家标准《土的分类标准》GBJ 145—90、水电部 SD 128-84 分类法、公路路基土分类法和美国材料协会的土质统一分类法（ASTM，1969）等。

2.8.2 我国土的工程分类

目前国内作为国家标准和应用较广的土的工程分类主要有前述《建筑地基基础设计规范》和《岩土工程勘察规范》的分类及《土的分类标准》。

1.《建筑地基基础设计规范》GB 50007—2011 和《岩土工程勘察规范》GB 50021—2001 的分类

该分类体系源于原苏联天然地基设计规范，结合我国土质条件和 40 多年实践经验，经改进补充而成，其主要特点是，在考虑划分标准时，注重土的天然结构联结的性质和强度，始终与土的主要工程特性——变形和强度特征紧密联系，因此，首先考虑了按沉积年代和地质成因的划分，同时将某些特殊形成条件和特殊工程性质的区域性特殊土与普通土区别开来。在以上基础上，总体再按颗粒级配或塑性指数分为碎石土、砂土、粉土和黏性土四大类，并结合沉积年代、成因和某种特殊性质综合定名。

这种分类方法简单明确，科学性和实用性强，多年来已被我国各工程界所熟悉和广泛应用，其划分原则与标准分述如下：

(1) 土按沉积年代可划分以下三类：

1) 老沉积土：第四纪晚更新世 Q_3 及其以前堆积的土层，一般呈超固结状态，具有较高的结构强度；

2) 一般沉积土：第四纪全新世（文化期以前 Q_4）堆积的土层；

3) 新近沉积土：文化期以来新近堆积的土层 Q_4，一般呈欠压密状态，结构强度较低。

(2) 土根据地质成因可分为残积土、坡积土、洪积土、冲积土、湖积土、海积土、风积土和冰川沉积土。

(3) 土根据有机质含量可按表 2-8 分为无机土、有机质土、泥炭质土和泥炭。

土按有机质含量分类（GB 50021—2001） **表 2-8**

分类名称	有机质含量 (%)	现场鉴别特征	说明
无机土	$W_u<5\%$		

续表

分类名称	有机质含量（%）	现场鉴别特征	说　明
有机质土	$5\% \leqslant W_u \leqslant 10\%$	灰、黑色，有光泽，味臭，除腐殖质外尚含少量未完全分解的动植物体，浸水后水面出现气泡，干燥后体积收缩	①如现场能鉴别有机质土或有地区经验时，可不做有机质含量测定； ②当 $w>w_L$，$1.0 \leqslant e < 1.5$ 时称淤泥质土； ③当 $w>w_L$，$e \geqslant 1.5$ 时称淤泥
泥炭质土	$10\% < W_u \leqslant 60\%$	深灰或黑色，有腥臭味，能看到未完全分解的植物结构，浸水体胀，易崩解，有植物残渣浮于水中，干缩现象明显	根据地区特点和需要可按 W_u 细分为： 弱泥炭质土（$10\% < W_u \leqslant 25\%$）； 中泥炭质土（$25\% < W_u \leqslant 40\%$）； 强泥炭质土（$40\% < W_u \leqslant 60\%$）
泥炭	$W_u > 60\%$	除有泥炭质土特征外，结构松散，土质很轻，暗无光泽，干缩现象极为明显	

注：有机质含量 W_u 按灼失量试验确定。

(4) 土按颗粒级配和塑性指数分为碎石土、砂土、粉土和黏性土。

1) 碎石土：粒径大于 2mm 的颗粒含量超过全重 50%的土。根据颗粒级配和颗粒形状按表 2-9 分为漂石、块石、卵石、碎石、圆砾和角砾。

碎石土分类（GB 50007—2011）　　**表 2-9**

土的名称	颗粒形状	颗粒级配
漂石	圆形及亚圆形为主	粒径大于 200mm 的颗粒超过全重 50%
块石	棱角形为主	
卵石	圆形及亚圆形为主	粒径大于 20mm 的颗粒超过全重 50%
碎石	棱角形为主	
圆砾	圆形及亚圆形为主	粒径大于 2mm 的颗粒超过全重 50%
角砾	棱角形为主	

注：定名时，应根据颗粒级配由大到小以最先符合者确定。

2) 砂土：粒径大于 2mm 的颗粒含量不超过全重 50%，且粒径大于 0.075mm 的颗粒含量超过全重 50%的土。根据颗粒级配按表 2-10 分为砾砂、粗砂、中砂、细砂和粉砂。

砂土分类（GB 50007—2011）　　**表 2-10**

土的名称	颗粒级配
砾砂	粒径大于 2mm 的颗粒占全重 25%～50%
粗砂	粒径大于 0.5mm 的颗粒超过全重 50%
中砂	粒径大于 0.25mm 的颗粒超过全重 50%
细砂	粒径大于 0.075mm 的颗粒超过全重 85%
粉砂	粒径大于 0.075mm 的颗粒超过全重 50%

注：定名时应根据颗粒级配由大到小以最先符合者确定。

3）粉土：粒径大于 0.075mm 的颗粒不超过全重 50%，且塑性指数 $I_P \leqslant 10$ 的土。

4）黏性土：塑性指数大于 10 的土。根据塑性指数 I_P 按表 2-11 分为粉质黏土和黏土。

黏性土分类（GB 50007—2011） **表 2-11**

土的名称	塑性指数
粉质黏土	$10 < I_P \leqslant 17$
黏土	$I_P > 17$

注：确定塑性指数 I_P 时，液限以 76g 圆锥仪入土深度 10mm 为准；塑限以搓条法为准。

（5）具有一定分布区域或工程意义上具有特殊成分、状态和结构特征的土称为特殊性土，规范分为湿陷性土、红黏土、软土（包括淤泥和淤泥质土）、混合土、填土、多年冻土、膨胀土、盐渍土、污染土。

2.《土的分类标准》GB/T 50145—2007

该分类体系源于美国卡萨格兰特（A. Casagrande，1948）的分类，之后流行于欧美一些国家的材料工程系统。七八十年代我国一些学者进行了大量研究，并制订了本分类标准。其主要特点是首先将土粒划分为巨粒土、粗粒土和细粒土。粗粒土分为砾类土和砂类土，并根据细粒含量和级配细分；细粒土则根据其在塑性图上的位置细分。此外，根据我国国情，对一些特殊土的分类作了规定。

对本分类标准的一般土料分类，分述如下：

（1）巨粒土和含巨粒土、砾类土和砂类土按粒组含量、级配指标（不均匀系数 C_u 和曲率系数 C_c）和所含细粒的塑性高低，划分为 16 种土类，见表 2-12、表 2-13、表 2-14。

巨粒土和含巨粒土的分类 **表 2-12**

土类	粒组含量		土代号	土名称
巨粒土	巨粒（d>60mm）含量 100%～75%	漂石（d>200mm）含量>50%	B	漂石（块石）
		漂石含量≤50%	Cb	卵石（碎石）
混合巨粒土	50%<巨粒含量<75%	漂石含量>50%	BSl	混合土漂（块）石
		漂石含量≤50%	CbSl	混合土卵（块）石
巨粒混合土	15%<巨粒含量<50%	漂石含量>卵石含量	SlB	漂（块）石混合土
		漂石含量≤卵石含量	SlCb	卵（碎）石混合土

砾类土的分类（砾粒组 2mm<d≤60mm>50%） **表 2-13**

土类	粒组含量		土代号	土名称
砾	细粒* 含量<5%	级配 $C_u \geqslant 5$，$C_c = 1 \sim 3$	GW	级配良好砾
		级配不同时满足上述要求	GP	级配不良砾
含细粒土砾	细料含量 5%～15%		GF	含细粒土砾
细粒土质砾	15%≤细粒含量<50%	细粒组中粉粒含量≤50%	GC	黏土质砾
		细粒组中粉粒含量>50%	GM	粉土质砾

* 细粒粒组包括粉粒（0.005mm<d≤0.075mm）和黏粒（d≤0.005mm）。

砂类土的分类（砾粒组≤50%） 　　　　**表 2-14**

土类	粒组含量		土代号	土名称
砂	细粒含量<5%	级配 $C_u \geq 5$，$C_c = 1 \sim 3$	SW	级配良好砂
		级配不同时满足上述要求	SP	级配不良砂
含细粒土砂	细料含量 5%～15%		SF	含细粒土砂
细粒土质砂	15%≤细粒含量<50%	细粒组中粉粒含量≤50%	SC	黏土质砂
		细粒组中粉粒含量>50%	SM	粉土质砂

（2）细粒土：粗粒组（$0.075\text{mm} < d \leq 60\text{mm}$）含量少于 25%的土，参照塑性图确定土名。当用 76g、锥角 30°液限仪锥尖入土 17mm 对应的含水量为液限（相当于碟式液限仪测定值）时，用图 2-24 塑性图分类（表 2-15）。

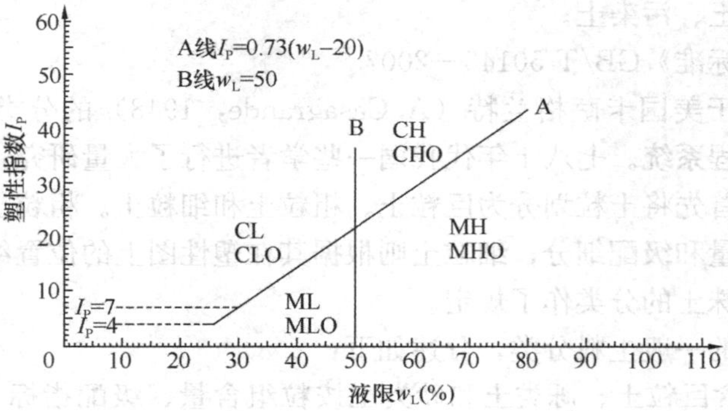

图 2-24 塑性图（GBT-50145-2007）

细粒土的分类（图 2-24） 　　　　**表 2-15**

土的塑性指标在塑性图中的位置		土代号	土名称
塑性指数 I_P	液限 w_L（%）		
$I_P \geq 0.73(w_L - 20)$ 和 $I_P \geq 7$	≥50	CH	高液限黏土
	<50	CL	低液限黏土
$I_P < 0.73(w_L - 20)$ 和 $I_P < 4$	≥50	MH	高液限粉土
	<50	ML	低液限粉土

（3）对含粗粒的细粒土，仍按塑性图，并根据所含粗粒类型进行分类：

1）粗粒中砾粒占优势，称为含砾细粒土，在细粒土代号后缀以代号 G。

2）粗粒中砂粒占优势，称为含砂细粒土，在细粒土代号后缀以代号 S；对有机质土，则在细粒土后缀以代号 O。

习题和思考题

2.1　请分析下列几组概念的异同点：①黏土矿物、黏粒、黏性土；②淤泥和淤泥质土；③粒径和粒组。

2.2　简述土中粒度成分与矿物成分的关系。

2.3　粒组划分时，界限粒径的物理意义是什么？

2.4　黏土颗粒为什么会带电?

2.5　毛细现象对工程有何影响?

2.6　为什么要区分干密度、饱和密度和有效密度?

2.7　黏土的活动性为什么有很大差异?

2.8　研究土的结构性有何工程意义?

2.9　为什么细粒土压实时存在最优含水量?

2.10　为什么要进行土的工程分类?

2.11　土的成因分类与土特性有什么联系?

2.12　砂土、粉土、黏性土的工程分类时，采用的指标为什么不一样?

2.13　甲、乙两土样的颗粒分析结果列于下表，试绘制颗粒级配曲线，并确定不均匀系数以及评价级配均匀情况。(答案：甲土的 $C_u=23$)

粒径 (mm)		2～0.5	0.5～0.25	0.25～0.1	0.1～0.05	0.05～0.02	0.02～0.01	0.01～0.005	0.005～0.002	<0.002
相对含量 (%)	甲土	24.3	14.2	20.2	14.8	10.5	6.0	4.1	2.9	3.0
	乙土			5.0	5.0	17.1	32.9	18.6	12.4	9.0

2.14　某原状土样，经试验测得天然密度 $\rho=1.67\text{g/cm}^3$，含水量为 12.9%，土粒相对密度 2.67，求孔隙比 e、孔隙率 n、饱和度 S_r。(答案：$e=0.805$；$n=44.6\%$；$S_r=0.426$)

2.15　某砂土土样的密度为 1.77g/cm^3，含水量为 9.8%，土粒相对密度为 2.67，烘干后测定最小孔隙比为 0.461，最大孔隙比为 0.943，试求孔隙比 e 和相对密实度 D_r，并评定该砂土的密实度。(答案：$D_r=0.595$)

2.16　某一完全饱和黏性土试样的含水量为 30%，土粒相对密度为 2.73，液限为 33%，塑限为 17%，试求孔隙比、干密度和饱和密度，并按塑性指数和液性指数分别定出该黏性土的分类名称和软硬状态。(答案：$\rho_{sat}=1.95\text{g/cm}^3$)

2.17　某土料场土料为黏性土，天然含水量 $w=21\%$，土粒相对密度 $d_s=2.70$，室内标准功能击实试验得到的最大干密 $\rho_{dmax}=1.85\text{g/cm}^3$。设计要求压实度 $D_c=0.95$，并要求压实后的饱和度 $S_r\leqslant0.9$。试问碾压时土料应控制多大的含水量。(答案：17.8%)

参 考 文 献

[1]　华南理工大学，东南大学等合编. 地基及基础(第三版). 北京：中国建筑工业出版社，1998.

[2]　钱家欢主编. 土力学. 南京：河海大学出版社，1990.

[3]　陈仲颐等，土力学. 北京：清华大学出版社，1994.

[4]　洪毓康主编，土质学与土力学. 北京：人民交通出版社，1995.

[5]　沈珠江，软土工程特性和软土地基设计. 岩土工程学报，Vol. 20，No. 1，1998，100～111.

第 3 章　土的渗透性与土中水的渗流

3.1　概述

由于土的碎散性和多相性，在土力学中建立了一个“土骨架”的概念。所谓土骨架是由相互接触的土颗粒组成的，它具有整块土体的体积与截面积，但不包括孔隙中的气体与液体。正如一块丝瓜瓤一样，组成土骨架的是在所占据的全部空间中的固体部分，所以土骨架的重度就是土的干重度 γ_d。土骨架中含有连通的孔隙，孔隙中包含有流体，这些流体在能量差的作用下会在孔隙中流动，这就是土中的渗流，土体能够让其中流体通过的性质就是土的渗透性。本章主要讨论饱和土体中水的渗流问题。

饱和土体中水的渗流服从伯努利（D. Bernoulli）方程，亦即水总是从能量高处流向能量低处。在一个流场中，某点水的总能量可以表示为该点单位重量水的总水头，它包括位置水头、压力水头和速度水头，如式（3.1.1）所示：

$$h = z + \frac{u}{\gamma_w} + \frac{v^2}{2g} \tag{3.1.1}$$

式中　z——该点相应于一定基准面 0-0 的位置水头；

u——该点的孔隙水压力；

v——该点孔隙中水的流速；

g——重力加速度。

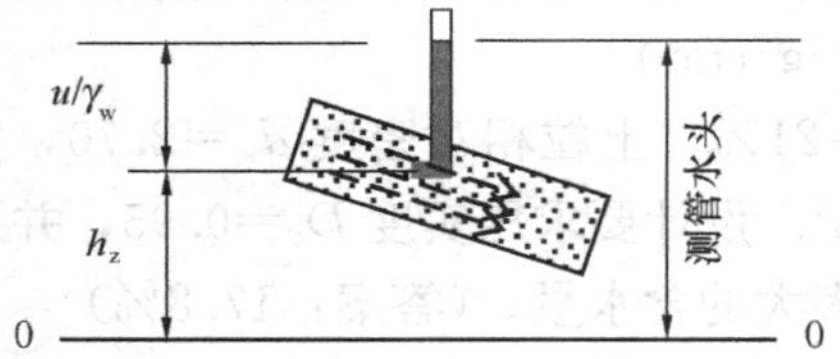

图 3-1　土中渗透水流的水头

其中 u/γ_w 为压力水头，$v^2/2g$ 为流速水头，由于在土中渗流的流速一般比较小，所以流速水头常常可以忽略，这样就只剩下前两项，亦即位置水头与压力水头之和，称为测管水头。在土中水的渗流中，总水头也就等于测管水头（图 3-1）。

土中水的渗流对于土工问题有很大影响，土的应力、变形、强度及土体稳定问题都与土中水的渗流有关。岩土工程中土中水的渗流主要会引起两类工程问题：

（1）渗流量与渗流速度问题

在水利工程中的井、渠、水库中的闸坝及其地基的有关问题中，在土木工程中的基坑工程、地基处理的预压渗流固结工程中，人们关心的是渗流量的多少以及渗流速度的快慢，相应的工程措施就是改善或降低土的渗透性以满足工程的要求。

（2）稳定问题

包括土体的渗透稳定性与渗流引起的土体抗滑稳定性问题。所谓渗透稳定，亦称渗透变形，是指在渗透水流的作用下，土颗粒间会发生相对移动引发土体的坍塌与冲溃，进一步造成其上建筑物失稳。据 1998 年长江防洪抢险资料统计，由渗透变形引起的险情占总险情的 70%以上，除了漫顶以外，堤防溃口几乎全是由渗透变形引起的。在基坑工程中，很多事故也与土中水的渗透失稳以及渗透引起的抗滑失稳有关。一些地质灾害也往往是由降雨入渗形成的土中水渗流引起的。

因而在岩土工程中，需要进行渗流计算与分析，并采取工程措施控制渗流，一旦发生事故，实施正确有效的处理方法。图 3-2 表示的是工程中常见的一些渗流问题。

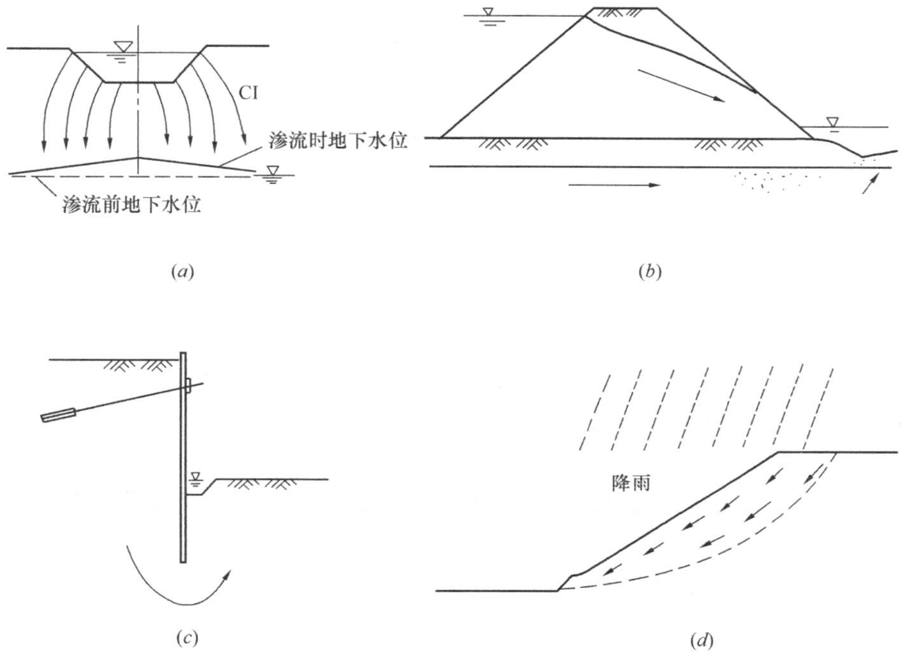

图 3-2 工程中的土中水渗流问题
(*a*) 渠道中的渗漏；(*b*) 土坝与堤防中的渗流；(*c*) 基坑排水；(*d*) 降雨引起的滑坡

3.2 达西定律

3.2.1 一维渗流试验与达西定律

式 (3.1.1) 表示土中水的总水头，土中水总是从总水头高处流向总水头低处。早在 1856 年，法国的工程师达西 (H. Darcy) 在均匀的砂土中进行了一系列的一维渗透试验，其基本原理如图 3-3 所示。他在试验中变化各种条件，得到如下的结果：

$$Q = k\frac{\Delta h}{L}A \tag{3.2.1}$$

式中 Q——渗透流出的流量；

k——比例常数；

Δh——试样两侧土中水的总水头差，亦即测管水头差；

L——试样的长度，亦称渗径；

A——试样的断面面积。

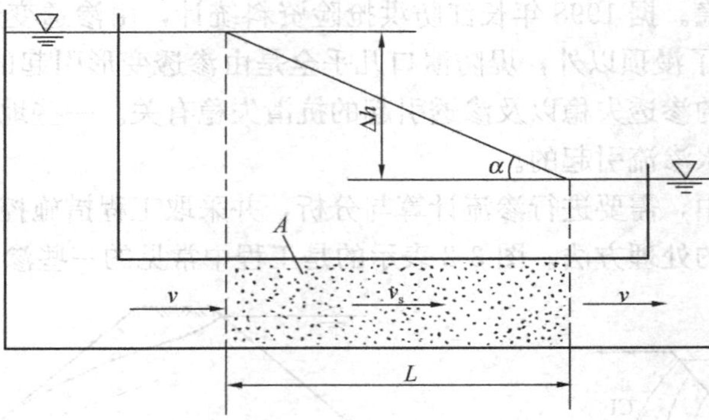

图 3-3　一维渗透试验示意图

如果将式（3.2.1）中的各项改写为：

$$i=\frac{\Delta h}{L}=\tan\alpha \tag{3.2.2}$$

$$v=q=\frac{Q}{A} \tag{3.2.3}$$

其中 i 是单位渗径上的测管水头差，亦称为水力坡降；v 是水的渗流流速，其大小等于单位断面积上的流量 q，则式（3.2.1）可以写成：

$$v=ki \tag{3.2.4}$$

式（3.2.4）表明，土中水的渗流流速 v 与其水力坡度 i 呈正比，比例常数为 k，可见 k 是单位水力坡度下的渗流流速，对于一种土试样它是常数，反映了土的透水性，称为渗透系数。

3.2.2　关于土中水的渗透流速

在式（3.2.3）中，$v=Q/A$，亦即它是土试样的总断面面积除以总渗流量，它实际上是图 3-4（a）中假设水流流经全断面的虚拟的流速，可称为“达西渗流流速”。因为断面中土颗粒是不透水的，所以水在其流动方向上的平均流速应当如图 3-4（b）所示，其平均过水面积为 nA，其中 n 为土的孔隙率，平均流速为 v_s，可见 $v=nv_s$。而具体到断面上某一点水的实际流速 v_s' 十分复杂了，由于土体内孔隙的随机分布，使各点的流速与流向均不相同。图 3-4 表示了土样中不同流速及相应的过水面积。尽管土中水的实际流速与平均流速更代表土中水的“实际”流动情况，但在工程中一般还是使用达西渗流流速 v。

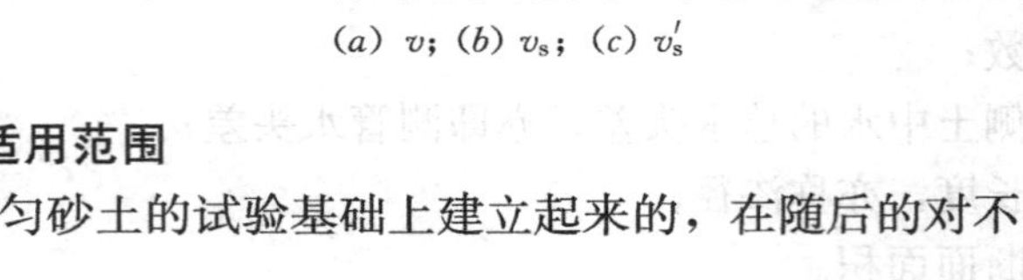

(*a*)　(*b*)　(*c*)

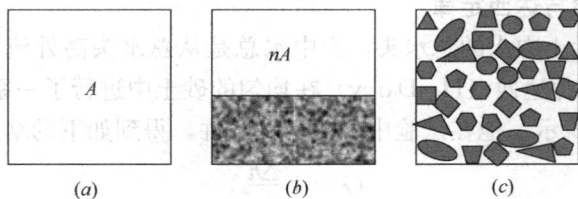

图 3-4　土体的过水断面与土中水的流速

（a）v；（b）v_s；（c）v_s'

3.2.3　达西定律的适用范围

达西定律是在均匀砂土的试验基础上建立起来的，在随后的对不同土类的大量试验表明，只要是土中水流动属于层流状态，它都是适用的。

对于渗透系数很大的粗粒土，如碎石或堆石，当水力坡降 i 超过一定值时，这种线性关系就不再成立，这时流速 v 与水力坡降 i 关系可以表示为：

$$v = k_1 i^m \tag{3.2.5}$$

其中，$m<1.0$，这时由于土中水的渗流变成了紊流，达西定律就不再适用了，如图 3-5（a）所示。

在一些渗透系数很低的黏性土中，试验表明，当水力坡降很小时，v 与 i 关系也是非线性的，如图 3-5（b）所示。这时：

$$v = k_2 i^n \tag{3.2.6}$$

其中 $n>1.0$。当水力坡降提高到一定值时，二者又接近于线性关系。这样，两段曲线可近似表示为：

$$v = k(i - i_0) \tag{3.2.7}$$

其中 i_0 称为起始水力坡降，人们通常认为这是由于黏土矿物的颗粒被结合水所包围，黏滞性较大的结合水膜阻碍了重力水在较小的水头差下的渗流。

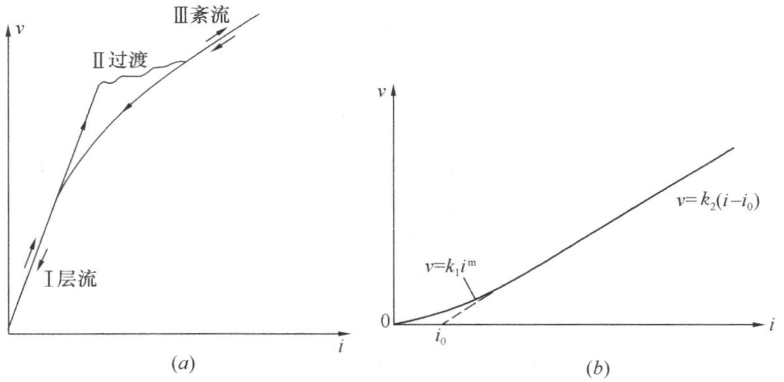

图 3-5　渗透流速与水力坡降的两种非线性关系

（a）卵石、碎石中的渗流；（b）低渗透系数黏土中的渗流

3.3　土的渗透系数

3.3.1　土的渗透系数的影响因素

渗透系数是土的一个重要的特性指标，影响渗透系数的有土的因素和水的因素。对于土来讲也就是内因与外因。土的因素包括孔隙比、颗粒的大小与级配、土的矿物成分、土体的结构以及土的饱和度等；水的因素主要有水的温度与孔隙水中的离子成分等。其中影响最大的因素是土的颗粒与孔隙比。

1. 土的孔隙比 e

由于渗流是在土的孔隙中发生的，如上所述，$v = nv_s = e/(1+e)v_s$，孔隙比 e 较大，表明土中的过水断面较大，土的平均流速 v_s 相同时，则达西渗流流速 v 就较大。实际上，对于同一种土，孔隙比大，土的平均流速 v_s 也会增加。所以试验结果表明，砂土的 k 近

似与 e^2、$e^2/(1+e)$ 或者 $e^3/(1+e)$ 呈正比。但是对于黏性土，这种关系不完全成立。

2. 土的颗粒大小与级配

土中的孔隙通道越细小，单位过流面积的水与固体间的接触周长（水力学中称为“湿周”）就越大，对水流的阻力也就越大，水的平均流速就降低了。而土中的孔隙通道的粗细与土的颗粒大小与级配是有关的，尤其是受土的细颗粒影响很大。例如对于均匀的砂土，哈臣（A. Hazen，1911）建议采用如下的经验公式：

$$k = Cd_{10}^2 \quad (\mathrm{cm/s}) \tag{3.3.1}$$

式中 d_{10}——土的有效粒径，mm；

C——与土性有关的经验系数，$C=0.4\sim1.2$。

3. 土的饱和度

本章主要讨论饱和土中水的渗流。实际上自然界存在大量的非饱和土，即使是地下水位以下的土也不一定是完全饱和的。孔隙水中哪怕是存在少量的小气泡也会减小孔隙通道的截面积，堵塞小的孔隙流道，从而明显减少土的渗透系数。所以在渗透试验中需要对土样进行处理，使其达到充分饱和。图 3-6 表示的是某砂土的饱和度与渗透系数间的关系。

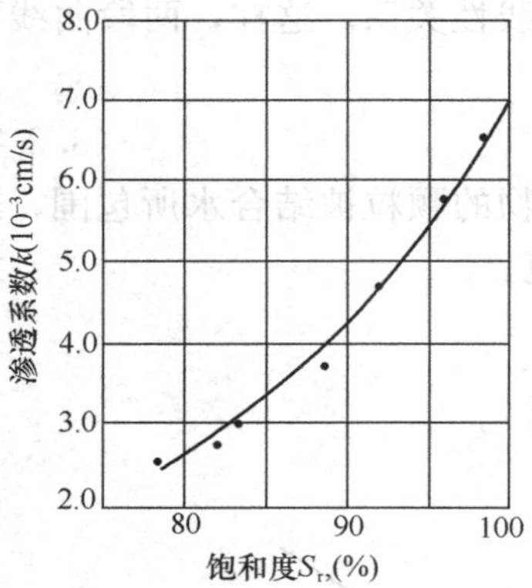

图 3-6　某砂土的渗透系数与饱和度的关系

4. 土的矿物成分与土的结构

与孔隙比 e 相同的砂土比较，黏土的渗透系数要小得多。这是由于黏土颗粒与孔隙细小，对水流的阻力更大；也是由于黏土颗粒表面双电层的结合水阻碍了水的流动，对于孔隙水中含较多低价阳离子的情况，黏土颗粒表面的结合水膜更厚，其渗透系数也更小。黏土矿物的渗透性是：高岭石＞伊利石＞蒙脱石。黏土渗透系数与孔隙比及塑性指数间的关系可见式（3.3.2）与式（3.3.3）。另外在孔隙比相同时，絮凝结构比分散结构的土渗透系数更大。天然沉积的土层，一般水平渗透系数比竖向渗透系数大。

$$\lg k = \frac{e - 10\beta}{\beta} \tag{3.3.2}$$

$$\beta = 0.01 I_p + 0.05 \tag{3.3.3}$$

5. 水的温度

渗透系数实际上反映了水从土的孔隙通道中流过时与土颗粒间的摩阻力或黏滞力。流体的黏滞性与温度有关，温度高则黏滞性降低，渗透系数提高。所以从试验测得的渗透系数 k_T 需要经过温度修正，得到在 20℃下的标准值 k_{20}。我国《土工试验规程》SL 1237—1999 中规定：

$$k_{20} = k_T \frac{\eta_T}{\eta_{20}} \tag{3.3.4}$$

式中 η_T——T℃时水的动力黏滞系数，kPa·s（10^{-6}）；

η_{20}——20℃时水的动力黏滞系数，kPa·s（10^{-6}）。

其中黏滞系数比 η_T/η_{20} 与温度关系见表 3-1。

黏滞系数比与温度的关系　　表 3-1

T（℃）	5	10	15	20	25	30	35
η_T/η_{20}	1.501	1.297	1.133	1.000	0.890	0.798	0.720

3.3.2　土渗透系数的范围

不同土的渗透系数可以相差很大，一般的范围参见表 3-2。

渗透系数 k 的一般范围　　表 3-2

k(cm/s)	土　类	透水性评价
10^2, 10, 1.0	均匀的卵砾石	很好
10^{-1}, 10^{-2}, 10^{-3}	均匀砂；砂砾混合；裂隙黏土、风化黏土	好
10^{-4}, 10^{-5}, 10^{-6}	很细砂、粉土、带夹层的黏土	不好
10^{-7}, 10^{-8}, 10^{-9}	均匀黏土	几乎不透水

从表 3-2 可见，k=1.0 cm/s，10^{-4} cm/s 和 10^{-9}cm/s，是三个重要的量级，它们是卡萨格兰德（Casagrande，1939）所提出的渗透系数的界限值，在工程中很有意义。k=1.0cm/s 是在常见水力坡降下土中渗流的层流与紊流间的界限值；10^{-4} cm/s 是排水良好与排水不良的界限值，也是对应于发生管涌的敏感范围；而 10^{-9} cm/s 则基本上是土的渗透系数的下限。

3.3.3　确定土的渗透系数的试验

可通过室内试验及野外试验来测定土的渗透系数。其中室内试验结果对于实际工程问题的适用性取决于：①试样的代表性；②室内试验结果的重现性；③现场条件的模拟：包括土的饱和度、密度及温度等。尽管如此，室内渗透试验仍然是测定土的渗透系数的重要方法。

1. 常水头渗透试验

这种试验通常用于 $k>1\times10^{-4}$ cm/s 的粗粒土（粗、中砂及砾石）渗透系数的测定。其试验设备见图 3-7（70 型渗透仪）。圆柱形试样被放置于圆筒中，圆筒的直径应大于试验用土最大粒径的 10 倍。试样上下装有滤网；当土中含有细颗粒时，还应设置反滤层。进入试样的水来自于一个容量为 5000ml 的供水容器，进水处的水头及试样上下端的水头差在试验过程中保持不变。渗出水的水量用量杯量测。为保证试样的饱和度，试样首先被抽真空，试验使用脱气水。试验中，记录一定时间间隔的渗出水量，然后用下式计算土的渗透系数：

$$k_T = \frac{VL}{Aht} \quad (\text{cm/s}) \tag{3.3.5}$$

式中 V——时间 t 秒内渗透的水量，cm^3；

L——相邻测压管间的高度，cm；

A——试样的截面积，cm^2；

h——相邻测压管间的平均水头差，cm。

然后用式（3.3.4）进行温度修正，得到在标准温度下土的渗透系数 k_{20}。

2. 变水头渗透试验

这种试验设备有多种，其基本原理如图 3-8 所示。这种试验适用于粉细砂、粉土和黏土。由于这些土的渗透系数较小，用常水头试验难以保证长时间精确的量测。它一般采用 100mm 直径的圆试样，它可能是用环刀采取的原状土样，也可以是室内制备的重塑土试样。试样上下也配备有滤网及反滤层保护。试样的下端水位保持恒定，进水端与已知直径的量水管连通。试验中在几次时间间隔，分别记录管中水位。在重复试验中可采用不同直径的量水管。试样也要用真空饱和，采用脱气水。

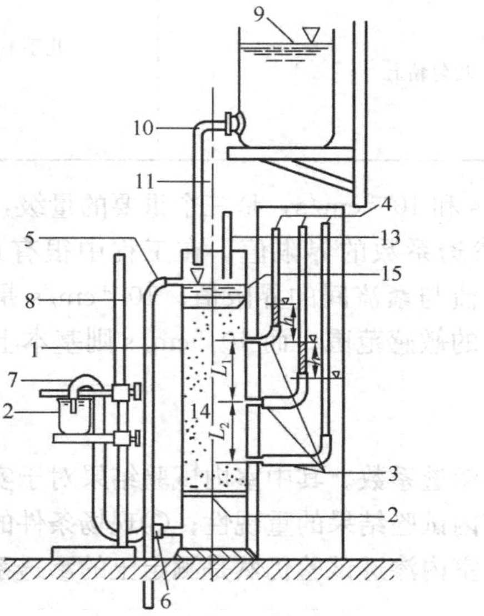

图 3-7 常水头渗透试验装置

1—封底的金属圆筒；2—带孔金属滤网；3—测压孔；4—透明测压管；5—溢水孔；6—渗流出水孔；7—调节管；8—滑动支架；9—容量为 5000ml 的供水瓶；10—供水管；11—止水夹；12—容量为 5000ml 的量筒；13—温度计；14—土试样；15—砾石保护层

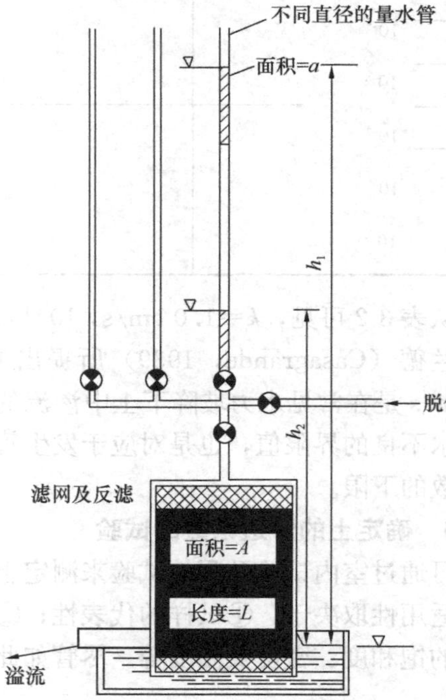

图 3-8 变水头渗透试验原理图

在这种试验中，量水管中水位、水力坡降、渗透流速与流量都是时间的函数。根据达西定律，在任意时刻 t 单位面积的流量为：

$$q = v = ki = k\frac{h}{L}$$

在相对稳定渗流中，在微时段 $\mathrm{d}t$ 中流出试样的水量为：

$$\mathrm{d}V_1 = k\frac{h}{L}A\,\mathrm{d}t$$

在微时段 $\mathrm{d}t$ 中从量水管流入试样的水量为：

$$\mathrm{d}V_2 = a(-\mathrm{d}h)$$

其中 a 为量水管的内截面面积；$\mathrm{d}h$ 为 $\mathrm{d}t$ 时段内量水管水位的增量。根据水流的连续性原理：

$$\mathrm{d}V_1 = \mathrm{d}V_2$$

$$-a\mathrm{d}h = k\frac{h}{L}A\,\mathrm{d}t$$

从 t_1 到 t_2 这段试验时段内，量水管水位从 h_1 降到 h_2，进行积分：

$$-\int_{h_1}^{h_2}\frac{\mathrm{d}hL}{h} = \frac{kA}{a}\int_{t_1}^{t_2}\mathrm{d}t$$

两侧积分后得到：

$$k = \frac{aL\ln(h_1/h_2)}{A(t_2-t_1)} \tag{3.3.6a}$$

或者

$$k = \frac{2.3aL\lg(h_1/h_2)}{A(t_2-t_1)} \tag{3.3.6b}$$

除了上述的两种方法以外，还有其他的室内试验方法也可以测定土的渗透系数。

【例题 3-1】 进行变水头渗透试验，一系列量测的结果见表 3-3。已知：试样直径D=100mm；试样长度 L=150mm；供水管的直径分别为 d=5.0mm，9.0mm，12.5mm。用式（3.3.6a）计算各试验时段土的渗透系数，并通过试验结果计算土的平均渗透系数。

【解】

计算结果见表 3-3。

试验成果及计算表 **表 3-3**

试验记录				计算值	
量水管直径（mm）	量水管水位（mm）		t_1-t_2	$\ln(h_1/h_2)$	k（10^{-3}mm/s）
	h_1	h_2			
5.0	1200	800	84	0.4055	1.810
	800	400	149	0.6931	1.744
9.0	1200	900	177	0.2877	1.975
	900	700	167	0.2513	1.828
	700	400	366	0.5596	1.844
12.5	1200	800	485	0.4055	1.959
	800	400	908	0.6931	1.789

土的平均渗透系数为：$k=1.85\times10^{-3}$mm/s$=1.85\times10^{-4}$cm/s。

3. 野外测定渗透系数的试验

与室内试验相比，通过野外现场试验测定土的渗透系数更接近于原状土的实际情况。但由于天然土层多是分层、各向异性的，含有不同性质的夹层等，所测得的渗透系数往往是一个综合平均值。同时，现场试验费用较高，所用时间也长。

野外井孔抽水试验是最常用的测定土的渗透系数的方法，其原理如图 3-9 所示。在相对不透水层上有一均匀的含有潜水的透水层，抽水井底直达不透水层上（称为完整井）。抽水后形成无压的渗流，具有自由的地下水位表面。当抽水形成了稳定渗流时，地下水面呈不变的漏斗状。在试验中还需在井孔外不同距离布置观测井。

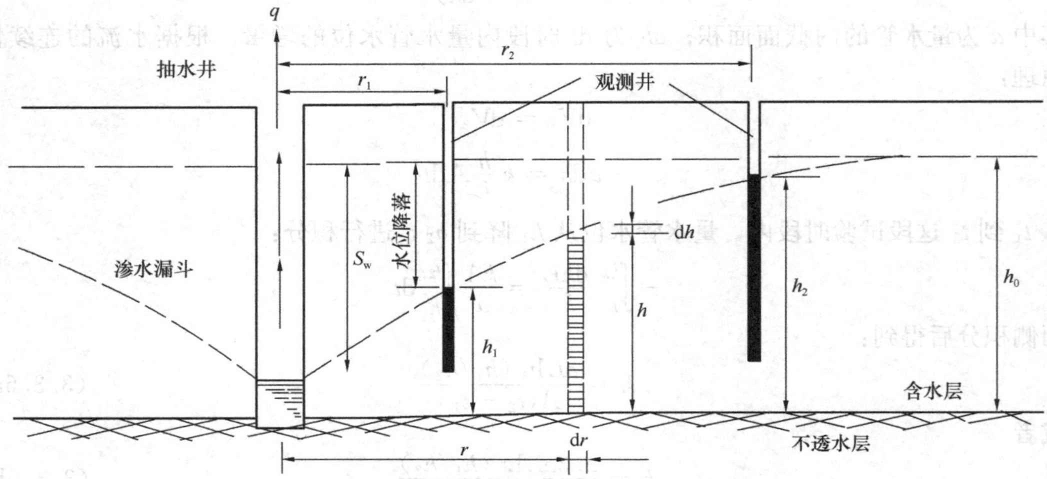

图 3-9　在含潜水的透水层中井孔抽水试验

以抽水井为中心，取一半径为 r，径向厚度为 $\mathrm{d}r$ 的薄圆筒，地下水面至不透水层顶的距离为 h，薄圆筒内外的水头差为 $\mathrm{d}h$。考虑此圆筒的渗流：

筒内外的水力坡降：　$i=\dfrac{\mathrm{d}h}{\mathrm{d}r}$

圆筒的侧面积：　$A=2\pi rh$

根据达西定律计算通过圆筒的渗流流量：$Q=Aki=2\pi rhk\dfrac{\mathrm{d}h}{\mathrm{d}r}$　则　$\dfrac{\mathrm{d}r}{r}=k\dfrac{2\pi}{Q}h\,\mathrm{d}h$

如果在 r_1 处的观测井的水位为 h_1，在 r_2 处的观测井水位为 h_2，则将上式积分得到：

$$\ln(r_2/r_1)=\frac{\pi}{Q}k(h_2^2-h_1^2)$$

$$k=\frac{Q}{\pi}\frac{\ln(r_2/r_1)}{(h_2^2-h_1^2)} \tag{3.3.7}$$

当含水层夹在两层不透水土层之间时，含水层常含有承压水，抽水试验也可在承压水土层中进行；也有试验抽水井底没有达到下面不透水层顶的情况，称为非完整井，这些情况也可以通过推导出类似的公式计算渗透系数。

3.3.4　分层土的等效渗透系数

天然地基多是由渗透系数不同的多层地基土组成的，并且每层土的水平向与竖直向的渗透系数也可能不同，一般水平向渗透系数要大。

图 3-10 表示由三层各向同性、渗透系数不同的土组成的地基土，分别讨论其水平与垂直方向的等效渗透系数。

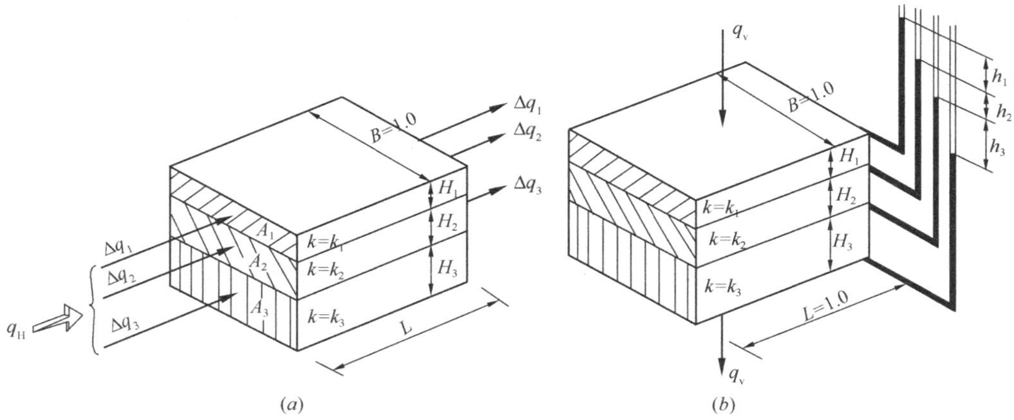

图 3-10　分层土中水的渗流

（a）水平渗流；（b）垂直渗流

1. 水平渗流

在图 3-10（a）中，设上下及两侧都是不透水边界，由于无垂直向的渗流，在各层的进、出口处的测管水位以及各层土的水头损失必然是相同的，即：

$$\Delta h_1 = \Delta h_2 = \Delta h_3 = \Delta h$$

$$i_1 = i_2 = i_3 = i$$

根据达西定律，各层土在单位宽度上（$B=1.0$）的流量为：

$$q_1 = H_1 k_1 i$$

$$q_2 = H_2 k_2 i$$

$$q_3 = H_3 k_3 i$$

当某具有 n 层土的地基存在水平渗流时，我们假设存在一个均匀土层，其厚度为 $H = \sum_{i=1}^{n} H_i$，水平向渗流时，在同样水力坡降 i 作用下，通过它的单宽渗流量等于各层土单宽流量之和，即 $q = \sum_{i=1}^{n} q_i$，那么这一均匀土层就是该多层土的水平渗流等效土层，它的渗透系数就是该多层土的水平等效渗透系数，记作 k_H。

n 层土的水平单宽渗流量为：

$$q = \sum_{i=1}^{n} q_i = \sum_{i=1}^{n} H_i k_i i$$

而它的水平渗流等效土层单宽渗流量为：

$$q = k_H H i = k_H \sum_{i=1}^{n} H_i i$$

上面两式相等：

$$k_H \sum_{i=1}^{n} H_i i = \sum_{i=1}^{n} H_i k_i i$$

$$k_{\mathrm{H}}=\frac{\sum_{i=1}^{n}H_ik_i}{\sum_{i=1}^{n}H_i} \tag{3.3.8}$$

这就是水平等效渗透系数的计算公式，可见它是各层土的渗透系数按厚度的加权平均值。

2. 垂直渗流

当渗流的方向正交于土的层面时，如图3-10（b）所示，由于没有水平向的渗流分量，根据水流的连续性原理，通过各层土单位面积上的流量应当是相等的，亦即：

$$q_1=q_2=q_3=q$$

但流经各层时，需要的水力坡降是不同的，流过渗透系数较小的土层，需要较大的水力坡降。

$$i_1=\frac{h_1}{H_1}\quad i_2=\frac{h_2}{H_2}\quad i_3=\frac{h_3}{H_3}$$

其中　h_1，h_2，h_3 分别为流经 1，2，3 层土的水头损失。根据达西定律，各层土单位面积上的流量为：

$$q_1=k_1i_1=k_1\frac{h_1}{H_1}\quad q_2=k_2i_2=k_2\frac{h_2}{H_2}\quad q_3=k_3i_3=k_3\frac{h_3}{H_3}$$

亦即
$$q=q_i=k_i\frac{h_i}{H_i}$$

$$h_i=q\frac{H_i}{k_i} \tag{3.3.9}$$

当某具有 n 层土的地基存在垂直渗流时，我们假设存在一个均匀土层，其厚度为 $H=\sum_{i=1}^{n}H_i$，在水头差 $h=\sum_{i=1}^{n}h_i$ 作用下垂直渗流时，该均匀土层流过与多层土相同的流量 q，则这个均匀土层就是该多层土的垂直渗透等效土层，它的渗透系数 k_{V} 就是该多层土的垂直等效渗透系数。

对于垂直渗流等效土层：　$q=k_{\mathrm{V}}\dfrac{h}{H}=k_{\mathrm{V}}\dfrac{\sum_{i=1}^{n}h_i}{\sum_{i=1}^{n}H_i}$

将式（3.3.9）代入该式：　$q=k_{\mathrm{V}}\dfrac{h}{H}=k_{\mathrm{V}}\dfrac{q\sum_{i=1}^{n}H_i/k_i}{\sum_{i=1}^{n}H_i}$

$$k_{\mathrm{V}}=\frac{\sum_{i=1}^{n}H_i}{\sum_{i=1}^{n}H_i/k_i} \tag{3.3.10}$$

比较式（3.3.8）与式（3.3.10），可见在水平与垂直渗流时，多层土的等效渗透系数是不同的。利用式（3.3.10）可以计算多层土在垂直渗流时的单位面积流量 q，然后用式

(3.3.9）计算流经各层土中的水头损失 h_i，就可以据此计算各层面处的测管水头，再计算渗流在各层的水力坡降 i_i。

另一种计算多层土垂直渗流的水头损失与流量的方法是等效厚度法，即设其中某层土的渗透系数为标准值 k_e，假设其余各层土的渗透系数也都是 k_e，就也变成了一个均匀土层。第 i 层土的等效厚度为 $\overline{H}_i = H_i k_e / k_i$，则等效土层的厚度为 $\overline{H} = \sum_{i=1}^{n} \overline{H}_i$。这种方法有时是很直观和方便的。在水平渗流时，等效厚度法也可应用，不过等效厚度变为 $\overline{H}_i = H_i k_i / k_e$。

【例题 3-2】 有一粉土地基，粉土层总厚度为 1.8m，存在有一层 15cm 的中砂水平夹层。粉土的渗透系数为 $k_1 = 2.5\times10^{-5}$cm/s，砂土的渗透系数为 $k_2 = 6.5\times10^{-2}$cm/s，求这一复合土层的水平与垂直等效渗透系数。

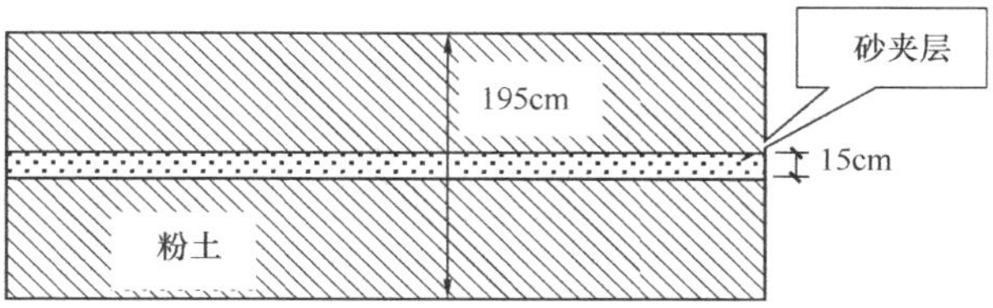

图 3-11 ［例题 3-2］图示

【解】

1. 水平等效渗透系数 从式（3.3.8）可直接计算：

$$k_H = \frac{H_1 k_1 + H_2 k_2}{H_1 + H_2} = \frac{180\times2.5\times10^{-5} + 15\times6.5\times10^{-2}}{180+15} = 5.02\times10^{-3}\text{cm/s}$$

2. 垂直等效渗透系数 通过式（3.3.10）直接计算：

$$k_V = \frac{H_1 + H_2}{H_1/k_1 + H_2/k_2} = \frac{180+15}{180/(2.5\times10^{-5}) + 15/(6.5\times10^{-2})} = 2.71\times10^{-5}\text{cm/s}$$

可见 15cm 的薄砂层对于复合土层的垂直等效渗透系数的影响不大，与粉土渗透系数基本相同；但它大大增加了复合土层的水平等效渗透系数，将粉土的水平渗透系数提高了 200 倍。当开挖基坑时，如果挖穿了强透水夹层，基坑的涌水量会剧增；但是薄的透水夹层对于加速地基土的渗流固结作用是有利的。

【例题 3-3】 对由三层土组成的试样进行水平与垂直渗透试验，如图 3-12 所示。两种试验的水头差都是 25cm，试样土层的厚度与性质如下：

$H_1 = 5$cm，　　$k_1 = 2.5\times10^{-6}$cm/s，黏土

$H_2 = 20$cm，　　$k_2 = 4\times10^{-4}$cm/s，粉土

$H_3 = 20$cm，　　$k_3 = 2\times10^{-2}$cm/s，砂土

两种试验中的试样长、宽、高度都是 45cm。求

1. 水平等效渗透系数与渗流量；
2. 垂直等效渗透系数与渗流量；
3. 垂直渗透时，A，B，C 三点处的测管水头 h_A，h_B，h_C。

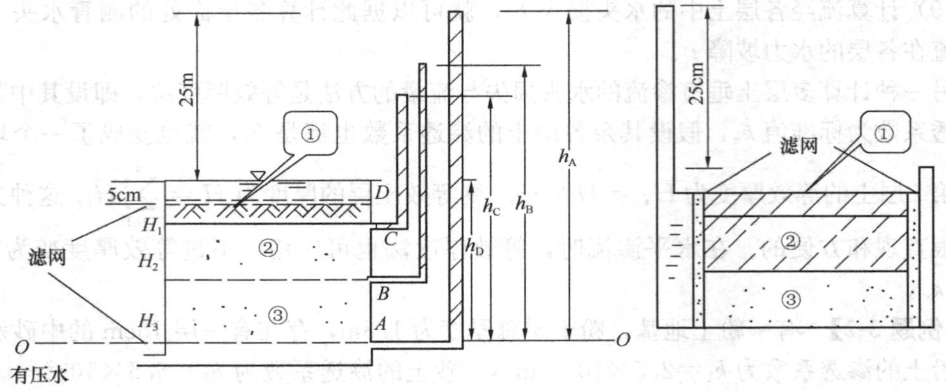

图 3-12 ［例题 3-3］图示

【解】

1. 根据式（3.3.8）计算水平等效渗透系数：

$$k_H = \frac{H_1k_1 + H_2k_2 + H_3k_3}{H_1 + H_2 + H_3} = \frac{5 \times 2.5 \times 10^{-6} + 20 \times 4 \times 10^{-4} + 20 \times 2 \times 10^{-2}}{5 + 20 + 20}$$

$$= 0.907 \times 10^{-2} \text{cm/s}$$

计算水平渗流量：$Q_H = k_H i \times 45 \times 45 = 0.907 \times 10^{-2} \times 25/45 \times 45 \times 45 = 10.2 \text{cm}^3/\text{s}$

2. 根据式（3.3.10）计算垂直等效渗透系数：

$$k_V = \frac{H_1 + H_2 + H_3}{H_1/k_1 + H_2/k_2 + H_3/k_3} = \frac{5 + 20 + 20}{5/(2.5 \times 10^{-6}) + 20/(4 \times 10^{-4}) + 20/(2 \times 10^{-2})}$$

$$= 2.194 \times 10^{-5} \text{cm/s}$$

计算垂直渗流量：

$$q = v = k_V i = 2.194 \times 10^{-5} \times 25/45 = 1.22 \times 10^{-5} \text{cm}^3/\text{s}/\text{m}^2$$

$$Q_V = k_V i \times 45 \times 45 = 2.194 \times 10^{-5} \times 25/45 \times 45 \times 45 = 0.0247 \text{cm}^3/\text{s}$$

3. 通过渗透系数与渗流量，计算垂直渗透各点测管水头；

(1) 计算 A—B 间的水头损失：通过式（3.3.9）计算：

$$\Delta h_{A-B} = \frac{qH_3}{k_3} = \frac{1.22 \times 10^{-5} \times 20}{2 \times 10^{-2}} = 0.0122 \text{cm}$$

(2) 计算 B—C 间的水头损失：

$$\Delta h_{B-C} = \frac{qH_2}{k_2} = \frac{1.22 \times 10^{-5} \times 20}{4 \times 10^{-4}} = 0.61 \text{cm}$$

(3) 计算 C—D 间的水头损失：

$$\Delta h_{C-D} = \frac{qH_1}{k_1} = \frac{1.22 \times 10^{-5} \times 5}{2.5 \times 10^{-6}} = 24.4 \text{cm}$$

所以各点的测管水头为：$h_A = 75\text{cm}$，$h_B = 74.99\text{cm}$，$h_C = 74.38\text{cm}$，$h_D = 50\text{cm}$。

如果用等效厚度法，取粉土的渗透系数为标准 $k_e = 4 \times 10^{-4} \text{cm/s}$，则各层的等效厚度分别为：

$$\overline{H}_2 = H_2 = 20 \text{cm}$$

$$\overline{H}_1 = H_1 \frac{k_2}{k_1} = 5 \times 4 \times 10^{-4}/(2.5 \times 10^{-6}) = 800\text{cm}$$

$$\overline{H}_3 = H_3 k_3 / k_2 = 20 \times 4 \times 10^{-4}/(2 \times 10^{-2}) = 0.4\text{m}$$

则等效厚度为 $H=20+800+0.4=820.4\text{cm}$，$i=25/820.4=0.0305$，

$$h_{\text{A-B}}=0.0305\times0.4=0.012\text{cm}$$

$$h_{\text{B-C}}=0.0305\times020=0.61\text{cm}$$

$$h_{\text{C-D}}=0.0305\times800=24.4\text{cm}$$

$$q=k_e i=4\times10^{-4}\times0.0305=1.22\times10^{-5}\text{cm}^3/\text{s}/\text{m}^2。$$

可见与用等效渗透系数法计算结果是一致的，但是在计算测管水头及水力坡降时，还是要恢复到原来的土层厚度。

从上述两个例题可以发现，如果几层土的渗透系数相差很大，水平等效渗透系数中渗透系数最大的土层权重最大；而对垂直渗透系数则是渗透系数最小的土层权重最大。设想在很多土层中，加入一层渗透系数为 0 的塑料土工薄膜，则其垂直等效渗透系数即为零；而对水平等效渗透系数没有任何影响。

3.4 饱和土中的应力和有效应力原理

饱和土体是由土颗粒与土中孔隙水两相组成的，两相中与两相间存在着多种力的传递与相互作用。这主要有：孔隙水中的水压力；颗粒间的接触压力，亦即土骨架传递的压力；水作用于土颗粒上的压力及渗透水流对颗粒表面的摩擦力；颗粒对于水的反作用力等。由于土的抗剪强度与压缩变形是土骨架产生的，所以土骨架传递的力是十分重要的。

在图 3-13 中，作用于总面积为 A 的土体上的竖向总压力为 P，在 I-I 截面上，它由两相承担：一是颗粒间的接触压力 P'，二是孔隙水压力合力 $u(A-A')$，A' 为颗粒间接触的面积。由于水压力 u 在各个方向都是相等的，它永远垂直于其作用面，水平的截面 I-I 上的水压力是竖直方向的。这样：

$$P = P' + (A - A')u \tag{3.4.1}$$

式（3.4.1）两侧除以面积 A，

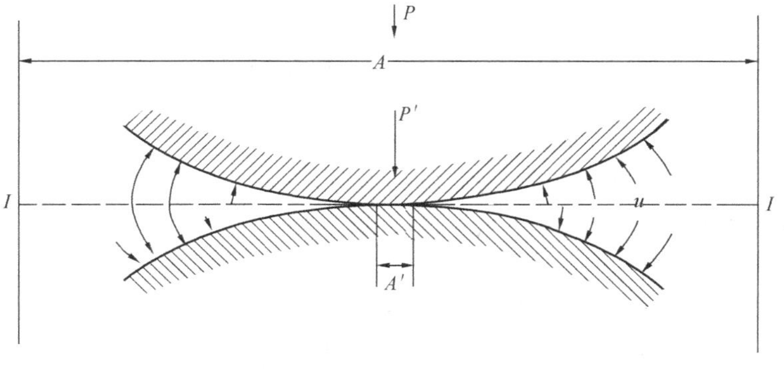

图 3-13　有效应力原理的示意图

$$\frac{P}{A} = \frac{P'}{A} + \left(1 - \frac{A'}{A}\right)u$$

亦即

$$\sigma=\sigma'+\left(1-\frac{A'}{A}\right)u \tag{3.4.2a}$$

或者

$$\sigma=\sigma'+(1-\alpha)u \tag{3.4.2b}$$

式中 $\sigma'=P'/A$——土的有效应力，它表示单位土体面积上垂直于该截面的土颗粒接触力；

$\alpha=A'/A$——颗粒接触面积与截面总面积之比。

由于颗粒间实际接触面积很小，对于坚硬的矿物的颗粒，接触面近似于一个点。所以 $A'\approx0$ 或者 $\alpha\approx0$。这样式（3.4.2b）就变成：

$$\sigma=\sigma'+u \tag{3.4.3}$$

式（3.4.3）就表示由太沙基（K. Terzaghi，1925）所提出的饱和土体的有效应力原理。它表明：作用于饱和土体上的总应力 σ 由作用于土骨架上的有效应力 σ' 与孔隙水上的孔隙水压力 u 两部分组成，土的强度与变形主要由有效应力决定。

这里定义的有效应力 $\sigma'=P'/A$，它并不是颗粒间的真实接触应力 $\sigma_s=P'/A'$，而是垂直于该截面的土颗粒的接触力 P' 除以土体的总面积 A，可见它是一个虚拟的，表象的应力。

在分析饱和土体中的应力与力的传递时，可以取两种不同的隔离体：一种是以总土体（土骨架+孔隙水）为隔离体，这时孔隙水与土骨架间的相互作用力就变成了内力；另一种是以土的骨架单独作为隔离体，这时要考虑颗粒间作用力、孔隙水对土颗粒的作用力以及土颗粒的重力。下面以图 3-14 中静水中的饱和土体为例，分析其力的平衡条件。

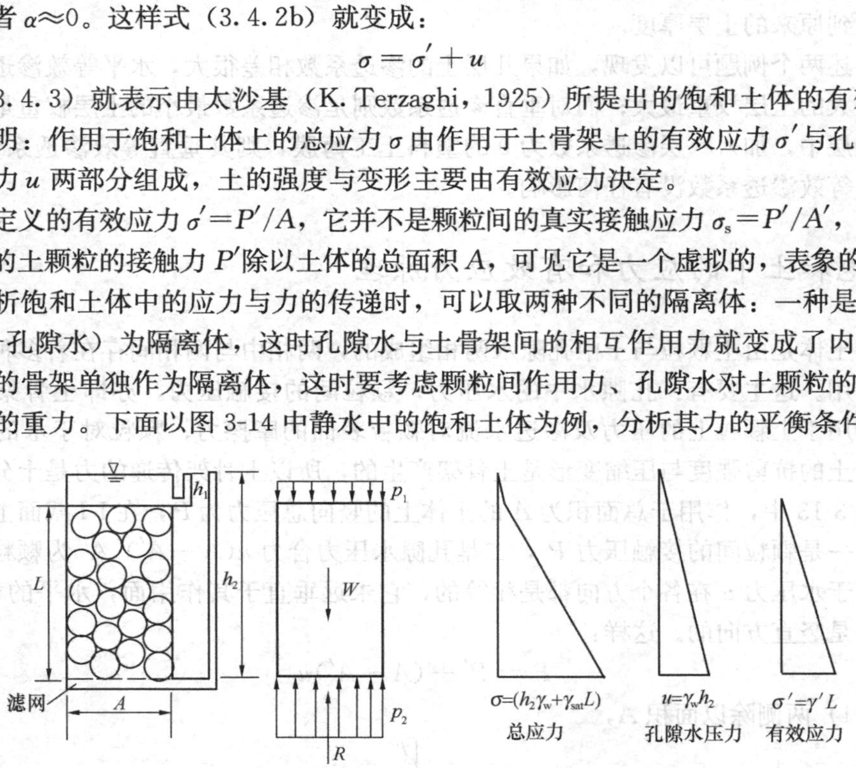

图 3-14 静水中的土体力的平衡

（1）以总土体（土骨架+孔隙水）为隔离体

土体自重：$W=\gamma_{sat}LA=(\gamma'+\gamma_w)LA$；

土体上部水压力：$P_1=p_1A=\gamma_wh_1A$；

土体下部水压力：$P_2=p_2A=\gamma_wh_2A=\gamma_w(h_1+L)A$；

考虑土体的竖向力的平衡，试样下部滤网提供的支持力：$R=W+P_1-P_2$，

$$R=(\gamma'+\gamma_w)LA+\gamma_wh_1A-\gamma_w(h_1+L)A$$

$$R=\gamma'LA \tag{3.4.4}$$

（2）以土的骨架作为隔离体

土颗粒自重：$W_s=V_sG_s\gamma_w$

水对土颗粒的浮力：$F = V_s\gamma_w$

其中 V_s 为土颗粒的体积，$V_s = (1-n)LA$，n 为孔隙率，用 W' 表示土骨架自重扣除浮力，假设它是在水下的自重。

考虑土骨架的竖向力的平衡，计算下部滤网提供的支持力：$R = W' = W_s - F$，

$$R = V_s(G_s - 1)\gamma_w = (1-n)(G_s - 1)\gamma_w LA$$

由于 $(1-n)G_s\gamma_w + n\gamma_w = \gamma_{sat}$，所以：

$$R = W' = (\gamma_{sat} - \gamma_w)LA = \gamma' LA$$

与式（3.4.4）计算的结果完全相同，可见用不同的隔离体计算的滤网的支持力都是相同的，它支持土骨架在水中的自重。

(3) 也可以根据有效应力原理，计算出试样底部的各应力：

总应力：$\sigma = \gamma_{sat}L + \gamma_w h_1$

孔隙水压力：$u = \gamma_w h_2 = \gamma_w(L + h_1)$

有效应力：$\sigma' = \sigma - u = \gamma_w L + \gamma' L + \gamma_w h_1 - \gamma_w L - \gamma_w h_1 = \gamma' L$

由于滤网支撑的是土骨架上的有效自重应力，所以 $R = \sigma' A = \gamma' LA$。

可见，总应力是作用于土体（骨架＋孔隙水）上的，有效应力是作用于土骨架上的，孔隙水压力是作用于孔隙水上的。

3.5 渗透力与渗透变形

3.5.1 渗透力

图 3-15 表示的是试样中向上渗流的情况，以总土体（土骨架＋孔隙水）作为隔离体，则：

土体自重：$W = \gamma_{sat}LA = (\gamma' + \gamma_w)LA$；

土体上部水压力：$P_1 = p_1 A = \gamma_w h_1 A$；

土体下部水压力：$P_2 = p_2 A = \gamma_w h_2 A = \gamma_w(\Delta h + h_1 + L)A$；

下部滤网上的支持力：$R = W + P_1 - P_2 = (\gamma' + \gamma_w)LA + \gamma_w h_1 A - \gamma_w(h_1 + L + \Delta h)A$

$$R = \left(\gamma' - \frac{\Delta h}{L}\gamma_w\right)LA$$

$$R = (\gamma' - i\gamma_w)LA \quad (3.5.1)$$

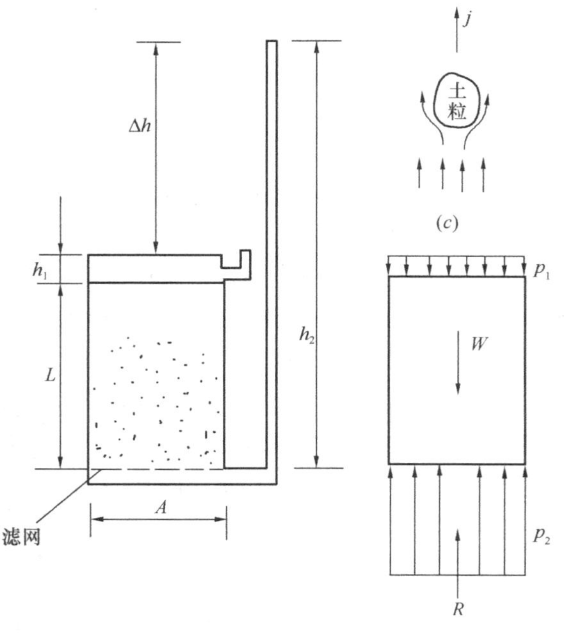

图 3-15 向上渗流土体中力的平衡

将式（3.5.1）与上一节的式（3.4.4）比较，发现在有向上渗流的情况下，滤网的支持力 R 中，减少了 $i\gamma_w LA$ 这一项。

如果以土骨架作隔离体，已知：

土骨架在水下的自重：$W' = \gamma' LA$；

滤网的支持力：$R = (\gamma' - i\gamma_w)LA$；

这样，土骨架的竖向力的平衡还差一个向上的力：$J = W' - R = i\gamma_w LA$。

这个力是向上的渗流水流作用在土骨架上力，也称为渗透力，可见它是一个体积力，作用于单位体积土骨架上的渗透力为：

$$j = i\gamma_w \tag{3.5.2}$$

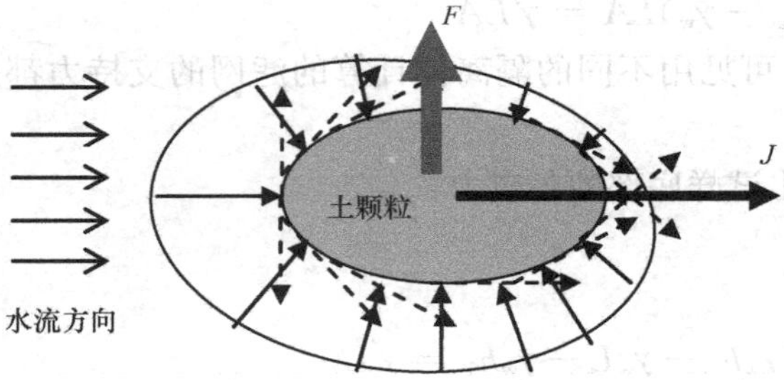

图 3-16　渗透力机理示意图

图 3-16 表示在水平渗流情况下，渗透力机理的示意图，其中 J 为对该颗粒的渗透力，F 为颗粒上的浮力。由于沿渗流方向的水压力减小，渗透力包括了水作用在土颗粒上的法向压力在渗流方向的分力之差，以及水流与颗粒表面切向摩擦力产生的拖曳力在渗流方向的分力，而浮力 F 等于颗粒表面对应于位置水头的水压力的合力（也就是颗粒所排除那部分水的重量）。

可见，渗透力是作用于土骨架上的力，它是一个体积力，可用式（3.5.2）计算，对于渗透各向同性的土，它的方向与渗流方向一致。

3.5.2　流土及其临界水力坡降

在图 3-15 中，如果试样下部的水头逐步升高，滤网上的支持力将会不断减少。当这个支持力 $R=0$ 时，根据式（3.5.1）：

$$\gamma' = i\gamma_w$$

$$i_{cr} = \frac{\gamma'}{\gamma_w} \tag{3.5.3}$$

这时土骨架脱离了滤网，处于悬浮状态，即土骨架中的有效应力为 0，土颗粒也都不再相互接触和不再传递重力。

这种在向上的渗流作用下，土体被整体抬起，或者颗粒同时悬浮的现象称为流土。在式（3.5.3）中，发生流土时的水力坡降叫流土临界水力坡降，表示为 i_{cr}。流土是渗透变形的一种，渗透变形又称为渗透破坏，主要包括流土与管涌。

不同类型的土发生流土时的现象不完全相同，对于砂土，在向上水流作用下，砂粒几乎同时涌起悬浮，其状如同水的沸腾，也称砂沸（boiling）。对于黏性土，一般是被其下的砂层中的承压水整体或局部鼓起，在基坑工程中所谓的突涌就可能是黏土的流土。

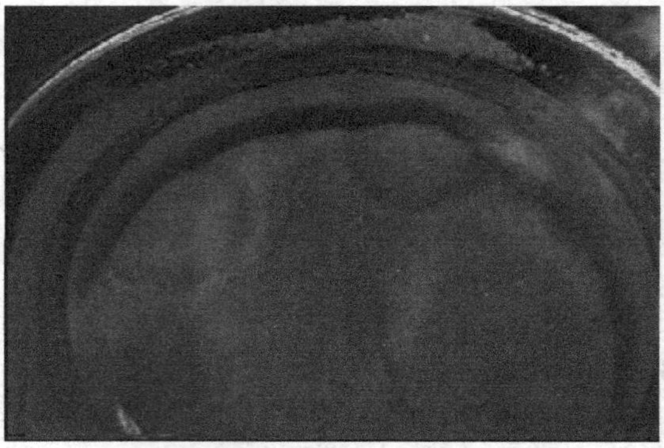
图 3-17　砂土的流土——砂沸

图 3-17 表示的是在砂土渗透试验中，发生流土的情况。图 3-18 表示的是在河滩上筑堤，河滩上一般分布有一定厚度的

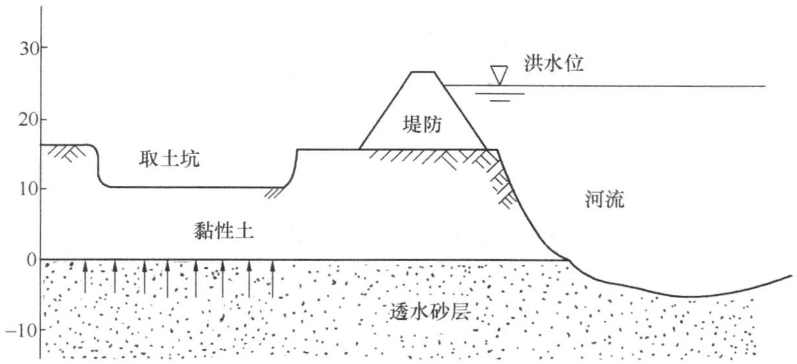

图 3-18　堤防后的流土

黏性土，而筑堤就近取土会在堤的背水坡后不远形成取土坑。在洪水期，取土坑处的黏性土层较薄，可能会被局部抬起而发生流土。

【例题 3-4】 在【例题 3-3】中，如果黏土层饱和重度 $\gamma_{sat}=20kN/m^3$，判断黏土层是否会发生流土。

【解】

从【例题 3-3】中已知，黏土层中的水力坡降为 $i_1=\dfrac{\Delta h_{C-D}}{H_1}=\dfrac{24.4}{5}=4.88$

用式（3.5.3）计算临界水力坡降：$i_{cr}=\dfrac{\gamma'}{\gamma_w}=\dfrac{10}{10}=1.0$，$i_1>i_{cr}$，必定会发生流土，所以试验中，在黏土的上部需要有固定的滤网。

【例题 3-5】 在例题 3-3 中，如果黏土层饱和重度 $\gamma_{sat}=20kN/m^3$，粉土 $\gamma_{sat}=19kN/m^3$，砂土 $\gamma_{sat}=19kN/m^3$，在竖直渗透情况下，如

（1）将①、②层互换，如图 3-19（*a*）所示；

（2）将①、③层互换，如图 3-19（*b*）所示。判断最上层土层是否会发生流土，并验算土层的整体稳定。

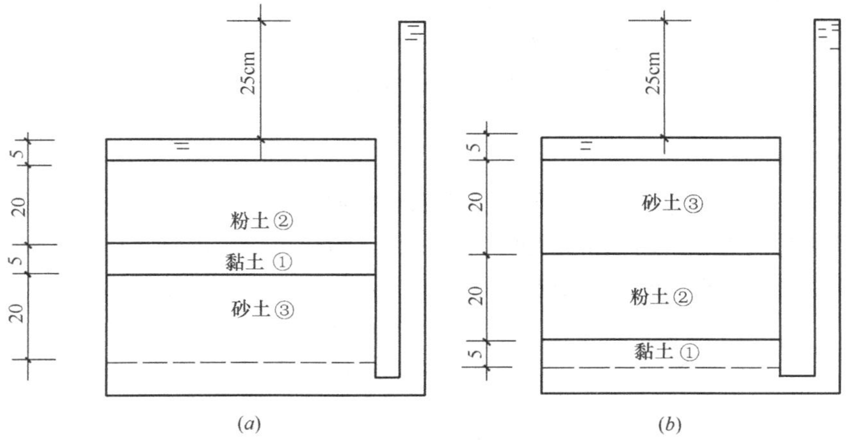

图 3-19　[例题 3-5] 的图示

【解】

(1) 尽管各层互换，但在同样的总水头差下垂直渗流时，各层中的水头损失与水力坡降是不变的。从例题 3-3 中已知，各土层的水头损失如下：

$$\Delta h_{C-D}=\Delta h_a=24.4\text{cm} \quad \Delta h_{B-C}=\Delta h_b=0.61\text{cm} \quad \Delta h_{A-B}=\Delta h_c=0.0122\text{cm}$$

(a) ①、②层互换，粉土层中的水力坡降为：$i_b=\frac{\Delta h_b}{H_1}=\frac{0.61}{20}=0.0305$，远小于临界水力坡降 $i_{cr}=0.9$，所以粉土层本身不会发生流土，粉土层本身是稳定的。

(b) 但是黏土层＋粉土层整体是否稳定，需要判断：

黏土层底面上作用的向上水压力：

$$u=\gamma_w(25+5+20+5-0.0122)/100=5.5\text{kPa}$$

黏土层底面以上的总自重应力：

$$\sigma=\sum\gamma_iH=10\times0.05+19\times0.2+20\times0.05=5.3\text{kPa}$$

这时，由于向上的水压力大于水土总自重应力，会发生两层土体整体向上隆起，严格讲，这也属于一种流土。

(2) ①、③层互换

(a) 在砂土中的水力坡降为：$i_c=\frac{\Delta h_c}{H_1}=\frac{0.0122}{20}=0.00061$，也远小于临界水力坡降 $i_{cr}=0.9$，所以砂土层本身不会发生流土，砂土层本身是稳定的。

(b) 在粉土底面处：

$$u=\gamma_w(25+5+20+20-24.4)/100=4.56\text{kPa}$$

粉土层底面以上的总自重应力：

$$\sigma=\sum\gamma_iH=10\times0.05+19\times0.2+19\times0.2=8.1\text{kPa}$$

砂土层＋粉土层整体是稳定的。

(c) 在黏土层底面处：

$$u=\gamma_w(25+5+20+20+5)/100=7.5\text{kPa}$$

$$\sigma=\sum\gamma_iH=10\times0.05+19\times0.2+19\times0.2+20\times0.05=9.1\text{kPa}$$

砂土层＋粉土＋黏土层整体也是稳定的。

从上例可以看出，判断是否会发生流土，也可以土体（土骨架＋孔隙水）作为隔离体，判断向上的水压力与向下的土体总自重应力的关系。(2) 的情况表明，在流土土层上铺设反滤压重是有效的方法。

3.5.3 管涌

所谓管涌是指在渗透力的作用下，土中的细颗粒在粗颗粒形成的孔隙通道中被渗透水流带走而流失的现象，其结果常常是随着细颗粒逐渐被带走，留下的孔隙逐渐变大，形成了贯通的管状通道。有时粗颗粒也被移动、塌落，最后造成土体地面沉降及土上的结构物破坏，见图 3-20 所示。

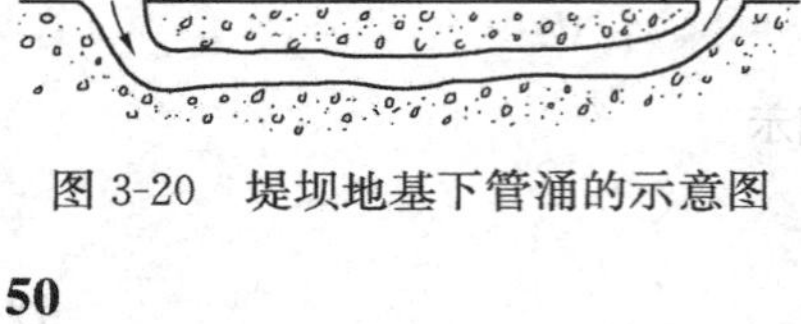

图 3-20 堤坝地基下管涌的示意图

与流土不同，管涌可能发生在土体的任何方向部位。它引起的土体破坏常常是渐近的，在孔隙大的无黏性土内部发生的管涌也称为“内管涌”，或者称“潜蚀”。

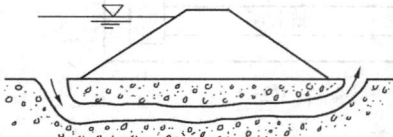

流土与管涌是土体渗透变形的基本形式，它们是造成水利水电工程以及基坑工程等事故的重要原因。在具体工程中，它们可能是单独发生，也可相伴发生，或者是先后发生的。

发生管涌的条件有土的几何条件与水力条件两部分。

（1）几何条件

从管涌的定义可以看出，必须是土中的细颗粒能够从粗颗粒形成的孔隙中通过，亦即 $d_s < D_0$。这里 d_s 表示土中细颗粒的直径，D_0 代表粗颗粒的孔隙的平均直径。

黏性土由于存在黏聚力，单个颗粒很难被渗透水流移动，所以黏性土一般不是管涌土；均匀的砂土孔隙的平均直径总是小于砂土的颗粒粒径，因而也不是管涌土。不均匀系数 $C_u > 10$，级配不连续，无黏性土中的细颗粒含量小于 5%，是管涌土。对于级配连续的情况，还要进一步判断。若有 5%以上的颗粒小于 D_0 也属于管涌土。亦即：

$$d_5 < D_0 \tag{3.5.4}$$

其中

$$D_0 = 0.25 d_{20} \tag{3.5.5}$$

其中 d_{20} 为小于该粒径的土的质量占土粒总质量的 20%。

（2）水力条件

渗透水流的渗透力达到一定值，才会带动土中的细颗粒，因而管涌要在一定的水力条件下才会发生。一般讲发生管涌的水力坡降要比发生流土的水力坡降低，但其变化范围很大，也远不像流土的临界水力坡降那么容易准确地确定。我国的学者在试验的基础上，提出破坏水力坡降与允许水力坡降范围值，见表 3-4 所示。

发生管涌的水力坡降范围值 **表 3-4**

水力坡降 i	连续级配的土	不连续级配的土
破坏临界水力坡降 i_{cr}	0.20～0.40	0.10～0.30
允许水力坡降 $[i]$	0.15～0.25	0.10～0.20

3.5.4 渗透变形的类型

渗透变形主要表现为在渗透水流作用下的地面隆起、土层剥落、土颗粒悬浮、细颗粒流失等。渗透变形是土工建筑物和地基破坏的主要原因之一。上述的流土与管涌是土的渗透变形的基本形式，它们都发生在单一的土层中。除此之外，还有发生于不同的土层间的接触渗透变形。当渗流从细粒土层垂直流向粗粒土层时，可能引起细粒土的流失，称为接触流土；当渗流发生在平行于层面时，则可能发生接触冲刷，所以在不同土层间，有时需要设置反滤层加以保护（图 3-21）

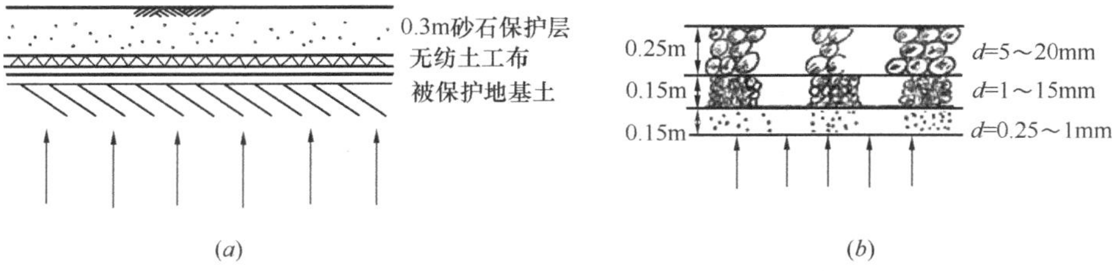

图 3-21 反滤层的构造

（a）土工布反滤层；（b）砂、砾反滤层

3.5.5 渗透变形的防治

减小水力坡降对于防治任何形式的渗透变形都是有效的。具体的方法是在挡水建筑物上游设置垂直防渗体或水平防渗体，在其下游采取排水措施，即所谓的“上挡下排”。

垂直防渗体有混凝土地下连续墙、截水板桩、齿槽、灌浆帷幕等，它们可以是落底式的（即插入下部的不透水层），也可以是悬挂式的。水平防渗体主要是黏土的水平铺盖。垂直与水平防渗体都可以增加渗径，减少水力坡降。

下游的排水措施有减压井、减压沟、带有反滤层的排水体等。防治流土可以采用减压与压重两种方法，在图 3-18 中，如果将堤后的黏土层用井或沟挖穿，然后填入砂石，则黏土层下的水压力被释放，水力坡降大大减少，就不会发生流土。另一种方法是在可能发生流土的弱透水层上加压重。在【例题 3-5】(2) 中，在黏土层上设置粉土与砂土，就有效地防治了流土。

防治管涌的措施除了减少水力坡降以外，还可以改变土的几何条件，亦即在地下水的逸出部位设置反滤层。所谓反滤层就是用 1～3 层级配均匀的砂与砾石保护地基土，土层大体与渗流方向垂直，粒径随渗流方向加大，增加透水性，减少出口的水力坡降。在上述的各种排水措施中，都需要考虑设置反滤层，防止这层土的土粒从下一层中流失。随着土工合成材料的发展，目前普遍采用各种土工布、土工网等作为反滤层，施工简便，造价降低。反滤层的构造图 3-21。

3.6 二维渗流与流网

在实际工程问题中经常遇到二维渗流或平面渗流问题（图 3-22），例如漫长的江河堤防、渠道以及沟道等，闸坝地基和基坑也可以近似当成二维渗流进行分析。

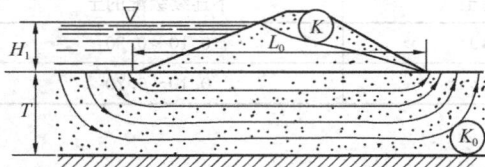

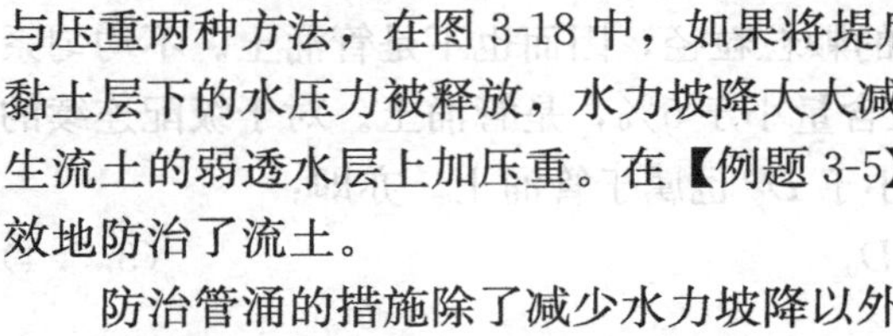

图 3-22 土石坝的二维渗流

3.6.1 二维渗流运动微分方程

图 3-23 表示的是一个饱和土的微单元，设水是不可压缩的流体，则流入微单元的水量＝流出微单元的水量，亦即：

$$v_x dz + v_z dx = \left(v_x + \frac{\partial v_x}{\partial x}dx\right)dz + \left(v_z + \frac{\partial v_z}{\partial z}dz\right)dx$$

$$\frac{\partial v_x}{\partial x} + \frac{\partial v_z}{\partial z} = 0 \tag{3.6.1}$$

根据达西定律，对于渗流各向同性的土：

$$v_x = -k\frac{\partial h}{\partial x}$$

$$v_z = -k\frac{\partial h}{\partial z}$$

代入式 (3.6.1)，则：

$$\frac{\partial^2 h}{\partial x^2} + \frac{\partial^2 h}{\partial z^2} = 0 \tag{3.6.2}$$

这就是拉普拉斯（Laplace）方程。如果设势函数为 $\phi(x, z) = -kh$，流函数 $\psi(x \times z)$ 为势函数的共轭函数，则：

$$v_x = \frac{\partial \phi}{\partial x} = \frac{\partial \psi}{\partial z} \qquad v_z = \frac{\partial \phi}{\partial z} = -\frac{\partial \psi}{\partial x}$$

$$\frac{\partial^2 \phi}{\partial x^2} + \frac{\partial^2 \phi}{\partial z^2} = 0$$

$$\frac{\partial^2 \psi}{\partial x^2} + \frac{\partial^2 \psi}{\partial z^2} = 0 \qquad (3.6.3)$$

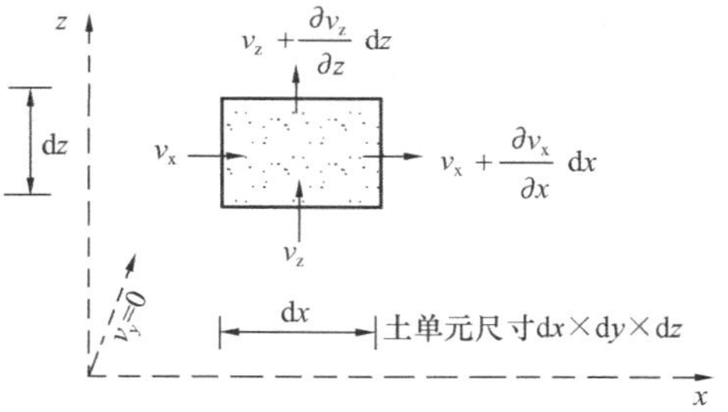

图 3-23　二维渗流的连续性条件

可见，等势线（$d\phi=0$）与流线（$d\psi=0$）是正交的。

在简单的边界条件下，方程（3.6.3）可以求得解析解，但对于大多数工程问题，渗流的边界条件比较复杂，很难求得解析解。早期常常通过模拟电场来解决边界条件复杂的渗流问题，但近年来随着数值计算手段的发展，越来越多地采用渗流数值计算解决各种渗流工程问题。但在工程实用上，图解法，亦即流网法仍然是一种简便有效的实用方法。

3.6.2　流网的绘制原理与规则

所谓流网就是根据一定的边界条件绘制的由等势线与流线组成的网状图。绘制流网应满足以下规则：

(1) 等势线与流线必须正交；

(2) 为了方便，以等势线与流线为边界围成的网格尽可能接近于正方形；

(3) 由于不透水边界上不会有流线穿过，所以不透水边界本身必定是一条流线（图 3-24 的 AG）；

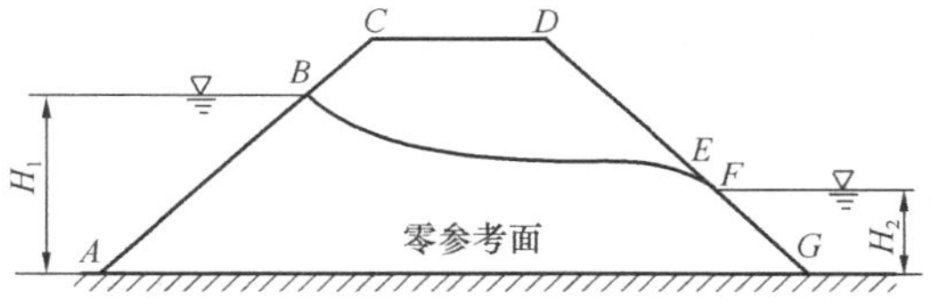

图 3-24　堤坝的二维渗流及边界条件

(4) 静水位下的透水边界上总水头相等，所以它们是等势线（图 3-24 的 AB、FG）；

(5) 在地下水位的自由面（也叫浸润线）上，孔隙水压力 $u=0$，其总水头等于位置水头，所以 $h=z$，它也是一条流线（图 3-24 中的 BE）；

(6) 在水的渗出段（图 3-24 中的 EF），由于与大气接触，孔隙水压力 $u=0$，也只有位置水头，$h=z$。

3.6.3　流网的绘制方法

二维渗流分为有浸润线与无浸润线两种，见图 3-25 与图 3-26。无浸润线的情况亦称有压流，这时绘制流网相对比较容易。首先，确定各边界的等势线与流线；然后按照边界大致画出几条流线，每条流线与上下两端的等势线正交，流线间不能相交；一般可首先画出中间的等势线，再由中间向两边画出等势线。根据正交与正方形网格，反复试画与修正，最后达到等势线与

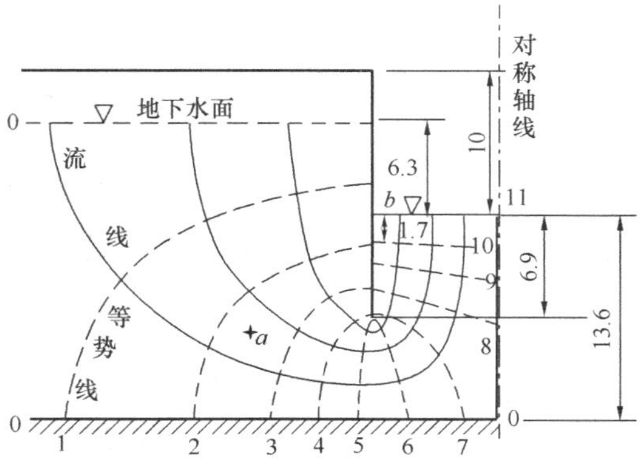

图 3-25　基坑中的流网

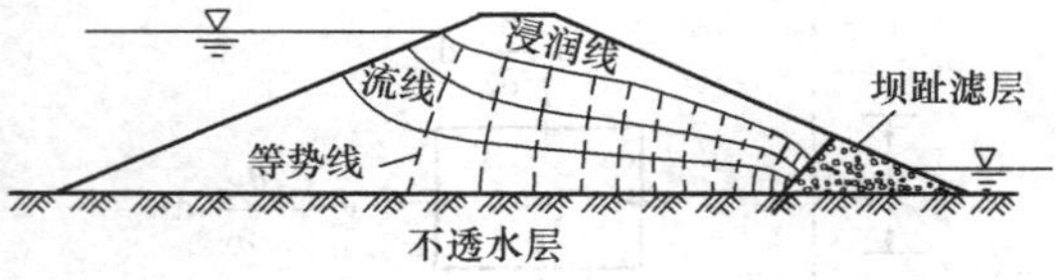

图 3-26　土坝中的流网

流线的正交、光滑与均匀。在图 3-25 中，基坑的对称线也可看作是不透水边界，只绘制半边流网即可。

对于有浸润线的情况（图 3-26），关键在于合理地确定浸润线的位置和逸出点，这就要困难得多了，常常需要有丰富的经验与技巧。也有与数值计算结合绘制流网的方法。

3.6.4　流网的特性与应用

在边界条件相同时，土体中流网的形状与土的渗透系数无关；在无浸润线的情况下，流网的形状与上下游水头差也无关。在以上的叙述中，都假设土是各向同性的。而天然土的水平渗透系数通常大于竖直渗透系数，这时可以变换指标：首先假设 $x=x\sqrt{k_z/k_x}$，然后按各向同性土绘制流网，最后再将坐标系恢复为 x，z，将流网的水平方向尺寸还原。这样得到的流网的网格不再是正方形，流线与等势线也不一定都正交了。

在解决实际工程中的渗流问题时，流网可以有如下的用处：

(1) 求流网中各点的测管水头及各点间的水头差

可根据上下游总水头差 ΔH 和等势线的间隔数 n，确定两个等势线间的水头差：

$$\Delta h=\frac{\Delta H}{n} \tag{3.6.4}$$

然后再看该点位于哪一条等势线附近，通过内插确定该点的测管水头。

(2) 求流网中各点平均水力坡降

由于各相邻的等势线间的水头差都相等，所以可知网格密的地方其水力坡降 i 就大。第 i 个网格的平均水力坡降为：

$$i_i=\frac{\Delta h}{l_i} \tag{3.6.5}$$

其中 l_i 为第 i 个网眼的等势线平均距离。从图 3-25 与图 3-26 可以发现，在流线的出口处网格较密，这里也是容易发生渗透变形的地方，应予以注意。通过水力坡降很容易计算各处的渗透力 j。

(3) 计算渗流量

通过流网，可以首先计算每个流道（两个相邻流线所形成的渗流通道）的渗流量 Δq：

$$\Delta q=v_i s_i=k i_i s_i=k\frac{\Delta h}{l_i}s_i$$

其中 s_i 为两个相邻流线间的距离，由于任意网格都是正方形的，所以 $s_i=l_i$，则：

$$\Delta q=k\Delta h=k\frac{\Delta H}{n} \tag{3.6.6}$$

可见每个流道所流出的流量都是相等的，若流网由 m 个流道组成，则总单宽渗流量为：

$$q=m\Delta q=k\frac{\Delta H}{n}m \tag{3.6.7}$$

(4) 判断渗透变形的可能性

流土总是发生在由下向上渗流的出口处，因而要对竖直向上渗流出口的流网最密处进行判断，如图 3-25 中的点 b 是应当判断的。也可以根据流网中各处的土的类型与性质判断其他渗透变形问题，尤其是两层土的交界处。

【例题 3-6】 在图 3-25 中，含潜水的砂土地基中的基坑为钢筋混凝土地下连续墙所支挡，土的渗透系数为 $k=4.5\times10^{-3}$cm/s，饱和重度为 $\gamma_{sat}=18.9$kN/m^3，在基坑内排水。根据已经绘制的流网计算：

(1) 计算该基坑的单宽流量 q；

(2) 确定流网中点 a 的测管水头；

(3) 判断靠墙的渗流出口 b 点的渗透变形（流土）可能性。

【解】(1) 由于此基坑是对称的，只画了其中的一半，这一半共有 4 个流道，基坑总共有 8 个流道，根据式（3.6.7）：

$$q=k\frac{\Delta H}{n}m=4.5\times10^{-5}\times\frac{6.3}{11}\times8=20.6\times10^{-5}\text{m}^3/\text{s/m}=0.74\text{m}^3/\text{h/m}$$

(2) 在点 a，它距离上游地下水位线（等势线 0）为 2.4 个间距，该点以 0-0 为基准线的测管水头为：

$$\Delta h=\frac{\Delta H}{n}=\frac{6.3}{11}=0.573\text{m}$$

$$H_a=H_0-2.4\times\Delta h=19.9-2.4\times0.573=18.52\text{m}$$

(3) 靠墙的渗流出口 b 处的等势线距离为 1.7m，则：

$$i_b=\frac{\Delta h}{l_b}=\frac{0.573}{1.7}=0.337$$

流土的临界水力坡降：

$$i_{cr}=\frac{\gamma'}{\gamma_w}=\frac{8.9}{10}=0.89>i_b$$

所以该基坑不会发生流土。

习 题 与 思 考 题

3.1 在变水头试验中，测得如下数据，据此计算土的渗透系数。

渗透仪内径（试样的直径）：75.2mm；

试样的长度：122.0mm；

进水管直径：6.25mm；

试验开始时进水管的水位：750.0mm；

15 秒以后进水管水位：247.0mm。

（答案：$k=6.23\times10^{-3}$cm/s）

3.2 均匀砂层厚度为 14.4m，地下水为潜水，水位距地表面 2.2m，砂层下为黏土层。在砂土层中进行潜水完整井的抽水试验，两个观测井分别距离抽水井中心为 18m 和 64m。在抽水稳定后抽水流量为 328L/s，两个观测井的水位降落分别为 1.92m 和 1.16m。计算该砂土的渗透系数。

（答案：$k=0.818$cm/s）

3.3 在某一现场有三层水平分布的土层，自上到下依次为：

A 层：厚度 3.5m，$k_1=2.5\times10^{-5}$m/s；

B 层：厚度 1.8m，$k_2=1.4\times10^{-7}$m/s；

C层：厚度 4.2m，$k_3=5.6\times10^{-3}$m/s。

计算此多层土的水平与垂直等效渗透系数 $k_H \cdot k_V$。

（答案：$k_H=2.49\times10^{-3}$m/s，$k_V=7.31\times10^{-7}$m/s）

3.4 拟进行变水头试验，试样长度为 8.5cm，截面积为 15cm^2，事先估计土的渗透系数为 $k\approx3\times10^{-7}$m/s 左右。如果想要在 5 分钟左右，进水管水头从 27.5cm 降到 20cm，应采用多大直径的进水管？

（答案：2.6mm）

3.5 一个倾斜的渗透试验管填满了三层土（图 3-27），自左向右的三层土渗透系数分别为 k_1，k_2，k_3。计算在下面两种情况下，A，B，C，D 四个截面处的测管水头。

(a) $k_1=k_2=k_3$；

(b) $3k_1=k_2=2k_3$；

答案：

情况	h_A	h_B	h_C	h_D
(a)	57cm	52cm	49.5cm	42cm
(b)	57cm	53.8cm	49.1cm	42cm

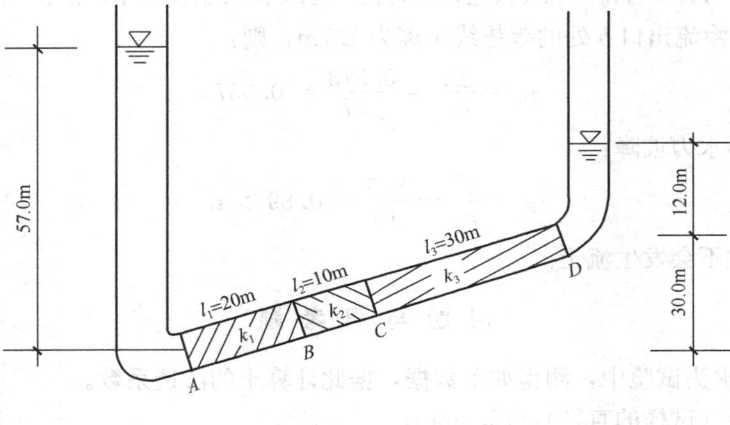

图 3-27 习题 3.5 的图示

3.6 有一种土的比重 $G_s=2.70$，孔隙比 $e=0.60$，这种土发生流土的临界水力坡降 i_{cr}为多少？

（答案：$i_{cr}=1.043$）

3.7 有一河堤位于 15m 的黏土层上，黏土的 $\gamma_{sat}=20$kN/m^3。下面为砂土层，如图 3-28 所示。在堤防的背水侧有深度为 5m 的取土坑。问：当堤外洪水涨到什么高度时(h)，堤内黏土会发生流土？

（答案：$h=5$m）

3.8 在图 3-29 所示的基坑中，上部黏土的饱和重度为 $\gamma_{sat}=18.5$kN/m^3。计算该基坑发生流土时的最大开挖深度 $h_{cr}=$？

（答案：$h_{cr}=7.2$m）

3.9 某混凝土重力坝坝基内的流网如图 3-30 所示。已知坝基为细砂，$k=3.5\times10^{-4}$m/s，计算：

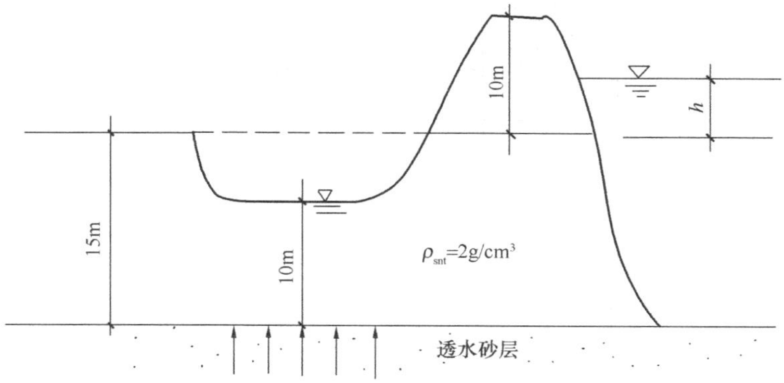

图 3-28　习题 3.7 的图示

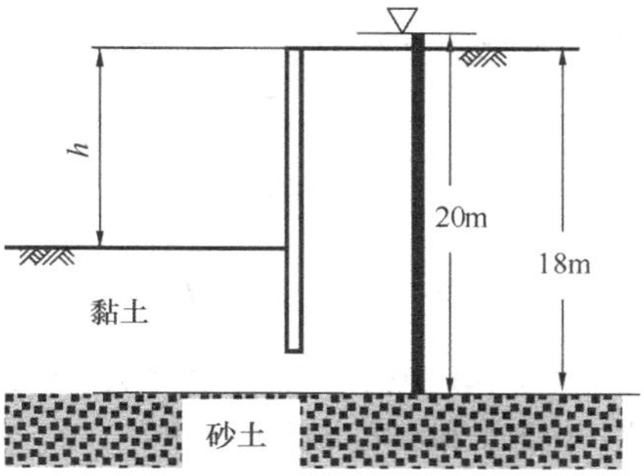

图 3-29　习题 3.8 的图示

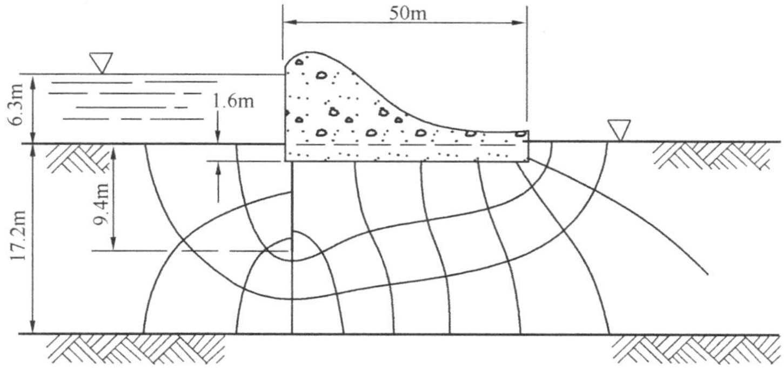

图 3-30　习题 3.9 的图示

（1）坝基的单宽渗透流量 q；

（2）作用于坝的底面上的单宽总向上（扬）压力。

（答案：0.66 升/秒；3316kN/m）

3.10　在图 3-31 所示的各向同性砂土地基中，打入两排截水的钢板桩，中间进行开挖。

（1）绘制流网（可只绘制对称基坑的半面）

（2）估算单宽渗流量；

（3）计算基坑内流土的安全系数。

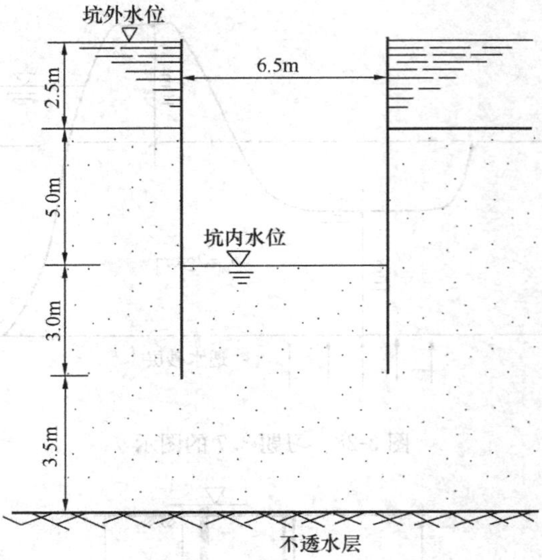

图 3-31　习题 3.10 的图示

参　考　文　献

［1］ 李广信，张丙印，于玉贞. 土力学(第二版). 北京：清华大学出版社，2013.

［2］ 殷宗泽等. 土工原理. 北京：中国水利水电出版社，2007.

［3］ Robert D. Holtz，Willian D. Kovacs(1981). An Introduction to Geotechnical Engineering. by Perntice-Hall，Inc.，Englewood Cliffs，New Jersey.

［4］ R. Whitlow(1995). Basic Soil Mechanics. 3rd edition，C Longman Group Limited.

第 4 章　地基中应力与计算

4.1　概述

土体在自重、建筑物荷载、交通荷载及其他因素（如渗流、波浪、潮汐、地震等）的作用下，均可产生应力变化。土中的应力变化必然会引起土体以及建筑物地基的变形，从而使构筑物（如土坝、路堤或路基等）或建筑物（如房屋、桥梁、涵洞、机场跑道等）产生沉降、倾斜或者水平位移。一方面，当土体或者地基的变形过大时，就会影响到建筑物的正常使用；另一方面，当地基中应力过大时，还会导致建筑物地基发生剪切破坏，最终造成承载力不足或整体失稳。因此，地基中应力的计算是研究和分析土体及建筑物地基变形、强度和稳定性的基础和依据，同时也是土力学变形和强度理论学习的基本内容之一。

地基中应力按其产生的原因可分为自重应力和附加应力两部分。地基中自重应力是指受到自身重力作用而产生的应力，有时会因地下水位的升降而大小发生变化。地基中附加应力是指土体受到外荷载作用而附加产生的应力增量，它是引起土体变形或地基沉降的主要原因。为了理论研究的方便，地基中总应力按其作用原理和传递方式可被分为有效应力和孔隙应力两种。其中有效应力是指土固体颗粒间所传递的粒间应力，它是决定土的强度和变形的控制性因素。土体中孔隙应力是指其中的气体和水所传递的应力，相应的被称作孔隙气压力和孔隙水压力。对于饱和土体而言，土体中总应力、有效应力和孔隙水压力之间的关系就是第 3 章中讲到的有效应力原理，它是现代土力学变形和强度计算的基础理论。

由于土体是由固、液、气三相组成的非连续介质，从微观角度分析，土体中应力是通过颗粒间的接触来传递的。但是在我们平时研究的宏观土体受力问题中，建筑物基础底面或所研究的土体本身的尺寸远远大于土颗粒，而且工程实践一般也只关心平均应力的计算，而无需知道微观结构中土颗粒间接触应力的大小，因此一般都近似地将土体视为连续体。但是，土体是自然界长期地质作用的产物，在形成过程中具有各种不同的结构和构造，呈现出一定的不均匀性，因此土体并不是理想的均匀弹性体或塑性体，而是一种具有黏弹塑性的复杂介质，其应力应变关系具有明显的非线性特征，要从理论上对其进行精确描述相当困难。考虑到实际工程中土的应力水平相对较低，变化范围也不是很大，因此在一定的应力范围内，土体的应力应变关系可近似地被视为线性。所以，当土层间的性质差异并不悬殊时，常采用线弹性理论来对土体中应力进行计算，计算精度也能满足一般工程的需要。在工程应用上，一般将地基视为半无限空间各向同性线弹性体。在计算地基中初始应力时只考虑土体自重引起的应力，在求解荷载作用下地基中附加应力时，采用弹性理论布辛涅斯克（Boussinesq，1885）或明德林解（Mindlin，1936）来求解附加应力场。但是，当对沉降和变形有特殊要求时，则需采用较为精确的土体应力应变关系来进行数值计算分析。

本章将介绍地基中自重应力、基底压力、基底附加压力和附加应力的计算。

4.2 地基中自重应力计算

在计算土体中自重应力时，假设天然土体为水平均质各向同性半无限体，各土层分界面为水平面，于是，在任意竖直面和水平面上均无剪应力存在，例如在图 4-1 中，天然地基由 4 层土组成，各层土的重度为 γ_i（在地下水位以下饱和重度为 γ_{sati}），有效重度为 γ'_i，土层厚为 h_i，地下水水位距地表面距离为 h。土层 4 为不透水层，其他为透水层。

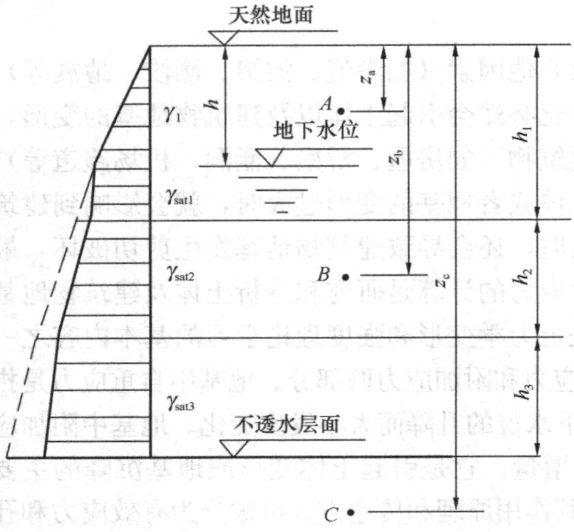

图 4-1　地基中自重应力

现考虑图 4-1 中 A、B、C 三点处的自重应力。A、B 和 C 三点深度分别为 z_a、z_b 和 z_c，在 A、B 和 C 三点相应取土体单元，单元土体的水平面面积用 d_s 表示。各单元体上作用的竖向总应力等于各自的上覆土重除以单元体面积。A 点在地下水位以上，A 单元以上覆土重为 $z_a\gamma_1 d_s$。则 A 点土的竖向应力为：

$$(\sigma_{cz})_A = \gamma_1 z_a \tag{4.2.1}$$

由上式可见，σ_{cz} 沿水平面均匀分布，且与 z 成正比，即随深度按直线规律分布。地基中除了有作用于水平面上的竖向自重应力外，在竖直面上还作用有水平向的侧向应力，侧向应力 σ_{cx} 和 σ_{cy} 应与 σ_{cz} 成正比，而竖直面上剪应力为零，即：

$$\sigma_{cx} = \sigma_{cy} = K_0\sigma_{cz} \tag{4.2.2}$$

$$\tau_{xy} = \tau_{yz} = \tau_{zx} = 0 \tag{4.2.3}$$

式（4.2.2）中的比例系数 K_0 被称为土的静止侧向压力（土压力）系数，定义为土体侧向变形为零时水平向有效应力与竖向有效应力之比。与土类、应力历史等因素有关，可由试验测定（详见第 8 章）。

由于 B 点在地下水位以下，且在第二层土中，因此 B 点土的竖向总应力为：

$$(\sigma_{cz})_B = \gamma_1 h + \gamma_{sat1}(h_1 - h) + \gamma_{sat2}(z_b - h_1) \tag{4.2.4}$$

上式右边第一项表示地下水位以上土层在 B 点引起的总应力，第二项和第三项分别表示地下水位以下的土层 1 和部分土层 2 在 B 点引起的总应力。

而地基中深度为 z 处土体自重产生的总应力 σ_{cz} 可表示为：

$$\sigma_{cz} = \sum_{i=1}^{n}\gamma_i h_i \tag{4.2.5}$$

式中　n——从地面到深度为 z 处的土层数；

γ_i——第 i 层土的天然重度，对在地下水位以下土层取饱和重度 γ_{sati}。

现在考虑地基中有效应力计算，A 点在地下水位以上，其有效应力等于总应力，于是有：

$$(\sigma'_{cz})_A = \gamma_1 z_a \tag{4.2.6}$$

地基中深度为 z 处土体自重产生的有效应力为 σ'_{cz} 可用下式计算：

$$\sigma'_{cz} = \sum_{i=1}^{n} \gamma_i h_i \tag{4.2.7}$$

式中　γ_i ——第 i 层土的天然重度，对在地下水位以下土层取浮重度 γ'_i。

由此可见，当计算点位于地下水位以下时，自重应力计算公式的形式与式（4.2.1）相同，在计算总应力时采用的重度为饱和重度，即 γ_{sati}。而在计算有效自重应力时首先要根据土的性质判断是否需要考虑水的浮力作用，如果土层为透水层，则所用的重度为浮重度 γ'_i，饱和重度 γ_{sati} 和浮重度 γ'_i 之间的关系为 $\gamma'_i = \gamma_{sati} - \gamma_w$；如果地下水位以下埋藏有不透水层（如岩层或只含结合水的坚硬黏土层），此时由于不透水层中不存在水的浮力作用，所以不透水层顶面以及以下的有效自重应力应按上覆土层的水土总重来计算，这样上覆土层与不透水层交界面处的有效自重应力将发生突变。

现在考虑不透水层中 C 点的自重应力。C 点地基总应力可采用式（4.2.5）计算。根据以上所述，C 点处在不透水层中，C 点土体不受地下水的浮托力作用，故 C 点有效应力与总应力相等。

从上述分析可知：地基各土层中自重应力沿深度线性变化；自重应力大小与土层厚度、土体重度、饱和重度、地下水位深度等因素有关。

一般天然地基形成至今已有很长的地质年代，在自重应力作用下的压缩变形早已完成，土体自重应力作用不会再引起土体变形，但对近期沉积和充填的土层，应考虑在自重应力作用下尚未完成的压缩变形。

地下水位变化会引起地基土体中自重应力的变化，自重应力改变将使土体产生新的变形，例如由于大量抽取地下水，致使地下水位下降，使地基中原水位以下的土体中有效自重应力增加，造成大面积地面沉降。

【例题 4-1】 地基土层分布如图 4-2 所示，土层 1 厚度为 3.0m，土体重度 γ=18.5kN/m³，饱和重度 γ_{sat}=18.8kN/m³，土层 2 厚度为 4.0m，土体重度 γ=18.2kN/m³，饱和重度 γ_{sat}=18.6kN/m³，土层透水性良好，地下水位距离地面 2.0m，计算土中自重总应力和有效应力沿深度分布情况。

【解】 先计算图中 A、B、C 和 D 四点处的总应力和有效应力，然后画出应力分布图。

A 点：$z=0$，$\sigma_{cz}=0$，$\sigma'_{cz}=0$

B 点：$z=2.0\,\text{m}$，$\sigma_{cz}=18.5\times2=37.0\text{kPa}$

$\sigma'_{cz}=37.0\,\text{kPa}$，静止孔隙水压力等于零

C 点：$z=3.0\,\text{m}$，$\sigma_{cz}=18.5\times2+18.8\times(3-2)=55.8\text{kPa}$

$\sigma'_{cz}=18.5\times2+(18.8-10)\times1=45.8\,\text{kPa}$

D 点：$z=7.0\,\text{m}$，$\sigma_{cz}=18.5\times2+18.8\times(3-2)+18.6\times4=130.2\,\text{kPa}$

$\sigma'_{cz}=18.5\times2+(18.8-10)\times1+(18.6-10)\times4=80.2\,\text{kPa}$

静止孔隙水压力等于 10×5=50kPa

地基中自重总应力 σ_{cz} 和有效应力 σ'_{cz} 和静止孔隙水压力沿深度分布如应与图的位置结合起来写：上图或下图或图 4-2 所示。

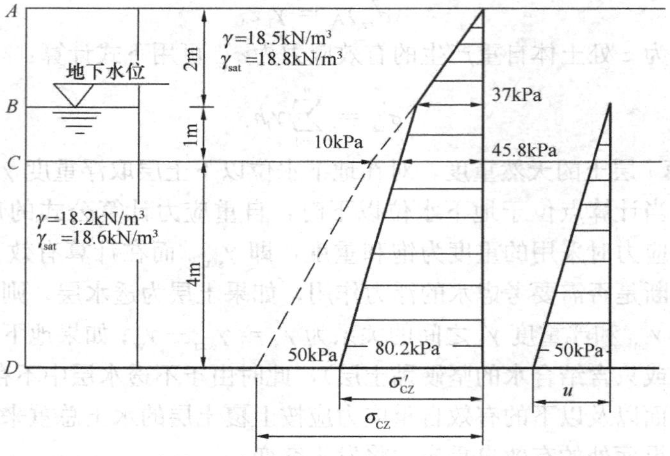

图 4-2 ［例题 4-1］图示

4.3 基底压力的分布与计算

上部建筑物的荷载首先是传递到基础，在基础底部形成基底压力，然后基底压力再以一定的规律把荷载扩散到地基土中。基底压力是建筑物基础底面与地基土间的接触应力，是基础作用于地基的基底压力，同时又是地基反作用于基础的基底反力。因此，基底压力的计算是地基中应力计算的基础，其形式和分布规律将对地基中的应力产生直接的影响。

由于基底压力的分布涉及地基、基础与上部结构的相互作用，因此是一个非常复杂的课题，但在实际分析中，一般将其看作弹性理论中的接触压力问题。影响基底压力分布的因素很多，如基础的形状、刚度、尺寸、埋深以及地基土的性质、荷载大小和分布等。在理论分析中，若要综合考虑所有的因素是十分困难的，目前在弹性理论中的简化计算方法主要为研究不同刚度的基础下弹性半空间体表面的接触压力分布问题。

4.3.1 基底压力的分布规律

基底压力的分布形式依据基础相对刚度的不同可分为三种类型：

1. 柔性基础

如图 4-3（*a*）所示，若基础的抗弯刚度为零，则这种基础相当于绝对柔性基础。该基础在荷载作用下，其自身的变形与土表面的变形相一致，因此基底压力分布与基础上作用的荷载分布相同，此时基础底面的沉降呈现中央大而边缘小的情况。实际工程中多把柔性较大（刚度较小）能适应地基变形的基础视作柔性基础，例如土坝、路堤等构筑物，由于其本身不传递剪应力，则由其自重引起的基底压力分布就与其断面形状相同，如图 4-3（*b*）所示。

2. 刚性基础

若基础的刚度非常大，则在荷载作用下基础本身几乎不变形，这样的基础可以被视为刚性基础。如采用大块混凝土做成的整体基础，如图 4-4 所示。由于刚性基础不会发生挠曲变形，所以在中心荷载作用下，基底各点的沉降是相同的，此时基底压力呈马鞍型分

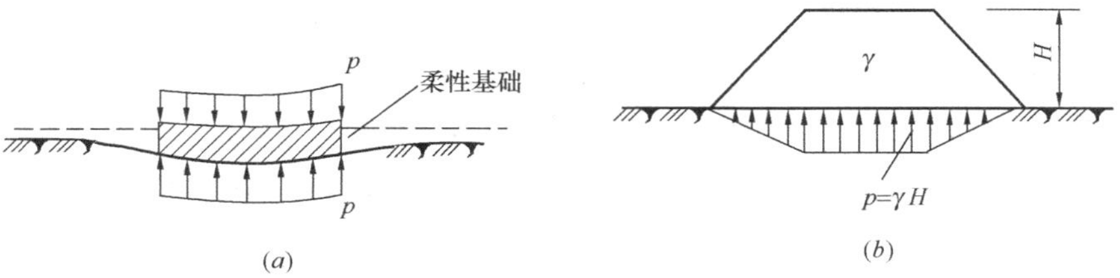

图 4-3 柔性基础基底压力分布示意图

(a) 理想柔性基础；(b) 堤坝下基底压力

布，即呈现中间小而边缘大（按弹性力学的理论解答，边缘应力为无穷大）的情况，如图 4-4（a）所示。随着荷载的增大，基础边缘应力与中间部分的应力都相应增大，在基础边缘下地基土将首先产生塑性变形，随后边缘应力不再增加，而中间部分则继续增大，从而引起基底压力重新分布，最终发展为抛物线分布，如图 4-4（b）所示。如果作用荷载继续增大，则基底压力会继续发展为钟形分布，如图 4-4（c）所示。

由此可见，刚性基础底面的压力分布形状和荷载大小有关。理论和试验研究也表明，基底压力分布还与基础埋置深度及土的性质有关。需要特别指出的是，上述刚性基础基底压力分布的发展演变过程只是一种理想化的归纳，实际情况则要复杂得多。

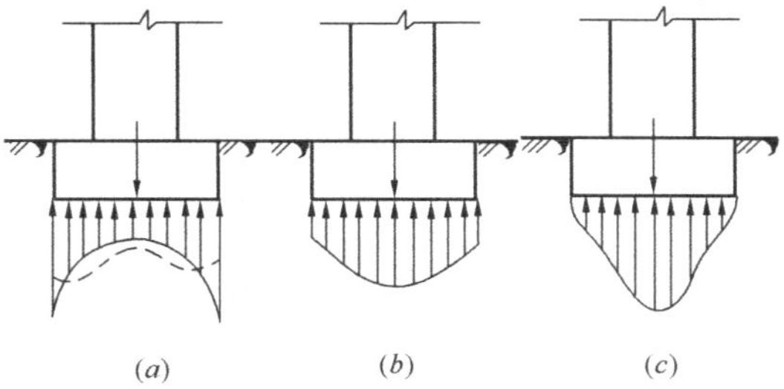

图 4-4 刚性基础基底压力分布示意图

(a) 马鞍形分布；(b) 抛物线分布；(c) 钟形分布

3. 弹性基础

实际工程中的基础刚度一般处于上述两种情况之间，被称为弹性基础。对于此类情况，可根据基础的刚度及土的参数，用弹性理论中地基梁和板的计算方法或数值计算方法进行计算。

4.3.2 基底压力的简化计算

通过上节分析可知，基底压力的分布形式十分复杂。但对于桥梁墩台基础以及工业与民用建筑中的柱下单独基础、墙下条形基础等扩展基础，一般可近似看作刚性基础。由于受到地基容（允）许承载力的限制，再加上基础还具有一定的埋置深度，其基底压力呈马鞍形分布，而且基底中心部位与边缘部位的应力差别不显著，故可视为反力均匀分布。另外，根据弹性理论中的圣维南原理及对土中应力的实际量测结果，基底压力分布形式对土中应力分布的影响只局限在基底附近一定深度内。一般而言，当基底以下的深度超过基础宽度的 1.5～2.0 倍时，它的影响已不是非常显著。因此，在基础底面一定深度以下，荷载所引起的附加应力与基底荷载分布形态无关，而只与其合力的大小与作用点位置有关。因此，在工程应用中，对于具有一定刚度以及尺寸较小的扩展基础，可近似地认为基底压力的分布呈直线规律变化，并可以用材料力学中的有关公式进行简化计算。

1. 中心荷载作用下的基底压力

中心荷载作用下的基础，其所受荷载的合力通过基底形心，基底压力假定为均匀分布，如图 4-5 所示。在中心荷载作用下，基底压力按中心受压公式计算：

$$p=\frac{F+G}{A} \tag{4.3.1}$$

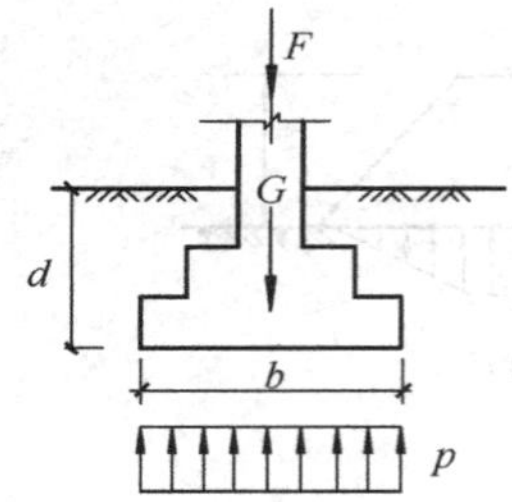

图 4-5　中心荷载作用下基底压力分布

式中　p——基底平均压力，kPa；

A——基础底面积，m^2；

F——作用在基础上的竖向荷载，kN；

G——基础及回填土的总重量，kN，$G=\gamma_G Ad$，其中 γ_G 为基础及回填土的平均重度，一般取 20kN/m^3，在地下水位以下时应扣去浮力；d 为基础埋深，必须从设计地面或室内外平均设计地面算起。

对于荷载沿长度方向均匀分布的条形基础，沿长度方向截取一单位长度进行基底平均压力 p 的计算，此时公式（4.3.1）中 A 改为 b，而 F 及 G 则应取基础截条内的相应值（kN/m）。

2. 单向偏心荷载作用下的基底压力

单向偏心荷载作用下的矩形基础如图 4-6 所示。当在沿长边方向有偏心荷载作用时，设荷载的作用线与基础中心线距离即偏心距为 e，基底两边缘最大、最小压力为 p_{max} 和 p_{min}，可按照材料力学短柱偏心受压公式进行计算：

$$p_{max}=\frac{F+G}{A}+\frac{M}{W}=\frac{F+G}{A}+\frac{(F+G)e}{W}=\frac{F+G}{A}\left(1+\frac{6e}{l}\right) \tag{4.3.2}$$

$$p_{min}=\frac{F+G}{A}-\frac{M}{W}=\frac{F+G}{A}-\frac{(F+G)e}{W}=\frac{F+G}{A}\left(1-\frac{6e}{l}\right) \tag{4.3.3}$$

式中　W——基础底面的弯曲抵抗矩，对矩形基础 $W=\frac{bl^2}{6}$；

e——荷载偏心距；

b、l——分别为基础底面的宽度和长度。

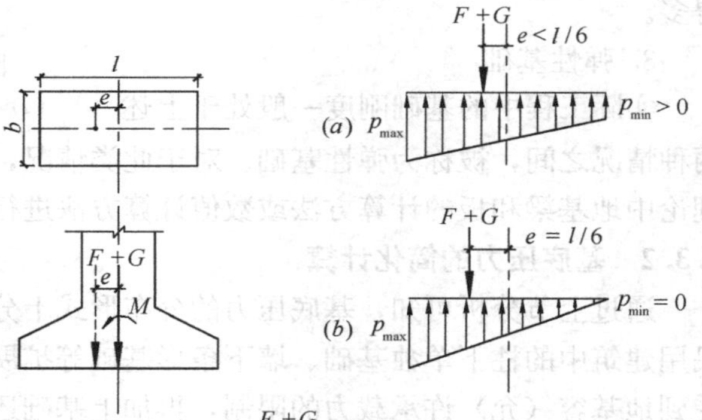

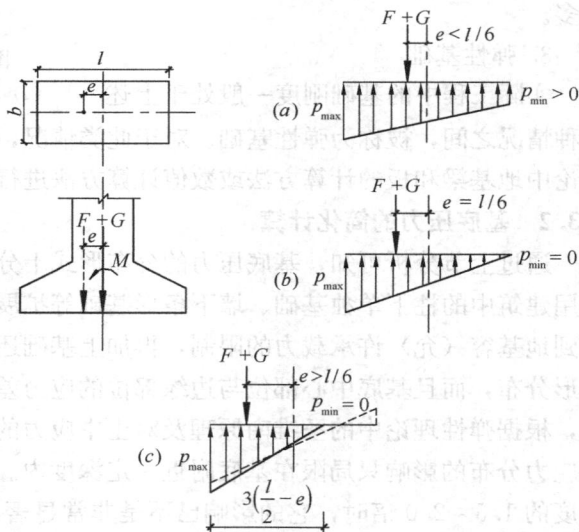

图 4-6　单向偏心荷载作用下的矩形基底压力分布

按荷载偏心距的大小，基底压力的分布有以下三种情况：

（1）当 $e<\frac{l}{6}$ 时，$p_{min}>0$，基底压力呈梯形分布；

（2）当 $e=\frac{l}{6}$ 时，$p_{min}=0$，基底压力呈三角形分布；

（3）当 $e>\frac{l}{6}$ 时，$p_{min}<0$，表明距偏心荷载较远的基底边缘会产生拉应力，但基底与地基土之间是不可能承受拉应力的，此时产生拉应力部分的基底将与地基脱离，从而使基底压力重新分布。根据平衡条件，竖向荷载的合力应通过三角形反力分布图的形心，因此基础底面的实际受压宽度和应力大

小为：

基础实际受压宽度：

$$l' = 3\left(\frac{l}{2} - e\right) \tag{4.3.4}$$

基底最大压力：

$$p_{\max} = \frac{2(F+G)}{3\left(\frac{l}{2} - e\right)b} \tag{4.3.5}$$

3. 基底附加压力的概念及计算

在建筑物建造之前，地基中的自重应力已经存在，基底附加压力是指作用在基础底面的压力与基础底面处原有的自重应力之差，它是引起地基土附加应力及变形的直接因素。在工程实践中，一般浅基础总是置于天然地基下的一定深度处，该处原有土中存在竖向初始自重应力 σ_{cd}。当为基础施工而进行土方开挖后，地基原有的自重应力将被卸除。因此，将建筑物建造后的基底压力扣除基底标高处原有的土体自重应力后，才是基础底面处新增的基底附加压力。

基底平均附加压力 p_0 可表示为：

$$p_0 = p - \sigma_{cd} = p - \gamma_0 d \tag{4.3.6}$$

式中 p ——基底平均压力，kPa；

σ_{cd} ——基底处原有土的自重应力，kPa；

γ_0 ——基础底面标高以上天然土层的加权重度，$\gamma_0 = \sum_{i=1}^{n}\gamma_i h_i \Big/ \sum_{i=1}^{n} h_i$，地下水位以下的重度取浮重度；

d ——从天然地面（不是新填地面或设计地面）算起的基础埋深，m。

基底附加压力得到后，就可以把它看作是作用在弹性半空间的局部荷载，再根据弹性力学理论求解地基中的附加应力。需要指出的是，由于工程上基底附加压力一般作用于地表下一定深度（指基础的埋深）处，因此，假定它作用于弹性半空间表面的假设和实际情况并不完全相符，所以运用弹性力学解答所得的结果只是近似的。不过，对于一般浅基础来说，这种假设所造成的误差可以忽略不计。

另外，当基坑的平面尺寸和深度较大时，坑底回弹是明显的，且基坑中部的回弹量大于边缘处。在沉降计算中应考虑这种坑底的回弹和再压缩而增加的沉降，具体应用时可将 σ_{cd} 乘以一个折减系数 α，如式（4.3.7）所示，用于对基底附加压力进行修正，一般可根据经验取 $\alpha = 0 \sim 1$。

$$p_0 = p - \alpha \cdot \sigma_{cd} \tag{4.3.7}$$

4.4 荷载作用下地基中附加应力计算

地基中的应力状态是非常复杂的，目前采用的地基中附加应力计算方法是根据弹性理论推导而来。在计算附加应力时，一般假定地基土是各向同性、均匀连续的半无限弹性体，而且在深度和水平方向上都无限延伸，即把地基看成是均质的线性变形半空间（半无限体），这样就可以直接采用弹性力学中关于弹性半空间的理论解答。

基于上述假定，可以采用弹性理论布辛涅斯克（Boussinesq，1885）或明德林解（Mindlin，1936）来求附加应力场。

4.4.1 竖向集中力作用下地基中附加应力计算

一、地表作用一竖向集中力时地基中附加应力计算——布辛涅斯克解

假设地基为均匀各向同性半无限弹性体，在地表上作用一竖向集中力 P，如图 4-7 所示。法国数学家布辛涅斯克根据弹性理论得到了地基中任一点 M（x，y，z）处的六个独立应力分量（$\sigma_x, \sigma_y, \sigma_z, \tau_{xy}, \tau_{yz}, \tau_{zx}$）和三个位移分量（$u$，$v$，$w$），因此该解答也被称为布辛涅斯克解，具体表达式为：

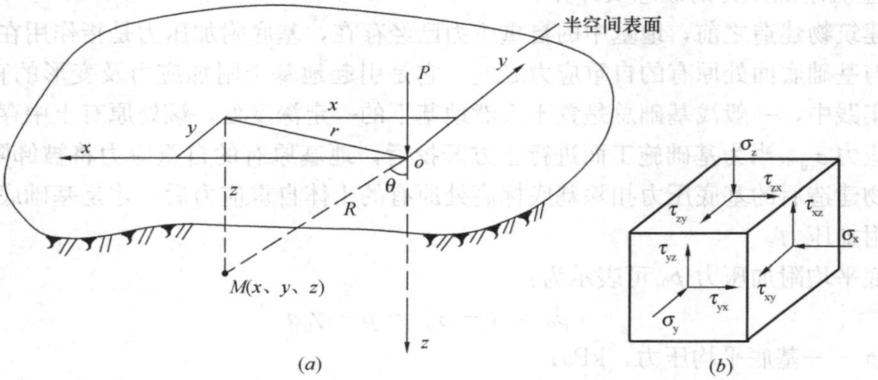

图 4-7 地表作用有竖向集中力时地基中应力

（a）半空间中任意点 M；（b）M 点处的微单元体

$$\sigma_x = \frac{3P}{2\pi}\left\{\frac{x^2 z}{R^5} + \frac{1-2\mu}{3}\left[\frac{R^2 - z(R+z)}{R^3(R+z)} - \frac{x^2(2R+z)}{R^3(R+z)^2}\right]\right\} \quad (4.4.1)$$

$$\sigma_y = \frac{3P}{2\pi}\left\{\frac{y^2 z}{R^5} + \frac{1-2\mu}{3}\left[\frac{R^2 - z(R+z)}{R^3(R+z)} - \frac{y^2(2R+z)}{R^3(R+z)^2}\right]\right\} \quad (4.4.2)$$

$$\sigma_z = \frac{3P}{2\pi}\frac{z^3}{R^5} \quad (4.4.3)$$

$$\tau_{xy} = \tau_{yx} = -\frac{3P}{2\pi}\left[\frac{xyz}{R^5} - \frac{1-2\mu}{3}\cdot\frac{xy(2R+z)}{R^3(R+z)^2}\right] \quad (4.4.4)$$

$$\tau_{yz} = \tau_{zy} = -\frac{3Pyz^2}{2\pi R^5} \quad (4.4.5)$$

$$\tau_{zx} = \tau_{xz} = -\frac{3Pxz^2}{2\pi R^5} \quad (4.4.6)$$

$$u = \frac{P}{4\pi G}\left[\frac{xz}{R^3} - (1-2\mu)\frac{x}{R(R+z)}\right] \quad (4.4.7)$$

$$v = \frac{P}{4\pi G}\left[\frac{yz}{R^3} - (1-2\mu)\frac{y}{R(R+z)}\right] \quad (4.4.8)$$

$$w = \frac{P}{4\pi G}\left[\frac{z^2}{R^3} + \frac{2(1-\mu)}{R}\right] \quad (4.4.9)$$

式中 G——土体剪切模量，$G = \dfrac{E}{2(1+\mu)}$；

E——土体弹性模量；

μ——土体泊松比；

R——M 点距荷载作用点（坐标原点）距离，$R=\sqrt{x^2+y^2+z^2}$。

由上述弹性力学的理论解答可知，单元体的六个独立应力分量只与集中荷载 P 的大小和位置 (x,y,z) 相关，而与弹性模量 E 和泊松比 μ 无关，亦即与材料的特性无关。所以，利用上述应力表达式计算具有非线性性质的土体中应力是可行的。但位移表达式中涉及弹性模量和泊松比，其值的大小与土的工程性质密切相关，故一般不直接用上述公式计算地基中的变形或沉降，具体计算方法参见第 6 章。

需要指出的是，按弹性理论得到的应力及位移分量计算公式，对于集中力作用点是不适用的。事实上，当 $R\rightarrow 0$ 时，按上述公式计算得到的应力及位移都趋于无穷大，此时地基土已产生塑性变形，不再满足弹性理论的基本假定，因此，所选择的计算点不宜过于接近集中力作用点。

由于实际的荷载总是分布在一定面积上，因此理论上的集中力是不存在的。但是，地面上一集中力作用下的地基中附加应力解答为求解地面上其他形式荷载作用下地基中附加应力分布奠定了基础，根据弹性力学的叠加原理并利用布辛涅斯克解，可以通过积分求得各种局部荷载下的地基中附加应力。

在上述应力及位移的表达式中，对工程应用最有价值的就是竖向应力 σ_z，为了方便计算，可将式（4.4.3）改写为：

$$\sigma_z=\frac{3P}{2\pi}\frac{z^3}{R^5}=\frac{3P}{2\pi}\frac{z^3}{(r^2+z^2)^{5/2}}=\frac{3}{2\pi}\frac{1}{[(r/z)^2+1]^{5/2}}\frac{P}{z^2}=\alpha\frac{P}{z^2} \tag{4.4.10}$$

式中，$\alpha=\frac{3}{2\pi}\frac{1}{[(r/z)^2+1]^{5/2}}$ 被称为地表集中力作用下的地基竖向附加应力系数，简称集中应力系数，无量纲，可直接计算或通过查表 4-1 得到。

地面上一集中力作用下地基中附加应力解答是求解地面上其他形式荷载作用下地基中附加应力分布的基础。

集中荷载作用下地基竖向附加应力系数 α **表 4-1**

r/z	α	r/z	α	r/z	α	r/z	α	r/z	α
0.00	0.4775	0.50	0.2733	1.00	0.0844	1.50	0.0251	2.00	0.0085
0.05	0.4745	0.55	0.2466	1.05	0.0744	1.55	0.0224	2.20	0.0058
0.10	0.4657	0.60	0.2214	1.10	0.0658	1.60	0.0200	2.40	0.0040
0.15	0.4516	0.65	0.1978	1.15	0.0581	1.65	0.0179	2.60	0.0029
0.20	0.4329	0.70	0.1762	1.20	0.0513	1.70	0.0160	2.80	0.0021
0.25	0.4103	0.75	0.1565	1.25	0.0454	1.75	0.0144	3.00	0.0015
0.30	0.3849	0.80	0.1386	1.30	0.0402	1.80	0.0129	3.50	0.0007
0.35	0.3577	0.85	0.1226	1.35	0.0357	1.85	0.0116	4.00	0.0004
0.40	0.3294	0.90	0.1083	1.40	0.0317	1.90	0.0105	4.50	0.0002
0.45	0.3011	0.95	0.0956	1.45	0.0282	1.95	0.0095	5.00	0.0001

二、地基内部作用一集中力时地基中附加应力计算——明德林解

当一集中力作用于地基内时，地基中附加应力计算可采用弹性理论——半无限弹性体内作用一竖向集中力时的明德林解（R. D. Mindlin，1936），如图 4-8 所示，若对距地基

表面距离 c 处作用一个集中力 P，则地基中附加应力表达式为：

$$\sigma_x=\frac{P}{8\pi(1-\mu)}\left\{-\frac{(1-2\mu)(z-c)}{R_1^3}+\frac{3x^2(z-c)}{R_1^5}-\frac{(1-2\mu)[3(z-c)-4\mu(z+c)]}{R_2^3}\right.$$
$$+\frac{3(3-4\mu)x^2(z-c)-6c(z+c)[(1-2\mu)z-2\mu c]}{R_2^5}+\frac{30cx^2z(z+c)}{R_2^7}$$
$$\left.+\frac{4(1-\mu)(1-2\mu)}{R_2(R_2+z+c)}\left(1-\frac{y_2}{R_2(R_2+z+c)}-\frac{y^2}{R_2^2}\right)\right\} \tag{4.4.11}$$

$$\sigma_y=\frac{P}{8\pi(1-\mu)}\left\{-\frac{(1-2\mu)(z-c)}{R_1^3}+\frac{3y^2(z-c)}{R_1^5}\right.$$
$$-\frac{(1-2\mu)[3(z-c)-4\mu(z+c)]}{R_2^3}$$
$$+\frac{3(3-4\mu)y^2(z-c)-6c(z+c)[(1-2\mu)z-2\mu c]}{R_2^5}+\frac{30cy^2z(z+c)}{R_2^7}$$
$$\left.+\frac{4(1-\mu)(1-2\mu)}{R_2(R_2+z+c)}\left(1-\frac{y_2}{R_2(R_2+z+c)}-\frac{y^2}{R_2^2}\right)\right\} \tag{4.4.12}$$

$$\sigma_z=\frac{P}{8\pi(1-\mu)}\left\{\frac{(1-2\mu)(z-c)}{R_1^3}-\frac{(1-2\mu)(z-c)}{R_2^3}+\frac{3(z-c)^3}{R_1^5}\right.$$
$$\left.+\frac{3(3-4\mu)z(z+c)^2-3c(z+c)(5z-c)}{R_2^5}+\frac{30cz(z+c)^3}{R_2^7}\right\} \tag{4.4.13}$$

$$\tau_{yz}=\frac{Py}{8\pi(1-\mu)}\left\{\frac{1-2\mu}{R_1^3}-\frac{1-2\mu}{R_2^3}+\frac{3(z-c)^2}{R_1^5}\right.$$
$$\left.+\frac{3(3-4\mu)z(z+c)-3c(3z+c)}{R_2^5}+\frac{30cz(z+c)^2}{R_2^7}\right\} \tag{4.4.14}$$

$$\tau_{xz}=\frac{Px}{8\pi(1-\mu)}\left\{\frac{1-2\mu}{R_1^3}-\frac{1-2\mu}{R_2^3}+\frac{3(z-c)^2}{R_1^5}\right.$$
$$\left.+\frac{3(3-4\mu)z(z+c)-3c(3z+c)}{R_2^5}+\frac{30cz(z+c)^2}{R_2^7}\right\} \tag{4.4.15}$$

$$\tau_{xy}=\frac{Pxy}{8\pi(1-\mu)}\left\{\frac{3(z-c)}{R_1^5}+\frac{3(3-4\mu)(z-c)}{R_2^5}\right.$$
$$\left.-\frac{4(1-\mu)(1-2\mu)(z-c)^2}{R_2^2(R_2+z+c)}\left(\frac{1}{R_2+z+c}+\frac{1}{R_2}\right)+\frac{30cz(z+c)}{R_2^7}\right\} \tag{4.4.16}$$

式中，$R_1=\sqrt{x^2+y^2+(z-c)^2}$；$R_2=\sqrt{x^2+y^2+(z+c)^2}$；

c——集中力作用点的深度，m；

μ——土的泊松比。

当图 4-8 中 $c=0$ 时，以上各式可相应退化为式（4.4.1）～式（4.4.6），即明德林解退化为布辛涅斯克解，因此，可以认为布辛涅斯克解是明德林解的一个特例。

4.4.2 地面上作用有分布荷载时地基中附加应力计算

实际工程中的荷载往往是通过一定面积的基础传给地基的，如果基础的形状以及基底压力分布已知，则可以利用布辛涅斯克解通过积分的方法求解相应的地基附加应力。下面将分平面问题和空间问题两个方面来讨论。

一、平面应变问题的附加应力计算

设在地基表面作用有无限长的条形荷载，荷载在宽度方向可按任意形式分布，但沿长度方向的分布规律是不变的，此时地基中任一点 M 的应力只与该点的平面坐标 (x,z) 有关，而与荷载长度方向的 y 坐标无关，地基中的应力状态属于平面应变问题。在实际工程中不可能存在无限长的荷载，但通常把路堤、挡土墙基础以及基础长宽比 $l/b \geqslant 10$ 的条形基础视为平面应变问题来进行分析，其计算结果完全能够满足工程精度要求。

1. 地面上作用有线性均布荷载时地基中附加应力计算

如图 4-9 所示，在半无限弹性体表面无限长直线上作用一竖向均布线荷载，荷载密度为 p（kN/m），沿 y 轴方向均匀分布，且无限延长，要计算地基中任一点 M 处的附加应力。该课题的解答首先由弗拉曼（Flamant）得到，故半无限弹性体表面上作用一线性均布荷载时地基中应力解答在弹性理论中被称为弗拉曼解。

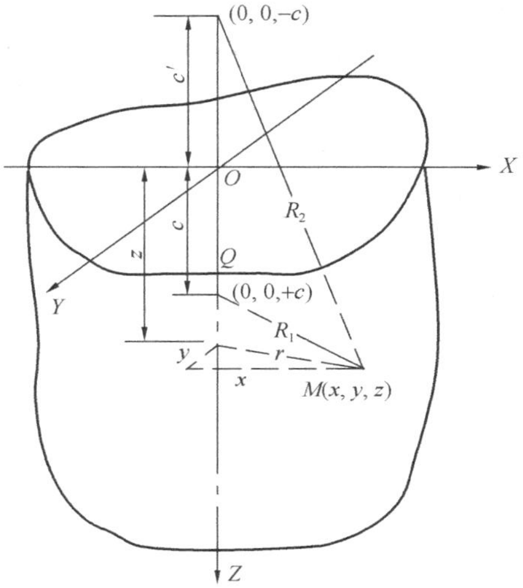

图 4-8　地基内作用一竖向集中力时地基应力计算

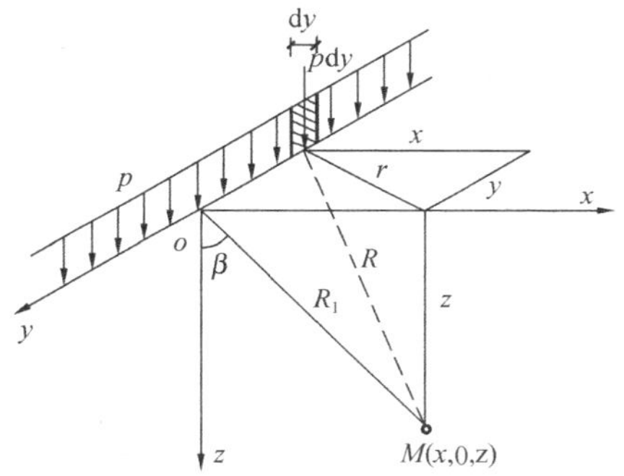

图 4-9　均布线荷载作用下地基中应力

沿 y 轴线荷载分布方向取微分长度 dy，上面作用的分布荷载可以用集中力 pdy 来代替，则利用式（4.4.3）可求得地基中任意点 M 由微元段上集中力作用而引起的附加应力 $d\sigma_z$，再进行积分则可求得 M 点的 σ_z：

$$\sigma_z = \int_{-\infty}^{+\infty} \frac{3z^3}{2\pi (x^2 + y^2 + z^2)^{\frac{5}{2}}} p\,dy = \frac{2pz^3}{\pi (x^2 + z^2)^2} \tag{4.4.17}$$

上式也可写成

$$\sigma_z = \frac{2p}{\pi z} \cos^4\beta \tag{4.4.18}$$

式中　$\beta = \arccos \dfrac{z}{\sqrt{x^2 + z^2}}$，几何意义见图 4-9。

类似可得其他应力分量表达式

$$\sigma_x = \frac{2p}{\pi} \frac{x^2 z}{(x^2 + z^2)^2} = \frac{2p}{\pi z} \cos^2\beta \sin^2\beta \tag{4.4.19}$$

$$\tau_{xz} = \tau_{zx} = \frac{2p}{\pi} \frac{xz^2}{(x^2 + z^2)^2} = \frac{2p}{\pi z} \cos^3\beta \sin\beta \tag{4.4.20}$$

由于线荷载沿 y 轴方向均匀分布并且无限延伸，所以与 y 轴垂直的任何平面上的应力状态都完全相同，地基中应力和应变沿 y 轴方向是不变化的，且应变分量为零，这种

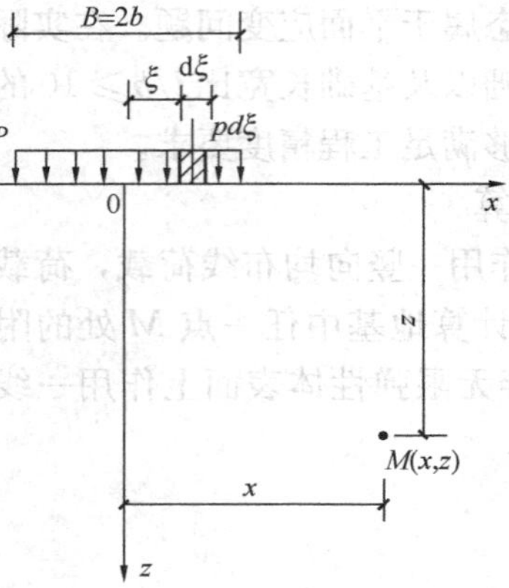

图 4-10　条形均布荷载作用下地基中应力

情况就属于弹性力学中的平面问题，此时：

$$\tau_{xy}=\tau_{yx}=\tau_{yz}=\tau_{zy}=0 \tag{4.4.21}$$

$$\sigma_y=\mu(\sigma_x+\sigma_z) \tag{4.4.22}$$

因此，在平面问题中需要计算的独立应力分量只有 σ_z、σ_x 和 τ_{xz} 三个。

虽然线荷载只在理论上存在，但可以把它看作是条形面积上在宽度趋于 0 时的特殊情况。以线荷载为基础，通过积分可以得到条形面积上作用有各种分布荷载时地基中附加应力的计算公式。

2. 条形均布荷载作用下地基中附加应力计算

地基为半无限弹性体，地面上作用有条形均布荷载时，应力分布可通过均布线荷载作用下地基中应力求解得到。荷载分布宽度 $B=2b$，取条形荷载的中点为坐标原点，如图 4-10 所示，通过积分可得地基中应力表达式为：

$$\sigma_x=\frac{2p}{\pi}\int_{-b}^{b}\frac{(x-\zeta)^2 z}{[(x-\zeta)^2+z^2]^2}d\zeta=\frac{p}{\pi}\left(\operatorname{arctg}\frac{b-x}{z}+\operatorname{arctg}\frac{b+x}{z}\right)+\frac{2pb(x^2-z^2-b^2)^2 z}{\pi[(x^2+z^2-b^2)+4b^2z^2]} \tag{4.4.23}$$

$$\sigma_z=\frac{p}{\pi}\left(\operatorname{arctg}\frac{b-x}{z}+\operatorname{arctg}\frac{b+x}{z}\right)-\frac{2pb(x^2-z^2-b^2)^2 z}{\pi[(x^2+z^2-b^2)+4b^2z^2]} \tag{4.4.24}$$

$$\tau_{xz}=\frac{4pbxz^2}{\pi[(x^2+z^2-b^2)+4b^2z^2]} \tag{4.4.25}$$

为了便于工程设计时应用，常将地基中附加应力分量 $\sigma_z,\sigma_x,\tau_{xz}$ 采用应力系数与 p 的乘积表示，即

$$\sigma_z=K_z p \tag{4.4.26}$$

$$\sigma_x=K_x p \tag{4.4.27}$$

$$\tau_{xz}=K_{xz} p \tag{4.4.28}$$

式中　K_z，K_x，K_{xz}——应力系数，与 $\frac{x}{B}$ 和 $\frac{z}{B}$ 值有关。

条形均布荷载作用下地基中应力分布 σ_z,σ_x 和 τ_{xz} 的应力系数值 K_z，K_x，K_{xz}，如表 4-2 所示。表中 B 为基础宽度，$B=2b$。

条形均布荷载作用下地基中附加应力系数　　　　**表 4-2**

x/B → z/B ↓	0			0.25			0.50			1.0			1.5			2.0		
	K_z	K_x	K_{xz}	K_z	K_x	K_{xz}	K_z	K_x	K_{xz}	K_z	K_x	K_{xz}	K_z	K_x	K_{xz}	K_z	K_x	K_{xz}
0	1.0	1.00	0	1.00	1.00	0	0.50	0.50	0.32	0	0	0	0	0	0	0	0	0
0.25	0.96	0.45	0	0.90	0.39	0.13	0.50	0.35	0.30	0.02	0.17	0.05	0	0.07	0.01	0	0.04	0
0.50	0.82	0.18	0	0.74	0.19	0.16	0.48	0.23	0.26	0.08	0.21	0.13	0.02	0.12	0.04	0	0.07	0.02
0.75	0.67	0.08	0	0.61	0.10	0.13	0.45	0.14	0.20	0.15	0.22	0.16	0.04	0.14	0.07	0.02	0.10	0.04
1.00	0.55	0.04	0	0.51	0.05	0.10	0.41	0.09	0.16	0.19	0.15	0.16	0.07	0.14	0.10	0.03	0.13	0.05
1.25	0.46	0.02	0	0.44	0.03	0.07	0.37	0.06	0.12	0.20	0.11	0.14	0.10	0.12	0.10	0.04	0.11	0.07
1.50	0.40	0.01	0	0.38	0.02	0.06	0.33	0.04	0.10	0.21	0.08	0.13	0.11	0.10	0.10	0.06	0.10	0.07

续表

x/B z/B	0			0.25			0.50			1.0			1.5			2.0		
	K_z	K_x	K_{xz}	K_z	K_x	K_{xz}	K_z	K_x	K_{xz}	K_z	K_x	K_{xz}	K_z	K_x	K_{xz}	K_z	K_x	K_{xz}
1.75	0.35	—	0	0.34	0.01	0.04	0.30	0.03	0.08	0.21	0.06	0.11	0.13	0.09	0.10	0.07	0.09	0.08
2.00	0.31	—	0	0.31	—	0.03	0.28	0.02	0.06	0.20	0.05	0.10	0.14	0.07	0.10	0.08	0.08	0.08
3.00	0.21	—	0	0.21	—	0.02	0.20	0.01	0.03	0.17	0.02	0.06	0.13	0.03	0.07	0.10	0.04	0.07
4.00	0.16	—	0	0.16	—	0.01	0.15	—	0.02	0.14	0.01	0.03	0.12	0.02	0.05	0.10	0.03	0.05
5.00	0.13	—	0	0.13	—	—	0.12	—	—	0.12	—	—	0.11	—	—	0.09	—	—
6.00	0.11	—	0	0.10	—	—	0.10	—	—	0.10	—	—	0.10	—	—	—	—	—

【例题 4-2】 地基上作用有宽度为 1.0m 的条形均布荷载，荷载密度为 200kPa，求：

(1) 条形荷载中心线下竖向附加应力沿深度分布；(2) 深度为 1.0m 和 2.0m 处土层中竖向附加应力分布；(3) 距条形荷载中心线 1.5m 处土层中竖向附加应力分布。

【解】 先求图 4-11 中 0～17 点的 $\frac{x}{B}$ 和 $\frac{z}{B}$ 值，然后查表 4-2 可得应力系数值，再由式 (4.4.26) 计算附加应力值，计算结果如表 4-3 中所示，并在图 4-11 中给出应力分布情况。

从【例题 4-2】计算结果可以看出条形荷载作用下地基中竖向附加应力分布情况。荷载中心线下附加应力沿深度逐步减小。当深度为荷载作用面宽度二倍时，附加应力值减至靠近地表处的 0.31。在水平方向，中心线上附加应力最大，向外逐步减小。图中距中心线 1.5m 处附加应力 ($x/B=1.5$) 随深度是逐渐增大的。从表 4-2 可知，在该位置，一直至 $z/B>3.0$ 时，即例题中深度大于 3.0m 后地基中竖向附加应力才开始减小。地基中附加应力呈扩散分布。图 4-12 为条形荷载作用下竖向附加应力等应力线图。从图中可以看到，等应力线形如气泡，有人将之称为“应力泡”来描述荷载作用下地基中高附加应力区形状。

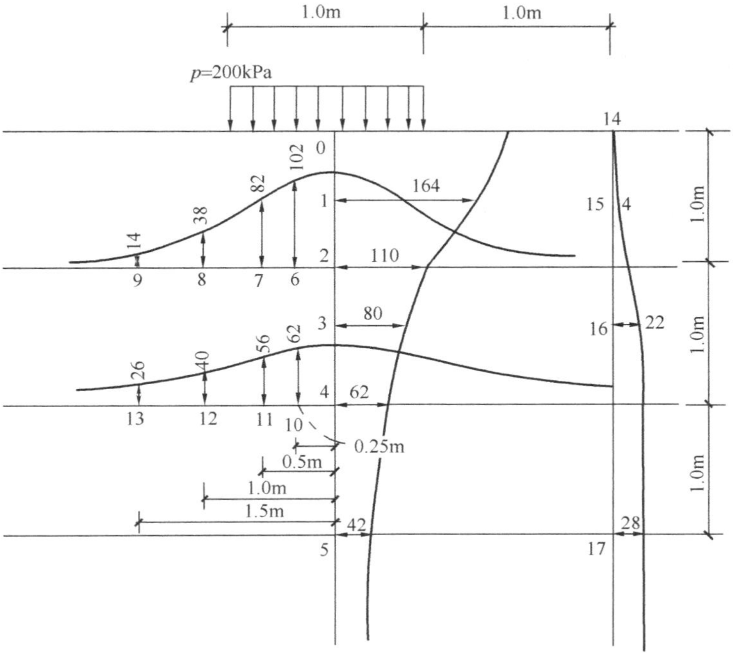

图 4-11 [例题 4-2] 图示

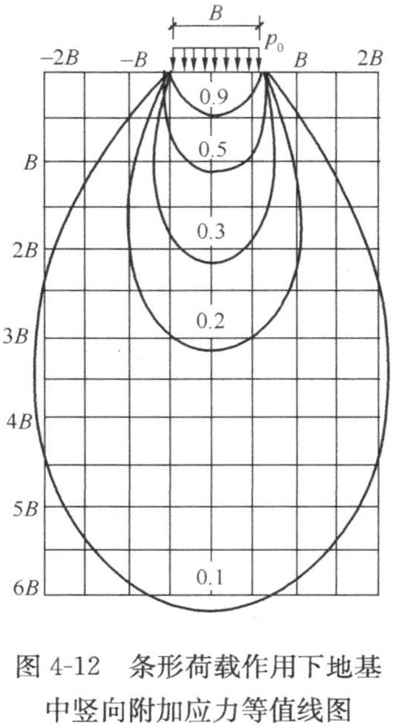

图 4-12 条形荷载作用下地基中竖向附加应力等值线图

［例题 4-2］附表　　表 4-3

计算项＼点号	0	1	2	3	4	5	6	7	8	9	10	11	12	13	14	15	16	17
x	0	0	0	0	0	0	0.25	0.50	1.0	1.5	0.25	0.50	1.0	1.5	1.5	1.5	1.5	1.5
y	0	0.5	1.0	1.5	2.0	3.0	1.0	1.0	1.0	1.0	2.0	2.0	2.0	2.0	0	0.5	1.5	3.0
x/B	0	0	0	0	0	0	0.25	0.50	1.0	1.5	0.25	0.50	1.0	1.5	1.5	1.5	1.5	1.5
z/B	0	0.5	1.0	1.5	2.0	3.0	1.0	1.0	1.0	1.0	2.0	2.0	2.0	2.0	0	0.5	1.5	3.0
K_z	1.0	0.82	0.55	0.40	0.31	0.21	0.51	0.41	0.19	0.07	0.31	0.28	0.20	0.13	0	0.02	0.11	0.14
σ_z	200	164	110	80	62	42	102	82	38	14	62	56	40	26	0	4	22	28

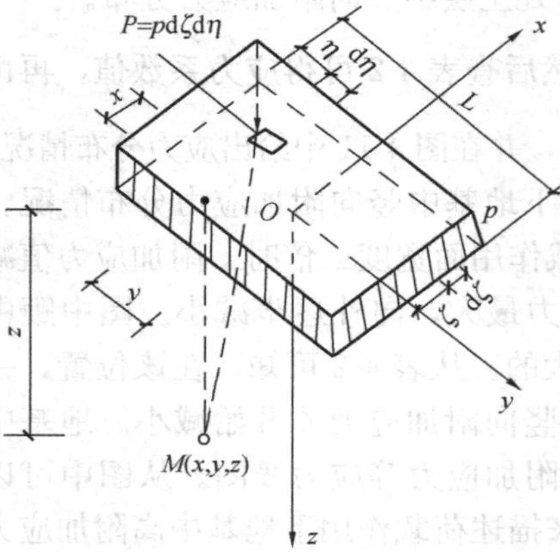

图 4-13　均布矩形荷载作用下地基中竖向附加应力

二、空间问题的附加应力计算

如果分布荷载作用在有限面积范围内，那么地基中附加应力与计算点的空间坐标（x,y,z）有关，这类问题属于空间问题。竖向集中荷载作用下的布辛涅斯克解及下面将要介绍的矩形面积上分布荷载及圆形面积上分布荷载作用下的解均属于空间问题。

1. 矩形均布荷载作用下地基中附加应力计算

地基为半无限弹性体，面上作用有矩形均布荷载时，地基中应力可通过对集中荷载作用下应力解（布辛涅斯克解）的积分得到。荷载作用范围为 $B\times L(2b\times 2l)$，荷载密度为 p，坐标设置如图 4-13 所示，O 点为矩形荷载作用面中心点，地基中竖向应力分量 σ_z 表达式为：

$$\sigma_z=\frac{3pz^3}{\pi}\int_{-l}^{l}\int_{-b}^{b}\frac{1}{[(x-\zeta)^2+(y-\eta)^2+z^2]^{\frac{5}{2}}}\mathrm{d}\zeta\mathrm{d}\eta \tag{4.4.29}$$

（1）矩形均布荷载中心点 O 下地基中竖向应力

在矩形荷载作用面中心点以下任意深度处，坐标为（0，0，z）时竖向应力分量 σ_z 表达式可通过（4.4.29）得到：

$$\sigma_z=\frac{2p}{\pi}\left[\mathrm{arctg}\frac{bl}{z(l^2+b^2+z^2)^{\frac{1}{2}}}+\frac{blz(l^2+b^2+2z^2)}{(l^2+z^2)(b^2+z^2)(l^2+b^2+z^2)^{\frac{1}{2}}}\right]=K_{z0}p \tag{4.4.30}$$

其中，K_{z0} ——矩形均布荷载中心点下的竖向附加应力系数，简称中心点应力系数，可查表 4-4 得到。

（2）矩形均布荷载角点下地基中竖向应力

在矩形荷载作用面角点以下任意深度处，坐标为（b,l,z）时竖向应力分量 σ_z 表达式可以写成：

$$\sigma_z = \frac{p}{2\pi}\left[\operatorname{arctg}\frac{4lb}{z\,(4l^2+4b^2+z^2)^{\frac{1}{2}}} + \frac{8lbz(2l^2+2b^2+z^2)}{(4l^2+z^2)(4b^2+z^2)\,(4l^2+4b^2+z^2)^{\frac{1}{2}}}\right]$$
$$= K_{z1}p \qquad (4.4.31)$$

其中，K_{z1} ——矩形均布荷载角点下的竖向附加应力系数，简称角点应力系数，可查表 4-5 得到。

矩形均布荷载中心点下竖向附加应力系数 K_{z0} **表 4-4**

z/B \ L/B	1.0	1.2	1.4	1.6	1.8	2.0	2.8	3.2	4	5	条形基础 ≥10
0	1.000	1.000	1.000	1.000	1.000	1.000	1.000	1.000	1.000	1.000	1.000
0.2	0.960	0.968	0.972	0.974	0.975	0.976	0.977	0.977	0.977	0.977	0.977
0.4	0.800	0.830	0.848	0.859	0.866	0.870	0.878	0.879	0.880	0.881	0.881
0.6	0.606	0.652	0.682	0.703	0.717	0.727	0.746	0.749	0.753	0.754	0.755
0.8	0.449	0.496	0.532	0.558	0.578	0.593	0.623	0.630	0.636	0.639	0.642
1.0	0.334	0.379	0.414	0.441	0.463	0.481	0.520	0.529	0.540	0.545	0.550
1.2	0.257	0.294	0.325	0.352	0.374	0.392	0.437	0.449	0.462	0.470	0.477
1.4	0.201	0.232	0.260	0.284	0.304	0.321	0.369	0.383	0.400	0.410	0.420
1.6	0.160	0.187	0.210	0.232	0.251	0.267	0.314	0.329	0.348	0.360	0.374
1.8	0.130	0.153	0.173	0.192	0.209	0.224	0.270	0.285	0.305	0.320	0.337
2.0	0.108	0.127	0.145	0.161	0.176	0.190	0.233	0.248	0.270	0.285	0.304
2.6	0.066	0.079	0.091	0.102	0.112	0.123	0.157	0.170	0.191	0.208	0.239
3.0	0.051	0.060	0.070	0.078	0.087	0.095	0.124	0.136	0.155	0.172	0.208
4.0	0.029	0.035	0.040	0.046	0.051	0.056	0.075	0.084	0.098	0.113	0.158
5.0	0.019	0.022	0.026	0.030	0.033	0.037	0.050	0.056	0.067	0.079	0.128

矩形均布荷载角点下竖向附加应力系数 K_{z1} **表 4-5**

z/B \ L/B	1.0	1.2	1.4	1.6	1.8	2.0	3.0	4.0	5.0	6.0	10.0
0.0	0.2500	0.2500	0.2500	0.2500	0.2500	0.2500	0.2500	0.2500	0.2500	0.2500	0.2500
0.2	0.2486	0.2489	0.2490	0.2491	0.2491	0.2491	0.2492	0.2492	0.2492	0.2492	0.2492
0.4	0.2401	0.2420	02429	0.2434	0.2437	0.2439	0.2442	0.2443	0.2443	0.2443	0.2443
0.6	0.2229	0.2275	0.2300	0.2315	0.2324	0.2329	0.2339	0.2341	0.2342	0.2342	0.2342
0.8	0.1999	0.2075	0.2120	0.2147	0.2165	0.2176	0.2196	0.2200	0.2202	0.2202	0.2202
1.0	0.1752	0.1851	0.1911	0.1955	0.1980	0.1999	0.2034	0.2042	0.2044	0.2045	0.2046
1.2	0.1516	0.1626	0.1705	0.1758	0.1793	0.1818	0.1870	0.1882	0.1885	0.1887	0.1888
1.4	0.1308	0.1423	0.1508	0.1569	0.1613	0.1644	0.1712	0.1730	0.1735	0.1738	0.1740
1.6	0.1123	0.1241	0.1329	0.1396	0.1445	0.1482	0.1567	0.1590	0.1598	0.1601	0.1604
1.8	0.0969	0.1083	0.1172	0.1241	0.1294	0.1334	0.1434	0.1463	0.1474	0.1478	0.1482
2.0	0.0840	0.0947	0.1034	0.1103	0.1158	0.1202	0.1314	0.1350	0.1363	0.1368	0.1374
2.2	0.0732	0.0832	0.0917	0.0984	0.1039	0.1084	0.1205	0.1248	0.1264	0.1271	0.1277
2.4	0.0642	0.0734	0.0813	0.0879	0.0934	0.0979	0.1108	0.1156	0.1175	0.1184	0.1192
2.6	0.0566	0.0651	0.0725	0.0788	0.0842	0.0887	0.1020	0.1073	0.1095	0.1106	0.1116
2.8	0.0502	0.0580	0.0649	0.0709	0.0761	0.0805	0.0942	0.0999	0.1024	0.1036	0.1048
3.0	0.0447	0.0519	0.0583	0.0640	0.0690	0.0732	0.0870	0.0931	0.0959	0.0973	0.0987

续表

z/B \ L/B	1.0	1.2	1.4	1.6	1.8	2.0	3.0	4.0	5.0	6.0	10.0
3.2	0.0401	0.0467	0.0526	0.0580	0.0627	0.0668	0.0806	0.0870	0.0900	0.0916	0.0933
3.4	0.0361	0.0421	0.0477	0.0527	0.0571	0.0611	0.0747	0.0814	0.0847	0.0864	0.0882
3.6	0.0326	0.0382	0.0433	0.0480	0.0523	0.0561	0.0694	0.0763	0.0799	0.0816	0.0837
3.8	0.0296	0.0348	0.0395	0.0439	0.0479	0.0516	0.0646	0.0717	0.0753	0.0773	0.0796
4.0	0.0270	0.0318	0.0362	0.0403	0.0441	0.0474	0.0603	0.0674	0.0712	0.0733	0.0758
4.2	0.0247	0.0291	0.0333	0.0371	0.0407	0.0439	0.0563	0.0634	0.0674	0.0696	0.0724
4.4	0.0227	0.0268	0.0306	0.0343	0.376	0.0407	0.0527	0.0597	0.0639	0.0662	0.0692
4.6	0.0209	0.0247	0.0283	0.0317	0.0348	0.0378	0.0493	0.0564	0.0606	0.0630	0.0663
4.8	0.0193	0.0229	0.0262	0.0294	0.0324	0.0352	0.0463	0.0533	0.0576	0.0601	0.0635
5.0	0.0179	0.0212	0.0243	0.0274	0.0302	0.0328	0.0435	0.0504	0.0547	0.0573	0.0610
6.0	0.0127	0.0151	0.0174	0.0196	0.0218	0.0238	0.0325	0.0388	0.0431	0.0460	0.0506
7.0	0.0094	0.0112	0.0130	0.0147	0.0164	0.0180	0.0251	0.0306	0.0346	0.0376	0.0428
8.0	0.0073	0.0087	0.0101	0.0114	0.0127	0.0140	0.0198	0.0246	0.0283	0.0311	0.0367
9.0	0.0058	0.0069	0.0080	0.0091	0.0102	0.0112	0.0161	0.0202	0.0235	0.0262	0.0319
10.0	0.0047	0.0056	0.0065	0.0074	0.0083	0.0092	0.0132	0.0167	0.0198	0.0222	0.0280

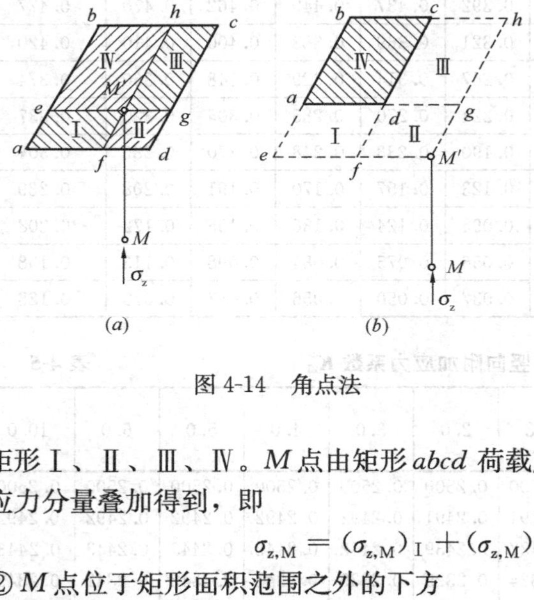

图 4-14 角点法

（3）矩形均布荷载作用下地基中任意点的竖向应力计算方法——角点法

如果 M 点既不在矩形面积的中心点以下，也不在矩形角点的下方，而是地基中的任意点，如图 4-14 所示。此时若要求解点 M 的竖向应力 σ_z，可以用式（4.4.31）按照叠加原理进行计算，这种计算方法一般被称为角点法。

M 点位于矩形面积范围之内的下方

①如图 4-14（*a*）所示，可将矩形 *abcd* 分解成以 M' 点为公共角点的四个新矩形Ⅰ、Ⅱ、Ⅲ、Ⅳ。M 点由矩形 *abcd* 荷载产生的竖向应力可由四个新矩形荷载产生的应力分量叠加得到，即

$$\sigma_{z,M}=(\sigma_{z,M})_{\mathrm{I}}+(\sigma_{z,M})_{\mathrm{II}}+(\sigma_{z,M})_{\mathrm{III}}+(\sigma_{z,M})_{\mathrm{IV}} \tag{4.4.32}$$

②M 点位于矩形面积范围之外的下方

若 M 点在矩形荷载作用面以外，如图 4-14（*b*）所示，可将荷载作用面扩大至 $beM'h$，荷载密度不变，在矩形 *abcd* 荷载作用下 M 点竖向应力分量可通过下式得到

$$\sigma_{z,M}=(\sigma_{z,M})_{M'ebh}-(\sigma_{z,M})_{M'eag}-(\sigma_{z,M})_{M'fch}+(\sigma_{z,M})_{M'fdg} \tag{4.4.33}$$

【例题 4-3】 图 4-15 中，二矩形分布荷载作用于地基表面，二矩形尺寸均为

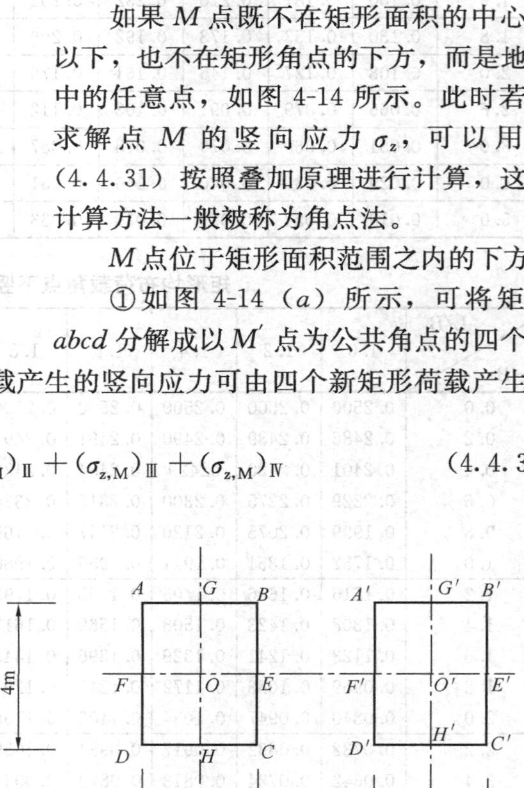

图 4-15 ［例题 4-3］图示

3.0m×4.0m，相互位置如图 4-15 所示，两者距离为 3.0m，荷载密度为 200kPa，求矩形荷载中心 O 点下深度为 3.0m 处的竖向附加应力。

【解】 采用角点法求解，如图 4-15 中划分成若干个矩形。矩形 $ABCD$ 的中心点 O 可视为 $AGOF$、矩形 $GB'E'O$ 等的角点。根据角点法可得到

$$\sigma_{z,O}=(\sigma_{z,O})_{AGOF}+(\sigma_{z,O})_{DFOH}+(\sigma_{z,O})_{GB'E'O}+(\sigma_{z,O})_{E'C'HO}$$
$$-(\sigma_{z,O})_{GA'F'O}-(\sigma_{z,O})_{F'D'HO}+(\sigma_{z,O})_{GBEO}+(\sigma_{z,O})_{ECHO}$$

上式可合并整理成下述形式，

$$\sigma_{z,O}=4(\sigma_{z,O})_{AGOF}+2(\sigma_{z,O})_{GB'E'O}-2(\sigma_{z,O})_{GA'F'O}$$

下面查表先求应力系数：对 $(\sigma_{z,O})_{AGOF}$，$\dfrac{L}{B}=\dfrac{2.0}{1.5}=1.33$，$\dfrac{Z}{B}=\dfrac{3.0}{1.5}=2.0$，查表 4-5，采用内插法，得 $K_{z1}=0.0947+(0.1034-0.0947)\times\left(\dfrac{0.13}{0.2}\right)=0.1004$，

对 $(\sigma_{z,O})_{GBEO}$，$\dfrac{L}{B}=\dfrac{7.5}{2.0}=3.75$，$\dfrac{Z}{B}=\dfrac{3}{2}=1.5$，查表 4-5，采用内插法，可得 $K_{z1}=0.1655$

对 $(\sigma_{z,O})_{GAFO}$，$\dfrac{L}{B}=\dfrac{4.5}{2.0}=2.25$，$\dfrac{Z}{B}=\dfrac{3}{2}=1.5$，查表 4-5，采用内插法，可得 $K_{z1}=0.1582$

于是可得所求附加应力为

$$\sigma_{z,O}=(4\times0.1004+2\times0.1655-2\times0.1582)\times200=0.4162\times200=83.24\text{kPa}$$

2. 矩形面积上作用有三角形分布荷载时地基中附加应力计算

如图 4-16 所示，若矩形面积 $B\times L$ 上作用有三角形分布荷载。荷载沿矩形面积一边 x 方向呈三角形分布，沿 y 方向荷载密度不变，$x=0$ 时，荷载为零，$x=B$ 时，荷载为 p_0。于是，坐标为 (x, y) 处的荷载密度为 $\dfrac{x}{B}p_0$，角点 1（$x=0$，$y=0$ 或 $x=0$，$y=L$）下深度 z 处的 M 点竖向附加应力 σ_z 表达式为

$$\sigma_z=\frac{3p_0z^3}{2\pi B}\int_0^B\int_0^L\frac{x}{(x^2+y^2+z^2)^{\frac{5}{2}}}\mathrm{d}x\mathrm{d}y=K_{z1}p_0 \tag{4.4.34}$$

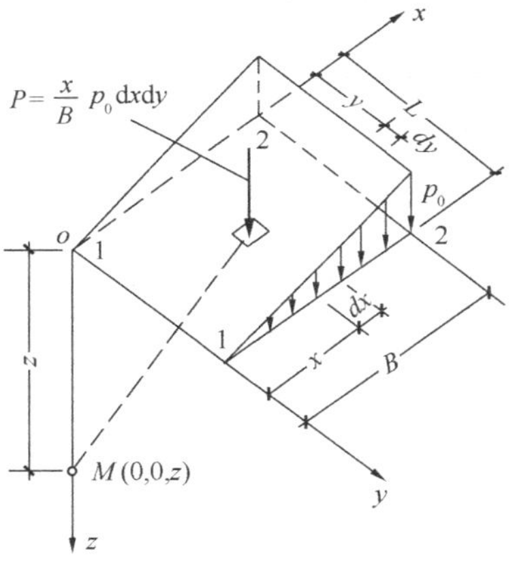

图 4-16 矩形面积上作用三角形分布荷载时地基应力

式中 K_{z1}——应力系数，可通过计算或查表 4-6 得到。

类似可得角点 2（$x=B$，$y=0$ 或 $x=B$，$y=L$）下深度 z 处的竖向附加应力 σ_z 为

$$\sigma_z=K_{z2}p_0 \tag{4.4.35}$$

式中 K_{z2}——应力系数，可通过计算或查表 4-6 得到。

当 $\dfrac{L}{B}=10$ 时，可将三角形分布矩形荷载视作三角形分布条形荷载，也就是说，计算三角形分布条形荷载作用下地基中附加应力时，采用三角形分布矩形荷载 $L=10B$ 时的解

答所引起的误差很小。

矩形面积上作用有三角形分布荷载时角点下竖向附加应力系数 K_{z1} 和 K_{z2} **表 4-6**

z/B \ L/B	0.2		0.4		0.6		0.8		1.0	
点	1	2	1	2	1	2	1	2	1	2
0.0	0.0000	0.2500	0.0000	0.2500	0.0000	0.2500	0.0000	0.2500	0.0000	0.2500
0.2	0.0223	0.1821	0.0280	0.2115	0.0296	0.2165	0.0301	0.2178	0.0304	0.2182
0.4	0.0269	0.1094	0.0420	0.1604	0.0487	0.1781	0.0517	0.1844	0.0531	0.1870
0.6	0.0259	0.0700	0.0448	0.1165	0.0560	0.1405	0.0621	0.1520	0.0654	0.1575
0.8	0.0232	0.0480	0.0421	0.0853	0.0553	0.1093	0.0637	0.1232	0.0688	0.1311
1.0	0.0201	0.0346	0.0375	0.0638	0.0508	0.0852	0.0602	0.0996	0.0666	0.1086
1.2	0.0171	0.0260	0.0324	0.0491	0.0450	0.0673	0.0546	0.0807	0.0615	0.0901
1.4	0.0145	0.0202	0.0278	0.0386	0.0392	0.0540	0.0483	0.0661	0.0554	0.0751
1.6	0.0123	0.0160	0.0238	0.0310	0.0339	0.0440	0.0424	0.0547	0.0492	0.0628
1.8	0.0105	0.0130	0.0204	0.0254	0.0294	0.0363	0.0371	0.0457	0.0435	0.0534
2.0	0.0090	0.0108	0.0176	0.0211	0.0255	0.0304	0.0324	0.0387	0.0384	0.0456
2.5	0.0063	0.0072	0.0125	0.0140	0.0183	0.0205	0.0236	0.0265	0.0284	0.0318
3.0	0.0046	0.0051	0.0092	0.0100	0.0135	0.0148	0.0176	0.0192	0.0214	0.0233
5.0	0.0018	0.0019	0.0036	0.0038	0.0054	0.0056	0.0071	0.0074	0.0088	0.0091
7.0	0.0009	0.0010	0.0019	0.0019	0.0028	0.0029	0.0038	0.0038	0.0047	0.0047
10.0	0.0005	0.0004	0.0009	0.0010	0.0014	0.0014	0.0019	0.0019	0.0023	0.0024

z/B \ L/B	1.2		1.4		1.6		1.8		2.0	
点	1	2	1	2	1	2	1	2	1	2
0.0	0.0000	0.2500	0.0000	0.2500	0.0000	0.2500	0.0000	0.2500	0.0000	0.2500
0.2	0.0305	0.2184	0.0305	0.2185	0.0306	0.2185	0.0306	0.2185	0.0306	0.2185
0.4	0.0539	0.1881	0.0543	0.1886	0.0545	0.1889	0.0546	0.1891	0.0547	0.1892
0.6	0.0673	0.1602	0.0684	0.1616	0.0690	0.1625	0.0694	0.1630	0.0696	0.1633
0.8	0.0720	0.1355	0.0739	0.1381	0.0751	0.1396	0.0759	0.1405	0.0764	0.1412
1.0	0.0708	0.1143	0.0735	0.1176	0.0753	0.1202	0.0766	0.1215	0.0774	0.1225
1.2	0.0664	0.0962	0.0698	0.1007	0.0721	0.1037	0.0738	0.1055	0.0749	0.1069
1.4	0.0606	0.0817	0.0644	0.0864	0.0672	0.0897	0.0692	0.0921	0.0707	0.0937
1.6	0.0545	0.0696	0.0586	0.0743	0.0616	0.0780	0.0639	0.0806	0.0656	0.0826
1.8	0.0487	0.0596	0.0528	0.0644	0.0560	0.0681	0.0585	0.0709	0.0604	0.0730
2.0	0.0434	0.0513	0.0474	0.0560	0.0507	0.0596	0.0533	0.0625	0.0553	0.0649
2.5	0.0326	0.0365	0.0362	0.0405	0.0393	0.0440	0.0419	0.0469	0.0440	0.0491
3.0	0.0249	0.0270	0.0280	0.0303	0.0307	0.0333	0.0331	0.0359	0.0352	0.0380
5.0	0.0104	0.0108	0.0120	0.0123	0.0135	0.0139	0.0148	0.0154	0.0161	0.0167
7.0	0.0056	0.0056	0.0064	0.0066	0.0073	0.0074	0.0081	0.0083	0.0089	0.0091
10.0	0.0028	0.0028	0.0033	0.0032	0.0037	0.0037	0.0041	0.0042	0.0046	0.0046

续表

z/B \ L/B 点	3.0		4.0		6.0		8.0		10.0	
	1	2	1	2	1	2	1	2	1	2
0.0	0.0000	0.2500	0.0000	0.2500	0.0000	0.2500	0.0000	0.2500	0.0000	0.2500
0.2	0.0306	0.2186	0.0306	0.2186	0.0306	0.2186	0.0306	0.2186	0.0306	0.2186
0.4	0.0548	0.1894	0.0549	0.1894	0.0549	0.1894	0.0549	0.1894	0.0549	0.1894
0.6	0.0701	0.1638	0.0702	0.1639	0.0702	0.1640	0.0702	0.1640	0.0702	0.1640
0.8	0.0773	0.1423	0.0776	0.1424	0.0776	0.1426	0.0776	0.1426	0.0776	0.1426
1.0	0.0790	0.1244	0.0794	0.1248	0.0795	0.1250	0.0796	0.1250	0.0796	0.1250
1.2	0.0774	0.1096	0.0779	0.1103	0.0782	0.1105	0.0783	0.1105	0.0783	0.1105
1.4	0.0739	0.0973	0.0748	0.0982	0.0752	0.0986	0.0752	0.0987	0.0753	0.0987
1.6	0.0697	0.0870	0.0708	0.0882	0.0714	0.0887	0.0715	0.0888	0.0715	0.0889
1.8	0.0652	0.0782	0.0666	0.0797	0.0673	0.0805	0.0675	0.0806	0.0675	0.0808
2.0	0.0607	0.0707	0.0624	0.0726	0.0634	0.0734	0.0636	0.0736	0.0636	0.0738
2.5	0.0504	0.0559	0.0529	0.0585	0.0543	0.0601	0.0547	0.0604	0.0548	0.0605
3.0	0.0419	0.0451	0.0449	0.0482	0.0469	0.0504	0.0474	0.0509	0.0476	0.0511
5.0	0.0214	0.0221	0.0248	0.0256	0.0283	0.0290	0.0296	0.0303	0.0301	0.0309
7.0	0.0124	0.0126	0.0152	0.0154	0.0186	0.0190	0.0204	0.0207	0.0212	0.0216
10.0	0.0066	0.0066	0.0084	0.0083	0.0111	0.0111	0.0128	0.0130	0.0139	0.0141

3. 矩形面积上作用有梯形分布荷载时地基中附加应力计算

可采用叠加原理计算梯形分布荷载作用下地基中附加应力。图 4-17 中，梯形分布荷载（图 a）可分解为两个三角形分布（图 b 和图 c）荷载的相加。

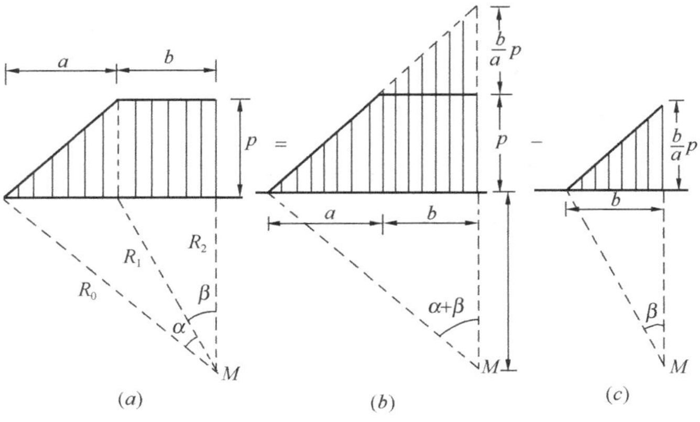

图 4-17　梯形分布荷载转化为三角形分布荷载

4. 圆形面积上作用有均布荷载时地基中附加应力计算

地基为半无限弹性体，面上作用有圆形均布荷载，荷载作用面半径为 R，荷载密度为 p，采用圆柱坐标，如图 4-18 所示。地基中任意点 M（γ_0，z）处的应力分量表达式如下：

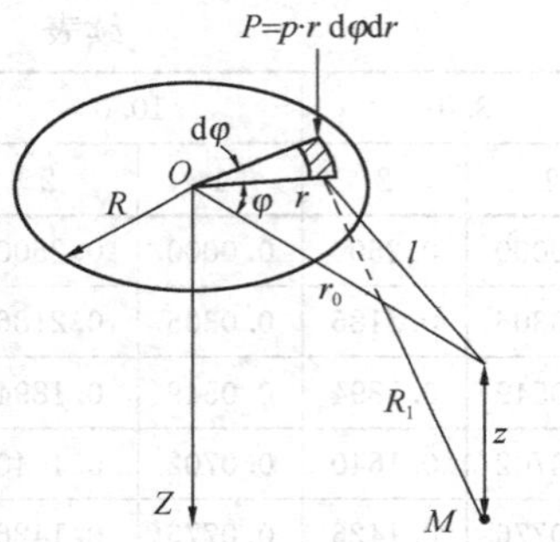

图 4-18 均布圆形荷载作用下地基中应力

$$\sigma_z = \frac{3pz^3}{2\pi}\int_0^{2\pi}\int_0^{R}\frac{r\mathrm{d}\varphi\mathrm{d}r}{(r^2+r_0^2-2r\cdot r_0\cos\varphi+z^2)^{\frac{5}{2}}} = K_z p \tag{4.4.36}$$

式中 K_z——应力系数，可由表 4-7 查得。

取 $r_0=0$，则可得圆形荷载作用面中心点以下任意深度 z 处的竖向应力分量表达式为：

$$\sigma_z = p\left[1-\left(\frac{1}{1+\frac{R^2}{z^2}}\right)^{\frac{3}{2}}\right] \tag{4.4.37}$$

圆形均布荷载作用下的应力系数 **表 4-7**

z/R \ r_0/R	0.0	0.2	0.4	0.6	0.8	1.0	1.2	1.4	1.6	1.8	2.0
0.0	1.000	1.000	1.000	1.000	1.000	0.500	0.000	0.000	0.000	0.000	0.000
0.2	0.998	0.991	0.987	0.970	0.890	0.468	0.077	0.015	0.005	0.002	0.001
0.4	0.949	0.943	0.920	0.860	0.712	0.435	0.181	0.065	0.026	0.012	0.006
0.6	0.864	0.852	0.813	0.733	0.591	0.400	0.224	0.113	0.056	0.029	0.016
0.8	0.756	0.742	0.699	0.619	0.504	0.366	0.237	0.142	0.083	0.048	0.029
1.0	0.646	0.633	0.593	0.525	0.434	0.332	0.235	0.157	0.102	0.065	0.042
1.2	0.547	0.535	0.502	0.447	0.377	0.300	0.226	0.162	0.113	0.078	0.053
1.4	0.461	0.452	0.425	0.383	0.329	0.270	0.212	0.161	0.118	0.086	0.062
1.6	0.390	0.383	0.362	0.330	0.288	0.243	0.197	0.156	0.120	0.090	0.068
1.8	0.332	0.327	0.311	0.285	0.254	0.218	0.182	0.148	0.118	0.092	0.072
2.0	0.285	0.280	0.268	0.248	0.224	0.196	0.167	0.140	0.114	0.092	0.074
2.2	0.246	0.242	0.233	0.218	0.198	0.176	0.153	0.131	0.109	0.090	0.074
2.4	0.214	0.211	0.203	0.192	0.176	0.159	0.146	0.122	0.104	0.087	0.073
2.6	0.187	0.185	0.179	0.170	0.158	0.144	0.129	0.113	0.098	0.084	0.071
2.8	0.165	0.163	0.159	0.151	0.141	0.130	0.118	0.105	0.092	0.080	0.069
3.0	0.146	0.145	0.141	0.135	0.127	0.118	0.108	0.097	0.087	0.077	0.067
3.4	0.117	0.116	0.114	0.110	0.105	0.098	0.091	0.084	0.076	0.068	0.061
3.8	0.096	0.095	0.093	0.091	0.087	0.083	0.078	0.073	0.067	0.061	0.055
4.2	0.079	0.079	0.078	0.076	0.073	0.070	0.067	0.063	0.059	0.054	0.050
4.6	0.067	0.067	0.066	0.064	0.063	0.060	0.058	0.055	0.052	0.048	0.045
5.0	0.057	0.057	0.056	0.055	0.054	0.052	0.050	0.048	0.046	0.043	0.041
5.5	0.048	0.048	0.047	0.046	0.045	0.044	0.043	0.041	0.039	0.038	0.036
6.0	0.040	0.040	0.040	0.039	0.039	0.038	0.037	0.036	0.034	0.033	0.031

4.5 关于地基中附加应力计算的简要讨论

前面计算地基中附加应力时均将地基视为半无限各向同性弹性体，但地基往往是分层的，横观各向同性的，同一土层土体模量随着深度是增加的，严格地讲地基土体也不是弹性体。采用半无限各向同性弹性体假设后得到的计算结果可能带来多大的误差是工程师们所关心的。经验表明采用半无限弹性体计算地基中附加应力对大多数天然地基来说基本上可以满足工程应用的要求。下面首先介绍地基中附加应力的影响范围，然后对双层地基、横观各向同性、模量随深度增大等情况对附加应力分布的影响做简要讨论。

一、地基中附加应力的影响范围

通过对条形基础和方形基础地基中附加应力等值线图进行分析，可得出地基中附加应力的分布规律如下：

1. σ_z 不仅分布在荷载面积之下，而且分布在荷载面积以外相当大的范围之下，这就是所谓的地基附加应力扩散分布现象；

2. 在离基础底面不同深度 z 处的各个水平面上，以基底中心点下轴线处的 σ_z 为最大，σ_z 随着与中轴线距离的增大而减小；

3. 在荷载分布范围之下，任意点的竖向应力 σ_z 随深度的增大而逐渐减小；

4. 由图 4-19（a）和图（b）可见，在条形荷载和方形荷载宽度相同的前提下，方形荷载所引起的 σ_z 的影响深度要比条形荷载小得多。例如在方形荷载中心点下 $z=2b$ 处 $\sigma_z \approx 0.1p_0$，而在条形荷载下 $\sigma_z \approx 0.1p_0$ 的等值线则在中心点下 $z=6b$ 附近通过。

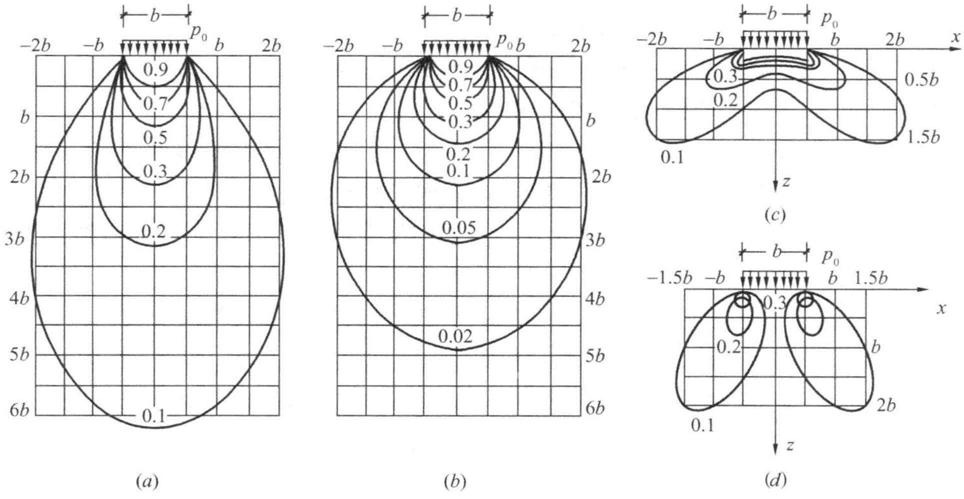

图 4-19　地基附加应力等值线

（a）条形荷载下 σ_z 等值线；（b）方形荷载下 σ_z 等值线；（c）条形荷载下 σ_x 等值线；

（d）条形荷载下 τ_{xz} 等值线

5. 由图 4-19（c）和（d）可见，水平向附加应力 σ_x 的影响范围较浅，所以基础下地基土的侧向变形主要发生于浅层；而剪应力 τ_{xz} 的最大值出现于荷载边缘，因此位于基础边缘下的土容易发生剪切滑动而首先出现塑性变形区。

二、双层地基情况

一般地基都是分层的，现以双层地基来说明其对附加应力分布的影响。第1层土弹性参数为E_1和μ_1，厚度为h，第二层土弹性参数为E_2和μ_2，如图4-20中所示。双层地基中应力可根据巴克洛夫斯基（покроьский）当层法计算。根据当层法，可将双层地基中第一层土用一层厚度为h_1，模量为E_2的当层来代替。采用当层替代后，双层地基成了均质地基。当层土体厚度为

$$h_1 = h\sqrt{\frac{E_1}{E_2}} \tag{4.5.1}$$

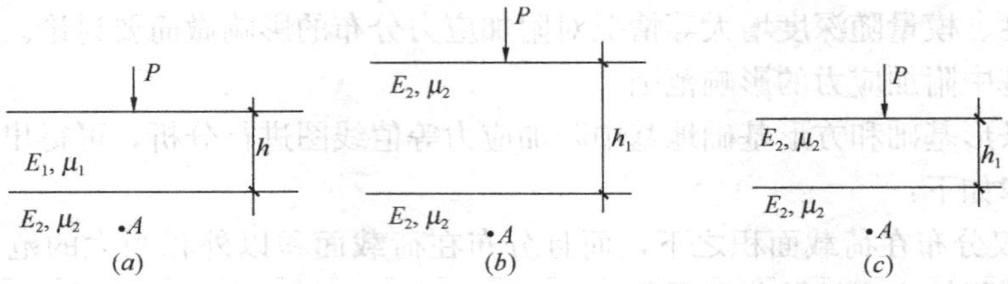

图4-20　当层法计算地基中附加应力

在图4-20中，三图中荷载P值相等，则三图中A点附加应力相等。双层地基中A点附加应力计算可转换为均质地基中A点附加应力计算，可采用布辛涅斯克解求解。图4-21为双层地基竖向应力分布的比较图，图中曲线1表示均质地基中竖向附加应力分布图，曲线2表示上硬下软时竖向附加应力分布图，曲线3表示上软下硬时竖向附加应力分布图。

当硬土层覆盖在软弱土层上时，如图4-20（b）所示，即双层地基上硬下软，$E_1 > E_2$，$h_1 > h$，荷载作用中心线下地基中附加应力比均质地基中小（图4-21中曲线2），这时在荷载作用下地基将发生应力扩散现象，上覆硬土层厚度愈大，应力扩散现象愈显著。扩散效应还与上下土层的变形模量和泊松比有关。

当岩层上覆盖着可压缩土层时，如图4-20（c）所示，即双层地基上软下硬，$E_1 < E_2$，$h_1 < h$，荷载作用中心线下地基中附加应力比均质地基中大（图4-21中曲线3），这时在荷载作用下地基将发生应力集中现象，岩层埋深愈浅，应力集中的影响愈显著。

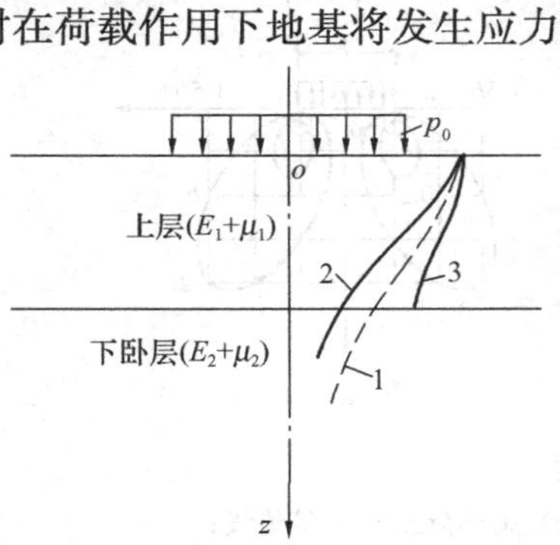

图4-21　双层地基竖向应力分布的比较

三、模量随深度增大的地基

一般天然地基土体模量都是随着深度变化的，同一土层土体模量是随深度增大的。与均质地基比较，模量随深度增大的地基在荷载作用线下，地基中竖向附加应力变大，或者说产生应力集中现象，如图4-22（b）所示。

四、横观各向同性地基

在天然沉积过程中地基土体水平向模量E_h与竖直向模量E_v不相等，天然土体往往是横观各向同性体。一般情况下，$E_v > E_h$，有时也可能$E_v < E_h$。对$E_v > E_h$情况，地基中竖向附加应力产生应力集中现象［图4-22（b）］；对$E_v < E_h$情况，地基中竖向附加应力将产生应力扩散现象［图4-22（a）］。

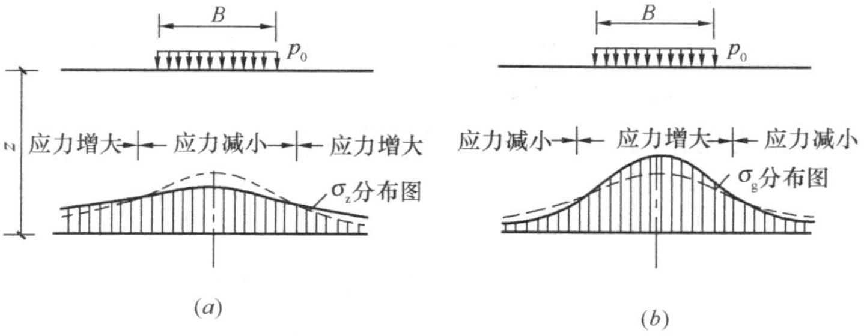

图 4-22　应力扩散和应力集中现象

(*a*) 应力扩散现象；(*b*) 应力集中现象

习 题 与 思 考 题

4.1　计算并画出图 4-23 土层中竖向自重总应力和自重有效应力沿深度分布图。($\sigma_{cz}|_{z=15m}=277.2kPa$；$\sigma'_{cz}|_{z=15m}=152.2kPa$)

4.2　某地基土层分布如图 4-24 所示，试计算土中自重总应力和有效应力沿深度分布情况。($\sigma_{cz}|_{z=7m}=130.2kPa$；$\sigma'_{cz}|_{z=7m}=80.2kPa$)

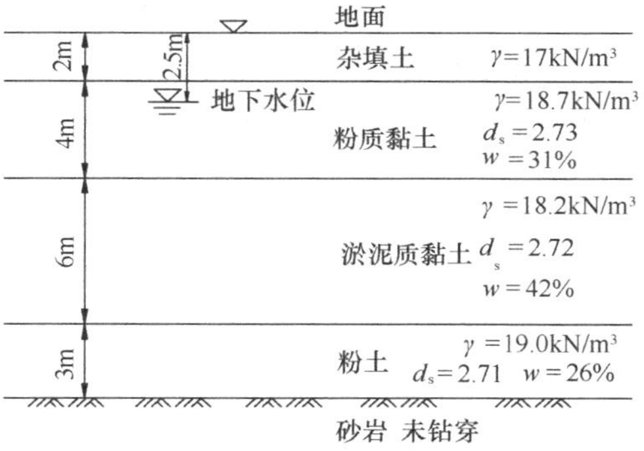

图 4-23　习题 4.1 图示

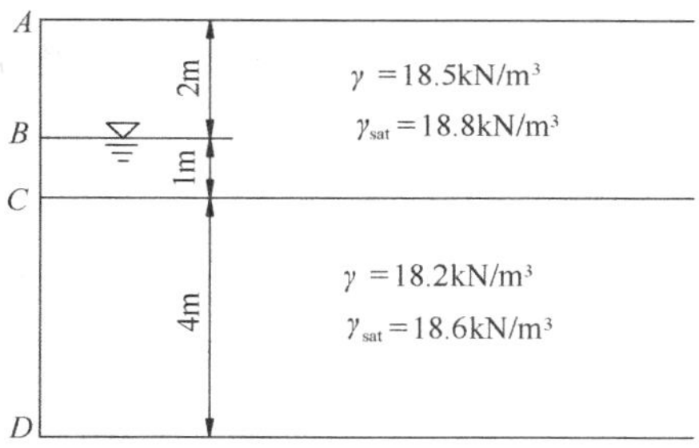

图 4-24　习题 4.2 图示

4.3　上题中原地下水位为－2.00m，现降至－3.00m，请给出竖向自重总应力和自重有效应力沿深度的分布情况。($\sigma_{cz}|_{z=7m}=129.9kPa$；$\sigma'_{cz}|_{z=7m}=89.9kPa$)

4.4　在计算地基中自重应力和荷载作用下附加应力时，做了哪些假设？请谈谈这些假设可能带来的影响。

4.5　某工程地基为细砂层，地下水位层 1.5m，地下水位以上至地表面以下 0.5m 的范围内细砂土呈毛细管饱和状态。细砂的重度为 19.2kN/m³，饱和重度为 21.4kN/m³，求地面以下 4m 深度处的垂直有效自重应力。($\sigma_z=59.5kPa$)

4.6　影响基底压力分布的因素有哪些？在什么情况下可将基底压力简化为直线分布？

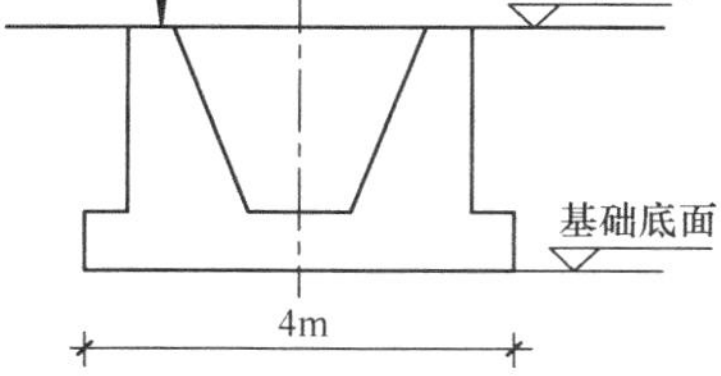

图 4-25　习题 4.7 图示

4.7　某建筑物基础如图 4-25 所示，在设计地面标高处作用有偏心荷载 680kN，偏心距 1.31m，基础埋深为 2m，底面尺寸为 4m×2m。试求基底边缘最大压力 p_{max}，并绘出沿偏心方向的基底压力分布图。（p_{max}=300.3kPa）

4.8 已知一宽度为 3m 的条形基础，在基底平面上作用着中心荷载 $F+G=200$kN 及力矩 M，试问当 M 为何值时 $p_{min}=0$？（M=100kN·m）

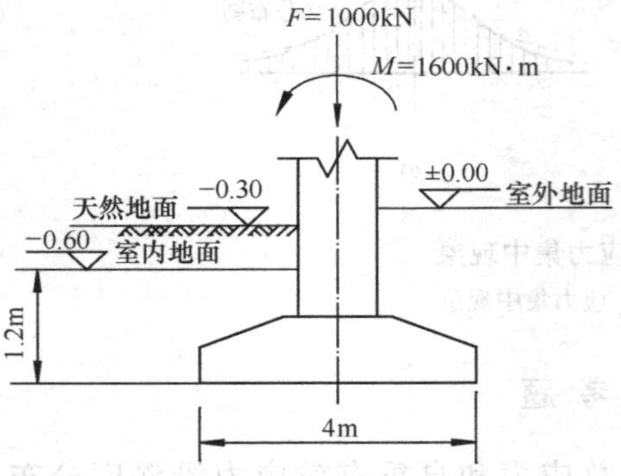

图 4-26 习题 4.9 图示

4.9 某方形基础，如图 4-26 所示，其平面尺寸为 4m×4m，地基土体天然重度 γ = 18 kN/m^3。求基底平均压力 p、基底最大压力 p_{max}、基底平均附加压力 p_0。（p=100kPa；p_{max}=266.7kPa；p_0=73kPa）

4.10 今地面上作用有矩形（2m×3m）均布荷载，荷载密度为 200kPa，请给出（1）荷载作用中心和角点下竖向附加应力沿深度分布（深度可算至 9.0m）。（2）在荷载作用面对称轴下深度为 2.0m 土层中附加应力沿水平方向分布。

4.11 如图 4-27 所示，荷载为梯形条形荷载，底宽为 8m，上为 6m，荷载 p = 100kPa，求地基中 A'、B'、C' 三点处竖向附近应力。A'、B'、C' 三点分别位于中心轴线下、坡顶和坡脚下深度为 6m 处。（$p_{A'}$ = 61.52kPa；$p_{B'}$ = 47.87kPa；$p_{C'}$ = 39.23kPa）

4.12 已知长条形基础宽 6m，集中荷载 1200kN/m，偏心距 e=0.25m。求 A 点的附加应力，如图 4-28 所示。（p_A = 40.12kPa）

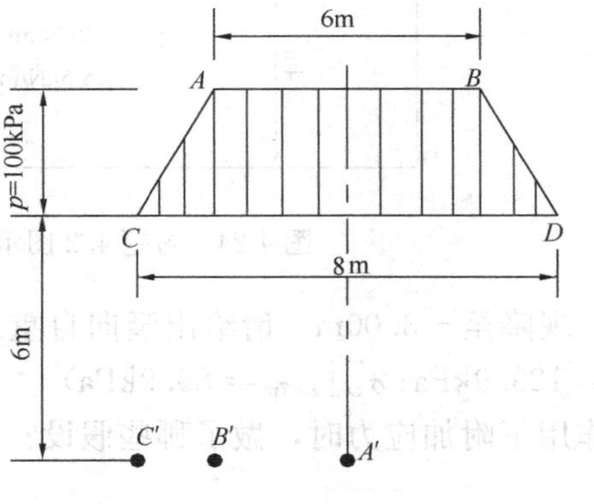

图 4-27 习题 4.11 图示

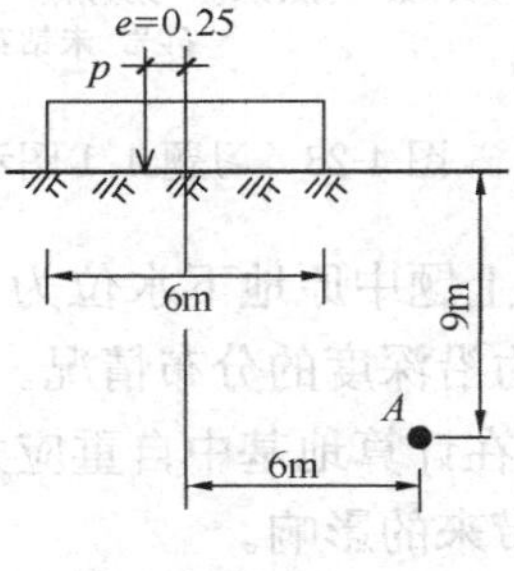

图 4-28 习题 4.12 图示

4.13 图 4-29 中，二矩形分布荷载作用于地基表面，A 矩形尺寸为 4m×4m，B 矩形 2m×4m，相互位置如图所示。荷载密度 200kPa，求 A 矩形中心点 O 下深度为 4.0m 处的竖向附加应力。（p = 68.38kPa）

4.14 地基中附加应力的传播、扩散有什么规律？各种荷载、不同形状基础下地基中各点附加应力计算有何异同？

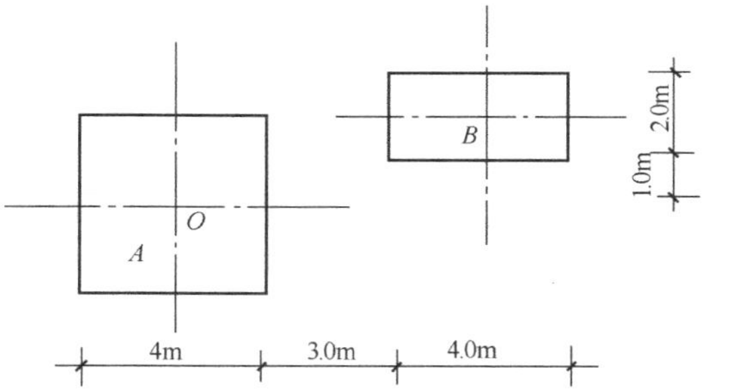

图 4-29　习题 4.13 图示

参 考 文 献

［1］ 龚晓南. 主编. 土力学. 北京：中国建筑工业出版社，2002.

［2］ 东南大学，浙江大学，湖南大学，苏州城建环保学院编. 土力学. 北京：中国建筑工业出版社，2001.

［3］ 赵成刚，白冰，王运霞　主编. 土力学原理. 北京：清华大学出版社，北京交通大学出版社，2004.

［4］ 赵明华　主编. 土力学与基础工程(第 3 版). 武汉：武汉理工大学出版社，2010.

第 5 章　土的压缩性与固结理论

5.1　概述

天然土是由土颗粒、水、气组成的三相体。土颗粒相互接触或胶结形成土骨架，而水和气则存在于土骨架内（或颗粒间）的孔隙中。因此土是一种多孔介质材料。在压力作用下，土骨架将随着孔隙中水和气的压缩和排出而发生变形，土体体积将缩小。土的这种特性称为土的压缩性。

与金属等其他连续介质材料不同，作为多孔介质材料之一的土受压力作用后的压缩并不能瞬间就完成，这是因为受压后土孔隙中的水和气并不能从土中瞬间排出，而是需要一定的时间。因此土在压力作用下的压缩是随时间逐步发展并逐渐完成的，这一现象或过程就称为土的固结。从太沙基（K. Terzaghi）有效应力原理（见第 3 章）的观点来看，土的压缩和固结也就是土中有效应力随时间不断增大，直至等于土体所受压力（即总应力）的过程。因此，土的压缩和固结是密不可分的，压缩是土固结行为的外在表现，而固结是土压缩的内在本质。

如第 1 章所述，土力学的主要任务是解决地基土的变形和稳定（强度）问题。如果说外荷载是引起地基变形的外因，那么土具有压缩和固结特性就是地基变形的根本内因。因此，研究土的压缩性和固结规律是合理计算地基变形的前提。另一方面，土的抗剪强度也与土的压缩和固结密切相关，这是因为土体压缩和固结的必然结果是土体中孔隙减小，土颗粒挤紧趋密，从而使土体的抗剪强度增长、稳定性提高。由此可见，土的压缩性和固结是土力学中非常重要的研究课题，这也正是本章所要介绍的内容。

5.2　土的压缩特性

土体的压缩从宏观上看应是土颗粒、水、气三相压缩量以及从土体中排出的水、气量的总和。不过，试验研究表明，在一般压力（100～600kPa）作用下，土颗粒和水的压缩占土体总压缩量的比例很小以致完全可以忽略不计。所以，可以认为土的压缩就是土中孔隙体积的减少，即土中孔隙气体的压缩以及孔隙水和气的排出，而对于饱和土就是土中孔隙水的排出。从微观上看，土体受压力作用后，土颗粒在压缩过程中不断调整位置，重新排列挤紧，直至达到新的平衡和稳定状态。

土的压缩性常用土的压缩系数 a 或压缩指数 C_c、压缩模量 E_s 和体积压缩系数 m_v、变形模量 E 等指标来评价。土体压缩性指标的合理确定是正确计算地基沉降的关键，可以通过室内和现场试验来测定。试验条件与地基土的应力历史和在实际荷载下的工作状态越接近，测得的指标就越可靠。对于一般情况，常用限制土样侧向变形的室内压缩试验测定土的压缩性指标。这种试验条件虽与地基土实际所处的二三维变形状态等有一定距离，但由于其简便经济，因而一直被认为是测定土的压缩性指标最实用的方法。

5.2.1 土的压缩试验和压缩曲线

室内压缩试验是在图 5-1 所示的常规单向压缩仪上进行的。

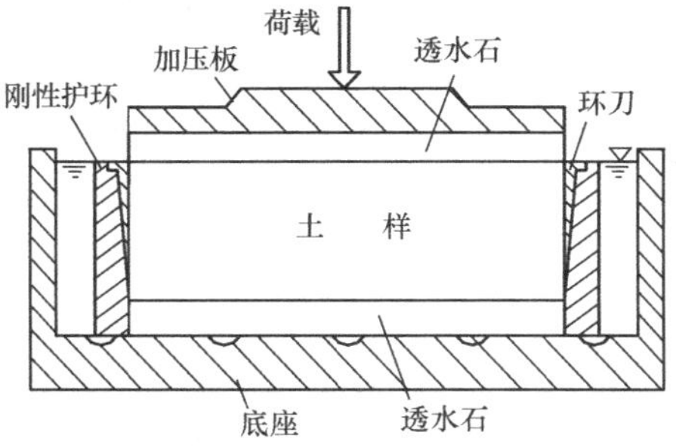

图 5-1 常规单向压缩仪及压缩试验示意图

进行试验时，用金属环刀取高为 20mm、直径为 50mm（或 30mm）的土样，并置于压缩仪的刚性护环内。土样的上下面均放有透水石，以允许土样受压后土中的孔隙水自由排出。在上透水石顶面装有金属圆形加压板，以便施加荷载传递压力。通常在刚性护环四周加水以保持土样饱和。试验中压力是按规定逐级施加的，后一级压力通常为前一级压力的两倍，即如前一级压力为 p_1，则本级压力 $p_2=2p_1$。常规施加的各级压力大小和顺序为：50kPa、100kPa、200kPa、400kPa 和 800kPa。施加下一级压力，需待土样在本级压力下压缩基本稳定（约为 24h），并测得其稳定压缩变形量后才能进行。

压缩试验的结果通常整理成压缩曲线，该曲线表示的是各级压力作用下土样压缩稳定时的孔隙比与相应压力的关系。由于环刀和护环的限制，土样在试验中处于单向（一维）压缩状态，只能发生竖向压缩和变形，其横截面面积保持不变。故只要测得对应于各级压力的稳定压缩量，即可求得相应的孔隙比，从而得到压缩曲线。由稳定压缩量计算孔隙比的方法如下。

如图 5-2 所示，设土样在前级压力 p_1 作用下压缩稳定后的高度为 H_1，孔隙比为 e_1，在本级压力 p_2 作用下的稳定压缩量为 ΔH（指由本级压力增量 $\Delta p=p_2-p_1$ 引起的压缩量），高度为 $H_2=H_1-\Delta H$，孔隙比为 e_2。则由土样土颗粒体积 V_s 不变和横截面面积 A 不变两条件，可知压力 p_1 和 p_2 作用下土样压缩稳定后的体积分别为 $V_1=AH_1=V_s(1+e_1)$ 和 $V_2=AH_2=V_s(1+e_2)$。由此可得：

$$V_s=\frac{AH_1}{1+e_1}=\frac{AH_2}{1+e_2}=\frac{A(H_1-\Delta H)}{1+e_2}$$

或：

$$e_2=e_1-\frac{\Delta H}{H_1}(1+e_1) \tag{5.2.1}$$

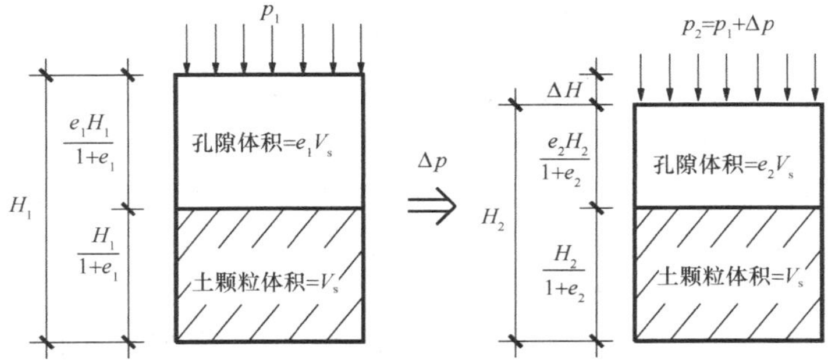

图 5-2 压缩试验中土样高度与孔隙比变化关系

式（5.2.1）即为已知前级压力 p_1 作用下土样压缩稳定后的高度 H_1 和孔隙比 e_1，由测得的本级压力 p_2 作用下土样的稳定压缩量 ΔH 计算对应于 p_2 的孔隙比 e_2 的公式。

求得各级压力下的孔隙比后，即可以孔隙比 e 为纵坐标，压力 p 为横坐标按两种方式绘制压缩曲线。一种是采用普通直角坐标绘制，称为 $e-p$ 曲线［图 5-3（a）］；另一种采用半对数（指常用对数）坐标绘制，称为 $e-\log p$ 曲线［图 5-3（b）］。

需要说明，如 5.1 节中所述，土的压缩也是土中有效应力逐步趋于土体所受压力的过程，因此，在各级压力作用下压缩稳定时土中的竖向有效应力 σ_z' 必然等于土体所受到的竖向压力 p，换言之，土的压缩曲线也就是土的孔隙比 e 与有效应力 σ_z' 的关系曲线。

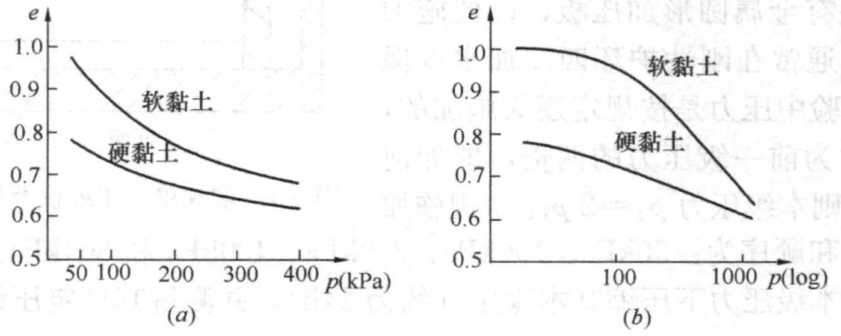

图 5-3　土的压缩曲线

（a）$e-p$ 曲线；（b）$e-\log p$ 曲线

5.2.2　土的压缩系数和压缩指数

不同的土具有不同的压缩性，因而就有形状不一的压缩曲线（图 5-3），这些曲线反映了土的孔隙比随压力的增大而减小的规律。一种土的压缩曲线越陡就意味着这种土随着压力的增加孔隙比的减小越显著，因而其压缩性越高。故可以用 $e-p$ 曲线的切线斜率来表征土的压缩性，该斜率就称为土的压缩系数，定义为：

$$a=-\frac{\mathrm{d}e}{\mathrm{d}p} \tag{5.2.2}$$

显然，$e-p$ 曲线上各点的斜率不同，因此土的压缩系数不是常数，对应于不同的压力 p，就有不同的值。实用上，可以采用割线斜率来代替切线斜率。如图 5-4 所示，设地基中某点处的压力由 p_1 增至 p_2，相应的孔隙比由 e_1 减小至 e_2，则

$$a\approx-\frac{\Delta e}{\Delta p}=\frac{e_1-e_2}{p_2-p_1} \tag{5.2.3}$$

式中　a——计算点处土的压缩系数，kPa^{-1} 或 MPa^{-1}；

p_1——计算点处土的竖向自重应力，kPa 或 MPa；

p_2——计算点处土的竖向自重应力与附加应力之和，kPa 或 MPa；

e_1——相应于 p_1 作用下压缩稳定后的孔隙比；

e_2——相应于 p_2 作用下压缩稳定后的孔隙比。

为了应用和比较的方便，通常还采用压力间隔由 $p_1=100\mathrm{kPa}$ 增加至 $p_2=200\mathrm{kPa}$ 所得的压缩系数 a_{1-2} 来评价土的压缩性，具体评定标准见表 5-1。

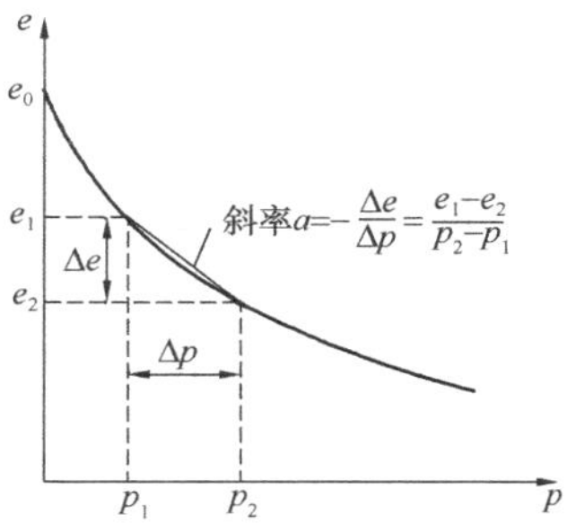

图 5-4　由 $e-p$ 曲线确定压缩系数 a

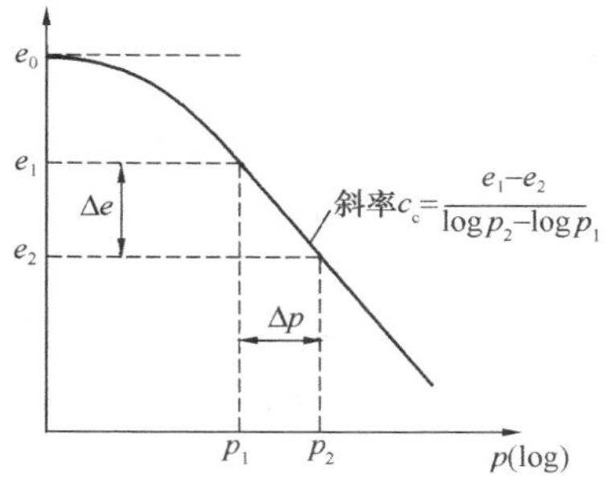

图 5-5　由 $e-\log p$ 曲线确定压缩指数 C_c

土的压缩性评定标准　　**表 5-1**

压缩系数 a_{1-2}（MPa^{-1}）	压缩指数 C_c	土的压缩性
$\geqslant 0.5$	>0.4	高压缩性
0.1～0.5	0.2～0.4	中压缩性
$\leqslant 0.1$	<0.2	低压缩性

大量的试验研究表明，土的 $e-\log p$ 曲线后半段接近直线［图 5-3（b）］。该直线的斜率就称为土的压缩指数 C_c，其值可由直线段上任两点的 e、p 值确定，如图 5-5 所示，即有：

$$C_c=\frac{e_1-e_2}{\log p_2-\log p_1}=(e_1-e_2)/\log\frac{p_2}{p_1} \tag{5.2.4}$$

显然，与压缩系数类似，压缩指数越大，则土的压缩性越高。一般认为，当 C_c 值大于 0.4，土即属高压缩性；C_c 值小于 0.2，土则属低压缩性，如表 5-1 所示。

压缩系数 a 和压缩指数 C_c 虽同为土的压缩性指标，但从上可见两者有这样的区别，即：对于同一种土，a 是变数且有量纲，而 C_c 是无量纲常数。

5.2.3　土的压缩模量和体积压缩系数

土的压缩模量是土的又一个压缩性指标，其定义是土在完全侧限条件下压力增量与相应的竖向应变增量之比值，因此，土的压缩模量也可以通过压缩试验得到，其与土的压缩系数 a 有以下关系：

$$E_s=\frac{1+e_1}{a} \tag{5.2.5}$$

式中　E_s——土的压缩模量（又称侧限压缩模量），kPa 或 MPa；

a、e_1——见式（5.2.3）。

关系式（5.2.5）的求证如下。

考虑如图 5-2 所示压缩试验中土样受压力增量 $\Delta p=p_2-p_1$ 作用前后的高度变化，并结合式（5.2.1），可得与 Δp 相应的竖向应变增量 $\Delta\varepsilon_z$ 为：

$$\Delta\varepsilon_z=\frac{\Delta H}{H_1}=\frac{e_1-e_2}{1+e_1} \tag{5.2.6a}$$

故由 E_s 的定义即得：

$$E_s=\frac{\Delta p}{\Delta\varepsilon_z}=\frac{(1+e_1)(p_2-p_1)}{e_1-e_2}=\frac{1+e_1}{a} \tag{5.2.6b}$$

从式（5.2.5）可见，土的压缩系数越大，土的压缩模量就越小，故 E_s 越小，则土的压缩性越高。

与土的压缩系数 a_{1-2} 类似，同样为了方便与应用，通常还采用压力间隔 $p_1=100\text{kPa}$ 和 $p_2=200\text{kPa}$ 所得的压缩模量 $E_{s(1-2)}$ 来衡量土的压缩性，即 $E_{s(1-2)}=(1+e_1)/a_{1-2}$，式中 e_1 为对应于 $p_1=100\text{kPa}$ 的孔隙比。

土的体积压缩系数是与土的压缩模量相对应的另一个压缩性指标，其定义是土在完全侧限条件下体积应变增量与使之产生的压力增量之比，即：

$$m_v=\frac{\Delta\varepsilon_v}{\Delta p} \tag{5.2.7a}$$

式中　m_v——土的体积压缩系数（又称侧限体积压缩系数），kPa^{-1} 或 MPa^{-1}；

$\Delta\varepsilon_v$——对应于压力增量 Δp 的土的体积应变增量。

在侧限条件下，土的体积应变与竖向应变相等，即有 $\Delta\varepsilon_v=\Delta\varepsilon_z$，故

$$m_v=\frac{\Delta\varepsilon_z}{\Delta p}=\frac{1}{E_s}=\frac{a}{1+e_1} \tag{5.2.7b}$$

由此可见，土的体积压缩系数即为压缩模量的倒数，其值越大，则土的压缩性越高。相对而言，土的压缩模量在国内用得较多，而国外则偏爱土的体积压缩系数。

5.2.4　土的变形模量

除土的压缩系数、压缩指数、压缩模量、体积压缩系数外，表征土的压缩性的指标还有土的变形模量，其定义是土在无侧限条件下的竖向应力增量与相应竖向应变增量之比，即：

$$E_0=\frac{\Delta\sigma_z}{\Delta\varepsilon_z} \tag{5.2.8}$$

可见，土的变形模量 E_0 与弹性力学中材料的杨氏模量 E 的定义相同。

然而，与连续介质弹性材料不同，土的变形模量与试验条件，尤其是排水条件密切相关。对于不同的排水条件，E_0 具有不同的值。一般而言，土的不排水变形模量［此时式（5.2.8）中的应力为总应力］大于土的排水变形模量［此时式（5.2.8）中的应力为有效应力］。

土的排水变形模量与土的压缩模量理论上可以互换，即 E_0 可通过 E_s 来求得。现推导两者的关系式。

由广义虎克定律，三向（有效）应力增量 $\Delta\sigma'_x$、$\Delta\sigma'_y$、$\Delta\sigma'_z$ 与相应应变增量 $\Delta\varepsilon_x$、$\Delta\varepsilon_y$、$\Delta\varepsilon_z$ 有如下关系：

$$\Delta\varepsilon_x=\frac{1}{E_0}[\Delta\sigma'_x-\mu(\Delta\sigma'_y+\Delta\sigma'_z)] \tag{5.2.9a}$$

$$\Delta\varepsilon_y=\frac{1}{E_0}[\Delta\sigma'_y-\mu(\Delta\sigma'_z+\Delta\sigma'_x)] \tag{5.2.9b}$$

$$\Delta\varepsilon_z=\frac{1}{E_0}[\Delta\sigma'_z-\mu(\Delta\sigma'_x+\Delta\sigma'_y)] \tag{5.2.9c}$$

式中 E_0、μ 分别为排水条件下土的变形模量和泊松比。

对于压缩试验，土的侧向变形为零，即 $\Delta\varepsilon_x=\Delta\varepsilon_y=0$，则从式（5.2.9a）和式（5.2.9b）可得：

$$\Delta\sigma'_x = \Delta\sigma'_y = \frac{\mu}{1-\mu}\Delta\sigma'_z \tag{5.2.10}$$

将上式代入式（5.2.9c）即得压缩试验中土体竖向应变与应力关系：

$$\Delta\varepsilon_z = \frac{\Delta\sigma'_z}{E_0}\left(1-\frac{2\mu^2}{1-\mu}\right) \tag{5.2.11a}$$

而土的压缩模量定义为：

$$E_s = \frac{\Delta p}{\Delta\varepsilon_z} = \frac{\Delta\sigma'_z}{\Delta\varepsilon_z} \tag{5.2.11b}$$

结合以上两式即得 E_0 与 E_s 关系：

$$E_0 = \beta E_s \tag{5.2.12a}$$

式中

$$\beta = \frac{(1+\mu)(1-2\mu)}{1-\mu} \tag{5.2.12b}$$

一般情况下，$0<\mu<0.5$，故 $0<\beta<1$，$E_0<E_s$，因此土的排水变形模量一般小于土的压缩模量。

土的变形模量也可由现场载荷试验测定。由于现场试验不能控制地基土的排水条件，故可以认为由此得到的土的变形模量一般介于土的排水变形模量和不排水变形模量之间。

5.2.5 土的回弹与再压缩曲线

通过压缩试验还可以得到土的回弹曲线和再压缩曲线（图 5-6）。在压缩试验过程中加压至某值 p_b［图 5-6（*a*）中 *b* 点］后逐级卸压，土样即回弹，测得其回弹稳定后的孔隙比，可绘制相应的孔隙比与压力的关系曲线，该曲线就称为回弹曲线，如图 5-6（*a*）*bc* 段所示。由于土体不是弹性体，故卸压完毕后土样在压力 p_b 作用下发生的总压缩变形（即与图中初始孔隙比 e_0 和 p_b 对应的孔隙比 e_b 的差值 e_0-e_b 相当的压缩量）并不能完全恢复，而只能恢复其一部分。可恢复的这部分变形（即图中与孔隙比差值 e_c-e_b 相当的压缩量）是弹性变形，不可恢复的变形（即图中与孔隙比差值 e_0-e_c 相当的压缩量）则称为残余变形。如卸压后又重新逐级加压至 p_f，并测得土样在各级压力下再压缩稳定后的孔隙比，则据此绘制的曲线段为再压缩曲线，如图 5-6（*a*）中 *cdf* 所示。试验研究表明，再压缩曲线段 *df* 与原压缩曲线 *ab* 之间的连接一般是光滑的，即 *df* 段与土样未经卸压和再压而直接逐级加压至 p_f 的压缩曲线 *abf* 是基本重合的。

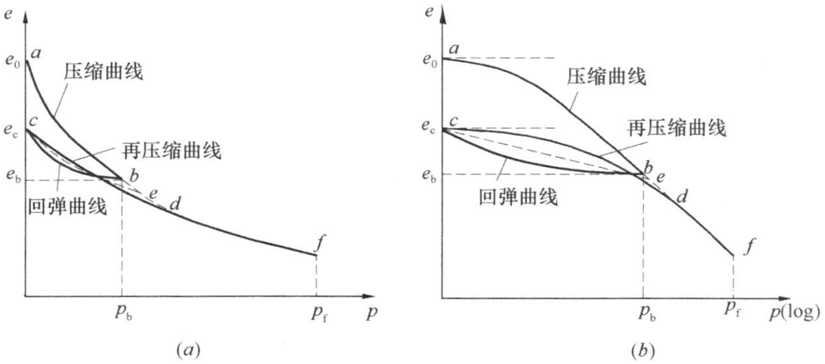

图 5-6　土的回弹曲线和再压缩曲线

（*a*）直角坐标；（*b*）半对数坐标

同样，也可在半对数坐标上绘制土的回弹曲线和再压缩曲线，如图 5-6（*b*）所示。

根据土的回弹和再压缩曲线，可以获得土的回弹压缩系数和回弹指数等指标，为此，将由回弹曲线 *bc* 和再压缩曲线 *cd* 段形成的滞回圈近似用一条与之相近的曲线段替代，如图 5-6 中虚线段 *ce* 所示。基于该线段，用类似于确定土的压缩系数与压缩指数等指标的方法，就可确定土的回弹压缩系数和回弹指数等指标。这些指标可用于预估复杂加、卸荷情况下基础的沉降。

显然，曲线 *ce* 较压缩曲线平缓，因此，土的回弹压缩系数和回弹指数在数值上较压缩系数和压缩指数小。

5.3 应力历史与土压缩性的关系

从图 5-5 可见，土的 $e-\log p$ 曲线的前半段较平缓，而后半段（即前述直线段）较陡，这表明当压力超过某值时土才会发生较显著的压缩。这是因为土在其沉积历史上已在上覆压力或其他荷载作用下经历过压缩和固结，当土样从地基中取出，原有应力释放，土样又经历了膨胀。因此，在压缩试验中如施加的压力小于土样在地基中所受的原有压力，土样的压缩量（或孔隙比的变化）必然较小，而只有当施加的压力大于原有压力，土样才会发生新的压缩，土样的压缩量才会较大。

上述观点还可从图 5-6 所示的回弹和再压缩曲线得到印证。由于土样在 p_b 作用下已压缩稳定，故在 *b* 点卸压后再压缩的过程中当土样上的压力小于 p_b，其压缩量就较小，因而再压缩曲线段 *cd* 较压缩曲线平缓，只有当压力超过 p_b，土样的压缩量才较大，曲线才变陡。

由此可见，土的压缩性与其沉积和受荷历史（即应力历史）有密切的关系。

5.3.1 先期固结压力及卡萨格兰德（Casagrande）法

土在历史上所经受过的最大竖向有效应力称为先期固结压力（又称为前期固结压力），常用 p_c 表示。

由于土的沉积和受荷历史极其复杂，因此确定先期固结压力至今无精确方法。但从前述分析可以认为，在压缩试验中只有当压力大于前期固结压力，土样才会发生较明显的压缩，故先期固结压力必应位于 $e-\log p$ 曲线上较平缓的前半段与较陡的后半段的交接处附近。基于这一认识，卡萨格兰德（A. Casagrande）于 1936 年提出了确定先期固结压力的经验作图法（图 5-7），这也是迄今确定 p_c 值最为常用的一种近似方法。

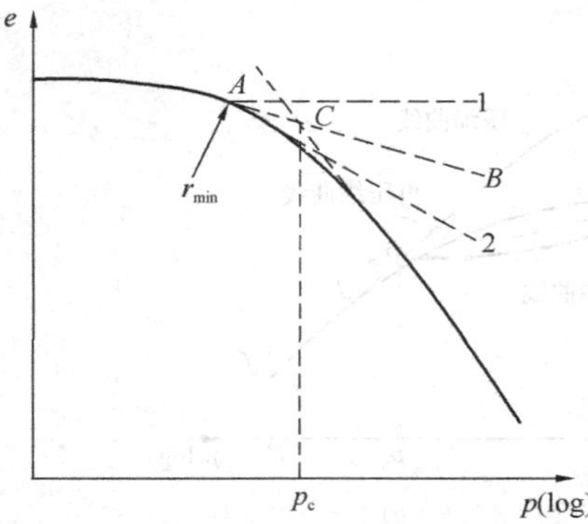

图 5-7 确定先期固结压力 p_c 的卡萨格兰德法

卡萨格兰德法的作图步骤如下：

1. 在 $e-\log p$ 曲线上找出曲率半径最小的一点 *A*，过 *A* 点作水平线 *A*1 和切线 *A*2；

2. 作角 1*A*2 的平分线 *AB*，与 $e-\log p$ 曲线后半段（即直线段）的延长线交于 *C* 点；

3. *C* 点作对应的压力即为先期固结压力 p_c。

卡萨格兰德法简单、易行，但其准确性在很大程度上取决于土样的质量（如扰动程度）和作图经验（如比例尺的选取）等。

5.3.2 土的超固结比及固结状态

先期固结压力常用于判断土的固结状态，为此，将土的先期固结压力 p_c 与土现在所受的竖向压力 p_0 的比值定义为土的超固结比 OCR，即：

$$OCR = p_c/p_0 \tag{5.3.1}$$

对原位地基土而言，p_0 一般指现有上覆土层自重压（应）力。如地基土历史上曾在大于现有上覆压力 p_0 的压力下完成固结，即 $p_c > p_0$，则 $OCR > 1$，则称这类地基土处于超固结状态，为超固结土。如地基土历史上从未经受过比现有上覆压力 p_0 更大的压力，且在 p_0 作用下已完成固结，即 $p_c = p_0$，则 $OCR = 1$，则称该类地基土处于正常固结状态，为正常固结土。如地基土在上覆压力 p_0 作用下压缩尚未稳定，固结仍在进行，则称该类地基土处于欠固结状态，为欠固结土，此时 $OCR < 1$。

对室内压缩试验的土样而言，p_0 即为施加于土样上的当前压力。当土样的应力状态位于 $e - \log p$ 曲线的直线段上，表示土样当前所受的压力就是最大压力，则 $OCR = 1$，土样处于正常固结状态。当土样的应力状态位于某回弹或再压缩曲线上，则 $OCR > 1$，土样处于超固结状态。

显然，土的固结状态在一定条件下是可以相互转化的。例如：对于原位地基中沉积已稳定的正常固结土，当地表因流水或冰川等剥蚀作用而降低，或因开挖卸载等，就成为超固结土；而超固结土则可由足够大的堆载加压而成为正常固结土。新近沉积土和冲填土等在自重应力作用下尚未完成固结，故为欠固结土；但随着时间的推移，在自重应力作用下的压缩会渐趋稳定从而转化为正常固结土。对于室内压缩稳定并处于正常固结状态的土样，经卸荷就会进入超固结状态；而处于超固结状态的土样则可经施加更大的压力而进入正常固结状态。

根据土的固结状态可以对土的压缩性做出定性评价。相对而言，超固结土压缩性最低，而欠固结土则压缩性最高。

5.3.3 土的原始压缩曲线与压缩指标

由于取土等使土样不可避免地受到扰动，通过室内压缩试验得到的压缩曲线并非现场地基土的原始（位）压缩曲线，得到的压缩性指标也不是土的原始指标。因此，为使地基固结沉降的计算更接近实际，有必要在弄清压缩土层的应力历史和固结状态的基础上，对室内压缩曲线进行修正，以获得符合现场地基土的原始压缩曲线和指标。

对于正常固结土，试验研究表明，土的扰动程度越大，土的压缩曲线越平缓，因此可以期望原始压缩曲线较室内压缩曲线陡。Schmertmann（1953）曾指出，对于同一种土，无论土样的扰动程度如何，室内压缩曲线都将在孔隙比约为 $0.42e_0$ 处交于一点。基于此，并假设土样的初始孔隙比 e_0 即为现场地基土的初始孔隙比，可得正常固结土的原始压缩曲线如图 5-8 中直线段 CD 所示。其中 C 为过 e_0 的水平线与过先期固结压力 p_c 的垂线的交点，D 为纵坐标为 $0.42\,e_0$ 的水平线与室内压缩曲线的交点。原始压缩曲线 CD 的斜率 C_c 即为原始压缩指数。

对于超固结土，其原始压缩曲线和压缩指标可按下列步骤求得（图 5-9）：

（1）作 B 点，其横、纵坐标分别为土样的现场自重压力 p_0 和初始孔隙比 e_0；

（2）过 B 点作直线，其斜率等于室内回弹曲线与再压缩曲线的平均斜率［即图 5-6

(*b*) 中虚线段 *ce* 的斜率]，并与横坐标为先期固结压力 p_c 的直线交于 *C* 点，则 *BC* 即为原始再压缩曲线，其斜率即为回弹指数 C_e；

(3) 用与正常固结土同样方法作 *D* 点，连接 *CD* 即得原始压缩曲线，其斜率即为原始压缩指数 C_c。

对于欠固结土，可近似按正常固结土的方法获得其原始压缩曲线和指标。

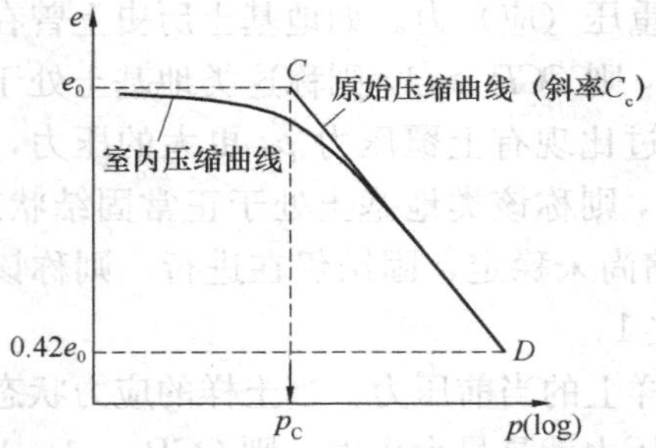

图 5-8　正常固结土的原始压缩曲线

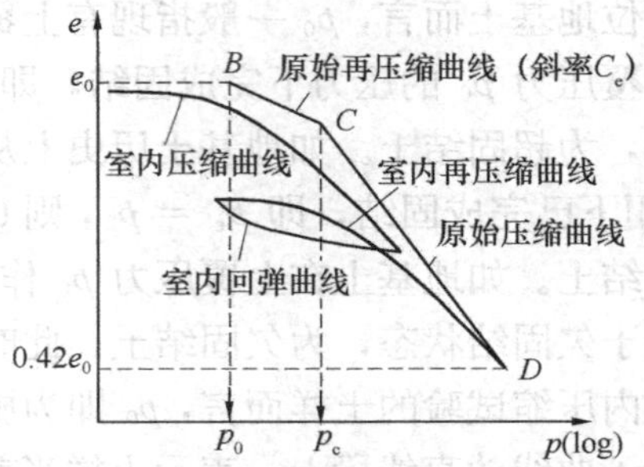

图 5-9　超固结土的原始压缩曲线

5.4　一维固结理论

与金属等连续介质材料不同，土作为一种多孔介质材料，在荷载（压力）作用下的压缩和变形并不能在瞬间完成，而是随时间逐步发展并渐趋稳定的。工程实践表明，土体压缩稳定所需时间因土性而异。无黏性土（碎石土、砂土）渗透性好，孔隙水从土孔隙中排出快，因而压缩稳定很快，而黏性土的渗透性很差，压缩稳定所需时间就很长，往往需几年甚至几十年。那么，土体的压缩和变形究竟是随时间怎样发展的？土在荷载作用下产生的孔压是如何随时间消散的？换言之，土体的固结遵循什么规律？这正是固结理论所要研究解决的。概括地说，固结理论就是描述土体固结规律的数学模型及其解答。

在研究土的固结规律和计算地基变形时，通常根据土在固结过程中产生变形机理的不同而将固结过程划分为主固结阶段和次固结阶段，其间发生的相应变形分别称为主固结变形和次固结变形（第 6 章）。以饱和土为例，主固结系指土体受荷后其孔隙中部分自由水随时间逐渐排（渗）出，孔隙体积逐渐减小，土体变形逐步发展的过程，这一过程是以土中发生渗流为其主要特征的，土体变形的速率也取决于孔隙水的排出速率，因而又常称为渗透固结。而次固结一般是指土体在渗透固结过程终止后由于土中结合水以黏滞流动的形态移动，水膜厚度发生相应变化使土骨架蠕变而继续发生与土孔隙中自由水排出速率无关的极为缓慢的变形过程。应该说明，实际土体固结过程中，渗流和蠕变也可能同时发生，因此上述划分是人为的，多半是为了研究和应用的方便，另外也是基于除有机质含量较高的软黏土外次固结变形一般较主固结变形小得多这一普遍认同的事实。

渗流和变形是（主）固结的两大元素，两者在土体固结时同时发生，缺一不可。土体固结过程中如渗流和变形均仅沿一个方向（例如竖向）发生，则称此为一维（或单向）固结问题。土样在压缩试验中所经历的压缩过程以及地基土在无限大面积均布（或称连续均布）荷载作用下的固结就是典型的一维固结问题。实际工程中由于荷载作用面积不可能无限大，地基固结时其中渗流和变形通常发生在两个或两个以上方向，因此一般属于二维固结或三维固结问题。但对于大面积均布荷载或当荷载分布尺寸远大于压缩土层厚度，地基中将主要发生竖向渗流和变形，故为便于计算可将此近似简化为一维固结问题。因此，研究一维固结问题具有重要理论和实际意义。

本节仅限于讨论饱和土的一维（主）固结问题，与此相关的固结理论就称为饱和土的一维固结理论。

5.4.1 太沙基一维固结模型

太沙基（K. Terzaghi）最早研究土的固结问题。1925 年，他对饱和土的一维渗透固结提出了如图 5-10 所示的物理模型。

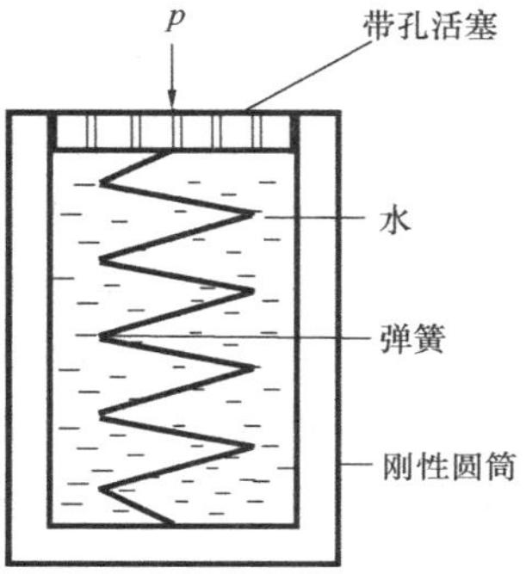

图 5-10 太沙基一维固结模型

图中，与圆筒相连的弹簧代表土骨架，弹簧刚度的大小就代表了土压缩性的大小。圆筒中的水相当于土孔隙中的自由水。与弹簧顶部相连的活塞带有透水小孔，其数目多少和孔径大小象征着土的竖向渗透性的大小。圆筒是刚性的，不会发生变形，活塞只能沿筒壁作竖向运动，因而当活塞受荷载作用后下移时水只能向上从活塞小孔排出，弹簧也只能作竖向压缩，象征土固结时其中的渗流和变形均是一维的。

利用该模型可形象地描述饱和土一维固结过程中土中应力和变形的发展过程（表 5-2）。当外荷载 P 施加后，土（即整个模型装置）中产生了竖向总应力 $\sigma_z = \sigma_0 = P/A$（$A$ 为活塞面积）。在 P 施加的瞬时（$t=0$），水来不及从土孔隙（即活塞上小孔）中排出，土骨架（即弹簧）未受压，荷载全部由水所承担，故此时超静孔隙水压力（指土体受外荷后由孔隙中水所分担和传递的超出静水压力的那部分压力，简称超静孔压）$u = \sigma_z = \sigma_0$，土的主固结变形（即弹簧压缩量）$S_{ct} = 0$ 。随着时间的推移（$t > 0$），土中发生渗流，水不断从土孔隙中排出，超静孔压逐渐消散（减小），土骨架受到的压力逐渐增大而发生压缩，竖向有效应力即（弹簧所分担的压力）σ'_z 随之增长，土体逐渐发生压缩变形（$S_{ct} > 0$）。在这一压缩过程中总应力 σ_z 恒等于 σ_0，而总应力、超静孔压、有效应力三者之间关系均服从有效应力原理（第 3 章），即：u 和 σ'_z 之和恒等于总应力 σ_z。最后（$t=\infty$），超静孔压完全消散（即 $u=0$），荷载完全由土骨架承担（即 $\sigma'_z = \sigma_z = \sigma_0$），土骨架压缩稳定，主固结变形达到最终值 $S_{c\infty}$（即 $S_{ct} = S_{c\infty}$），整个（主）固结过程结束。

饱和土一维固结过程中的应力与变形变化规律 **表 5-2**

时间	竖向总应力	超静孔压	竖向有效应力	主固结变形
$t=0$	$\sigma_z=\sigma_0$	$u=\sigma_0$	$\sigma'_z=0$	$S_{ct}=0$
$0<t<\infty$	$\sigma_z=\sigma_0$	u 从 σ_0 减至 0	σ'_z 从 0 增至 σ_0	S_{ct} 从 0 增至 $S_{c\infty}$
$t=\infty$	$\sigma_z=\sigma_0$	$u=0$	$\sigma'_z=\sigma_0$	$S_{ct}=S_{c\infty}$
备注	在任意时刻，σ_z、u、σ'_z 三者之间关系均服从有效应力原理，即 $\sigma_z=\sigma_0=P/A=u+\sigma'_z$			

由此可见，饱和土的固结不仅是孔隙水逐渐排出，变形逐步发展的过程，也是土中超

静孔压不断转化为有效应力，或即超静孔压不断消散，有效应力逐渐增长的过程。

5.4.2 太沙基一维固结方程及其解

一、基本假定

上述一维固结物理模型只是从定性上说明了饱和土一维固结过程中应力和变形的变化规律，而要从定量上说明，尚需进一步建立相应的数学模型，即建立描述固结过程的数学方程（称为固结方程），并获得相应解。为此，太沙基基于图 5-10 所示模型提出了以下假定：

1. 土体是完全饱和的；
2. 土体是均质的；
3. 土颗粒和孔隙水不可压缩；
4. 土体固结变形是微小的；
5. 土中渗流服从 Darcy 定律；
6. 土中渗流和变形是一维的；
7. 固结过程中土的竖向渗透系数 k_v 和压缩系数 a 为常数；
8. 外部荷载连续分布且一次骤然（瞬时）施加。

必须说明，假定 3 中的“土颗粒不可压缩”系指土颗粒本身不可压缩，并不等于“土骨架不可压缩”。土骨架是可以压缩的，这是因为土骨架虽系由土颗粒集成但颗粒间是存在孔隙的。

此外，由于假定了土体是均质的（假定 2）且 a 为常数（假定 7），土体实际上已被简化为线弹性体，故基于这些假定所建立的固结理论又称为一维线（弹）性固结理论。

二、太沙基一维固结方程及求解条件

基于以上假定，太沙基建立了饱和土的一维固结方程。

考虑图 5-11 所示饱和正常固结土层受外荷作用而引起的一维固结问题。图中 H 为土层厚度；p_0 为瞬时施加的连续均布荷载；z 为原点取在地表（即土层顶面）的竖向坐标。

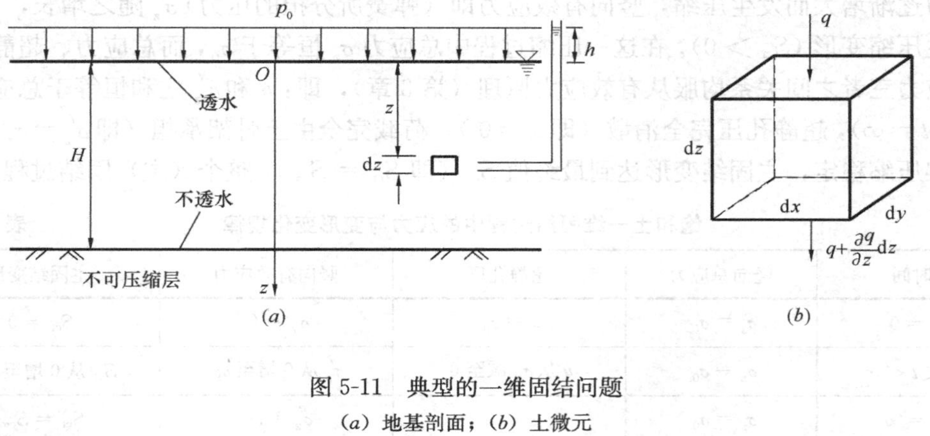

图 5-11 典型的一维固结问题

(a) 地基剖面；(b) 土微元

取土层顶面作为基准面，则在施加荷载 p_0 前，土层中任一处的总水头（第 3 章）均为零。设在施加荷载 p_0 后，土层任一深度 z 处产生的超静孔压为 u，则该处的总水头 h 为（γ_w 为水重度）：

$$h = \frac{u}{\gamma_w} \tag{5.4.1}$$

从土层任一深度 z 处取一边长分别为 dx、dy、dz 的土微元体［图 5-11（b）］。设单位时间内从该微元顶面流入的水量为 q，则由微分原理，同一时间从微元底面流出的水量为 $q+\frac{\partial q}{\partial z}dz$。故 dt 时间内土微元的水量变化为：

$$dQ = \left[q-\left(q+\frac{\partial q}{\partial z}dz\right)\right]dt = -\frac{\partial q}{\partial z}dzdt \tag{5.4.2}$$

由达西定律（假定 5）：

$$q = vA = k_v iA = k_v\left(-\frac{\partial h}{\partial z}\right)dxdy \tag{5.4.3}$$

式中　v——孔隙水渗透速度；

k_v——土层竖向渗透系数，cm/s 或 cm/年；

$i=-\frac{\partial h}{\partial z}$，水力梯度；

$A=dxdy$，土微元过水断面面积。

将式（5.4.1）和式（5.4.3）代入式（5.4.2），并注意到 k_v 为常数（假定 7），可得：

$$dQ = \frac{k_v}{\gamma_w}\frac{\partial^2 u}{\partial z^2}dxdydzdt \tag{5.4.4}$$

而 dt 时间内土微元的体积变化为：

$$dV = \frac{\partial V}{\partial t}dt = \frac{\partial}{\partial t}[V_s(1+e)]dt = \frac{1}{1+e_1}\frac{\partial e}{\partial t}dxdydzdt \tag{5.4.5}$$

式中 $V=V_s(1+e)$，固结过程中任一时刻土微元的体积；

V_s——微元体中土颗粒体积；由于土颗粒不可压缩（假定 3），故

$$V_s = \frac{dxdydz}{1+e_1} = \text{常数}$$

e——固结过程中任一时刻土体的孔隙比；

e_1——固结刚开始（$t=0$）时土体的孔隙比。

显然，根据假定 1 和 3，dt 时间内土微元的水量变化应等于该微元体积的变化，即 $dQ=dV$。将式（5.4.4）和式（5.4.5）代入此式，整理得：

$$\frac{k_v}{\gamma_w}\frac{\partial^2 u}{\partial z^2} = \frac{1}{1+e_1}\frac{\partial e}{\partial t} \tag{5.4.6}$$

另由压缩系数定义式（5.2.2）和有效应力原理有：

$$de = -a dp = -a d\sigma_z' \tag{5.4.7a}$$

$$\sigma_z' = \sigma_z - u = p_0 - u \tag{5.4.7b}$$

式中 σ_z' 为竖向有效应力。

由以上两式并注意到 p_0 =常数（假定 8），可得：

$$\frac{\partial e}{\partial t} = \frac{de}{d\sigma_z'}\frac{\partial \sigma_z'}{\partial t} = -a\frac{\partial(p_0-u)}{\partial t} = a\frac{\partial u}{\partial t} \tag{5.4.8}$$

将式（5.4.8）代入式（5.4.6）得：

$$c_v\frac{\partial^2 u}{\partial z^2} = \frac{\partial u}{\partial t} \tag{5.4.9}$$

上式即为著名的太沙基一维固结方程，其中 c_v 称为土的竖向固结系数（cm^2/s 或 $cm^2/年$），即：

$$c_v = \frac{k_v(1+e_1)}{\gamma_w a} \tag{5.4.10a}$$

利用压缩模量 E_s 和体积压缩系数 m_v 与 a 的关系式（5.2.6b）和式（5.2.7b），还可将 c_v 写为：

$$c_v = \frac{k_v E_s}{\gamma_w} = \frac{k_v}{\gamma_w m_v} \tag{5.4.10b}$$

一维固结方程（5.4.9）是以超静孔压 u 为未知函数，竖向坐标 z 和时间 t 为变量的二阶线性偏微分方程。根据偏微分方程理论，未知函数 u 的求解尚需边界条件和初始条件。

从图 5-11 可见：土层顶面为透水边界，即在 $z=0$ 处，超静孔压立刻消散为零，故有 $u=0$；土层底面（$z=H$ 处）为不透水边界，即通过该边界的水量 q 恒为零，故由式（5.4.3）有 $\frac{\partial h}{\partial z}=0$，或即 $\frac{\partial u}{\partial z}=0$。由此可得边界条件：

$$0 < t \leqslant \infty, z = 0: u = 0 \tag{5.4.11a}$$

$$0 < t \leqslant \infty, z = H: \frac{\partial u}{\partial z} = 0 \tag{5.4.11b}$$

另因连续均布荷载 p_0 作用下地基竖向附加应力（即竖向总应力）σ_z 恒等于 p_0，故根据太沙基一维固结模型，当 $t=0$ 时超静孔压 $u=\sigma_z=p_0$。由此可得初始条件：

$$t = 0, 0 \leqslant z \leqslant H: u = p_0 \tag{5.4.11c}$$

式（5.4.11a）～式（5.4.11c）即构成了太沙基一维固结方程（5.4.9）的求解条件。

三、太沙基一维固结解

（一）超静孔压

满足方程（5.4.9）和求解条件式（5.4.11）的超静孔压解可采用分离变量法或拉普拉斯变换等方法得到。

1925 年，太沙基首次给出了解答，即：

$$u = p_0 \sum_{m=1}^{\infty} \frac{2}{M} \sin\left(\frac{Mz}{H}\right) e^{-M^2 T_v} \tag{5.4.12}$$

式中　u——地基任一时刻任一深度处的超静孔压，kPa 或 MPa；

$M = \frac{\pi}{2}(2m-1)$，　$m = 1,2,3\cdots\cdots$

$T_v = \frac{c_v t}{H^2}$，竖向固结时间因子，无量纲。

以上解虽是在图 5-11 所示的地基土层顶面透水、底面不透水（简称单面排水）情况下得到的，但也适用于土层顶面和底面均透水（简称双面排水）情况。这是因为在双面排水情况下如将地基土层厚度视为 $2H$，则由对称性可知，此时土层中心面（即 $z=H$ 处）为对称面且为不透水面，故可取土层一半考虑，这就转化为单面排水情况。因此，对于双面排水情况，只需在式（5.4.12）中将 H 代以 $H/2$ 即可。

为方便和统一起见，以后称式（5.4.12）中的 H 为地基土层的最大竖向排水距离，并记地基土层厚度为 H_s。则对于单面排水情况，$H=H_s$；对于双面排水情况，$H=H_s/2$。

（二）有效应力

根据有效应力原理和上述超静孔压解，可得地基中任一时刻任一深度处的有效应力 σ'_z，即：

$$\sigma'_z=\sigma_z-u=p_0-u=p_0\left[1-\sum_{m=1}^{\infty}\frac{2}{M}\sin\left(\frac{Mz}{H}\right)e^{-M^2T_v}\right] \tag{5.4.13}$$

显然这里的总应力和有效应力均是由加载固结引起的，未包含地基土中的初始应力（例如固结前即在土中存在的自重应力等）。

（三）平均超静孔压和平均有效应力

对式（5.4.12）积分，可得地基任一时刻的平均超静孔压 $\bar{u}$，即：

$$\bar{u}=\frac{1}{H_s}\int_0^{H_s}u\mathrm{d}z=p_0\sum_{m=1}^{\infty}\frac{2}{M^2}e^{-M^2T_v} \tag{5.4.14}$$

同理可得地基任一时刻的平均有效应力 $\bar{\sigma}'_z$，即：

$$\bar{\sigma}'_z=\frac{1}{H_s}\int_0^{H_s}\sigma'_z\mathrm{d}z=p_0\left(1-\sum_{m=1}^{\infty}\frac{2}{M^2}e^{-M^2T_v}\right) \tag{5.4.15}$$

显然有：

$$\bar{\sigma}'_z=p_0-\bar{u} \tag{5.4.16}$$

（四）平均固结度

平均固结度通常定义为：

$$U=\frac{S_{ct}}{S_{c\infty}} \tag{5.4.17a}$$

式中 U——地基平均固结度，一般用百分数表示；

S_{ct}——地基某时刻的主固结变形（即竖向压缩量或称沉降），cm 或 mm；

$S_{c\infty}$——地基的最终（$t=\infty$）主固结变形，cm 或 mm。

由弹性力学及式（5.2.11b）可得：

$$S_{ct}=\int_0^{H_s}\varepsilon_z d_z=\int_0^{H_s}\frac{\sigma'_z}{E_s}\mathrm{d}z \tag{5.4.18a}$$

注意到主固结终了时超静孔压消散为零，有效应力等于总应力，即 $\sigma'_z|_{t=\infty}=\sigma_z$ 故有：

$$S_{c\infty}=S_{ct}|_{t=\infty}=\int_0^{H_s}\frac{\sigma'_z|_{t=\infty}}{E_s}\mathrm{d}z=\int_0^{H_s}\frac{\sigma_z}{E_s}\mathrm{d}z \tag{5.4.18b}$$

于是，

$$U=\frac{S_{ct}}{S_{c\infty}}=\frac{\int_0^{H_s}\sigma'_z\mathrm{d}z}{\int_0^{H_s}\sigma_z\mathrm{d}z}=\frac{\bar{\sigma}'_z}{\bar{\sigma}_z}=1-\frac{\bar{u}}{p_0} \tag{5.4.17b}$$

式中 $\bar{\sigma}_z=\frac{1}{H_s}\int_0^{H_s}\sigma_z\mathrm{d}z=p_0$，地基平均总应力，kPa 或 MPa。

将式（5.4.14）代入式（5.4.17b）即得平均固结度的计算式：

$$U = 1 - \sum_{m=1}^{\infty} \frac{2}{M^2} e^{-M^2 T_v} \tag{5.4.19}$$

当$U \leqslant 60\%$，可用下式替代上式：

$$U = 2\sqrt{T_v/\pi} = 1.128\sqrt{T_v} \tag{5.4.20a}$$

当$U \geqslant 30\%$，则可在式（5.4.19）级数中仅取首项（$m=1$）计算，即：

$$U = 1 - \frac{8}{\pi^2} e^{-\frac{\pi^2}{4} T_v} \tag{5.4.20b}$$

当$30\% \leqslant U \leqslant 60\%$，以上两近似式的计算结果非常接近，故此时可采用该两式中的任一式计算U。

地基某时刻平均固结度的大小说明了该时刻地基压缩和固结的程度，例如$U = 50\%$即说明此时地基的固结沉降已达最终沉降的一半，地基的固结程度已达50%。

从式（5.4.17b）可见，将地基平均固结度定义为地基某时刻的主固结沉降S_{ct}与最终（主）固结沉降$S_{c\infty}$之比（简称按变形定义或按应变定义）和将其定义为地基某时刻的平均有效应力（或所消散的平均超静孔压）$\bar{\sigma}'_z$与平均总应力$\bar{\sigma}_z$之比（简称按应力定义或按孔压定义）是等价的。还可见，平均固结度也是地基中某时刻的有效应力面积（即$\int_0^{H_s} \sigma'_z \mathrm{d}z$）与总应力面积（即$\int_0^{H_s} \sigma_z \mathrm{d}z$）之比。

需要强调，上段论述仅对于均质地基的一维线弹性固结问题才是正确的，而对于成层地基固结、多维（二或三维）固结以及非线性固结等复杂情况，将地基平均固结度按应变定义与按应力定义是不同的，必须加以区别。

5.4.3　初始超静孔压非均布时的一维固结解

太沙基一维固结解是在初始超静孔压（简称初始孔压）沿深度均布（即$u|_{t=0} = \sigma_z = p_0$）的条件［见式（5.4.11c）］下得到的，因此该解也可称作初始孔压均布时的一维固结解。

但实际荷载并不是如图5-11所示的连续均布荷载，故在地基中产生的附加应力σ_z是沿深度变化的。例如对于矩形均布荷载，其中心点下的σ_z即沿深度呈上大下小的非线性形态分布。而附加应力显然最初是由孔隙水承受然后才随着土的固结而逐渐向土骨架转移的，因此实际的初始孔压沿深度是非均布的。为方便应用，通常可将其简化为沿深度呈直线或折线的形态（例如梯形、三角形等）分布。

现考虑单面排水条件下，初始孔压呈梯形分布的［图5-12（a）］的一维固结问题及其解。显然，该问题的固结方程及边界条件与前相同，仅初始条件须改为：

$$t = 0,\ 0 \leqslant z \leqslant H:u = \sigma_z = p_T + (p_B - p_T)\frac{z}{H} \tag{5.4.21}$$

式中　p_T——土层顶面处的初始超静孔压；

p_B——土层底面处的初始超静孔压。

因此，满足固结方程（5.4.9）及求解条件式（5.4.11a）、式（5.4.11b）和式

(5.4.21) 的超静孔压解即为所求解。利用分离变量法可得该解为：

$$u=\sum_{m=1}^{\infty}\frac{2}{M}\left[p_{\mathrm{T}}-(-1)^{m}\frac{p_{\mathrm{B}}-p_{\mathrm{T}}}{M}\right]\sin\frac{Mz}{H}e^{-M^{2}T_{\mathrm{v}}}\tag{5.4.22}$$

由此可进一步根据式 (5.4.17b) 得地基平均固结度

$$U=\frac{\int_{0}^{H_{\mathrm{s}}}\sigma_{z}'\mathrm{d}z}{\int_{0}^{H_{\mathrm{s}}}\sigma_{z}\mathrm{d}z}=1-\frac{\int_{0}^{H_{\mathrm{s}}}u\mathrm{d}z}{\int_{0}^{H_{\mathrm{s}}}\sigma_{z}\mathrm{d}z}=1-\sum_{m=1}^{\infty}\frac{4}{M^{2}(p_{\mathrm{T}}+p_{\mathrm{B}})}\left[p_{\mathrm{T}}-(-1)^{m}\frac{p_{\mathrm{B}}-p_{\mathrm{T}}}{M}\right]e^{-M^{2}T_{\mathrm{v}}}\tag{5.4.23}$$

易见，当 $p_{\mathrm{B}}=p_{\mathrm{T}}=p_{0}$，式 (5.4.22) 和式 (5.4.23) 即退化为太沙基解式 (5.4.12) 和式 (5.4.19)。

在式 (5.4.22) 和式 (5.4.23) 中令 $p_{\mathrm{T}}=0$，可得单面排水条件下初始孔压呈正三角形分布时地基的超静孔压和平均固结度计算式，即：

$$u=p_{\mathrm{B}}\sum_{m=1}^{\infty}(-1)^{m-1}\frac{2}{M^{2}}\sin\frac{Mz}{H}e^{-M^{2}T_{\mathrm{v}}}\tag{5.4.24}$$

$$U=1-\sum_{m=1}^{\infty}(-1)^{m-1}\frac{4}{M^{3}}e^{-M^{2}T_{\mathrm{v}}}\tag{5.4.25}$$

类似地，在式 (5.4.22) 和式 (5.4.23) 中令 $p_{\mathrm{B}}=0$，就可得单面排水条件下初始孔压呈倒三角形分布时的一维固结解，即：

$$u=p_{\mathrm{T}}\sum_{m=1}^{\infty}\frac{2}{M}\left[1+\frac{(-1)^{m}}{M}\right]\sin\frac{Mz}{H}e^{-M^{2}T_{\mathrm{v}}}\tag{5.4.26}$$

$$U=1-\sum_{m=1}^{\infty}\frac{4}{M^{2}}\left[1+\frac{(-1)^{m}}{M}\right]e^{-M^{2}T_{\mathrm{v}}}\tag{5.4.27}$$

对于双面排水条件，可以证明，超静孔压解与上述单面排水条件下的解不同，但地基平均固结度计算式都与太沙基解中的完全相同，即，无论初始孔压呈梯形分布还是呈三角形分布 [图 5-12 (*b*)]，地基平均固结度均可按式 (5.4.19) 计算 (取 $H=H_{\mathrm{s}}/2$)。

5.4.4 一维固结理论的应用

根据上述一维固结理论，可以确定对应于图 5-12 所示不同工况的地基土层中的任一时刻的超静孔压分布、地基平均固结度和 (主) 固结沉降，还可以计算地基平均固结度或固结沉降达到某给定值所需的时间，尤其是，据此可分析并掌握地基土层的压缩和固结规律。

一、超静孔压分布曲线

为对地基中的超静孔压分布有较全面和直观的了解，可根据一维固结解绘制超静孔压分布曲线，例如，根据太沙基解式 (5.4.12) 可得如图 5-13 所示的对应于单面排水、初始超静孔压均布工况的以无量纲参数 z/H、u/p_{0} 表示的不同时刻 (即不同 T_{v} 值) 的超静孔压分布图 (又称超静孔压等时线)。图中 $T_{\mathrm{v}}=0.197$ 和 $T_{\mathrm{v}}=0.848$ 所对应的两条曲线也就是平均固结度达到 50% 和 90% 时的超静孔压等时线。从图中可见，超静孔压沿深度逐渐增大，随时间而逐渐减小 (消散)。

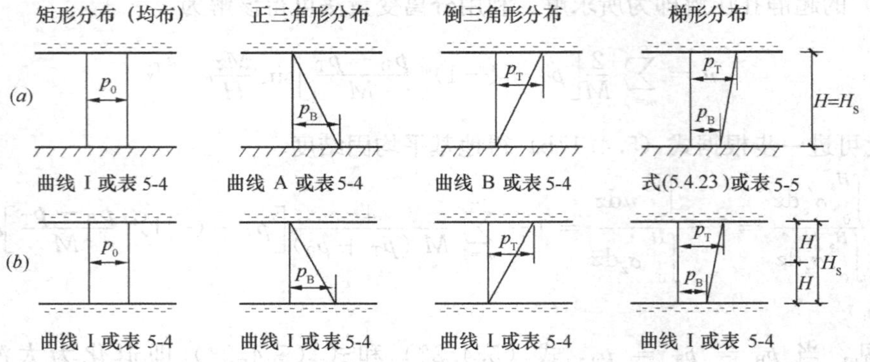

图 5-12　不同的初始孔压分布图及相应的平均固结度计算曲线或表格

(a) 单面排水；(b) 双面排水

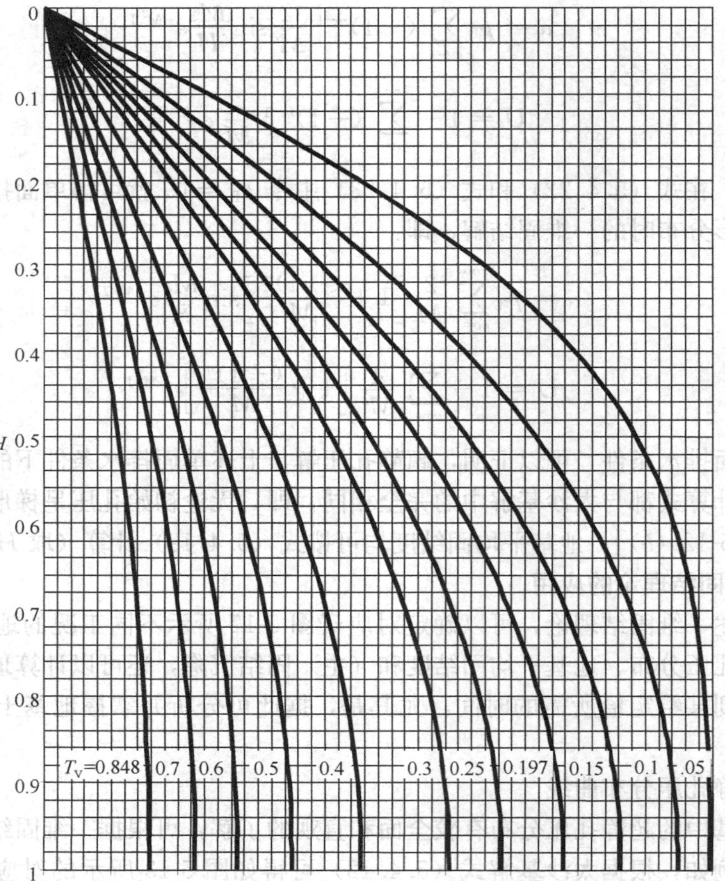

图 5-13　单面排水且初始孔压均布条件下的超静孔压等时线

二、平均固结度计算曲线

表 5-3 和表 5-4 为据式（5.4.19）、式（5.4.25）和式（5.4.27）计算所得分别对应于初始孔压均布、正三角形分布及倒三角形分布三种工况的平均固结度 U 与时间因子 T_V 数值关系。同样的计算结果还绘制成图 5-14 所示的地基平均固结度 U 与时间因子 T_V 关系曲线。比较可见，在单面排水条件下，三种工况中初始超静孔压呈倒三角形分布时地基固结最快（即在同一时刻地基平均固结度最大），而呈正三角形分布时地基固结最慢。

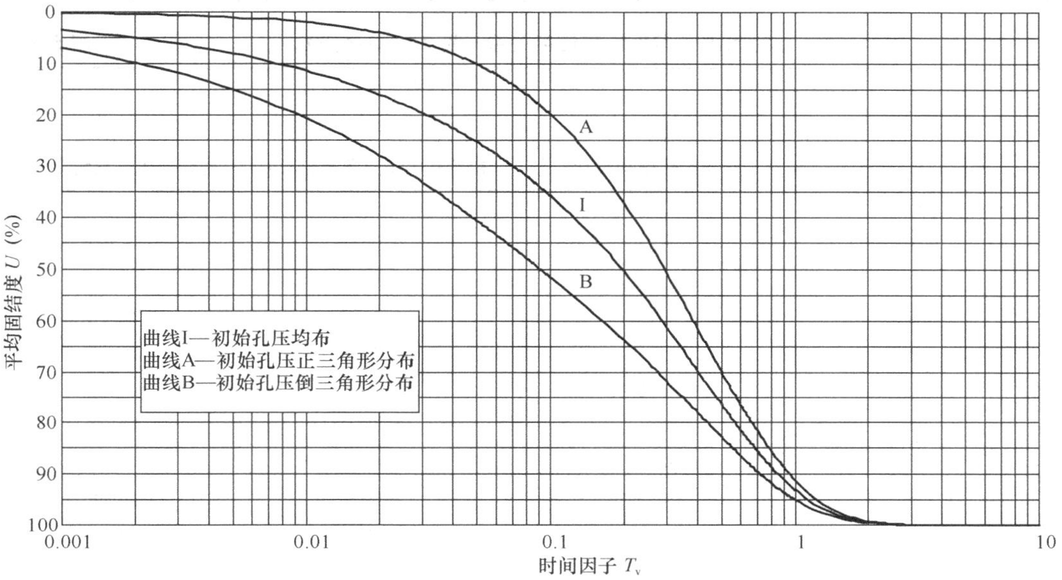

图 5-14　地基平均固结度 U 与时间因子 T_V 关系曲线

表 5-3、表 5-4 和图 5-14 除可直接用于计算上述三种工况不同时刻地基的平均固结度外，还可用于单面排水条件下初始孔压呈梯形分布时地基平均固结度的计算。这是因为将式（5.4.23）与式（5.4.19）、式（5.4.25）、式（5.4.27）比较即可得初始孔压呈梯形分布时的平均固结度与其他工况的平均固结度的关系式，即：

$$U_c = U_I + \frac{p_T - p_B}{p_T + p_B}(U_I - U_A) \tag{5.4.28a}$$

或

$$U_c = U_I - \frac{p_T - p_B}{p_T + p_B}(U_I - U_B) \tag{5.4.28b}$$

或

$$U_c = \frac{p_B}{p_T + p_B}U_A + \frac{p_T}{p_T + p_B}U_B \tag{5.4.28c}$$

式中：U_I ——单面排水条件下初始孔压均布时的平均固结度［式（5.4.19)］，计算时可查表 5-3、表 5-4 或图 5-14 中的曲线Ⅰ；

U_A ——单面排水条件下初始孔压呈正三角形分布时的平均固结度［式（5.4.25)］，计算时可查表 5-3、表 5-4 或图 5-14 中的曲线 A；

U_B ——单面排水条件下初始孔压呈倒三角形分布时的平均固结度［式（5.4.27)］，计算时可查表 5-3、表 5-4 或图 5-14 中的曲线 B；

U_c ——单面排水条件下初始孔压呈梯形分布时的平均固结度［式（5.4.23)］。

U_I、U_A 和 U_B 三者之间尚有以下关系：

$$U_I = \frac{1}{2}(U_A + U_B) \tag{5.4.29}$$

此外，由式（5.4.23）计算可得初始孔压呈梯形分布时的平均固结度 U 与时间因子 T_v 数值关系一览表，如表 5-5 所示，表中 $n = p_T/p_B$ 为土层顶面与底面处的初始孔压之比值。从中可见，n 值越大固结越快。表 5-5 可非常方便地用于初始孔压呈梯形分布工况时的平均固结度计算。对于 n 值不在表中所列值的工况，可近似地利用插值法计算。

时间因子与平均固结度关系一览表（单面排水） **表 5-3**

时间因子 T_V	平均固结度（%）		
	U_I（初始孔压均布）	U_A（初始孔压正三角形分布）	U_B（初始孔压倒三角形分布）
0.000	0.00	0.00	0.00
0.001	3.57	0.20	6.94
0.002	5.05	0.40	9.69
0.003	6.18	0.60	11.76
0.004	7.14	0.80	13.47
0.005	7.98	1.00	14.96
0.006	8.74	1.20	16.28
0.007	9.44	1.40	17.48
0.008	10.09	1.60	18.59
0.009	10.71	1.80	19.61
0.010	11.28	2.00	20.57
0.020	15.96	4.00	27.92
0.030	19.54	6.00	33.09
0.040	22.57	8.00	37.14
0.050	25.23	10.00	40.47
0.060	27.64	11.99	43.29
0.070	29.85	13.96	45.75
0.080	31.92	15.92	47.91
0.090	33.85	17.86	49.84
0.100	35.68	19.78	51.59
0.200	50.41	37.04	63.78
0.300	61.32	50.78	71.87
0.400	69.79	61.54	78.04
0.500	76.40	69.95	82.85
0.600	81.56	76.52	86.60
0.700	85.59	81.65	89.53
0.800	88.74	85.66	91.82
0.900	91.20	88.80	93.61
1.000	93.13	91.25	95.00
2.000	99.42	99.26	99.58
3.000	99.95	99.94	99.96

平均固结度 U 与时间因子 T_v 关系一览表（单面排水） **表 5-4**

平均固结度 U（%）	时间因子 T_v 初始孔压均布（$n=1$）	初始孔压正三角形分布（$n=0$）	初始孔压倒三角形分布（$n=\infty$）
0.00	0.0000	0.0000	0.0000
2.00	0.0003	0.0100	0.0001
4.00	0.0013	0.0200	0.0003
6.00	0.0028	0.0300	0.0007
8.00	0.0050	0.0400	0.0013
10.00	0.0079	0.0500	0.0021
12.00	0.0113	0.0601	0.0031
14.00	0.0154	0.0702	0.0043
16.00	0.0201	0.0804	0.0058
18.00	0.0254	0.0907	0.0075
20.00	0.0314	0.1012	0.0094
22.00	0.0380	0.1118	0.0116
24.00	0.0452	0.1227	0.0141
26.00	0.0531	0.1337	0.0170
28.00	0.0616	0.1451	0.0201
30.00	0.0707	0.1567	0.0237
32.00	0.0804	0.1685	0.0277
34.00	0.0908	0.1808	0.0321
36.00	0.1018	0.1933	0.0370
38.00	0.1134	0.2063	0.0424
40.00	0.1257	0.2196	0.0485
42.00	0.1386	0.2334	0.0552
44.00	0.1521	0.2477	0.0627
46.00	0.1663	0.2624	0.0711
48.00	0.1812	0.2777	0.0805
50.00	0.1967	0.2937	0.0909
52.00	0.2130	0.3102	0.1025
54.00	0.2301	0.3275	0.1154
56.00	0.2480	0.3455	0.1297
58.00	0.2667	0.3644	0.1455
60.00	0.2864	0.3841	0.1629
62.00	0.3071	0.4049	0.1818
64.00	0.3290	0.4268	0.2024
66.00	0.3522	0.4500	0.2245
68.00	0.3767	0.4746	0.2484
70.00	0.4029	0.5007	0.2742
72.00	0.4308	0.5287	0.3018
74.00	0.4608	0.5587	0.3317
76.00	0.4933	0.5912	0.3640

续表

平均固结度 U（%）	时间因子 T_v 初始孔压均布（n=1）	初始孔压正三角形分布（n=0）	初始孔压倒三角形分布（n=∞）
78.00	0.5285	0.6264	0.3992
80.00	0.5672	0.6651	0.4378
82.00	0.6099	0.7078	0.4805
84.00	0.6576	0.7555	0.5283
86.00	0.7117	0.8096	0.5824
88.00	0.7742	0.8721	0.6448
90.00	0.8481	0.9460	0.7187
92.00	0.9385	1.0364	0.8092
94.00	1.0551	1.1530	0.9258
96.00	1.2194	1.3173	1.0901
98.00	1.5004	1.5983	1.3710
99.99	3.6477	3.7456	3.5183

注：表中 $n=p_T/p_B$，即土层顶面与底面处的初始孔压之比值。

初始孔压梯形分布时平均固结度 U 与时间因子 T_v 关系一览表（单面排水）　表 5-5

U（%）	时间因子 T_v n=0.1	n=0.2	n=0.5	n=0.8	n=1.25	n=1.5	n=2	n=3	n=5	n=10
0.00	0.0000	0.0000	0.0000	0.0000	0.0000	0.0000	0.0000	0.0000	0.0000	0.0000
2.00	0.0041	0.0021	0.0007	0.0004	0.0003	0.0002	0.0002	0.0001	0.0001	0.0001
4.00	0.0112	0.0068	0.0026	0.0016	0.0010	0.0009	0.0007	0.0006	0.0005	0.0004
6.00	0.0193	0.0129	0.0056	0.0035	0.0023	0.0020	0.0016	0.0013	0.0011	0.0009
8.00	0.0279	0.0201	0.0096	0.0061	0.0042	0.0036	0.0030	0.0024	0.0019	0.0016
10.00	0.0370	0.0279	0.0144	0.0095	0.0065	0.0057	0.0047	0.0038	0.0031	0.0026
12.00	0.0464	0.0363	0.0201	0.0136	0.0095	0.0083	0.0069	0.0055	0.0045	0.0038
14.00	0.0559	0.0451	0.0265	0.0184	0.0130	0.0114	0.0095	0.0076	0.0062	0.0052
16.00	0.0658	0.0543	0.0335	0.0238	0.0171	0.0150	0.0125	0.0101	0.0083	0.0070
18.00	0.0758	0.0638	0.0411	0.0299	0.0217	0.0192	0.0161	0.0130	0.0107	0.0090
20.00	0.0860	0.0737	0.0494	0.0366	0.0270	0.0240	0.0201	0.0163	0.0134	0.0114
22.00	0.0965	0.0838	0.0581	0.0439	0.0329	0.0293	0.0247	0.0201	0.0166	0.0140
24.00	0.1072	0.0943	0.0673	0.0519	0.0394	0.0352	0.0298	0.0244	0.0201	0.0171
26.00	0.1181	0.1050	0.0771	0.0604	0.0465	0.0418	0.0356	0.0292	0.0241	0.0205
28.00	0.1293	0.1160	0.0873	0.0696	0.0543	0.0489	0.0419	0.0345	0.0286	0.0243
30.00	0.1408	0.1274	0.0979	0.0793	0.0627	0.0568	0.0489	0.0405	0.0336	0.0286
32.00	0.1527	0.1391	0.1090	0.0896	0.0718	0.0653	0.0565	0.0470	0.0392	0.0333
34.00	0.1648	0.1512	0.1206	0.1005	0.0815	0.0746	0.0649	0.0542	0.0453	0.0386
36.00	0.1773	0.1637	0.1327	0.1119	0.0920	0.0845	0.0740	0.0622	0.0522	0.0445
38.00	0.1903	0.1765	0.1452	0.1239	0.1031	0.0952	0.0838	0.0709	0.0597	0.0510

续表

U (%)	时间因子 T_v									
	$n=0.1$	$n=0.2$	$n=0.5$	$n=0.8$	$n=1.25$	$n=1.5$	$n=2$	$n=3$	$n=5$	$n=10$
40.00	0.2036	0.1898	0.1582	0.1365	0.1150	0.1066	0.0945	0.0804	0.0680	0.0583
42.00	0.2173	0.2035	0.1717	0.1497	0.1275	0.1187	0.1059	0.0908	0.0772	0.0663
44.00	0.2316	0.2177	0.1858	0.1635	0.1407	0.1316	0.1182	0.1021	0.0873	0.0752
46.00	0.2463	0.2325	0.2004	0.1778	0.1547	0.1453	0.1313	0.1143	0.0983	0.0851
48.00	0.2616	0.2477	0.2155	0.1928	0.1693	0.1597	0.1453	0.1275	0.1104	0.0959
50.00	0.2776	0.2636	0.2314	0.2085	0.1847	0.1750	0.1602	0.1417	0.1236	0.1080
52.00	0.2941	0.2802	0.2478	0.2249	0.2009	0.1910	0.1759	0.1568	0.1379	0.1212
54.00	0.3114	0.2974	0.2650	0.2420	0.2178	0.2078	0.1925	0.1730	0.1533	0.1356
56.00	0.3294	0.3154	0.2830	0.2600	0.2356	0.2256	0.2101	0.1902	0.1699	0.1513
58.00	0.3482	0.3343	0.3019	0.2787	0.2543	0.2442	0.2286	0.2084	0.1876	0.1684
60.00	0.3680	0.3541	0.3216	0.2985	0.2740	0.2638	0.2481	0.2277	0.2066	0.1868
62.00	0.3888	0.3749	0.3424	0.3192	0.2947	0.2845	0.2687	0.2482	0.2268	0.2066
64.00	0.4107	0.3968	0.3643	0.3411	0.3166	0.3063	0.2905	0.2698	0.2482	0.2278
66.00	0.4339	0.4199	0.3874	0.3643	0.3397	0.3294	0.3136	0.2928	0.2711	0.2505
68.00	0.4584	0.4445	0.4120	0.3888	0.3642	0.3540	0.3381	0.3173	0.2955	0.2747
70.00	0.4846	0.4707	0.4382	0.4150	0.3904	0.3801	0.3642	0.3434	0.3215	0.3006
72.00	0.5126	0.4986	0.4661	0.4429	0.4183	0.4080	0.3921	0.3713	0.3494	0.3284
74.00	0.5426	0.5287	0.4962	0.4730	0.4483	0.4381	0.4221	0.4013	0.3794	0.3584
76.00	0.5750	0.5611	0.5286	0.5054	0.4808	0.4705	0.4546	0.4338	0.4118	0.3908
78.00	0.6103	0.5964	0.5639	0.5407	0.5160	0.5058	0.4898	0.4690	0.4471	0.4260
80.00	0.6489	0.6350	0.6025	0.5793	0.5547	0.5444	0.5285	0.5076	0.4857	0.4646
82.00	0.6916	0.6777	0.6452	0.6220	0.5974	0.5871	0.5712	0.5503	0.5284	0.5073
84.00	0.7394	0.7254	0.6929	0.6697	0.6451	0.6348	0.6189	0.5981	0.5761	0.5551
86.00	0.7935	0.7795	0.7470	0.7238	0.6992	0.6889	0.6730	0.6522	0.6302	0.6092
88.00	0.8560	0.8420	0.8095	0.7863	0.7617	0.7514	0.7355	0.7147	0.6927	0.6716
90.00	0.9299	0.9159	0.8834	0.8602	0.8356	0.8253	0.8094	0.7885	0.7666	0.7455
92.00	1.0203	1.0063	0.9738	0.9506	0.9260	0.9157	0.8998	0.8790	0.8570	0.8360
94.00	1.1369	1.1229	1.0904	1.0672	1.0426	1.0323	1.0164	0.9956	0.9736	0.9526
96.00	1.3012	1.2873	1.2548	1.2316	1.2069	1.1967	1.1807	1.1599	1.1379	1.1169
98.00	1.5821	1.5682	1.5357	1.5125	1.4879	1.4776	1.4617	1.4408	1.4189	1.3978
99.99	3.7295	3.7155	3.6830	3.6598	3.6352	3.6249	3.6090	3.5882	3.5662	3.5451

注：表中 $n=p_T/p_B$，即土层顶面与底面处的初始孔压之比值。

图 5-12 标出了分析各种工况需用的平均固结度计算曲线和表格。

对于双面排水条件，如前所述，不论初始孔压如何分布，地基平均固结度计算式均与太沙基解式（5.4.19）相同，即只要时间或时间因子相同，图 5-12（*b*）所列任一工况的平均固结度均相等。故实际计算固结度时可查表5-3、表5-4中的U_{I}值或图5-14中的曲线Ⅰ，此时时间因子T_v中的H应取为$H_s/2$。

三、地基主固结沉降与时间的关系

根据式［5.4.18（b）］可得对应于不同工况的地基最终主固结沉降$S_{c\infty}$，而由平均固结度的定义可进一步得地基任一时刻的主固结沉降$S_{ct}=U\cdot S_{c\infty}$。由此可得如表5-6所示的对应于不同工况的$S_{c\infty}$和$S_{ct}$计算式。

不同工况的地基主固结沉降计算式一览表　　**表5-6**

排水条件	初始孔压分布形式	$S_{c\infty}$	S_{ct}	备　注
单面排水	矩形分布	$\frac{p_0H_S}{E_S}$	$U_{\mathrm{I}}\cdot S_{c\infty}$	$H=H_S$（H_S为土层厚度）
	正三角形分布	$\frac{p_BH_S}{2E_S}$	$U_A\cdot S_{c\infty}$	
	倒三角形分布	$\frac{p_TH_S}{2E_S}$	$U_B\cdot S_{c\infty}$	
	梯形分布	$\frac{(p_T+p_B)H_S}{2E_S}$	$U_c\cdot S_{c\infty}$	
双面排水	同上	同上	$U_{\mathrm{I}}\cdot S_{c\infty}$	$H=H_S/2$

需要说明，表5-6中的最终主固结沉降计算式仅适用于一维变形条件下的均质线弹性地基。对于其他工况下的地基沉降计算，请见第6章。

四、土的压缩和固结规律

从前述平均固结度计算式或图5-14可见，地基平均固结度与时间因子T_v有单值关系，即T_v越大，平均固结度就越大。而$T_v=\frac{c_vt}{H^2}=\frac{E_sk_vt}{\gamma_wH^2}$，故当$t$一定，$E_s$和$k_v$越大，$H$越小，则$T_v$越大，$U$越大。

由此可见，土的压缩性和渗透性以及土层的最大竖向排水距离是影响地基压缩和固结的关键因素。土的压缩性越低（即E_s越大），渗透性越好（即k_v越大），土层的最大竖向排水距离H（或土层的厚度）越小，则地基在同一时刻所达到的固结度越大，地基固结越快。

尚可见，T_v与H的二次方成反比，故相对而言，土层的排水距离H对地基固结的影响最大，缩短排水距离可极大地提高地基的固结速率。基于这一原理，当应用排水固结法处理软黏土地基时常采用在地基中打设砂井等竖向排水体的方法来缩短排水距离，从而达到加速地基的固结和强度增长的目的。

【例题5-1】 某地基饱和黏土层厚度为10m，压缩模量$E_s=5\text{MPa}$，$k_v=1.5\text{cm/年}$，黏土层顶面铺设砂垫层，底面以下为不透水硬土层。设荷载瞬时施加，试对黏土层中附加应力沿深度均布（$\sigma_z=100\text{kPa}$）和梯形分布（顶面$\sigma_{z1}=150\text{kPa}$，底面$\sigma_{z2}=50\text{kPa}$）两种工况分别求：1. 加荷后一年地基的主固结沉降；2. 地基平均固结度达到90%所需时间。

【解】 由题意，黏土层在单面排水条件下固结，$H=H_s=10\text{m}$。近似取$\gamma_w=10\text{kN/m}^3$，则$c_v=\frac{k_vE_s}{\gamma_w}\approx\frac{1.5\times5000}{0.1}=7.5\times10^4\ \text{cm}^2/\text{年}$。

1. 求 $t=1$ 年时地基的固结沉降量

（1）当附加应力（即初始超静孔压）沿深度均布时，$p_0=100\text{kPa}$，地基的最终（主）固结沉降量（表 5-6）为

$$S_{c\infty}=\frac{p_0H}{E_s}=\frac{100\times10000}{5000}=200\text{mm}$$

$t=1$ 年时，

$$T_v=\frac{c_vt}{H^2}=\frac{7.5\times10^4\times1}{1000^2}=0.075$$

由 $T_v=0.075$ 从图 5-14 曲线Ⅰ（或表 5-3、表 5-4）可查得相应的平均固结度 $U_I=30.9\%$［也可直接用近似式（5.4.20a）计算］。

则 $t=1$ 年时地基的固结沉降量为

$$S_{ct}=S_{c\infty}\cdot U_I=200\times0.309=61.8\text{mm}$$

（2）当附加应力呈梯形分布时，$p_T=\sigma_{z1}=150\text{kPa}$，$p_B=\sigma_{z2}=50\text{kPa}$，$n=3$，则由表5-6有：

$$S_{c\infty}=\frac{(p_T+p_B)H}{2E_s}=\frac{(150+50)\times10000}{2\times5000}=200\text{mm}$$

由 $T_v=0.075$，查图 5-14 曲线 A（或表 5-3、表 5-4）可得 $U_A=14.9\%$。

则据式（5.4.28a）可得 $t=1$ 年时地基平均固结度为：

$$U_c=U_I+\frac{p_T-p_B}{p_T+p_B}(U_I-U_A)=0.309+\frac{150-50}{150+50}\times(0.309-0.149)=38.9\%$$

显然也可利用表 5-5 进行计算。对应于 $n=3$、$T_v=0.075$ 的平均固结度表 5-5 中虽无，但可用插值法得到。由 $n=3$ 可查表 5-5 得 $U=38\%$ 和 $U=40\%$ 对应的 T_v 分别为 0.0709 和 0.0804，则由插值法有：

$$U_c=0.38+\frac{0.4-0.38}{0.0804-0.0709}\times(0.075-0.0709)=0.38+0.009=38.9\%$$

故 $t=1$ 年时地基固结沉降量为：

$$S_{ct}=S_{c\infty}\cdot U_c=200\times0.389=77.8\text{mm}$$

以上计算表明，单面排水条件下，当初始孔压呈梯形分布且 $p_T>p_B$ 时，地基固结和沉降速率要比初始孔压均布时快。

2. 求平均固结度达到 90%所需时间

（1）当附加应力均布，从图 5-14 曲线Ⅰ（或表 5-3、表 5-4）可查得对应于 $U_I=90\%$ 的时间因子 $T_{v90}=0.848$，故平均固结度达到 90%所需时间 t_{90} 为：

$$t_{90}=\frac{T_{v90}\cdot H^2}{c_v}=\frac{0.848\times1000^2}{7.5\times10^4}=11.3\text{ 年}$$

（2）当附加应力梯形分布，将 $p_T=150\text{kPa}$，$p_B=50\text{kPa}$ 和 $U_c=0.9$ 代入式（5.4.28a）可得：

$$1.5U_I-0.5U_A=0.9$$

由前述计算可知，U_c 达到 90%要比 U_I 达到 90%所需时间短，故对应于 $U_c=90\%$ 的 T_v 应小于 0.848。不妨先取 $T_v=0.8$，查图 5-14 或表 5-3、表 5-4 可得：$U_I=88.7\%$，$U_A=85.7\%$。代入上式可得：左边=0.902>右边=0.9，故 $T_v=0.8$ 尚属偏大。再取 $T_v=$

0.79，查得 $U_I = 88.4\%$，$U_A = 85.3\%$，此时

$$1.5U_I - 0.5U_A = 1.5\times0.884 - 0.5\times0.853 = 0.8995 \approx 0.9$$

故对应于 $U_c = 0.9$ 的 $T_v \approx 0.79$。

显然也可直接采用式（5.4.23）来求对应于 $U = U_c = 90\%$ 的时间因子 T_v。因 U_c 值大，故可近似地取级数首项（$m = 1, M = \pi/2$）计算，即：

$$U = U_c \approx 1 - \frac{16}{(p_T + p_B)\pi^2}\left[p_T - \frac{2}{\pi}(p_T - p_B)\right]e^{-\frac{\pi^2}{4}T_v}$$

将 p_T、p_B 值以及 $U_c = 0.9$ 代入得：$e^{-\frac{\pi^2}{4}T_v} = 0.143$，由此可解得 $T_v \approx 0.79$。

当然也可由 $n=3$、$U=90\%$直接查表 5-5 得：$T_v = 0.7885 \approx 0.79$。

可见，三种方法所得的计算结果基本一致，但直接查表 5-5 法最简单，结果也最精确。于是，附加应力梯形分布时平均固结度达到 90%所需时间为：

$$t = \frac{T_v H^2}{c_v} = \frac{0.79\times1000^2}{7.5\times10^4} = 10.5\text{ 年}$$

习 题 与 思 考 题

5.1　某土样压缩试验结果如下表示，试绘制 e-p 曲线、确定 a_{1-2} 并评定该土的压缩性。

垂直压力 p（kPa）	0	50	100	200	400	800
孔隙比 e	0.655	0.627	0.615	0.601	0.581	0.567

（答案：a_{1-2}=0.14MPa^{-1}，中压缩性土）

5.2　试确定上题中相应于压力范围为 200～400kPa 的土的压缩系数、压缩模量和体积压缩系数。

（答案：a=0.1MPa^{-1}，E_S=16MPa，m_v=0.06MPa^{-1}）

5.3　受大面积均布荷载 p_0=80kPa 作用的某地基饱和黏土层厚 12m，k_v = 1.6 cm/年，E_S = 6 MPa。试在单面和双面排水条件下分别求：(1) 加荷半年后黏土层的平均固结度；(2) 固结沉降量达 128mm 所需时间。

［答案：单面排水 (1) U = 20.6%、(2) t = 8.5 年；双面排水 (1) U=41.2%、(2) t = 2.1 年。］

5.4　某建筑物地基有一厚度为 5m 的饱和黏土层，其顶面和底面均为透水砂层。取厚度为 20mm 的土样进行室内压缩试验，压力施加后 4 分钟测得土样的压缩量已达到总（稳定）压缩量的 50%。试预估在同样大的压力作用下原位黏土层固结沉降量达到其总沉降量的 90%所需时间。

（答案：t = 2 年）

5.5　某地基饱和黏土层受上部结构荷载作用产生呈梯形分布的附加应力，顶面和底面附加应力值分别为 σ_{z1} = 240 kPa，σ_{z2} = 160 kPa。黏土层厚 8m，k_v = 0.2 cm/年，E_s = 4.82 MPa。试在单面和双面排水条件下分别计算：(1) 1 年后的固结沉降量；(2) 固结沉降达到 240mm 所需时间。

[答案：单面排水（1）$S_{ct}=53$ mm、（2）$t=27.4$ 年；
双面排水（1）$S_{ct}=92$ mm、（2）$t=7.2$ 年]

5.6 影响地基固结的主要土性参数有哪些？为什么说土越软，地基固结越慢？

参 考 文 献

[1] 龚晓南主编．土力学．北京：中国建筑工业出版社，2002.

[2] 龚晓南主编．高等土力学．杭州：浙江大学出版社，2002.

[3] 华南理工大学，东南大学，浙江大学，湖南大学编，地基及基础(第二版)．北京：中国建筑工业出版社，1991.

[4] 陈仲颐，周景星，王洪瑾编．土力学．北京：清华大学出版社，1994.

[5] 东南大学，浙江大学，湖南大学，苏州城建环保学院编．张克恭，刘松玉主编．土力学．北京：中国建筑工业出版社，2001.

[6] 谢康和，双层地基一维固结理论与应用，岩土工程学报，1994，16(5)，24-35 页．

[7] Craig，R. F. Soil Mechanics. Sixth edition. Chapman & Hall，London，UK，1997.

[8] Lee，P. K. K.，Xie，K. H. & Cheung，Y. K.，A study on one dimensional consolidation of layered systems. International Journal for Numerical and Analytical Methods in Geomechanics，1992，Vol. 16，815-831.

[9] Mitchell，J. K. Fundamentals of Soil Behavior，Second Edition. John Wiley & Sons，Inc.，New York，1993.

[10] Schmertmann，J. H. Estimating the true consolidation behaviour of clay from laboratory test results，Proceedings ASCE，1953，79，1-26.

[11] Terzaghi，K. Theoretical Soil Mechanics，John Wiley and Sons，New York，1943.

[12] Xie，K. H.，Lee，P. K. K.，One dimensional consolidation of a three-layer system，Proc. of Int. Conference on Computational Methods in Structural and Geotechnical Engrg.（COMAGE），1994，Vol Ⅳ，1574-1579，Hong Kong.

[13] Xie，K. H.，Xie，X. Y.，Gao，X.，Theory of one dimensional consolidation of two-layered soil with partially drained boundaries. Computers and Geotechnics，1999，24(4)，265-278.

[14] Xie，K. H.，Xie，X. Y.，Jiang，W.，A study on one-dimensional nonlinear consolidation of double-layered soil. Computers and Geotechnics，2002，29(2)，151-168.

[15] Xie，K. H. & Leo，C. J.，Analytical solutions of one-dimensional large strain consolidation of saturated and homogeneous clays. Computers and Geotechnics，2004，31(4)，301-314.

[16] Xie，K. H.，Xie，X. Y. & Li，X. B.，Analytical theory for one-dimensional consolidation of clayey soils exhibiting rheological characteristics under time-dependent loading，International Journal for Numerical and Analytical Methods in Geomechanics，2008，32(14)，1833-1855.

[17] Xie，Kang-He；Lu，Meng-Meng；Liu，Gan-Bin. Equal strain consolidation for stone-column reinforced foundation. International Journal for Numerical and Analytical Methods in Geomechanics，2009，33 (15)，1721-1735.

[18] Xie Kang-he，Wang Kun，Wang Yu-lin，LI Chuan-xun. Analytical solution for one-dimensional consolidation of clayey soils with a threshold gradient. Computers and Geotechnics，2010，37(4)，487-493.

第 6 章　地基沉降与计算

6.1　概述

地基沉降计算是土木工程设计的重要内容，对建筑工程、高等级公路、机场跑道等工程尤为重要。地基沉降量是指地基土体变形在其表面形成的竖向位移量，我们通常采用地基最终沉降量来评价，地基最终沉降量是指在外荷载作用下地基土层被压缩达到固结稳定时基础底面的最大沉降量。为保证建筑物的安全使用，就需要控制地基的沉降和不均匀沉降。在土木工程建设中，因沉降量或不均匀沉降量超过允许范围而影响其正常使用，造成的工程事故时有发生。地基沉降计算是土力学的基本课题之一。我们不仅要计算地基的最终沉降，也要计算施工完成后某一段时间发生的工后沉降。

地基沉降量的大小主要取决于土体的压缩性和外加荷载的形式与种类。在第 4 章和第 5 章已经分别学习了地基中应力的计算和土的压缩性，附加应力的正确计算和土体压缩性指标的合理确定是提高沉降计算精度的关键。然而影响沉降计算精度的因素很多，加上一些工程结构的复杂性和荷载的多样性，要正确估算某一具体工程的地基沉降量特别是深厚软黏土地区工程的地基沉降量，不仅需要掌握正确的计算方法，还需要必要的工程经验积累。地基沉降计算方法有弹性理论法、分层总和法、应力历史法、应力路径法等。在学习时要掌握计算方法和各种方法的适用范围，以及参数的合理测定和选用，同时还要了解地基产生沉降的基本原理。本章主要介绍地基沉降原理、几种常见的沉降计算方法以及根据实测沉降推算地基最终沉降的方法。

6.2　地基沉降原理

在荷载作用下，土体的总沉降 s 通常可分为初始沉降 s_d、固结沉降 s_c 和次固结沉降 s_s 三部分，可用下式表示：

$$s = s_d + s_c + s_s \tag{6.2.1}$$

式中，s_d 为初始沉降也称瞬时沉降，是土体在附加应力作用下体积保持不变情况下产生的土体偏斜变形引起的沉降，它与地基土体的侧向变形密切相关；s_c 为固结沉降，是土体在附加应力作用下产生固结变形引起的沉降；s_s 为次固结沉降，是土体在附加应力作用下，随着时间的推移，土体产生蠕变变形引起的，次固结沉降故又称蠕变沉降。

需要注意的是，不同类型的土体，其沉降特征往往存在差异。对于砂土地基，土的渗透性较好，不论是饱和的还是非饱和的，在荷载作用下，孔隙水、气迅速排水，其固结沉降和初始沉降在很短时间内完成，土体的次固结沉降也很小，所以砂土地基的沉降一般可采用弹性理论法计算，并不需根据式（6.2.1）将其分成三部分计算。

但是对于饱和软黏土地基，特别是深厚软黏土地基，初始沉降产生需要一定的时间，长的可达数月。同时，固结沉降持续时间较长，并与地基土层厚度、排水条件和土体固结特性有关。深厚软黏土地基深处超静孔隙水压力消散历时很长，有时需要几年，或十几年，甚至几十年。其次固结沉降持续时间也很长，根据对长期观测资料分析，一般情况下，浙江沿海地区饱和软黏土地基次固结沉降占总沉降10%左右。

在学习第5章压缩试验时，采用卡萨格兰德作图法将试验得到的 e-log$t$ 曲线分成两部分，分别称为主固结阶段和次固结阶段，并认为土样的次固结在主固结完成之后发生。压缩试验的目的是确定土样所代表土层在排水固结条件下的压缩特性，但应该注意到压缩试验和实际软黏土地基排水固结条件的区别。压缩试验土样厚度只有 20mm 且双面排水，因此，将软黏土地基的沉降分成主固结和次固结阶段，认为次固结沉降是主固结沉降完成后发生是欠妥的。对于深厚软黏土地基，在荷载作用下土体完成固结的时间很长，有时为几年，甚至十几年，几十年。在这么长的时间内，地基土体次固结沉降在主固结完成前早已发生。上述分析说明：将地基沉降分为三部分进行计算是从变形机理角度考虑，并不是从时间角度划分的。地基固结沉降与次固结沉降难以在时间上分开，初始沉降与固结沉降亦如此，地基的初始沉降并不是物理意义上瞬时发生的沉降，它的发生也需要一定的时间过程。而在地基的某些位置土体固结变形的发生也并非需要很长时间，特别是靠近排水面土体的固结，几乎是瞬间发生的。

6.3　弹性理论法

与第4章计算地基中附件应力的假定相同，弹性理论法是将地基视为半无限各向同性弹性体。当基础底面形状为矩形、方形或圆形，且基底压力为均匀分布时，计算公式可写为：

$$s=\frac{pb}{E_0}(1-\mu^2)\cdot I_d \tag{6.3.1}$$

式中　s——沉降量（mm）；

p——基底均布荷载（kPa）；

b——矩形短边长（或正方形边长）的一半或圆半径（m）；

E_0——变形模量（MPa）；

μ——泊松比；

I_d——沉降影响系数，是基础形状和沉降点位置的函数，对于不同的基础形状可分别查表6-1和表6-2。

表6-1和表6-2中的平均值可用于计算基础荷载作用面积范围内的平均沉降量。

圆形基础荷载下沉降影响系数 I_d 表*　　**表 6-1**

r/b	0	0.2	0.4	0.6	0.8	1.0	1.5	2.0	平均
I_d	2.000	1.980	1.918	1.806	1.626	1.273	0.712	0.517	1.700

*表中，r 表示沉降点位置到荷载圆心的距离。

矩形基础荷载下沉降影响系数 I_d 表*　　　　表 6-2

L/B	1.0	1.5	2.0	3.0	5.0	10.0	20.0	50.0	100.0
中心点	2.244	2.716	3.064	3.566	4.210	5.088	5.970	7.136	8.020
短边中心	1.532	1.783	1.964	2.220	2.544	2.985	3.426	4.010	4.451
长边中心	1.532	1.932	2.244	2.716	3.338	4.210	5.088	6.254	7.136
平均	1.893	2.295	2.601	3.054	3.651	4.493	5.355	6.509	7.387

* 表中，$L \times B$ 表示矩形荷载的作用面积，L 为长边长，B 为短边长。

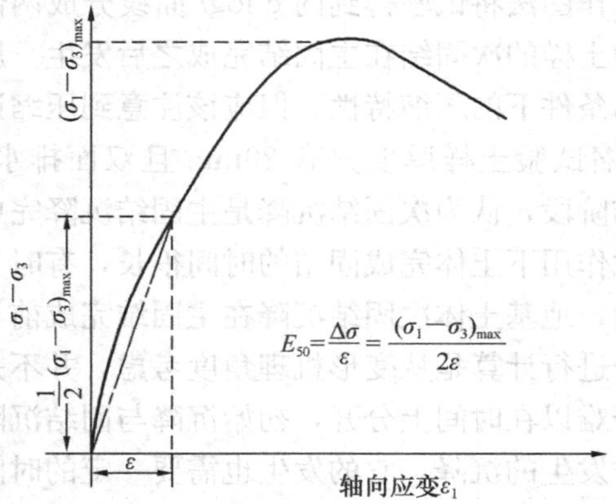

图 6-1　E_{50} 值示意图

弹性理论法计算沉降有一定的应用范围，该方法主要用于砂土沉降计算和饱和软黏土地基初始沉降的计算。砂土的弹性参数可参考表 6-3 选用。饱和软黏土地基发生初始沉降时，土体体积不变，此时泊松比 μ 一般可取 0.5，不排水变形模量（即杨氏模量）可采用三轴固结不排水压缩试验（CIU 试验，见第 7 章）测定，通常取 E_{50}，如图 6-1 所示，最大主应力差为 $(\sigma_1-\sigma_3)_{max}$，$E_{50}$ 是主应力差达到 $\frac{1}{2}(\sigma_1-\sigma_3)_{max}$ 时的割线斜率。

弹性理论法有时也用于软黏土地基排水条件下固结沉降的计算，此时土体弹性参数应采用固结排水压缩试验（CID 试验，见第 7 章）测定。

弹性参数参考值　　　　表 6-3

土类	泊松比 μ	变形模量 E_0 (MPa)		
		$e=0.41\sim0.50$	$e=0.51\sim0.60$	$e=0.61\sim0.70$
粗砂	0.15	45.2	39.3	32.4
中砂	0.20	45.2	39.3	32.4
细砂	0.25	36.6	27.6	23.5
粉土	0.30	13.8	11.7	10.0

【例题 6-1】 如图 6-2 所示，一矩形混凝土基础（5.0m×2.5m），埋置深度为 1.2m，基础竖向荷载（不包括基础自重）为 1000kN，地基土体为细砂，其变形模量 $E_0=20$MPa，重度 $\gamma=18$kN/m³。试用弹性理论法估算基础中心 A 和长边中心 B 点的沉降。

【解】 (1) 计算基底附加应力 p

基底压力

$$p=\frac{F+G}{A}=\frac{F+\gamma_G Ad}{A}$$

$$=\frac{1000+20\times5\times2.5\times1.2}{5\times2.5}$$

$$=104\text{kPa}$$

基底土的自重应力 $p_c=\gamma d=18\times1.2=21.6$kPa

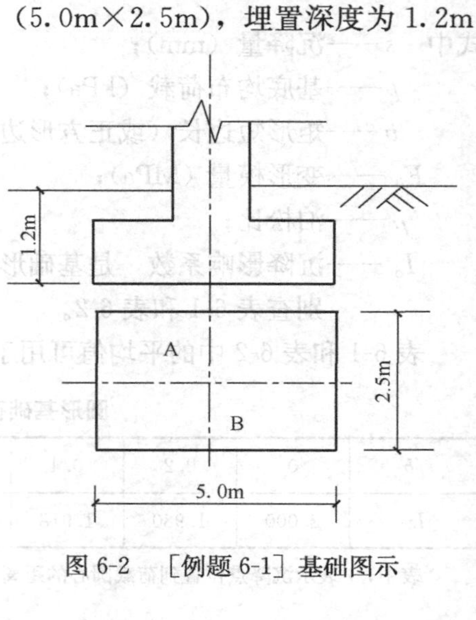

图 6-2　[例题 6-1] 基础图示

故基底附加应力 $p = p - p_c = 104 - 21.6 = 82.4\text{kPa}$

（2）计算 A 点沉降量：根据表 6-3 取 $\mu = 0.25$，由 $L/B = 5/2.5 = 2$，查表 6-2，得 $I_d = 3.064$，$s_A = \dfrac{pb}{E_0}(1-\mu^2)\cdot I_d = \dfrac{82.4\times1.25}{20}(1-0.25^2)\times3.064 = 14.7\text{mm}$

（3）计算 B 点沉降量：由 $L/B = 5/2.5 = 2$，查表 6-2，得 $I_d = 2.244$，$s_B = \dfrac{pb}{E_0}(1-\mu^2)\cdot I_d = \dfrac{82.4\times1.25}{20}(1-0.25^2)\times2.244 = 10.8\text{mm}$。

6.4 分层总和法

分层总和法是一类沉降计算方法的总称，在这些方法中，将压缩层范围内的地基土层分成若干层，分层计算土体竖向压缩量，然后求和得到总竖向压缩量，即为总沉降量。在分层计算土体压缩量时，多数采用一维压缩计算模型。竖向应力采用第 4 章介绍的弹性理论解答。与式（6.3.1）采用变形模量 E_0 计算沉降量不同，分层总和法通常采用压缩模量 E_s（见第 5 章），以及相关的 e-p' 曲线或 e-$\log p'$ 曲线。由于地基实际情况多为三维空间等因素，需要对一维压缩分层总和法得到的沉降计算值进行必要的修正。

6.4.1 普通分层总和法

该方法的基本假定如下：

（1）假定地基为半无限弹性体，地基中的附加应力按第 4 章计算；

（2）认为基底附加应力 p_0 是作用于地表的局部荷载；

（3）土层压缩时不发生侧向变形；

（4）只计算竖向附加应力作用下产生的竖向压缩变形，不计剪应力的影响。

可见，根据以上假定，地基中土层的受力状态与压缩试验中土样的受力状态相同，所以可以采用压缩试验得到的压缩性指标来计算土层压缩量。上述假定比较符合基础中心点下土体的受力状态，一般认为该法只适用于计算地基中心点的沉降。

首先，将压缩层范围内土层分成 n 层，应用弹性理论计算在荷载作用下各层土中的附加应力，采用压缩试验所得到的土体压缩性指标，分层计算各土层压缩量，然后求和得到地基沉降量，如图 6-3 所示。沉降计算公式如下：

$$s = \sum_{i=1}^{n} \Delta s_i = \sum_{i=1}^{n} \varepsilon_i H_i \quad (6.4.1)$$

式中，Δs_i 为第 i 层土的压缩量；ε_i 为第 i 层土的侧限压缩应变；H_i 为第 i 层土的厚度。

根据应用的土体压缩性指标，式（6.4.1）可改写为下述几种形式，为了可以直接采用压缩试验 e-p' 曲线，考虑应变 $\varepsilon = \dfrac{-\Delta e}{1+e_0}$，式（6.4.1）改写为：

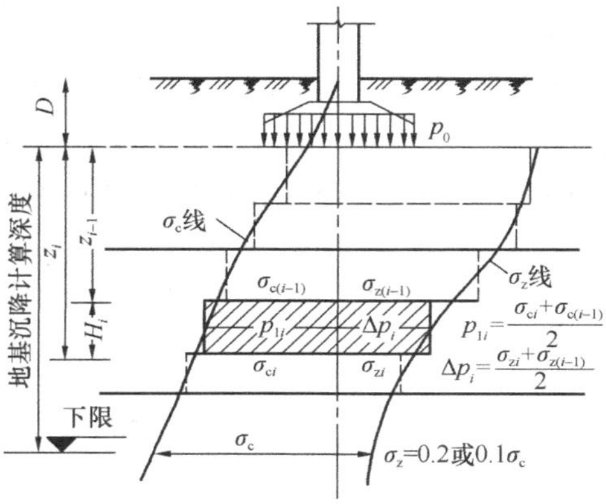

图 6-3　分层总和法示意图

$$s = \sum_{i=1}^{n} \frac{e_{1i} - e_{2i}}{1 + e_{1i}} H_i \tag{6.4.2}$$

式中，e_{1i} 为根据第 i 层土的自重应力平均值 $[\sigma_{0i} + \sigma_{0(i-1)}]/2$（即 p_{1i}）从压缩曲线上得到的相应孔隙比；σ_{0i} 和 $\sigma_{0(i-1)}$ 分别为第 i 层土底面和顶面处的自重应力；e_{2i} 为根据第 i 层土的自重应力平均值 $[\sigma_{0i} + \sigma_{0(i-1)}]/2$ 和附加应力平均值 $[\sigma_{zi} + \sigma_{z(i-1)}]/2$ 之和（即 $p_{2i} = p_{1i} + \Delta p_i$）从压缩曲线上得到的相应孔隙比；$\sigma_{zi}$ 和 $\sigma_{z(i-1)}$ 分别为第 i 层土底面和顶面处的附加应力。

采用压缩系数表示，式（6.4.2）可改写为下述形式：

$$s = \sum_{i=1}^{n} \frac{a_i (p_{2i} - p_{1i})}{1 + e_{1i}} H_i = \sum_{i=1}^{n} \frac{a_i \Delta p_i}{1 + e_{1i}} H_i \tag{6.4.3}$$

式中　a_i ——第 i 层土的压缩系数。

采用压缩模量表示，式（6.4.3）可改写为下述形式：

$$s = \sum_{i=1}^{n} \frac{\Delta p_i}{E_{si}} H_i \tag{6.4.4}$$

式中，E_{si} 为第 i 层土的压缩模量。

采用体积压缩系数表示，式（6.4.4）可改写为下述形式：

$$s = \sum_{i=1}^{n} m_{vi} \Delta p_i H_i \tag{6.4.5}$$

式中，m_{vi} 为第 i 层土的体积压缩系数。

由于自重应力随深度增大，一般情况下土体压缩系数和压缩模量也随深度增大，而附加应力则随深度减小，因此超过一定深度处的土体变形对总沉降量影响很小，该深度称为地基沉降计算深度，该深度以上的土层称为地基有效压缩层。地基沉降计算深度可采用下式来确定：

$$\Delta\sigma_z \leqslant k\sigma_{cz} \tag{6.4.6}$$

式中，$\Delta\sigma_z$ 为 z 深度处的附加应力；σ_{cz} 为 z 深度处的自重应力；满足式（6.4.6）的 z 值即为沉降计算深度；k 为常数，对于一般的工业与民用建筑，可取 $k=0.2$，此时压缩应力按作用于基底的附加应力计算，但是若在该深度以下为高压缩性土（变形模量 $E_0 <$ 5MPa），应取 $k=0.1$；对于大型水工建筑，可取 $k=0.5$，此时压缩应力按作用于基底的总压力计算。

【例题 6-2】 某工程矩形基础长 $l=3.0$m，宽 $b=2.0$m，埋深 $d=1.2$m，上部结构物的荷载 $F=300$kN，基础及其上填土的平均重度 $\gamma_G=20.0$kN/m³。地下水位深 1.8m，基岩面距离地表 4.8m。地表以下 2.4m 范围内为黏土层，天然重度 $\gamma_1=17.6$kN/m³，饱和重度 $\gamma_{sat1}=17.8$kN/m³。黏土层以下为粉质黏土层，饱和重度 $\gamma_{sat2}=18.2$kN/m³。地基土层室内压缩试验成果见表 6-4。采用普通分层总和法，计算该矩形基础中心点的沉降量。

室内压缩试验成果　　**表 6-4**

e \ 土层	p (kPa)				
	0	50	100	200	300
黏土①	0.651	0.625	0.608	0.587	0.57
粉质黏土②	0.978	0.889	0.855	0.809	0.773

【解】（1）计算基底附加应力 p_0

基底压力 $p=\frac{F+G}{A}=\frac{F+\gamma_G Ad}{A}=\frac{300+20\times3\times2\times1.2}{3\times2}=74\text{kPa}$

基底土的自重应力 $p_c=\gamma d=17.6\times1.2=21.12\text{kPa}$

故基底附加应力 $p_0=p-p_c=74-21.12=52.88\text{kPa}$

（2）计算分层处的自重应力和附加应力

计算深度取至基岩面，计算深度范围内土体分为 6 层，每层厚度 0.6m。地下水位以上取天然重度进行计算，地下水位以下取有效重度进行计算。

第 0 点的自重应力为：17.6×1.2=21.12kPa

第 1 点的自重应力为：17.6×1.2+17.6×0.6=31.68kPa

第 2 点的自重应力为：17.6×1.2+17.6×0.6+(17.8−10)×0.6=36.36kPa

同理可得第 3～6 点的自重应力分别为：41.28kPa，46.20kPa，51.12kPa 和 56.04kPa。

计算各层上下界面处自重应力的平均值，各分层点的自重应力值和各分层的自重应力平均值见图 6-4 和表 6-6。

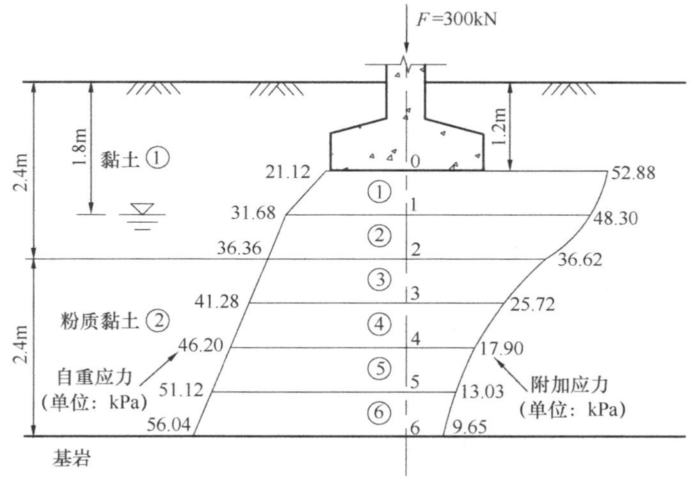

图 6-4　分层总和法计算示意图

（3）列表计算分层处的附加应力

从表 4-4 查得附加应力系数并计算各分层点的附加应力，计算过程如表 6-5 所示。

计算各层上下界面处附加应力的平均值，各分层点的附加应力值和各分层的附加应力平均值见图 6-4 和表 6-6。

分层处的附加应力计算　　　表 6-5

点号	z_i (m)	l/b	z_i/b	K_{z0}	$\sigma_z=K_{z0}p_0$ (kPa)
0	0	1.5	0	1	52.88
1	0.6	1.5	0.3	0.9133	48.30
2	1.2	1.5	0.6	0.6925	36.62

续表

点号	z_i (m)	l/b	z_i/b	K_{z0}	$\sigma_z = K_{z0}p_0$ (kPa)
3	1.8	1.5	0.9	0.4863	25.72
4	2.4	1.5	1.2	0.3385	17.90
5	3.0	1.5	1.5	0.2465	13.03
6	3.6	1.5	1.8	0.1825	9.65

各分层的压缩量计算 **表 6-6**

点号	z_i (m)	σ_c (kPa)	σ_z (kPa)	自重应力平均值 (kPa)	附加应力平均值 (kPa)	总应力平均值 (kPa)	e_{1i}	e_{2i}	Δs_i (mm)
0	0	21.12	52.88						
1	0.6	31.68	48.30	26.40	50.59	76.99	0.637	0.616	7.70
2	1.2	36.36	36.62	34.02	42.46	76.48	0.633	0.616	6.25
3	1.8	41.28	25.72	38.82	31.17	69.99	0.909	0.875	10.69
4	2.4	46.20	17.90	43.74	21.81	65.55	0.900	0.878	6.95
5	3.0	51.12	13.03	48.66	15.47	64.13	0.891	0.879	3.81
6	3.6	56.04	9.65	53.58	11.34	64.92	0.887	0.879	2.54

（4）列表计算各分层的压缩量

各分层的总应力平均值见表 6-6，根据各分层的自重应力平均值和总应力平均值在表中内插，得到各层压缩前后的孔隙比 e_{1i} 和 e_{2i}，具体数值如表 6-6 所示。

（5）将各层的压缩量求和，得到矩形基础中心点的沉降

$$s = \sum_{i=1}^{n} \Delta s_i = 37.94\text{mm}$$

6.4.2 考虑前期固结压力的分层总和法

考虑前期固结压力的分层总和法又称为 e-logp'法。正常固结土和超固结土压缩试验的 e-logp'曲线分别如图 6-5（a）和（b）所示。图中 p_c 为前期固结压力，p_0 为上覆土层

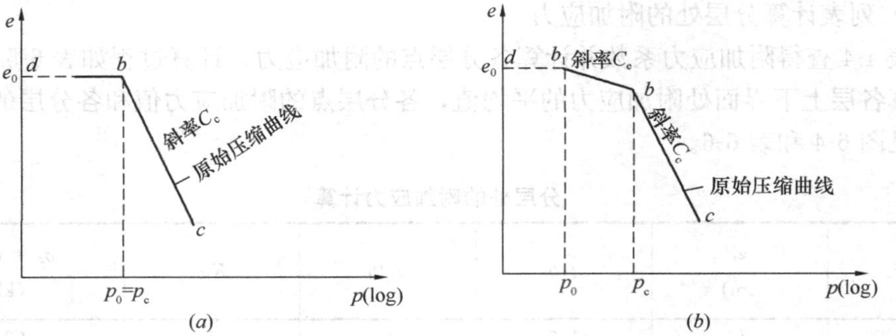

图 6-5 e-logp'曲线

（a）正常固结土；（b）超固结土

自重压力，图 6-5（b）表明：对于超固结土，当 $p<p_c$ 时，$e-\log p'$ 曲线斜率为 C_e（称回弹指数），当 $p>p_c$ 时，e-$\log p'$ 曲线斜率为 C_c（即压缩指数）。

分层总和法计算沉降时，首先应判断各分层土体在附加应力 Δp_i 作用下是处于超固结状态（$\Delta p_i < p_{ci} - p_{0i}$），还是已进入正常固结状态（$\Delta p_i > p_{ci} - p_{0i}$）。

现计算第 i 层土体压缩量 Δs_i，设 $p_{ci}>p_{0i}$，当附加应力 $\Delta p_i<p_{ci}-p_{0i}$ 时，即土体为超固结土，土体压缩性指标应采用回弹指数，其计算表达式为：

$$\Delta s_i = H_i \frac{C_{ei}}{1+e_{0i}} \log \frac{p_{0i}+\Delta p_i}{p_{0i}} \tag{6.4.7}$$

式中　e_{0i}——第 i 层土的初始孔隙比。

当附加应力 $\Delta p_i > p_{ci} - p_{0i}$ 时，其压缩量分两段计算，第一阶段土体压缩性指标采用回弹系数，第二阶段采用压缩指数，其计算表达式为：

$$\Delta s_i = \frac{H_i}{1+e_{0i}} \left(C_{ei} \log \frac{p_{ci}}{p_{0i}} + C_{ci} \log \frac{p_{0i}+\Delta p_i}{p_{ci}} \right) \tag{6.4.8}$$

得到各土层的压缩量后，再求和得到地基总沉降量，即

$$s = \sum_{i=1}^{m} \Delta s_i = \sum_{i=1}^{n} \frac{H_i}{1+e_{0i}} \left(C_{ei} \log \frac{p_{ci}}{p_{0i}} + C_{ci} \log \frac{p_{0i}+\Delta p_i}{p_{ci}} \right) \tag{6.4.9}$$

对于正常固结土，可视为超固结土的一个特例，此时 $C_{ei}=0$，且 $p_{ci}=p_{0i}$，其沉降量计算表达式为：

$$s = \sum_{i=1}^{m} \Delta s_i = \sum_{i=1}^{n} \frac{C_{ci}}{1+e_{0i}} H_i \left(\log \frac{p_{0i}+\Delta p_i}{p_{0i}} \right) \tag{6.4.10}$$

对于欠固结土，其沉降计算表达式与式（6.4.10）稍有不同，即

$$s = \sum_{i=1}^{n} \Delta s_i = \sum_{i=1}^{n} \frac{C_{ci}}{1+e_{0i}} H_i \left(\log \frac{p_{0i}+\Delta p_i}{p_{ci}} \right) \tag{6.4.11}$$

在计算超固结土地基或加载—卸载—再加载情况时，e-$\log p'$ 法比普通分层总和法要精确，它考虑了土体处于超固结状态阶段和正常固结状态阶段压缩性指标不同的影响。

6.4.3　建筑地基基础设计规范法

《建筑地基基础设计规范》GB 50007—2011 所推荐的地基最终沉降计算方法（以下简称《规范》法）是另一种形式的分层总和法。它采用侧限条件下的土体压缩性指标，并应用平均附加应力系数计算，对分层求和得到的地基压缩量采用沉降计算经验系数进行修正，使计算结果更接近实测值。

平均附加应力系数的意义参见图 6-6。将地基视为半无限各向同性弹性体，假设土体侧限条件下压缩模量 E_s 不随深度变化，于是从基底至任意深度 z 范围内的压缩量为：

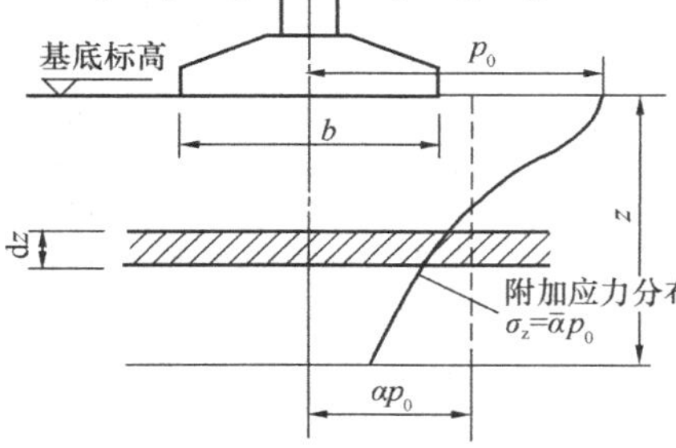

图 6-6　平均附加应力系数示意图

$$s' = \int_0^z \varepsilon_z \mathrm{d}z = \frac{1}{E}\int_0^z \sigma_z \mathrm{d}z = \frac{A}{E_s} \tag{6.4.12}$$

式中　A——深度 z 范围内的附加应力面积。附加应力面积 A 也可用附加应力系数 K 来表示：

$$A = \int_0^z \sigma_z \mathrm{d}z = p_0 \int_0^z K \mathrm{d}z \tag{6.4.13}$$

式中　p_0——对应于荷载效应永久组合时基础底面处的附加应力，即荷载作用密度；

σ_z——深度 z 处附件应力；

K——附加应力系数，可由表 4-3、表 4-4 查得。为了方便计算，引进平均附加应力系数 $\bar{\alpha}$，其表达式为：

$$\bar{\alpha} = \frac{1}{z}\int_0^z K \mathrm{d}z \tag{6.4.14}$$

$\bar{\alpha}$ 值可查表，表 6-7 和表 6-8 分别给出了均匀分布、三角形分布矩形荷载作用下的平均附加应力系数 $\bar{\alpha}$ 值，查表方法与附加应力系数相同。

于是，式（6.4.12）可改写为：

$$s' = \frac{p_0 z \bar{\alpha}}{E_s} \tag{6.4.15}$$

均布的矩形荷载角点下的平均竖向附加应力系数 $\bar{\alpha}$　　**表 6-7**

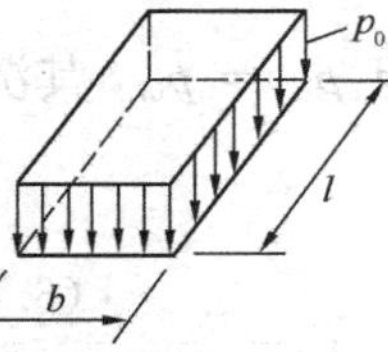

z/b \ l/b	1.0	1.2	1.4	1.6	1.8	2.0	2.4	2.8	3.2	3.6	4.0	5.0	10.0
0.0	0.2500	0.2500	0.2500	0.2500	0.2500	0.2500	0.2500	0.2500	0.2500	0.2500	0.2500	0.2500	0.2500
0.2	0.2496	0.2497	0.2497	0.2498	0.2498	0.2498	0.2498	0.2498	0.2498	0.2498	0.2498	0.2498	0.2498
0.4	0.2474	0.2479	0.2481	0.2483	0.2483	0.2484	0.2485	0.2485	0.2485	0.2485	0.2485	0.2485	0.2485
0.6	0.2423	0.2437	0.2444	0.2448	0.2451	0.2452	0.2454	0.2455	0.2455	0.2455	0.2455	0.2455	0.2456
0.8	0.2346	0.2372	0.2387	0.2395	0.2400	0.2403	0.2407	0.2408	0.2409	0.2409	0.2410	0.2410	0.2410
1.0	0.2252	0.2291	0.2313	0.2326	0.2335	0.2340	0.2346	0.2349	0.2351	0.2352	0.2352	0.2353	0.2353
1.2	0.2149	0.2199	0.2229	0.2248	0.2260	0.2268	0.2278	0.2282	0.2285	0.2286	0.2287	0.2288	0.2289
1.4	0.2043	0.2102	0.2140	0.2164	0.2190	0.2191	0.2204	0.2211	0.2215	0.2217	0.2218	0.2220	0.2221
1.6	0.1939	0.2006	0.2049	0.2079	0.2099	0.2113	0.2130	0.2138	0.2143	0.2146	0.2148	0.2150	0.2152
1.8	0.1840	0.1912	0.1960	0.1994	0.2018	0.2034	0.2055	0.2066	0.2073	0.2077	0.2079	0.2082	0.2084
2.0	0.1746	0.1822	0.1875	0.1912	0.1938	0.1958	0.1982	0.1996	0.2004	0.2009	0.2012	0.2015	0.2018
2.2	0.1659	0.1737	0.1793	0.1833	0.1862	0.1883	0.1911	0.1927	0.1937	0.1943	0.1947	0.1952	0.1955
2.4	0.1578	0.1657	0.1715	0.1757	0.1789	0.1812	0.1843	0.1862	0.1873	0.1880	0.1885	0.1890	0.1896
2.6	0.1503	0.1583	0.1642	0.1686	0.1719	0.1745	0.1779	0.1779	0.1812	0.1820	0.1825	0.1832	0.1838
2.8	0.1433	0.1514	0.1574	0.1619	0.1654	0.1680	0.1717	0.1739	0.1753	0.1763	0.1769	0.1777	0.1784
3.0	0.1369	0.1449	0.1510	0.1556	0.1592	0.1619	0.1658	0.1682	0.1698	0.1708	0.1715	0.1725	0.1733
3.2	0.1310	0.1390	0.1450	0.1497	0.1533	0.1562	0.1602	0.1628	0.1645	0.1657	0.1664	0.1675	0.1685
3.4	0.1256	0.1334	0.1394	0.1441	0.1478	0.1508	0.1550	0.1577	0.1595	0.1607	0.1616	0.1628	0.1639

续表

z/b \ l/b	1.0	1.2	1.4	1.6	1.8	2.0	2.4	2.8	3.2	3.6	4.0	5.0	10.0
3.6	0.1205	0.1282	0.1342	0.1389	0.1427	0.1456	0.1500	0.1528	0.1548	0.1561	0.1570	0.1583	0.1595
3.8	0.1158	0.1234	0.1293	0.1340	0.1378	0.1408	0.1452	0.1482	0.1502	0.1516	0.1526	0.1541	0.1554
4.0	0.1114	0.1189	0.1248	0.1294	0.1332	0.1362	0.1408	0.1438	0.1459	0.1474	0.1485	0.1500	0.1516
4.2	0.1073	0.1147	0.1205	0.1251	0.1289	0.1319	0.1365	0.1396	0.1418	0.1434	0.1445	0.1462	0.1479
4.4	0.1035	0.1107	0.1164	0.1210	0.1248	0.1279	0.1325	0.1357	0.1379	0.1396	0.1407	0.1425	0.1444
4.6	0.1000	0.1070	0.1127	0.1172	0.1209	0.1240	0.1287	0.1319	0.1342	0.1359	0.1371	0.1390	0.1410
4.8	0.0967	0.1036	0.1091	0.1136	0.1173	0.1204	0.1250	0.1283	0.1307	0.1324	0.1337	0.1357	0.1379
5.0	0.0935	0.1003	0.1057	0.1102	0.1139	0.1169	0.1216	0.1249	0.1273	0.1291	0.1304	0.1325	0.1348
5.2	0.0906	0.0972	0.1026	0.1070	0.1106	0.1136	0.1183	0.1217	0.1241	0.1259	0.1273	0.1295	0.1320
5.4	0.0878	0.0943	0.0996	0.1039	0.1075	0.1105	0.1152	0.1186	0.1211	0.1229	0.1243	0.1265	0.1292
5.6	0.0852	0.0916	0.0968	0.1010	0.1046	0.1076	0.1122	0.1156	0.1181	0.1200	0.1215	0.1238	0.1266
5.8	0.0828	0.0890	0.0941	0.0983	0.1018	0.1047	0.1094	0.1128	0.1153	0.1172	0.1187	0.1211	0.1240
6.0	0.0805	0.0866	0.0916	0.0957	0.0991	0.1021	0.1067	0.1101	0.1126	0.1146	0.1161	0.1185	0.1216
6.2	0.0783	0.0842	0.0891	0.0932	0.0966	0.0995	0.1041	0.1075	0.1101	0.1120	0.1136	0.1161	0.1193
6.4	0.0762	0.0820	0.0869	0.0909	0.0942	0.0971	0.1016	0.1050	0.1076	0.1096	0.1111	0.1137	0.1171
6.6	0.0742	0.0799	0.0847	0.0886	0.0919	0.0948	0.0993	0.1027	0.1053	0.1073	0.1088	0.1114	0.1149
6.8	0.0723	0.0779	0.0826	0.0865	0.0898	0.0926	0.0970	0.1004	0.1030	0.1050	0.1066	0.1092	0.1129
7.0	0.0705	0.0761	0.0806	0.0844	0.0877	0.0904	0.0949	0.0982	0.1008	0.1028	0.1044	0.1071	0.1109
7.2	0.0688	0.0742	0.0787	0.0825	0.0857	0.0884	0.0928	0.0962	0.0987	0.1008	0.1023	0.1051	0.1090
7.4	0.0672	0.0725	0.0769	0.0806	0.0838	0.0865	0.0908	0.0942	0.0967	0.0988	0.1004	0.1031	0.1071
7.6	0.0656	0.0709	0.0752	0.0789	0.0820	0.0846	0.0899	0.0922	0.0948	0.0968	0.0984	0.1012	0.1054
7.8	0.0642	0.0693	0.0736	0.0771	0.0802	0.0828	0.0871	0.0904	0.0929	0.0950	0.0966	0.0994	0.1036
8.0	0.0627	0.0678	0.0720	0.0755	0.0785	0.0811	0.0853	0.0886	0.0912	0.0932	0.0948	0.0976	0.1020
8.2	0.0614	0.0663	0.0705	0.0739	0.0769	0.0795	0.0837	0.0869	0.0894	0.0914	0.0931	0.0959	0.1004
8.4	0.0601	0.0649	0.0690	0.0724	0.0754	0.0779	0.0820	0.0852	0.0878	0.0898	0.0914	0.0943	0.0988
8.6	0.0588	0.0636	0.0676	0.0710	0.0739	0.0764	0.0805	0.0836	0.0862	0.0882	0.0898	0.0927	0.0973
8.8	0.0576	0.0623	0.0663	0.0696	0.0724	0.0749	0.0790	0.0821	0.0846	0.0866	0.0882	0.0912	0.0959
9.2	0.0554	0.0599	0.0637	0.0670	0.0697	0.0721	0.0761	0.0792	0.0817	0.0837	0.0853	0.0882	0.0931
9.6	0.0533	0.0577	0.0614	0.0645	0.0672	0.0696	0.0734	0.0765	0.0789	0.0809	0.0825	0.0855	0.0905
10.0	0.0514	0.0556	0.0592	0.0622	0.0649	0.0672	0.0710	0.0739	0.0763	0.0783	0.0779	0.0829	0.0880
10.4	0.0496	0.0537	0.0572	0.0601	0.0627	0.0649	0.0686	0.0716	0.0739	0.0759	0.0775	0.0804	0.0857
10.8	0.0479	0.0519	0.0553	0.0581	0.0606	0.0628	0.0664	0.0693	0.0717	0.0736	0.0751	0.0781	0.0834
11.2	0.0463	0.0502	0.0535	0.0563	0.0587	0.0609	0.0644	0.0672	0.0695	0.0714	0.0730	0.0759	0.0813
11.6	0.0448	0.0486	0.0518	0.0545	0.0569	0.0590	0.0625	0.0652	0.0675	0.0694	0.0709	0.0738	0.0793
12.0	0.0435	0.0471	0.0502	0.0529	0.0552	0.0573	0.0606	0.0634	0.0656	0.0674	0.0690	0.0719	0.0774
12.8	0.0409	0.0444	0.0474	0.0499	0.0521	0.0541	0.0573	0.0599	0.0621	0.0639	0.0654	0.0682	0.0739
13.6	0.0387	0.0420	0.0448	0.0472	0.0493	0.0512	0.0543	0.0568	0.0589	0.0607	0.0621	0.0649	0.0707
14.4	0.0367	0.0398	0.0425	0.0448	0.0468	0.0486	0.0516	0.0540	0.0561	0.0577	0.0592	0.0619	0.0677
15.2	0.0349	0.0379	0.0404	0.0426	0.0446	0.0463	0.0492	0.0515	0.0535	0.0551	0.0565	0.0592	0.0650
16.0	0.0332	0.0361	0.0385	0.0407	0.0425	0.0442	0.0469	0.0492	0.0511	0.0527	0.0540	0.0567	0.0625
18.0	0.0297	0.0323	0.0345	0.0364	0.0381	0.0396	0.0422	0.0442	0.0460	0.0475	0.0487	0.0512	0.0570
20.0	0.0269	0.0292	0.0312	0.0330	0.0345	0.0359	0.0383	0.0402	0.0418	0.0432	0.0444	0.0468	0.0524

三角形分布的矩形荷载角点下的平均竖向附加应力系数 $\bar{\alpha}$ 表 6-8

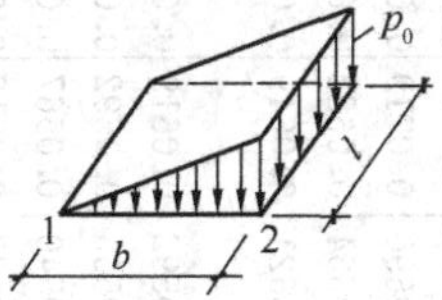

l/b → 点 ↓ z/b	0.2		0.4		0.6		0.8		1.0		1.2		1.4		1.6		1.8		2.0	
	1	2	1	2	1	2	1	2	1	2	1	2	1	2	1	2	1	2	1	2
0.0	0.0000	0.2500	0.0000	0.2500	0.0000	0.2500	0.0000	0.2500	0.0000	0.2500	0.0000	0.2500	0.0000	0.2500	0.0000	0.2500	0.0000	0.2500	0.0000	0.2500
0.2	0.0112	0.2161	0.0140	0.2308	0.0148	0.2333	0.0151	0.2339	0.0152	0.2341	0.0153	0.2342	0.0153	0.2343	0.0153	0.2343	0.0153	0.2343	0.0153	0.2343
0.4	0.0179	0.1810	0.0245	0.2084	0.0270	0.2153	0.0280	0.2175	0.0285	0.2184	0.0288	0.2187	0.0289	0.2189	0.0290	0.2190	0.0290	0.2190	0.0290	0.2191
0.6	0.0207	0.1505	0.0308	0.1851	0.0355	0.1966	0.0376	0.2011	0.0388	0.2030	0.0394	0.2039	0.0397	0.2043	0.0399	0.2046	0.0400	0.2047	0.0401	0.2048
0.8	0.0217	0.1277	0.0340	0.1640	0.0405	0.1787	0.0440	0.1852	0.0459	0.1883	0.0470	0.1899	0.0476	0.1907	0.0480	0.1912	0.0482	0.1915	0.0483	0.1917
1.0	0.0217	0.1104	0.0351	0.1461	0.0430	0.1624	0.0476	0.1704	0.0502	0.1746	0.0518	0.1769	0.0528	0.1781	0.0534	0.1789	0.0538	0.1794	0.0540	0.1797
1.2	0.0212	0.0970	0.0351	0.1312	0.0439	0.1480	0.0492	0.1571	0.0525	0.1621	0.0546	0.1649	0.0560	0.1666	0.0568	0.1678	0.0574	0.1684	0.0577	0.1689
1.4	0.0204	0.0865	0.0344	0.1187	0.0436	0.1356	0.0495	0.1451	0.0534	0.1507	0.0559	0.1541	0.0575	0.1562	0.0586	0.1576	0.0594	0.1585	0.0599	0.1591
1.6	0.0195	0.0779	0.0333	0.1082	0.0427	0.1247	0.0490	0.1345	0.0533	0.1405	0.0561	0.1443	0.0580	0.1467	0.0594	0.1484	0.0603	0.1494	0.0609	0.1502
1.8	0.0186	0.0709	0.0321	0.0993	0.0415	0.1153	0.0480	0.1252	0.0525	0.1313	0.0556	0.1354	0.0578	0.1381	0.0593	0.1400	0.0604	0.1413	0.0611	0.1422
2.0	0.0178	0.0650	0.0308	0.0917	0.0401	0.1071	0.0467	0.1169	0.0513	0.1232	0.0547	0.1274	0.0570	0.1303	0.0587	0.1324	0.0599	0.1338	0.0608	0.1348
2.5	0.0157	0.0538	0.0276	0.0769	0.0365	0.0908	0.0429	0.1000	0.0478	0.1063	0.0513	0.1107	0.0540	0.1139	0.0560	0.1163	0.0575	0.1180	0.0586	0.1193
3.0	0.0140	0.0458	0.0248	0.0661	0.0330	0.0786	0.0392	0.0871	0.0439	0.0931	0.0476	0.0976	0.0503	0.1008	0.0525	0.1033	0.0541	0.1052	0.0554	0.1067
5.0	0.0097	0.0289	0.0175	0.0424	0.0236	0.0476	0.0285	0.0576	0.0324	0.0624	0.0356	0.0661	0.0382	0.0690	0.0403	0.0714	0.0421	0.0734	0.0435	0.0749
7.0	0.0073	0.0211	0.0133	0.0311	0.0180	0.0352	0.0219	0.0427	0.0251	0.0465	0.0277	0.0496	0.0299	0.0520	0.0318	0.0541	0.0333	0.0558	0.0347	0.0572
10.0	0.0053	0.0150	0.0097	0.0222	0.0133	0.0253	0.0162	0.0308	0.0186	0.0336	0.0207	0.0359	0.0224	0.0379	0.0239	0.0395	0.0252	0.0409	0.0263	0.0403

则第 i 层土体的压缩量为：

$$\Delta s'_i = \frac{p_0}{E_{si}}(z_i\,\bar{\alpha}_i - z_{i-1}\,\bar{\alpha}_{i-1}) \tag{6.4.16}$$

式中，Δs_i 为第 i 层土体的压缩量（mm）；p_0 为对应于荷载效应永久组合时基础底面处的附加应力（kPa）；E_{si}为第 i 层土的压缩模量（MPa），应取土的自重应力至土的自重应力与附加应力之和的应力段计算；z_i、z_{i-1}分别为基础底面至第 i 层土、第 $i-1$ 层土底面的距离；$\bar{\alpha}_i$、$\bar{\alpha}_{i-1}$分别为基础底面至第 i 层土、第 $i-1$ 层土底面范围内平均附加应力系数，可查表 6-7 和表 6-8。

为了提高计算精度，《规范》法规定地基总沉降按式（6.4.16）得到各层土体压缩量之和后尚需乘以一沉降计算经验系数 ψ_s，于是得到《规范》法的沉降计算表达式为：

$$s = \psi_s s' = \psi_s \sum_{i=1}^{n} \frac{p_0}{E_{si}}(z_i\,\bar{\alpha}_i - z_{i-1}\,\bar{\alpha}_{i-1}) \tag{6.4.17}$$

式中，$s' = \sum \Delta s'_i$，为按分层总和法计算得到的地基变形量；ψ_s 为沉降计算经验系数，根据地区沉降观测资料及经验确定，也可采用表 6-9 推荐的数值。

沉降计算经验系数 ψ_s * **表 6-9**

$\bar{E}_s$（MPa） 地基附加应力	2.5	4.0	7.0	15.0	20.0
$p_0 \geqslant f_{ak}$	1.4	1.3	1.0	0.4	0.2
$p_0 \leqslant 0.75 f_{ak}$	1.1	1.0	0.7	0.4	0.2

* 表中，f_{ak}为地基承载力特征值；$\bar{E}_s$ 为沉降计算范围（压缩层）内压缩模量的当量值，其计算公式为 $\bar{E}_s = \sum A_i/(\sum A_i/E_{si})$，其中 A_i 为第 i 层土的附加应力系数沿该土层厚度的积分值。

为简化表 6-9 中压缩模量当量值$\bar{E}_s$ 的计算，谢康和利用式（6.4.14）和式（6.4.16）得到 $A_i = \int_{z_{i-1}}^{z_i} K\mathrm{d}z = z_i\,\bar{\alpha}_i - z_{i-1}\,\bar{\alpha}_{i-1} = \Delta s'_i \frac{E_{si}}{p_0}$，进而推得：

$$\bar{E}_s = \frac{\sum A_i}{\sum A_i/E_{si}} = \frac{p_0 z_n\,\bar{\alpha}_n}{\sum \Delta s'_i} = \frac{p_0 z_n\,\bar{\alpha}_n}{s'} \tag{6.4.18}$$

《规范》法规定地基沉降计算深度 z_n 由下述方法确定：

由该深度 z_n 处向上按表 6-10 规定的计算厚度 Δz，参见图 6-7 所得的计算压缩量 $\Delta s'_n$

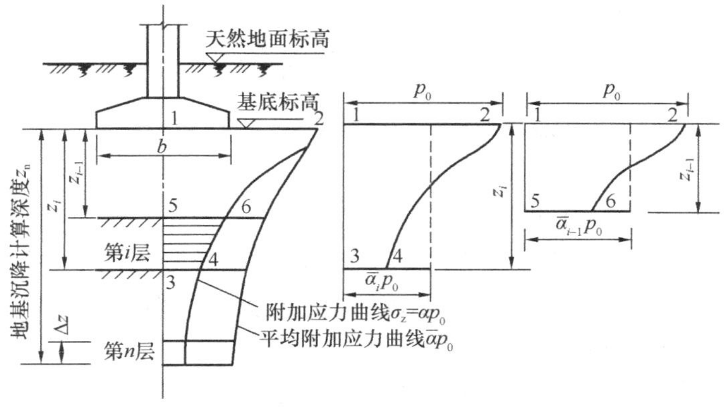

图 6-7 《规范》法计算地基沉降示意图

不大于 z_n 范围内总的计算压缩量 s' 的 2.5%，即应满足下式要求（包括考虑相邻荷载的影响）：

$$\Delta s'_n \leqslant 0.025 \sum_{i=1}^{n} \Delta s'_i \tag{6.4.19}$$

若由式（6.4.19）确定的计算深度 z_n 以下还有软土层，尚应向下继续计算，直至软土层中按规定厚度 Δz 计算的压缩量满足式（6.4.19）为止。

计算厚度 Δz 值* **表 6-10**

b（m）	$b \leqslant 2$	$2 < b \leqslant 4$	$4 < b \leqslant 8$	$b > 8$
Δz（m）	0.3	0.6	0.8	1.0

* 表中，b 为基础宽度。

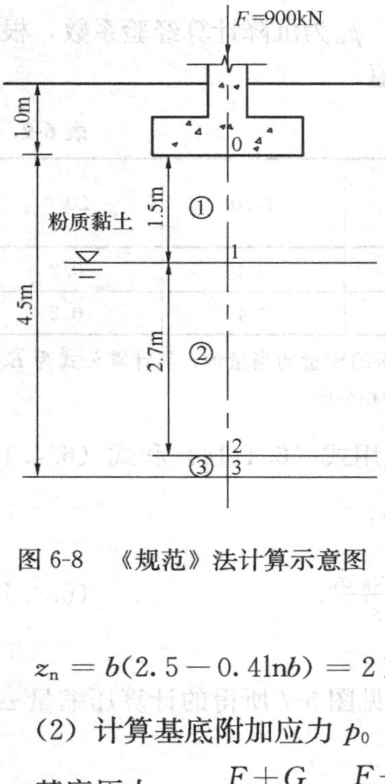

图 6-8 《规范》法计算示意图

当无相邻荷载影响，基础宽度在 1～30m 范围之内时，基础中点地基沉降计算深度可按下式计算：

$$z_n = b(2.5 - 0.4\ln b) \tag{6.4.20}$$

【例题 6-3】 某单独矩形基础长 $l = 3.6$m，宽 $b = 2.0$m，埋深 $d = 1.0$m，上部结构物的荷载 $F = 900$kN，基础及其上填土的平均重度 $\gamma_G = 20.0$kN/m³。地基土为粉质黏土，地下水位深 2.5m，土的天然重度 $\gamma = 16.0$kN/m³，饱和重度 $\gamma_{sat} = 17.2$kN/m³。地下水位以上土的平均压缩模量 $E_{s1} = 4$MPa，地下水位以下土的平均压缩模量 $E_{s2} = 5$MPa，$f_{ak} = 200$kPa。采用规范推荐的沉降计算法，计算该矩形基础中心点的沉降量。

【解】（1）确定沉降计算深度 z_n

由于该基础为单独基础，不存在相邻基础的影响，故可按式（6.4.20）计算沉降计算深度：

$$z_n = b(2.5 - 0.4\ln b) = 2 \times (2.5 - 0.4\ln 2) = 4.45\text{m}, \text{取 } 4.5\text{m}。$$

（2）计算基底附加应力 p_0

基底压力 $p = \dfrac{F+G}{A} = \dfrac{F+\gamma_G A d}{A} = \dfrac{900 + 20 \times 3.6 \times 2 \times 1}{3.6 \times 2} = 145\text{kPa}$

基底土的自重应力 $p_c = \gamma d = 16 \times 1 = 16\text{kPa}$

故基底附加应力 $p_0 = p - p_c = 145 - 16 = 129\text{kPa}$

（3）列表计算各分层的压缩量

计算矩形基础中心点的沉降，应采用角点法将该基础分为四个小矩形。其长边 $l_1 = 3.6/2 = 1.8$m，短边$/b_1 = 2/2 = 1$m，原基础的中心点为四个小矩形的角点。查表 6-7 得到的平均附加应力系数应乘以 4。

因 $b = 2$m，查表 6-10 可知，应求出深度 z_n 之上 $\Delta z = 0.3$m 厚土层的变形量 $\Delta s'_n$，来复核沉降计算深度。列表计算如下：

各分层的压缩量计算　　　　**表 6-11**

点号	z_i (m)	l_1/b_1	z_i/b_1	$\overline{\alpha}$	$z_i\overline{\alpha}_i$ (m)	$z_i\overline{\alpha}_i-z_{i-1}\overline{\alpha}_{i-1}$ (m)	E_{si} (MPa)	$\Delta s'_i$ (mm)
0	0	1.8	0	4×0.2500=1	0			
1	1.5	1.8	1.5	4×0.21445=0.8578	1.2867	1.2867	4	41.50
2	4.2	1.8	4.2	4×0.1289=0.5156	2.1655	0.8788	5	22.67
3	4.5	1.8	4.5	4×0.12285=0.4914	2.2113	0.0458	5	1.18

将各层的压缩量求和，得到未经修正的矩形基础中心点的沉降：

$$s' = \sum_{i=1}^{n}\Delta s'_i = 65.35\text{mm}$$

（4）复核沉降计算深度

由上表计算可知：

$$\Delta s'_\text{n} = 1.18\text{mm}, 0.025s' = 1.63\text{mm}$$

$\Delta s'_\text{n} \leqslant 0.025s'$，故沉降计算深度取 4.5m 足够。

（5）求沉降计算经验系数 ψ_s，计算地基最终沉降量

由式（6.4.18）有：

$$\overline{E}_\text{s} = \frac{\Sigma A_i}{\Sigma A_i/E_{si}} = \frac{p_0 z_\text{n}\overline{\alpha}_\text{n}}{s'} = \frac{129\times4.5\times0.4914}{65.35} = 4.37\text{MPa}$$

已知 p_0=129kPa，$0.75f_\text{ak}$=150kPa

可见 $p_0 \leqslant 0.75f_\text{ak}$，查表 6-9 可得：$\psi_\text{s}=0.963$

则地基最终沉降量为：$s=\psi_\text{s}\times s'=62.93\text{mm}$。

6.5 次固结沉降计算方法

次固结沉降也采用分层总和法计算。与计算固结沉降一样，先将地基土体分成 n 层，分别计算每一土层的次固结压缩量，然后求出各层压缩量之和就得到了次固结沉降量。在压缩试验中可以测定土体次固结引起的孔隙比变化，其表达式为：

$$\Delta e = C_\alpha \log\frac{t}{t_1} \tag{6.5.1}$$

式中，C_α 为次固结系数，为半对数图（Δe-log$t$ 曲线）上直线斜率；t 为所求次固结变形历时；t_1 为压缩试验中次固结开始的时间，相当于主固结完成时间。

于是地基次固结沉降可采用下式计算：

$$s_\text{s} = \sum_{i=1}^{n}\frac{C_{\alpha i}}{1+e_{0i}}H_i\log\frac{t}{t_1} \tag{6.5.2}$$

式中，$C_{\alpha i}$为第 i 层土的次固结系数；e_{0i}为第 i 层土的平均初始孔隙比；H_i 为第 i 层土的厚度；t_1 为第 i 层土次固结变形开始产生的时间；t 为计算所求次固结沉降 s_s 所经历的时间。

6.6 根据实测沉降推算地基最终沉降的方法

由于上述地基沉降计算方法得到的沉降量往往与实测成果存在差异，因此根据现场实测的沉降数据，分析地基沉降随时间的变化规律，进而推算地基后期沉降和固结指标具有重要的现实意义。这里主要介绍较为常用的双曲线配合法、指数曲线配合法（包括“三点法”）和“$\Delta s/\Delta t$ 法”。

6.6.1 双曲线配合法

双曲线配合法的沉降与时间关系如下式所示：

$$s=\frac{t}{A+Bt} \tag{6.6.1}$$

式中，A 和 B 分别为参数。根据式（6.6.1）求极限，可得：

$$\lim_{t\to\infty}s=\lim_{t\to\infty}\frac{1}{A/t+B}=\frac{1}{B} \tag{6.6.2}$$

可见，$1/B$ 即为所推求的地基最终沉降 s_f。另外，式（6.6.1）可以改写为

$$\frac{t}{s}=A+Bt \tag{6.6.3}$$

这表明 t/s 与 t 之间的直线关系。在以 t/s 与 t 为纵、横坐标的直角坐标系中，A 为该直线在纵坐标的截距，B 为该直线的斜率。

6.6.2 指数曲线配合法

对于不同排水条件下地基平均固结度，可以归纳为如下的指数关系表达式：

$$U=1-\alpha\exp(-\beta t) \tag{6.6.4}$$

式中，U 为地基平均固结度；α 和 β 分别为参数。对于一维固结情况，推算地基最终沉降时可取 $\alpha=8/\pi^2$，$\beta=\pi^2 c_v/(4H^2)$，其中，c_v 为竖向固结系数；H 为竖向排水距离。

根据实测沉降，平均固结度可以表示为：

$$U=\frac{s_t-s_d}{s_f-s_d} \tag{6.6.5}$$

式中，s_t 为 t 时刻的实测沉降；s_d 和 s_f 分别为初始沉降和最终固结沉降。

由式（6.6.4）和式（6.6.5）可以得到：

$$s_t=(s_f-s_d)[1-\alpha\exp(-\beta t)]+s_d \tag{6.6.6}$$

如果忽略初始沉降，则式（6.6.6）改写为：

$$s_t=s_f[1-\alpha\exp(-\beta t)] \tag{6.6.7}$$

传统的指数曲线配合法即“三点法”，描述如下：

如图 6-9 所示，在 s-t 曲线上于 T_4 之后取三点，使 $\Delta t=t_3-t_2=t_2-t_1$，代入式（6.6.6）可以得到 3 个方程，由此 3 式可以解得：

$$\beta=\frac{1}{\Delta t}\ln\left(\frac{s_2-s_1}{s_3-s_2}\right) \tag{6.6.8}$$

$$s_f=\frac{s_3(s_2-s_1)-s_2(s_3-s_2)}{(s_2-s_1)-(s_3-s_2)} \tag{6.6.9}$$

$$s_d = \frac{s_t - s_f[1 - \alpha \exp(-\beta t)]}{\alpha \exp(-\beta t)} \tag{6.6.10}$$

当将式（6.6.10）用于多级加荷情况时，时间 t 应该从修正零时点 O' 起算（图6-9）。如果是一级等速加荷，则 O' 点在加荷期的中点。

6.6.3 Δs/Δt 法

"$\Delta s/\Delta t$ 法"就是将实测的沉降～时间关系转换为沉降率～时间关系来推算地基沉降的方法，它可以得到主固结沉降 s_c 和最终沉降 s_f。如图 6-10 所示，以 $\Delta s/\Delta t$ 和 t 为坐标（Δt 尽量取小些），在图上点出相应的点，在画出拟合曲线（Ⅰ）和（Ⅱ），图中，t'_c 为开始出现次固结的时间，此时相对应的沉降为 s'_c；t_c 为主固结完成的时间，相对应的沉降为 s_c；t_f 为最终沉降完成的时间，此时沉降为 s_f。

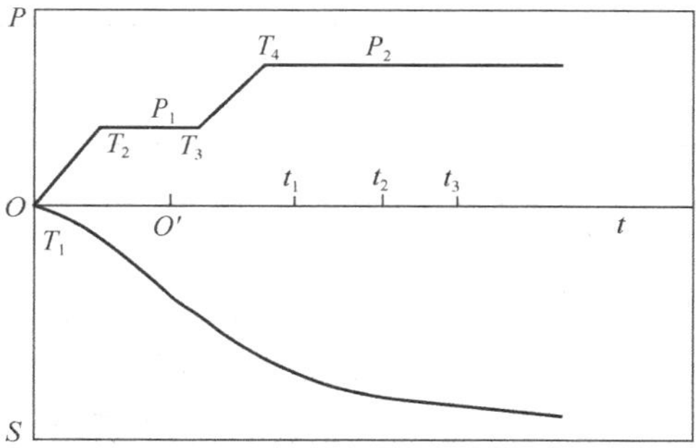

图 6-9 沉降与时间关系曲线

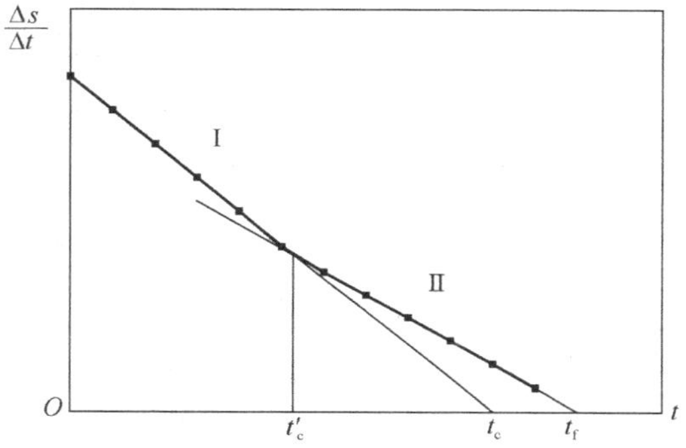

图 6-10 Δs/Δt 法示意图

习 题 与 思 考 题

6.1 什么是地基沉降计算深度？如何确定？

6.2 为什么说软黏土地基在荷载作用下总沉降分成初始沉降、固结沉降和次固结沉降三部分是从变形机理角度考虑，而不是从时间角度划分的？

6.3 普通分层总和法和《规范》法计算地基沉降有何区别？

6.4 已知甲乙两条形基础，间距为 L，处在完全相同的地基土层上。甲基础上作用荷载为 F_1，宽度为 B_1，埋深为 d_1；乙基础上作用荷载为 F_2，宽度为 B_2，埋深为 d_2。其中 $d_1 = d_2, B_2 = 2B_1, F_2 = 2F_1$，问（1）两基础沉降量是否相同，为什么？（2）能否通过调整两基础的宽度和埋深，使两基础的沉降相接近？试述调整方案及可行性。

6.5 如何根据一系列现场实测的沉降数据，采用两种图解方法推算地基的最终沉降量？

6.6 在均质土层地基上作用一直径为 8m 的柔性圆形荷载，荷载密度为 200kPa，土层厚 20m，弹性模量 E=10MPa，泊松比 μ=0.35，下卧层为基岩。试求荷载作用中心点和边缘点位置的沉降量。（答案：$s_{中}$=140.4mm，$s_{边}$=89.4mm）

6.7 如图 6-11 所示，条形基础宽度为 2.0m，荷载为 600kN/m，基础埋置深度为 1.0m，地下水位在基底下 1.0m，地基土层压缩试验成果如表 6-12 所示，试用普通分层总和法求基础中点的沉降量。（答案：s=295.0mm）

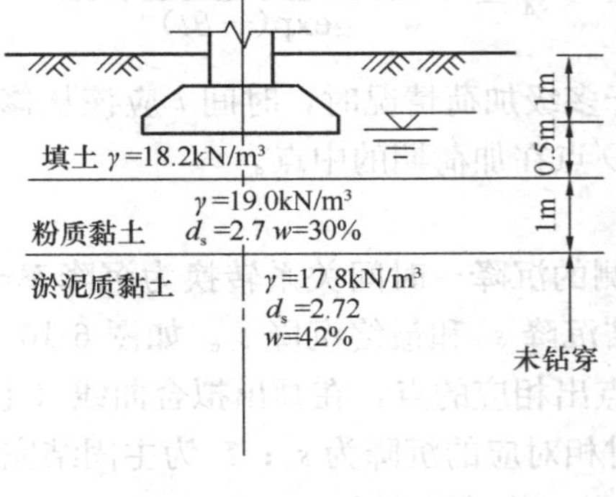

图 6-11　习题 6.7 示意图

地基土层的 *e-p* 曲线数据　　**表 6-12**

土层 \ E	*p*（kPa）				
	0	50	100	200	400
土层 1	0.780	0.720	0.697	0.663	0.640
土层 2	0.875	0.812	0.785	0.742	0.721
土层 3	1.050	0.942	0.886	0.794	0.698

6.8　设有一矩形混凝土基础（8m×6m），埋置深度为 2m，基础竖向荷载（包括基础自重）为 9800 kN，地基为细砂和饱和黏土层，有关土层参数指标如图 6-12 所示。试用普通分层总和法计算基础最终沉降。（答案：s＝60.8 mm）

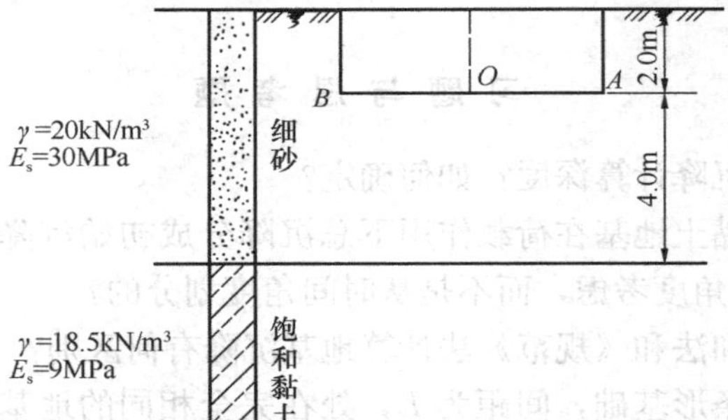

图 6-12　习题 6.8 示意图

6.9　某超固结土层厚 3.0m，前期固结压力 p_c＝320kPa，压缩指数 C_c＝0.52，回弹指数 C_e＝0.12，土层所受平均自重应力 σ_c＝120kPa，孔隙比 e_0＝0.72。求下列两种情况下该土层的最终沉降量。（1）荷载引起的平均竖向附加应力 Δp＝400kPa；（2）荷载引起的平均竖向附加应力 Δp＝200kPa。[答案：（1）s＝280.4mm；（2）s＝89.2mm]

6.10　某矩形基础埋深 d＝1.0m，长 3.5m，宽 2.5m，作用在基础上的荷载为 900kN，地基主要压缩土层为黏土，厚 7m，重度 γ＝18kN/m³，孔隙比 e_0＝1.0，压缩系数 a＝0.4MPa^{-1}，其下卧层为基岩。试用《规范》法计算基础的沉降量（考虑沉降计算经验系数 ψ_s＝1.0）。（答案：s＝55.0mm）

6.11　如图 6-13 所示为三个相同的矩形基础，埋深为 1.5m，长 5.0m，宽 4.0m，基础中心距为 6.0m。试用《规范》法计算中间基础的最终沉降量，并考虑两相邻基础的影响。地基土层及土性参数指标为：第一层填土，厚度 1.5m，重度 $\gamma=18\mathrm{kN/m^3}$；第二层粉质黏土，厚度 4.0m，重度 $\gamma=\gamma_{sat}=19.5\mathrm{kN/m^3}$，压缩模量 $E_s=2.75\mathrm{MPa}$；第三层为很厚的黏土层，压缩模量 $E_s=2.95\mathrm{MPa}$；地下水位在地表以下 3.5m 处。（取地基承载力特征值 f_{ak} 为 140kPa。）（答案：$\psi_s=1.08$，$s=174.7\mathrm{mm}$）

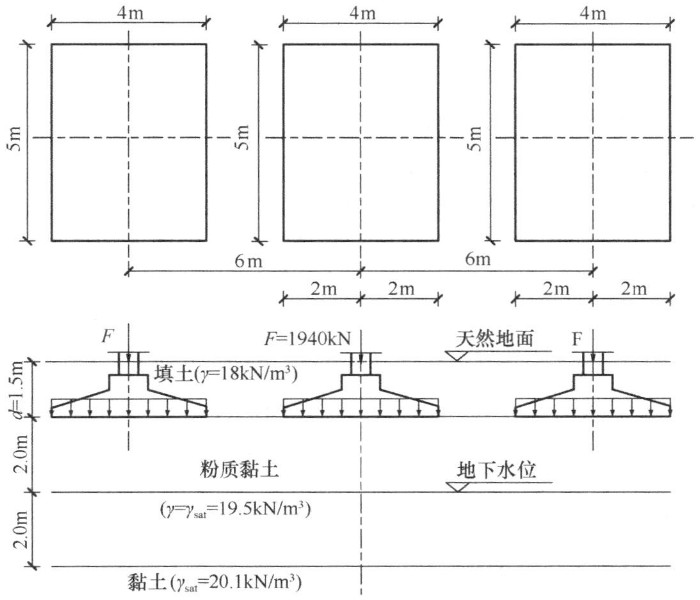

图 6-13　习题 6.11 示意图

参　考　文　献

[1]　龚晓南主编．土力学．北京：中国建筑工业出版社，2002.

[2]　龚晓南主编．高等土力学．杭州：浙江大学出版社，2002.

[3]　东南大学，浙江大学，湖南大学，苏州城建环保学院编．张克恭，刘松玉主编．土力学．北京：中国建筑工业出版社，2001.

[4]　赵成刚，白冰，王运霞主编．土力学原理．北京：清华大学出版社，北京交通大学出版社，2004.

第 7 章 土的抗剪强度

7.1 概述

土是多相体，是摩擦型材料。土体的抗剪强度是指土体抵抗由于荷载作用产生的土颗粒间相互滑动而导致土体破坏的极限能力。图 7-1 为一土坡失稳示意图。图中土体沿着 AB 滑动面产生滑动造成土坡失稳，是由于 AB 滑动面上土体的抗剪强度不足以抵抗其滑动力。AB 滑动面上土体的抵抗滑动力主要取决于 AB 滑动面上土体的抗剪强度。

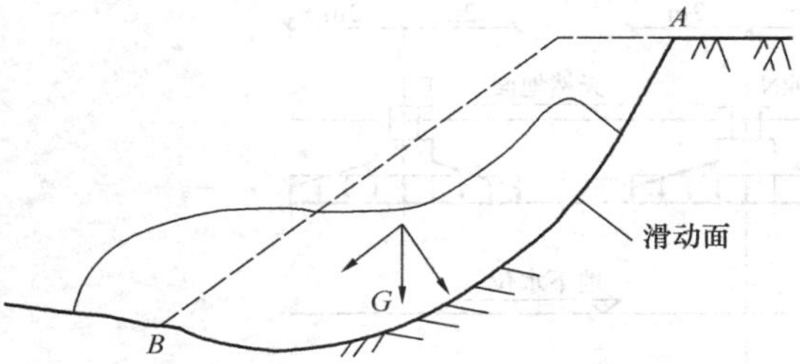

图 7-1 土坡失稳示意图

土是自然、历史的产物，其性状十分复杂。影响土抗剪强度体的因素很多，土的组成成分、土体结构、应力历史、土体中应力大小、排水条件、加荷速率等都对土的抗剪强度有影响。

地基承载力大小、作用在挡土墙上的土压力大小、边坡稳定性等与土的抗剪强度有关。土的抗剪强度是土力学的重要组成部分。

学习土的抗剪强度，要掌握土的抗剪强度理论、土的抗剪强度和抗剪强度指标三者之间的关系、土的抗剪强度测定方法，更要重视在工程分析中如何选用土的抗剪强度指标和确定土的抗剪强度。

7.2 土的抗剪强度理论和极限平衡条件

7.2.1 摩尔—库伦强度理论

1776 年，库伦（Coulomb）根据试验结果（图 7-2），提出土的抗剪强度 τ_f 表达式

$$\tau_f = c + \sigma \mathrm{tg}\varphi \tag{7.2.1}$$

式中 c——土的黏聚力，kPa；

σ——剪切滑动面上法向应力，kPa；

φ——土的内摩擦角，(°)。

1910 年摩尔（Mohr）提出材料的破坏是剪切破坏时，剪切面上的剪应力 τ_f 是该面上法向应力 σ 的函数，可记为：

$$\tau_f = f(\sigma) \tag{7.2.2}$$

一般情况式（7.2.2）呈曲线关系，如图7-3所示，通常称为摩尔包线。土的摩尔包线常采用直线表示，如图7-2所示，其表达式为库伦所表示的直线方程。通常将由库伦直线方程表示摩尔包线的土体抗剪强度理论为摩尔-库伦（Mohr-Coulomb）强度理论。

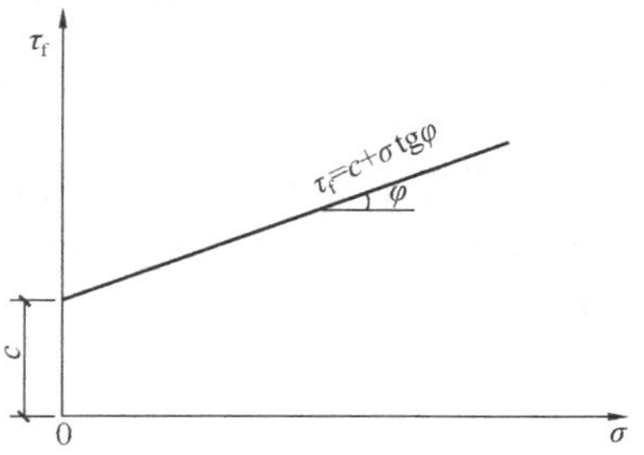

图7-2　土的抗剪强度与法向应力之间的关系

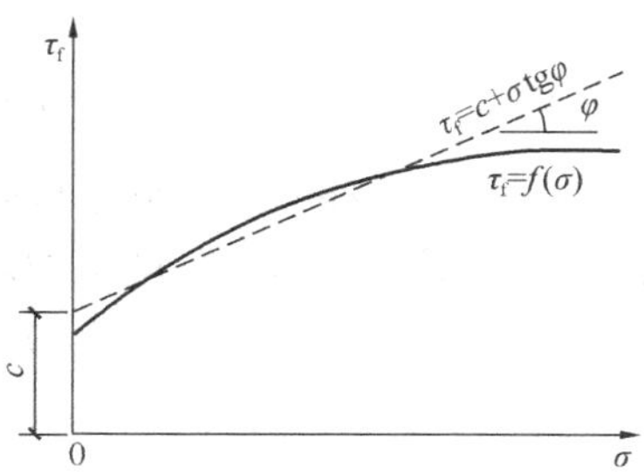

图7-3　摩尔包线图

由式（7.2.1）可知，土的抗剪强度由两部分组成。一部分是与剪切面上作用的法向应力无关的抵抗颗粒间相互滑动的力，称为黏聚力。土的黏聚力主要来自土的结构性。砂土的黏聚力常为零，所以又称为无黏性土。土中毛细压力也会引起土体的黏聚力增加，但一般可忽略不计。另一部分是与剪切面上作用的法向应力有关的抵抗颗粒间相互滑动的力，称为摩阻力，通常与法向应力成正比例关系，其本质是摩擦力。摩擦力又可分为两种：一种是由于颗粒表面产生的滑动摩擦力，一种是由颗粒相互咬合产生的咬合摩擦力。

7.2.2　土的抗剪强度与抗剪强度指标

式（7.2.1）中，τ_f 为土体的抗剪强度，土的黏聚力 c 和摩擦角 φ 称为土的抗剪强度指标。土的抗剪强度与作用在剪切面上的法向应力有关，土的抗剪强度值常常需要应用抗剪强度指标来计算。土的抗剪强度与土的抗剪强度指标是两个概念，不能混淆。由式（7.2.1）可知，当 $\varphi\neq0$ 时，土的抗剪强度随剪切面上的法向应力增大而增大。对一种土，其抗剪强度是随土中应力高低而变化的。例如在天然地基中，由自重应力形成的初始应力随着深度是增加的。对同层土，地基土的抗剪强度是随深度而增大的，但抗剪强度指标是常数。

根据有效应力原理，土中总应力等于有效应力和孔隙水压力之和。土的抗剪强度值与土中应力有关。土的抗剪强度可以用总应力表示，也可用有效应力表示。采用有效应力表达时，土的抗剪强度表达式为

$$\tau_f = c' + \sigma' tg\varphi' = c' + (\sigma - u)tg\varphi' \tag{7.2.3}$$

式中　c'，φ'——土的抗剪强度有效应力强度指标；

σ，σ'——作用在剪切面上的总应力和有效应力值；

u——破坏时土体中的孔隙水压力。

采用总应力表达时，土的抗剪强度表达式为

$$\tau_f = c + \sigma tg\varphi \tag{7.2.4}$$

式中　c，φ——土的抗剪强度总应力强度指标。

在土工分析中，采用有效应力分析时，应用土的有效应力强度指标；而采用总应力分析时，则应用土的总应力强度指标。

7.2.3 极限平衡条件

在讨论土体极限平衡条件时，先采用总应力分析讨论。当土体发生剪切破坏时，该点应力摩尔圆与摩尔强度包线相切，如图 7-4（*a*）所示。土的抗剪强度指标为 c 和 φ，该点此时最大主应力为 σ_1，最小主应力为 σ_3。在摩尔圆中，O_1B 表示剪切面。根据材料力学，由图 7-4 可知剪切面方向与 σ_1 作用面方向角度为 $\alpha=45°+\frac{\varphi}{2}$，如图 7-4（*b*）所示。土体中某点发生剪切破坏，亦称该点处于极限平衡状态。处于极限平衡状态的应力条件称为极限平衡条件。根据极限应力圆（即剪切破坏时的应力摩尔圆）与抗剪强度包线（即摩尔强度包线）之间的几何关系，可建立土的极限平衡条件。

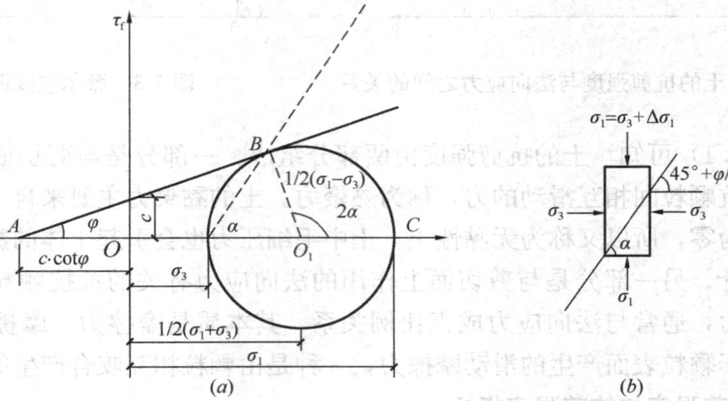

图 7-4 土体达到极限平衡状态的摩尔圆图及破坏面

图 7-4 中，抗剪强度包线与竖轴截距为 c，与横轴成 φ 角。图中 $OA=c\cot\varphi$，$OO_1=\frac{\sigma_1+\sigma_3}{2}$，摩尔圆半径为 $\frac{\sigma_1-\sigma_3}{2}$，于是由三角形 AO_1B 可得下述关系式：

$$\frac{\sigma_1-\sigma_3}{2}=\left(\frac{\sigma_1+\sigma_3}{2}+c\cot\varphi\right)\sin\varphi \tag{7.2.5}$$

经化简并通过三角函数间的变换关系，可得到土体处于极限平衡状态时最大主应力和最小主应力之间的关系，

$$\sigma_1=\sigma_3\mathrm{tg}^2\left(45°+\frac{\varphi}{2}\right)+2c\cdot\mathrm{tg}\left(45°+\frac{\varphi}{2}\right) \tag{7.2.6}$$

或

$$\sigma_3=\sigma_1\mathrm{tg}^2\left(45°-\frac{\varphi}{2}\right)-2c\cdot\mathrm{tg}\left(45°-\frac{\varphi}{2}\right) \tag{7.2.7}$$

采用有效应力分析，类似可得

$$\sigma'_1=\sigma'_3\mathrm{tg}^2\left(45°+\frac{\varphi'}{2}\right)+2c'\cdot\mathrm{tg}\left(45°+\frac{\varphi'}{2}\right) \tag{7.2.8}$$

或

$$\sigma'_3=\sigma'_1\mathrm{tg}^2\left(45°-\frac{\varphi'}{2}\right)-2c'\cdot\mathrm{tg}\left(45°-\frac{\varphi'}{2}\right) \tag{7.2.9}$$

通常可用上述表达式（式 7.2.1，式 7.2.3 至式 7.2.9）来验算土体中某点是否达到极限平衡状态。上述表达式均可称为土体极限平衡条件，它们均是等价的，都表示土体处

于破坏状态，或称该点处于极限平衡状态。

【例题 7-1】 某土体抗剪强度指标 $c=10\text{kPa}$，$\varphi=20°$，土体处于极限平衡状态时，最小主应力 $\sigma_3=100\text{kPa}$，求此时最大主应力 σ_1 值和相应的土的抗剪强度 τ_f 值。

【解】 将有关计算参数代入式（7.2.6）

$$\sigma_1=\sigma_3\text{tg}^2\left(45°+\frac{\varphi}{2}\right)+2c\cdot\text{tg}\left(45°+\frac{\varphi}{2}\right)$$

可得

$$\begin{aligned}\sigma_1&=100\times\text{tg}^2(45°+20°\div2)+2\times10\times\text{tg}(45°+20°\div2)\\&=100\times1.428^2+20\times1.428=232.5\text{kPa}\end{aligned}$$

由图 7-4 可知：

$$\tau_f=\frac{1}{2}(\sigma_1-\sigma_3)\cos\varphi=\frac{1}{2}(232.5-100)\cos20°=62.3\text{kPa}$$

由计算可知，土的抗剪强度 $\tau_f=62.3\text{kPa}$，此时最大主应力值 $\sigma_1=232.5\text{kPa}$。

7.3 土的抗剪强度指标和抗剪强度的测定

土的抗剪强度可通过室内试验或现场试验测定。在室内试验中主要测定土的抗剪强度指标。土的抗剪强度测定方法很多，下面对室内试验只介绍直接剪切试验、无侧限抗压试验和常规三轴压缩试验，现场试验只介绍十字板试验。

7.3.1 直接剪切试验

直接剪切试验是最古老和最简单的剪切试验。试验原理如图 7-5 所示。土样装在金属剪切盒内，对土样施加一法向压力和剪切力，增大剪切力使土体沿指定的剪切面破坏。剪切仪按施加剪切力的特点分为应力控制式和应变控制式两种。应力控制式是分级施加等量水平剪切力于土样使之受剪；应变控制式是等速推动剪切容器使土样等速位移受剪。两者相比，应变控制式直剪仪具有明显优点。图中 7-5 所示的为应变控制式直剪仪，该仪器在我国得到普遍应用。该仪器的主要部件由固定的上盒和活动的下盒组成，土样放在盒内上下两块透水石之间。试验时，由杠杆系统通过加压活塞和透水石对土样施加一法向应力，然后等速推动下盒，使土样在沿上下盒之间的水平面上产生剪切，直至破坏，作用在水平面上的剪应力的大小可通过与上盒接触的量力环确定。

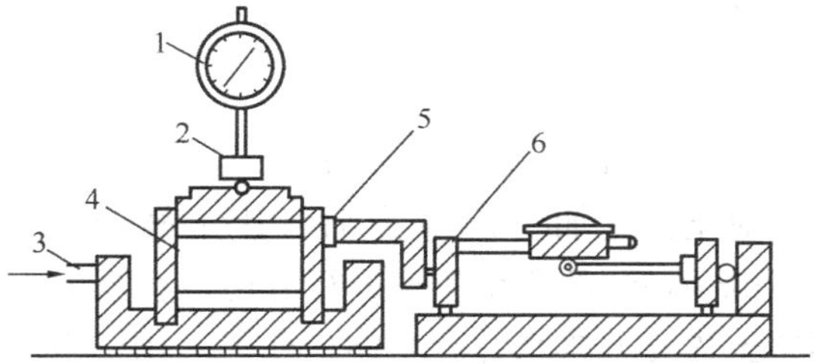

图 7-5 直剪仪原理图

1—垂直变形量表；2—垂直加荷框架；3—推动座；4—试样；5—剪切容器；6—量力环

不同法向应力作用下，土样剪切过程中的剪应力与剪切位移之间的关系曲线如图 7-6（*a*）所示。当曲线有峰值时，取峰值为该法向应力 σ 作用下的抗剪强度 τ_f值；当曲线无峰值时，可取剪切位移 $\delta=2\text{mm}$ 所对应的剪应力值为该法向应力作用下的抗剪强度值。对一种土取 3～4 个土样，分别在不同的法向应力作用下剪切破坏，可得 3～4 组（σ，τ_f）值，绘在图上，如图 7-6（b）所示。试验结果表明抗剪强度与法向应力之间的关系基本上呈直线关系，该直线在竖轴上的截距称为土的黏聚力，与水平轴夹角称为土的内摩擦角。该直线方程即为摩尔-库伦强度方程式。前面谈到土的抗剪强度与土中应力、土的排水条件、加荷速率有关。土中应力与土的固结程度有关。为了能近似地模拟现场土体的剪切条件，考虑剪切前土在荷载作用下的固结程度、土体剪切速率或加荷速度快慢情况，把直剪试验分为下述三种：快剪试验，固结快剪试验和慢剪试验。现作简要介绍：

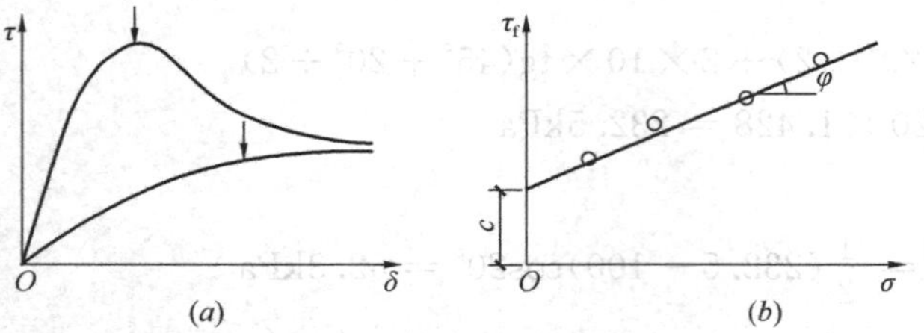

图 7-6　直接剪切试验成果图

（a）剪应力-剪切位移关系；（b）抗剪强度-法向应力关系

1. 快剪试验（Quick Shear）

根据试验规程，对土样施加竖向压力后，立即以 0.8mm/min 的剪切速率施加水平剪切力，直至土样产生剪切破坏。从加荷到剪切破坏一般情况下一个土样只需 3～5min。由于施加竖向压力后立即开始剪切，土体在该竖向压力作用下未产生排水固结。由于快剪速率较快，对渗透性较小的黏性土可以认为土体在剪切过程中也未产生排水固结。由快剪试验得到的抗剪强度指标通常用 c_q 和 φ_q 表示，土体由快剪试验测定的抗剪强度表达式为：

$$\tau_{fq} = c_q + \sigma tg\varphi_q \tag{7.3.1}$$

2. 固结快剪试验（Consolidated Quick Shear）

对土样施加竖向应力后，让土样充分排水，待土样排水固结稳定后，再以 0.8mm/min 的剪切速率进行剪切，直至土体破坏。由试验得到的强度指标常用 c_{cq} 和 φ_{cq} 表示，土体由固结快剪试验测定的抗剪强度表达式为：

$$\tau_{fcq} = c_{cq} + \sigma tg\varphi_{cq} \tag{7.3.2}$$

3. 慢剪试验（Slow Shear）

对土样施加竖向应力后，让土样充分排水，待土样排水固结稳定后，再以小于 0.02mm/min 的剪切速率进行剪切，直至土体破坏。由于剪切速率较慢，可认为在剪切过程中土体充分排水并产生体积变形。由试验得到的强度指标用 c_s 和 φ_s 表示，土体由慢剪试验测定的抗剪强度表达式为：

$$\tau_{fs} = c_s + \sigma tg\varphi_s \tag{7.3.3}$$

直接剪切试验设备简单，土样制备和试验操作方便，曾在一般工程中得到广泛使用，但存在不少缺点，随着技术的进步，可能逐步被三轴试验代替。其主要缺点有：

（1）剪切面限定为上下盒之间的平面，不是土样剪切破坏时最薄弱的面；

（2）用剪切速度大小来模拟剪切过程中的排水条件，误差很大，在试验中不能控制排水条件；

（3）剪切面上剪应力分布不均匀，剪切过程中上下盒轴线不重合，实际剪切面逐步变小，试验中主应力大小及方向发生变化。整理试验成果中难以考虑上述因素影响。

7.3.2　常规三轴压缩试验（Triaxial Shear Test）

常规三轴压缩试验又称为常规三轴剪切试验（Triaxial Shear Test），简称三轴试验。

三轴试验是在三向加压条件下的剪切试验。常规三轴仪图如图 7-7 所示。三轴试验试样形状为圆柱形，外包不透水薄膜，让土样与压力室内水相隔离。作用在圆柱形土样上的围压通过压力室中水压力提供，圆柱形土样轴向荷载通过活塞杆施加。在三轴试验中可以量测围压（径向压力）、轴向压力、土样中孔隙压力、轴向压缩量以及排水条件下土样的排水量等。在试验中先对土样施加恒定的围压（$\sigma_1=\sigma_2=\sigma_3$），然后增加轴向压力，即增大 σ_1，直至土体剪切破坏。由于在试验中土样受力明确，基本上可自由变形，可以较好地控制土样的排水条件，测量土体中孔隙水压力，所以三轴试验是测定土的抗剪强度指标较为完善的方法，它将成为土的抗剪强度指标主要测定方法。通过三轴试验还可以测定土的应力应变关系曲线。根据土样在围压作用下是否排水固结和剪切过程中排水条件，三轴试验可分为不固结不排水剪切试验（简称 UU 试验）、固结不排水剪切试验（简称 CIU 试验）和固结排水剪切试验（简称 CID 试验）三种，下面分别加以介绍。

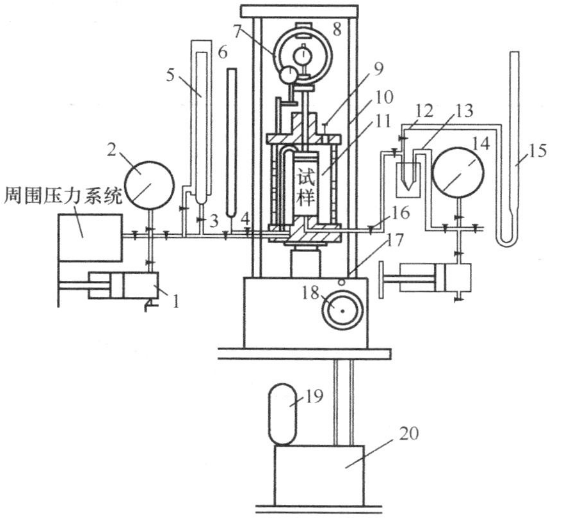

图 7-7　常规三轴仪示意图

1—调压筒；2—周围压力表；3—周围压力阀；4—排水阀；5—体变管；6—排水管；7—变形量表；8—量力环；9—排气孔；10—轴向加压设备；11—压力室；12—量管阀；13—零位指示器；14—孔隙压力表；15—量管；16—孔隙压力阀；17—离合器；18—手轮；19—马达；20—变压箱

1. 固结不排水剪切试验（CIU 试验）

土样在施加周围压力、排水阀打开以后，让土样在围压作用下排水固结，土样中超静孔压消散。固结完成后，关闭排水阀。然后增加轴向压力对土样进行剪切，直至土样产生剪切破坏。在剪切过程中，土样处于不排水状态。试验过程中可测量轴向力、轴向位移和土样中超孔隙水压力的变化过程。在 CIU 试验中还可测量土样施加围压后，排水阀尚未打开前，土样中的孔隙水压力值。通过围压值与由其产生的超孔隙水压力值的比较，可判断土样是否是饱和土样。对处于不排水条件下的饱和土样，施加的围压值与由其产生的超孔隙水压力值两者应是相等的。这一点在下一节讨论孔隙压力系数 B 时将进一步说明。下面通过一例题说明如何采用固结不排水试验测定土的抗剪强度指标。

【例题 7-2】　三个相同土样在固结不排水试验过程中围压分别为 100kPa、200kPa 和 300kPa，测得土样在剪切破坏时最大轴向应力分别为 211kPa、401kPa 和 590kPa，破坏时超静孔隙水压力分别为 43kPa、92kPa 和 142kPa，试求土的抗剪强度总应力指标和有效应力强度指标。

【解】　由测定的围压值、破坏时最大轴向应力值和超静孔隙水压力值可以计算三个土样破坏时的总应力和有效应力的，如表 7-1 所示。画出应力圆并做出公切线如图 7-8 所示，从图上可量得有效应力抗剪强度指标 $c'=3\text{kPa}$，$\varphi'=28°$，总应力抗剪强度 $c=8\text{kPa}$，$\varphi=18°$。

土样破坏时由 CIU 试验测得的应力值　　　　　表 7-1

土样编号	σ_3	σ_1	u	$\frac{1}{2}(\sigma_1-\sigma_3)$	$\frac{1}{2}(\sigma_1+\sigma_3)$	$\frac{1}{2}(\sigma_1'+\sigma_3')$
1	100	211	43	55.5	155.5	112.5
2	200	401	92	100.5	300.5	208.5
3	300	590	142	145.0	445.0	303.0

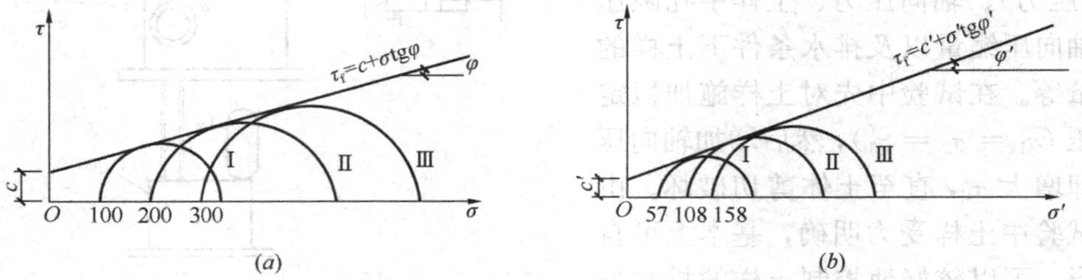

图 7-8　CIU 试验的摩尔圆和强度包线

(*a*) 总应力摩尔圆；(*b*) 有效应力摩尔圆

理论上试验所得的三个极限应力圆应具有同一公切线，但在实际试验成果整理时，由于土样的不均匀性以及试验误差等原因，各个土样的应力摩尔圆并没有一根公切线，往往需要凭经验判断或数学方法处理做出一公切线，才能得到相应的强度指标值。

从【例题 7-2】可知，通过 CIU 试验可以测得土体的抗剪强度总应力指标 c 和 φ 值，也可以测得抗剪强度有效应力指标 c' 和 φ' 值。固结不排水试验可较好反映正常固结土和超固结土地基快速加荷时的抗剪强度性状。

2. 固结排水剪切试验（CID 试验）

土样先在围压作用下排水固结，然后在排水条件下缓慢增加轴向压力，直至土样剪切破坏。理论上在剪切过程中应不让土样中产生超孔隙水压力，但在实际试验中是很难达到的。通常通过减少加荷速率，使土样内部超孔隙水压力降到很低水平。在 CID 试验中除可测定围压、轴向压力和轴向位移值外，还可通过测量排水量来测定土体在剪切过程中的体积变形。在固结排水剪切试验中，土样中超孔隙水压力常为零，故有效应力与总应力值是相等的。通过 CID 试验测得土体抗剪强度指标常用 c_d 和 φ_d 表示。理论和实验研究表明，由 CID 试验测定的抗剪强度指标 c_d 和 φ_d 值与由 CIU 试验测得的相应有效应力强度指标 c' 和 φ' 值基本相等，但 φ_d 值往往比 φ' 值高 1°～2°。

3. 不固结不排水剪切试验（UU-Unconsolidated Undrained）

在不固结不排水剪切试验中，土样在施加周围压力和随后增加轴向压力直至土样剪切破坏的全过程中均处于不排水状态。饱和土样在不排水过程中土体体积保持不变。试验过程中围压保持不变，可测量轴向力、轴向位移和土样中超孔隙水压力的变化过程，可测定剪切破坏时最大和最小主应力和超孔隙水压力值。UU 试验用来测定饱和黏性土的不排水抗剪强度值 C_u。

图 7-9 中圆Ⅰ表示一土样在压力室压力（即径向压力）为 $(\sigma_3)_Ⅰ$、轴向压力为 $(\sigma_1)_Ⅰ$ 时

发生破坏时的总应力圆。应力圆直径为$(\sigma_1-\sigma_3)_{\mathrm{I}}$。若破坏时土样中孔隙水压力为$u$，则破坏时有效主应力$\sigma_1'=(\sigma_1)_{\mathrm{I}}-u$，$\sigma_3'=(\sigma_3)_{\mathrm{I}}-u$。虚线圆是总应力圆Ⅰ相应的有效应力圆。因为$\sigma_1'-\sigma_3'=(\sigma_1-\sigma_3)_{\mathrm{I}}$，所以有效应力圆的直径与总应力圆的直径相等。圆Ⅱ是同组另一土样在压力室压力为$(\sigma_3)_{\mathrm{II}}$时进行同样试验得到的土样破坏时总应力圆，此时轴向压力为$(\sigma_1)_{\mathrm{II}}$。UU试验中试样在压力室压力下不发生固结，所以改变压力室压力并不改变试验中的有效应力，而只引起土样中孔隙水压力变化。由于两个试样在剪切前的有效压力相等，在剪切时含水量保持不变，有效应力保持不变，因此抗剪强度不变，破坏时的应力圆直径不变。圆Ⅲ是压力室压力为$(\sigma_3)_{\mathrm{III}}$时进行UU试验得到的土样破坏时总应力圆。三个总应力圆对应的有效应力圆是同一个。

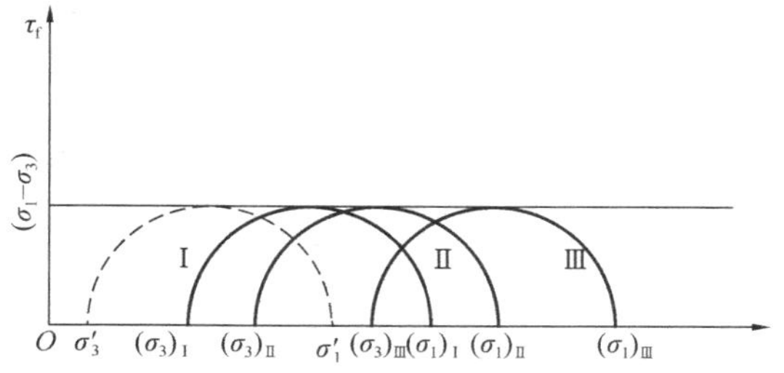

图7-9 UU试验

图7-9中，三个总应力圆的包线是一条水平线。根据摩尔-库伦公式，

$$\varphi_u=0 \tag{7.3.4}$$

$$C_u=\frac{1}{2}(\sigma_1-\sigma_3) \tag{7.3.5}$$

式中 C_u——土的不排水抗剪强度。

因为几个土样的不固结不排水三轴试验破坏时有效应力圆只有一个，所以不能由UU试验测定相应的有效应力强度指标c'和φ'。

UU试验只用于测定饱和黏土不排水抗剪强度C_u，应用于总应力$\varphi_u=0$的分析方法。由UU试验不能测定土的有效应力强度指标c'和φ'，也不能测定土的总应力强度指标c和φ。

不固结不排水三轴试验中试样在剪切前"不固结"是指保持试样中原有的有效应力不变。原状土土样中的有效应力取决于土样在天然地基中的有效应力状态，制备土样中的有效应力取决于制备过程中土体的固结情况。如果饱和土从未发生过固结，有效应力等于零，抗剪强度也必然等于零，这种土是泥浆状的。一般从天然地基中取出的试样或人工制备的试样，总是具有一定的强度，相当于在某种压力下已发生不排水固结。"不固结"是指在三轴仪中在所加压力的作用下土体未发生排水固结。

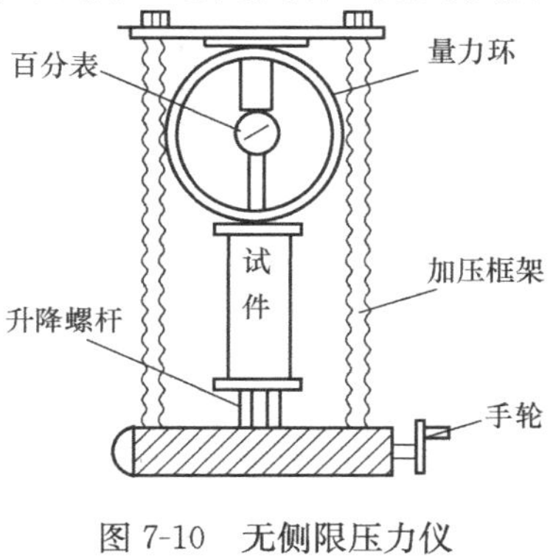

图7-10 无侧限压力仪

7.3.3 无侧限抗压强度试验

无侧限压力仪如图7-10所示，土样在无围压($\sigma_3=0$)条件下，在轴向力作用下剪切破坏。采用无侧限压力仪进行无侧限抗压强度试验非常简便，可在工地现场进行。由于该试验结果只能给出一个极限应力圆，如下图，破坏时最大轴向应力记为q_u，称为无侧限抗压强度。对饱和软黏土，可利用无侧限抗压强度来测

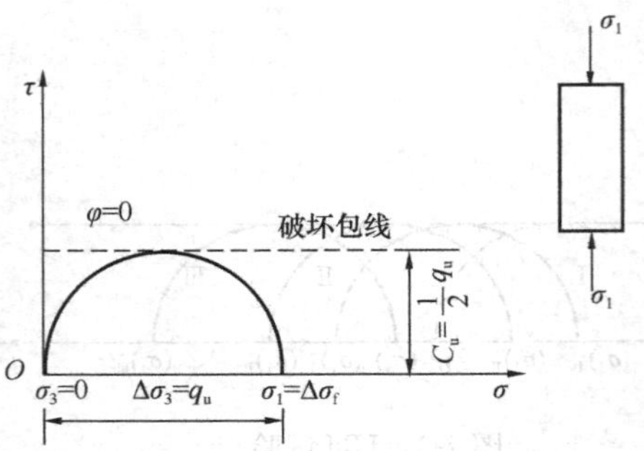

图 7-11　无侧限抗压强度试验

定土的不排水抗剪强度 C_u 值，

$$C_u = \frac{q_u}{2} \tag{7.3.6}$$

式中　C_u——土的不排水抗剪强度，kPa；

q_u——无侧限抗压强度，$q_u = \sigma_{1f}$，kPa。

无侧限抗压强度试实际上是三轴压缩试验的特例，即周围压力 $\varphi_3 = 0$ 的三轴试验，所以又称单轴试验。无侧限抗压强度试验也可以用三轴试验仪进行。

顺便指出，除利用无侧限抗压强度试验测定饱和软黏土的不排水抗剪强度 C_u 值外，还常用它来测定饱和黏性土的灵敏度 s_t，土的灵敏度是以原状土样的强度与同一土样经重塑后土样的强度之比来表示的，即

$$S_t = \frac{q_u}{q_0} \tag{7.3.7}$$

式中　q_u——原状土的无侧限抗压强度，kPa；

q_0——重塑土的无侧限抗压强度，kPa。

7.3.4　十字板剪切试验

图 7-12 为十字板剪切仪示意图。在饱和黏性土地基中钻孔孔底插入规定形状和尺寸的十字板头到指定位置，施加扭矩 M 使十字板头等速扭转，在土中形成圆柱破坏面。十字板在地基土体中的剪切面可分为两部分：由十字板切成的圆柱面和十字板切成的上下面。设各面土体同时达到破坏极限，由破坏时力的平衡可得到作用在十字板上的扭矩 M 与剪切破坏面上土的抗剪强度所产生的抵抗扭矩相等，即

$$\begin{aligned} M &= \pi DH \cdot \frac{D}{2}\tau_{fv} + 2\,\frac{\pi D^2}{4}\,\frac{D}{3}\tau_{fH} \\ &= \frac{1}{2}\pi D^2 H\tau_{fv} + \frac{1}{6}\pi D^3\tau_{fH} \end{aligned} \tag{7.3.8}$$

式中　τ_{fv}、τ_{fH}——剪切破坏时圆柱体侧面和上下面土的抗剪强度，kPa；

H——十字板的高度，m；

D——十字板的直径，m。

天然地基中土体抗剪强度往往是各向异性的，在实用上往往假定土体是各向同性的，即 $\tau_{fv} = \tau_{fH}$，于是由式（7.3.8）可得

$$\tau_f = \frac{2M}{\pi D^2\left(H + \frac{D}{3}\right)} \tag{7.3.9}$$

十字板剪切试验直接在原位地基中进行，没有取土样，以及运输土样、制

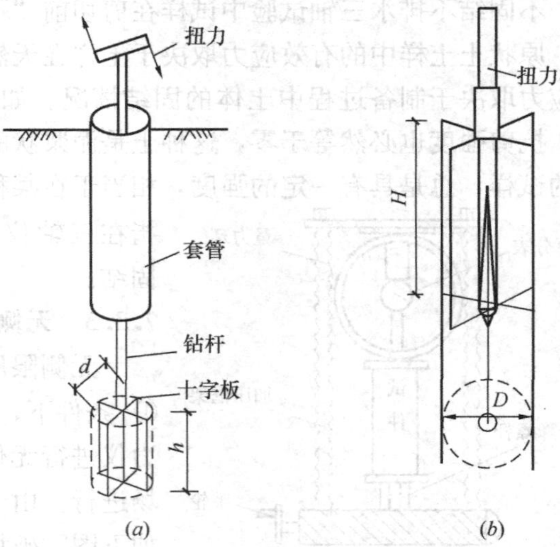

图 7-12　十字板剪切仪示意图

备土样的扰动影响，故被认为是比较能反映土体原位强度的测定方法。十字板剪切试验一般用于测定黏性土的不排水抗剪强度值 C_u。

7.4 饱和黏性土抗剪强度

7.4.1 孔隙水压力系数

土的抗剪强度大小与土中应力有关，研究表明主要与有效应力有关。为了分析荷载作用下地基中有效应力分布情况，有时需要了解地基中孔隙水压力分布情况。土体中的孔隙水压力大小不仅与作用在土体上的法向应力有关，还与剪应力有关。斯肯普顿（Skempton）等在三轴试验研究基础上提出了著名的孔隙水压力关系方程，表达式如下：

$$u = B[\sigma_3 + A(\sigma_1 - \sigma_3)] \tag{7.4.1}$$

式中 A、B——孔隙压力系数。

下面通过式（7.4.1）的推导来说明孔隙压力系数 A 和 B 的物理意义及测定方法。

图 7-13（a）表示一个试样在各向相等的压力 p 作用下发生排水固结，稳定后土体中孔隙水压力 $u=0$，按照有效应力原理，土体中有效应力为 $\sigma' = p$。图 7-13（b）表示试样在不排水条件下受到各向相同的压力 $\Delta\sigma_3$ 的作用，孔隙水压力增长为 Δu_3，有效应力的增长为

$$\Delta\sigma'_3 = \Delta\sigma_3 - \Delta u_3 \tag{7.4.2}$$

根据弹性理论，土体体积变化为

$$\Delta V = \frac{3(1-2\mu)}{E} V\Delta\sigma'_3 = C_s V(\Delta\sigma_3 - \Delta u_3) \tag{7.4.3}$$

式中 C_s——土的体积压缩系数；

V——试样的体积。

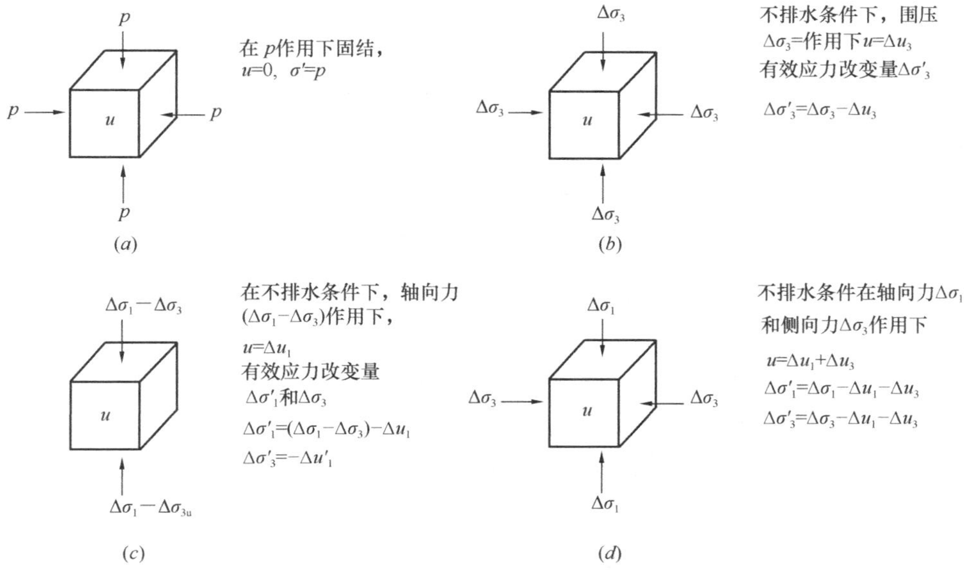

图 7-13　试样压力示意图

孔隙中流体（空气和水）在压力增大 Δu_3 时发生的体积压缩为

$$\Delta V = C_v n V \Delta u_3 \tag{7.4.4}$$

式中　n——土的孔隙率；

C_v——孔隙的体积压缩系数。

因为土颗粒的体积压缩很小，可以忽略不计，所以土体体积变化应该等于土中孔隙体积变化，从式（7.4.3）和式（7.4.4）相等可得到下式

$$c_s V(\Delta\sigma_3 - \Delta u_3) = c_v n V \Delta u_3 \tag{7.4.5}$$

上式可改写为

$$\Delta u_3 = \frac{1}{1+\frac{nc_v}{c_s}} \cdot \Delta\sigma_3 = B \cdot \Delta\sigma_3 \tag{7.4.6}$$

其中 B 称为孔压系数。

对于饱和土，因为水的压缩性比土骨架的压缩性低得多，即 $\frac{C_v}{C_s}=0$，所以 $B=1$。对于干土，孔隙压缩性接近无穷大，所以 $B=0$。非饱和的湿土，孔隙压力系数 B 值在 0～1 之间。饱和度越大，B 值越接近于 1。通过测定土样孔隙压力系数 B 值，可以评价土样的饱和度。

图 7-13（c）表示土体在轴向受到（$\Delta\sigma_1 - \Delta\sigma_3$）的作用时，孔隙水压力增长 Δu_1，轴向及侧向的有效应力增长为

$$\Delta\sigma'_1 = (\Delta\sigma_1 - \Delta\sigma_3) - \Delta u_1 \tag{7.4.7}$$

$$\Delta\sigma'_3 = -\Delta u_1 \tag{7.4.8}$$

根据弹性理论，土体体积变化为

$$\begin{aligned}\Delta V &= \frac{1-2\mu}{E} V(\Delta\sigma'_1 + 2\Delta\sigma'_3) \\ &= \frac{3(1-2\mu)}{E} V \frac{1}{3}(\Delta\sigma'_1 + 2\Delta\sigma'_3) \\ &= C_s V \frac{1}{3}(\Delta\sigma_1 - \Delta\sigma_3 - 3\Delta u_1)\end{aligned} \tag{7.4.9}$$

孔隙中流体在压力增大 Δu_1 时发生的体积变化为

$$\Delta V = C_v n V \Delta u_1 \tag{7.4.10}$$

同前，式（7.4.9）与式（7.4.10）相等，可得

$$\Delta u_1 = \frac{1}{1+\frac{nC_v}{C_s}} \frac{1}{3}(\Delta\sigma_1 - \Delta\sigma_3) = B\frac{1}{3}(\Delta\sigma_1 - \Delta\sigma_3) \tag{7.4.11}$$

式（7.4.6）经变换和（7.4.12）相加可得到如图 7-13（d）所示的在 $\Delta\sigma_1$ 和 $\Delta\sigma_3$ 共同作用下土体中的孔隙水压力为：

$$\Delta u = \Delta u_3 + \Delta u_1 = B[\Delta\sigma_3 + A(\Delta\sigma_1 - \Delta\sigma_3)] = B\Delta\sigma_3 + \bar{A}(\Delta\sigma_1 - \Delta\sigma_3) \tag{7.4.12}$$

式中　$A, \bar{A}$——是在偏应力（$\Delta\sigma_1 - \Delta\sigma_3$）作用下的孔隙压力系数，$\bar{A} = BA$。

式（7.4.13）称为斯肯普顿孔隙压力系数方程。对于饱和土，$B=1.0$，由式（7.4.13）可得

$$\bar{A} = A = \frac{\Delta u_1}{\Delta\sigma_1 - \Delta\sigma_3} \tag{7.4.13}$$

孔隙压力系数 A 值取决于偏应力（$\Delta\sigma_1 - \Delta\sigma_3$）所引起的体积变化。试验表明高压缩性黏性土的 A 值大。超固结黏性土在偏应力作用下将发生体积膨胀，产生负的孔隙压力，因此 A 值是负的。斯肯普顿和拜伦给出各种土的孔隙压力系数 A 值如表 7-2 所示，计算土体破坏和地基沉降时要取用不同的数值。

对于同一种土来说，孔隙压力系数 A 值也不是常数，因为 A 值还取决于其他一些因素，如应变大小、初始应力状态、应力历史和荷载的类型（是加荷还是卸荷）等。所以表 7-2 中所列的数值只能作为粗略计算时参考，应用时必须注意。若需要精确计算土的孔隙压力，应该在实际可能遇到的应力与应变条件下进行三轴不排水试验，直接测定孔隙水系数 A 值。

孔隙压力系数 **表 7-2**

土体（饱和）	A（用于验算土体破坏）	土体（饱和）	A（用于计算地基沉降）
很松的细砂	2～3	很灵敏的软黏土	>1
灵敏黏土	1.5～2.5	正常固结土	0.5～1
正常固结黏土	0.7～1.3	微超固结黏土	0.25～0.5
微超固结黏土	0.3～0.7	高超固结黏土	0～0.25
高超固结黏土	−0.5～0.0		

7.4.2 正常固结土和超固结土的抗剪强度

下面通过分析在实验室制备的正常固结土和超固结土采用固结不排水剪切试验（CIU 试验）测定抗剪强度指标情况，来介绍正常固结土和超固结土抗剪强度包线性状的差别。在 CIU 试验中，当作用在土样上的固结压力等于土样的固结压力时，土样称为正常固结土，当试验时的固结压力小于制备土样时的固结压力时，土样称为超固结土土样。

对正常固结土，CIU 试验固结压力记为 σ_3，剪切破坏时，轴向应力记为 σ_1，此时孔隙水压力记为 u，则最大和最小有效应力为 $\sigma'_1 = \sigma_1 - u, \sigma'_3 = \sigma_3 - u$。CIU 试验破坏摩尔圆及摩尔包线如图 7-14 所示，图中强度包线通过原点。强度包线为什么通过原点呢？若试验固结压力 $\sigma_3 = 0$，即制备相应的土样的固结压力也要为零，此时土样是浆液，抗剪强度应等于零，所以强度包线通过原点。破坏时，$\sigma'_1 - \sigma'_3 = \sigma_1 - \sigma_3$，所以总应力摩尔圆和有效应力摩尔圆半径相等。两摩尔圆距离等于破坏时孔隙水压力 u 值。若将由 CIU 试验测定的总应力抗剪强度记为 c_{cu} 和 φ_{cu}，有效应力抗剪强度记为 c' 和 φ'，即可知 $c_{cu} = 0, c' = 0$，正常固结土的抗剪强度表达式可表示为

$$\tau_f = \sigma \mathrm{tg}\varphi_{cu} \tag{7.4.14}$$

或

$$\tau_f = \sigma' \mathrm{tg}\varphi' \tag{7.4.15}$$

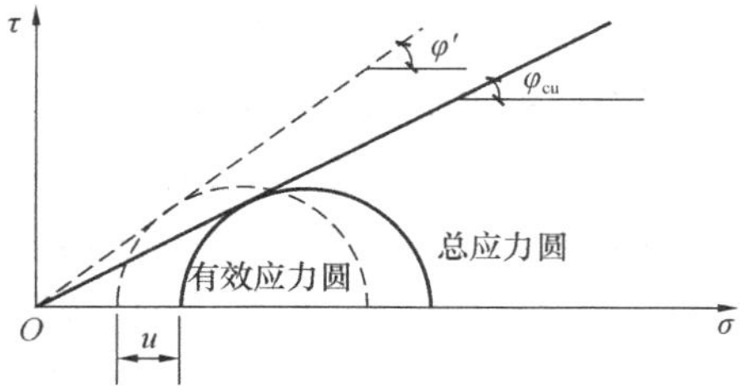

图 7-14 正常固结黏土 CIU 试验

对正常固结土，剪切破坏时孔隙水压力 u 为正值，所以有效应力圆总在应力圆的左方。

超固结土样试验时固结压力为 0，为制备土样时的固结压力，因此，对超固结土样，当试验

固结压力为零时，土样的抗剪强度并不等于零，其总应力和有效应力抗剪强度摩尔包线在纵坐标上截距分别为 c_{cu} 和 c'，强度包线如图 7-15 所示。超固结土的抗剪强度表达式可表示为

$$\tau_f = c_{cu} + \sigma \mathrm{tg}\varphi_{cu} \tag{7.4.16}$$

或

$$\tau_f = c' + \sigma' \mathrm{tg}\varphi' \tag{7.4.17}$$

比较图 7-14 和图 7-15，或比较正常固结土和超固结土抗剪强度表达式，可以看出正常固结土和超固结土的强度包线性状的差别，前者通过原点，后者不通过原点。

7.4.3 饱和黏性土地基中土体的抗剪强度

首先分析地基中原状土采用 CIU 试验测定抗剪强度指标的情况。土样的前期固结压力记为 P_c。在 CIU 试验中，当固结压力大于等于 P_c时，土样的性状同实验室制备的正常固结土，其抗剪强度摩尔包线如上节图 7-14 所示；当 CIU 试验中固结压力小于 P_c时，土样的性状同实验室制备的超固结土，其抗剪强度包线形如上节图 7-15 所示。因此，前期固结压力为 P_c的土体的总应力摩尔包线应如图 7-16 所示。图中摩尔包线分为两段，CIU 试验固结压力小于 P_c时，摩尔包线较平缓，不通过原点，固结压力大于 P_c时，延长摩尔包线一般通过原点。两段摩尔包线的交点的横坐标对应于 P_c值。前期固结压力为 P_c的土体有效应力摩尔包线性状与总应力摩尔包线相似，也分为两段。

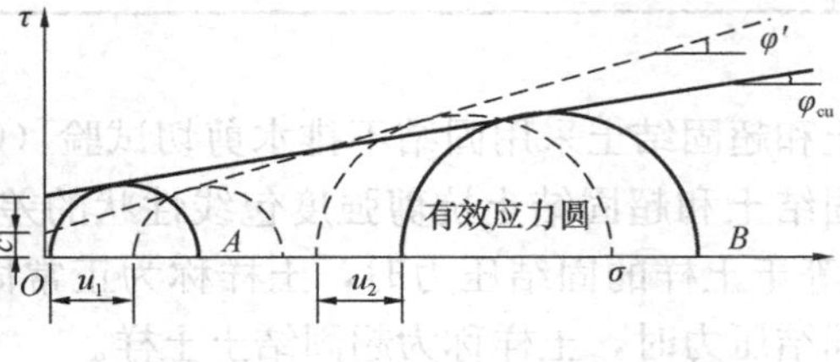

图 7-15 超固结黏土 CIU 试验

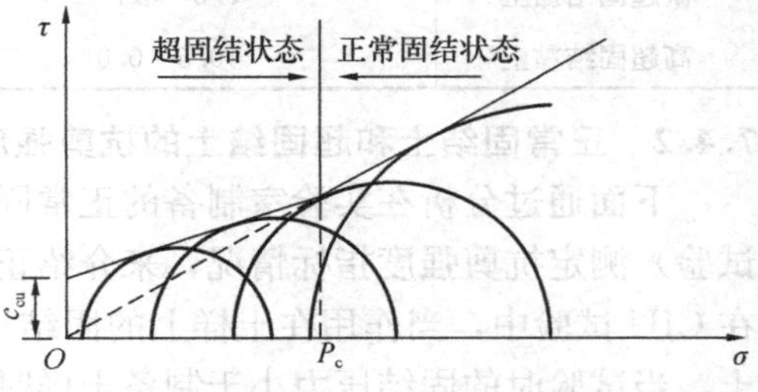

图 7-16 前期固结压力为 P_c 时土体的总应力摩尔包线

图 7-16 表示地基中土体的抗剪强度指标应视情况分两段选用，对正常固结土，加载时，土体处正常固结状态，采用右边部分计算土的抗剪强度，卸载时土体处超固结状态，采用左边部分计算土的抗剪强度。对超固结土，加载时，若土体中固结应力大于 P_c时采用右边部分计算土的抗剪强度；若土体中固结应力小于 P_c时，与卸载时相同，采用左边部分计算土的抗剪强度。

饱和黏性土地基中前期固结压力随深度是变化的，土的自重应力随深度是增加的，因此土的抗剪强度随深度是增大的。

下面分析正常固结土地基中土的抗剪强度随深度的变化。图 7-17 中，单元 A、B、C 处同一土层的不同深度。类似图 7-16，可得图 7-18。

图 7-18 中 P_{CA}、P_{CB}、P_{CC} 分别表示单元 A、B、C 土体的前期固结压力，C_A、C_B、C_C 分别为土样 A、B、C 卸载时（超固结状态）的强度包线在竖轴上的截距。由图中可见，地基同一土层中土的抗剪强度随深是逐步增大的，对同一层土在不同深度处，抗剪强度指标在加载时是不变的，卸载时摩擦角是不变的，而黏聚力却是增大的。

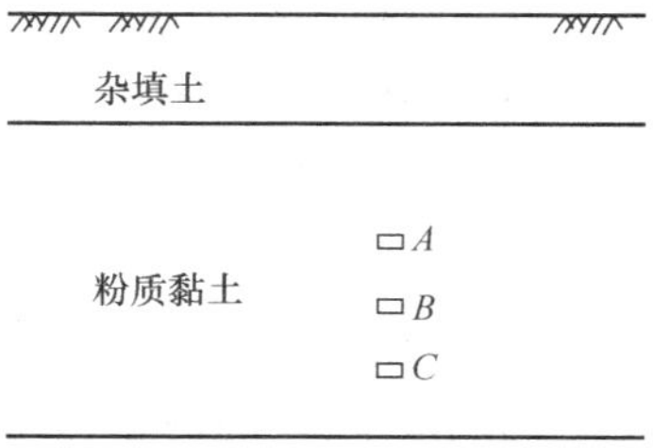

图 7-17　正常固结黏性土地基

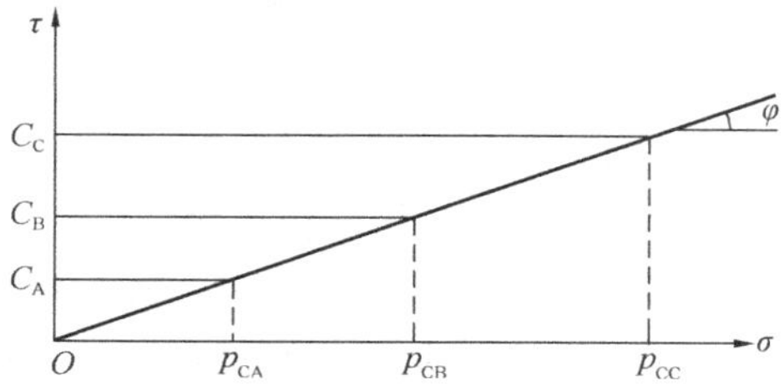

图 7-18　地基土体的强度包线

7.5　未饱和黏性土抗剪强度

毕肖普（Bishop，1960）提出的非饱和土抗剪强度 τ_f 表达式具有下述形式，

$$\tau_f = c' + (\sigma - u_a)\mathrm{tg}\varphi' + \chi(u_a - u_w)\mathrm{tg}\varphi' \tag{7.5.1}$$

式中　c'——有效黏聚力；

φ'——有效内摩擦角；

σ——剪切面上法向总应力；

u_w——孔隙水压力；

u_a——孔隙气压力；

χ——与饱和度、土类和应力路线等有关的参数。当饱和度为零时，$\chi = 0$；当饱和度为 1 时，$\chi = 1$。

弗热兰德（Fredlund）等（1978）提出下列形式的非饱和土抗剪强度表达式。

$$\tau_f = c' + (\sigma - u_a)\mathrm{tg}\varphi' + (u_a - u_w)\mathrm{tg}\varphi'_b \tag{7.5.2}$$

在式（7.5.2）中引进了参数 $\mathrm{tg}\varphi'_b$，作为吸力 $(u_a - u_w)$ 的内摩擦系数，其他符号同毕肖普式（7.5.1）。

卢肇钧等（1997）提出第三种非饱和土抗剪强度表达式，

$$\tau_f = c' + (\sigma - u_a)\mathrm{tg}\varphi' + mP_s\mathrm{tg}\varphi'_b \tag{7.5.3}$$

式中　P_s——非饱和土膨胀力；

m——参数；

其他符号同式（7.5.1）。

7.6　无黏性土抗剪强度

砂和粉土等常被称为无黏性土。无黏性土黏聚力 $c=0$，抗剪强度表达式为

$$\tau_f = \sigma' \cdot \mathrm{tg}\varphi' \tag{7.6.1}$$

式中　φ'——有效内摩擦角，对无黏性土通常在 28°～42°之间。

无黏性土渗透系数大，土体中超静孔隙水压力常等于零，有效应力强度指标与总应力强度指标是相同的。

无黏性土的内摩擦角常采用直剪试验或三轴试验测定。

图 7-19 为由松砂、中等密实砂和密实砂三轴固结排水试验得到的应力应变关系曲线。从图中可以看到：密实砂和中等密实砂中剪应力起初随着轴向应变增大而增大，直至到达峰值 τ_m，然后则随着轴向应变增大而减少，并以残余强度 τ_r 为渐近值。松砂中剪应力随着轴向应变增大而增大，其极限值也为 τ_r。

对密实砂和中等密实砂可由峰值 τ_m 确定峰值强度，由 τ_r 确定残余强度，并确定相应的强度指标内摩擦角 φ 和残余内摩擦角 φ_r 值，如图 7-20 所示。松砂的内摩擦角可由极限值确定。

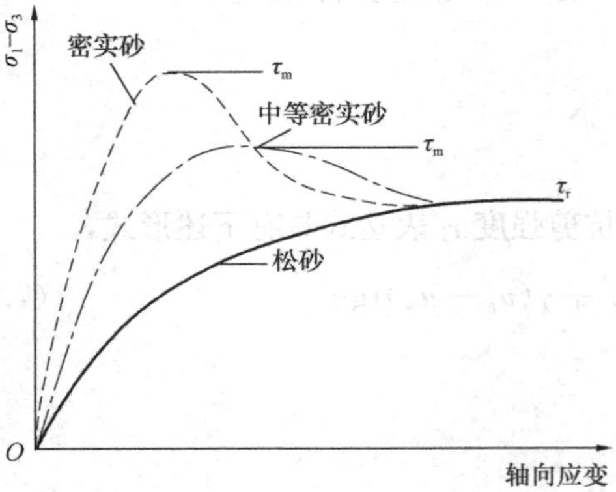

图 7-19　无黏性土应力应变曲线（CID 试验）

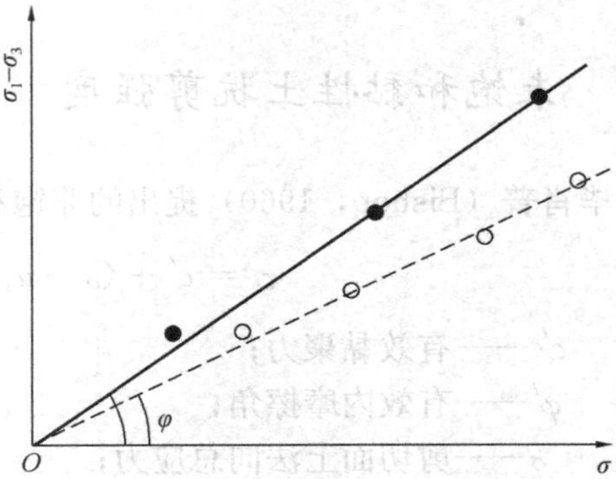

图 7-20　无黏性土内摩擦角

无黏性土的内摩擦角除了与初始孔隙比有关，还与土粒的形状、表面的粗糙程度以及土的级配有关。密实砂土和土粒表面粗糙的砂土，内摩擦角较大。级配良好的比颗粒均一的内摩擦角大。表 7-3 是在不同密实度状态下无黏性土的内摩擦角参考数值。在无试验资料时可供初步设计时参考选用。

无黏性土内摩擦角参考值　　　　**表 7-3**

土的类型	残余强度 φ_r（或松砂峰值强度 φ）	峰值强度	
		中密	密实
粉砂（非塑性）	26°～30°	28°～32°	30°～34°
均匀细砂、中砂	26°～30°	30°～34°	32°～36°
级配良好的砂	30°～34°	34°～40°	38°～46°
砾　砂	32°～36°	36°～42°	40°～48°

松砂的内摩擦角大致与干砂的天然休止角相等。天然休止角是天然堆积的砂土边坡平面的最大倾角，取干砂堆成堆体量测坡角大小即可。这种方法比做剪切试验简易得多。密实砂的内摩擦角比天然休止角大 5°～ 10°。

7.7　抗剪强度的影响因素

土的抗剪强度影响因素很多，下面主要介绍土的结构性、应力历史、应力路径、各向异性、中主应力、加荷速率以及土体固结对土体抗剪强度的影响。

7.7.1 土的结构性的影响

地基中原状土都有一定的结构性。由于地质历史以及环境条件的不同，土的结构性强弱差别很大。以黏性土为例，在土体结构性状未破坏前，土体抗剪强度摩尔包线性状与超固结土类似，主要反映在土的黏聚力的提高。图 7-21 为黏性土结构性对土的强度包线影响的示意。若土样 1，2，3 具有相同的前期固结压力 P_c，土样 3 的土体结构性最强，土样 2 次之，土样 1 最小。从图中可看出土的结构性未破坏前，土的结构性愈强，土的抗剪强度愈高。

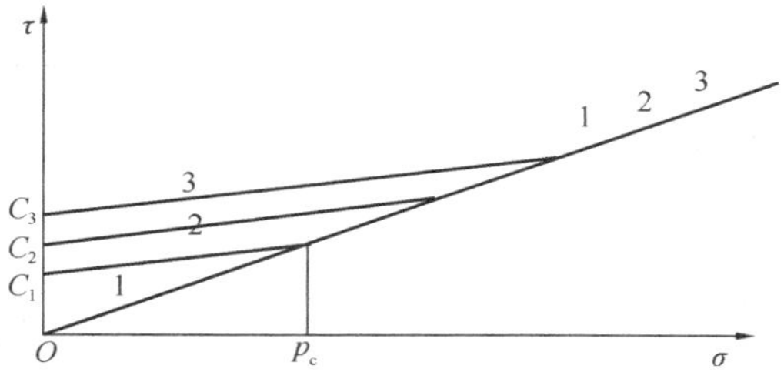

图 7-21 土的结构性对土的抗剪强度影响

7.7.2 应力历史的影响

图 7-22 表示应力历史对土的抗剪强度的影响。图（a）为一土体的 e-p 曲线，图（b）为相应的抗剪强度摩尔包线。若土体应力历史为 $D \to A \to B \to C$，则土体抗剪强度摩尔包线为 OC；若应力历史为 $D \to A \to A' \to A \to B \to C$，则摩尔包线为 $a'ac$；若应力历史为 $D \to A \to B \to B' \to B \to C$，则摩尔包线为 $b'bc$。可见，应力历史不同，土的抗剪强度摩尔包线也不同。

7.7.3 应力路径的影响

首先介绍应力路径的概念。土体中某点的应力状态可以用应力空间中的一个点来表示，该点称为该应力状态对应的应力点。土体中该点应力状态的变化可以用应力点的运动来表示。应力点的运动轨迹称为应力路径。下面以 CIU 试验来说明应力路径的绘制。图 7-23 中，横坐标为 $p = \frac{1}{3}(\sigma_1 + \sigma_2 + \sigma_3)$，纵坐标为 $q = (\sigma_1 - \sigma_3)$。CIU 试验中，当土样处固结阶段，$\sigma_1 = \sigma_2 = \sigma_3$，设围压从零至 100kPa，其应力路径为 $O \to A$。CIU 试验中，当土样处剪切阶段，$\sigma_2 = \sigma_3$，并且数值保持不变，σ_1 由 100kPa 增至 160kPa，于是得到 p=120kPa，q=60kPa，相应的应力点为图中 B 点，总应力路径为 AB。若继续增加轴向应力 σ_1 直至土体破坏，设破坏时相应应力点为 C，则 AC 为 CIU 试验剪切阶段的总应力路径。若图 7-23 中横坐标采用有效应力 $p' = \frac{1}{3}(\sigma_1 + \sigma_2 + \sigma_3)$，纵

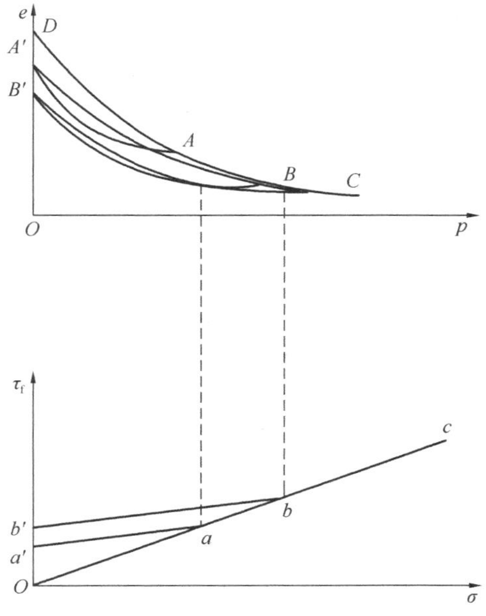

图 7-22 应力历史对抗剪强度影响

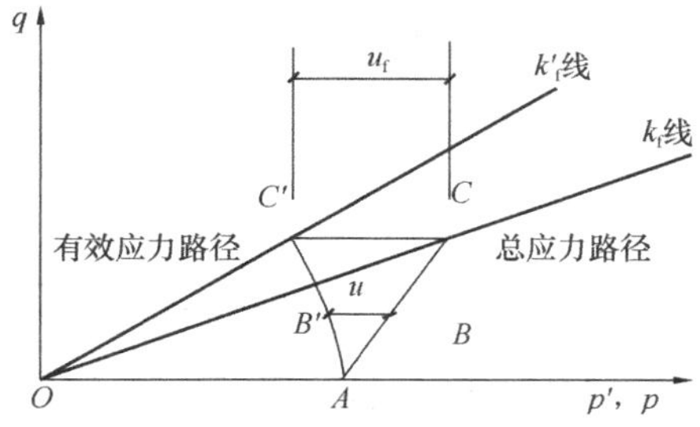

图 7-23 CIU 试验应力路径

坐标采用 $q' = \sigma'_1 - \sigma'_3$（$q'$ 与 q 相等）。B 点对应的有效应力点为 B'，此时孔隙水压力为 u，C 点对应的有效应力点 C'，此时孔隙水压力为 u_f，则 CIU 试验剪切阶段有效应力路径如图中 $AB'C'$ 所示。以上介绍了总应力路径和有效应力路径的概念。

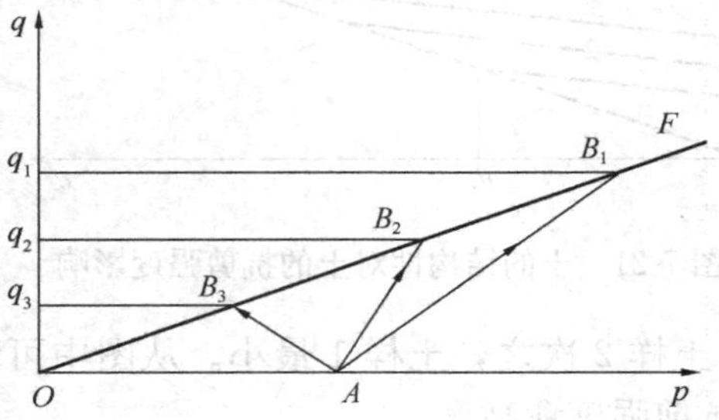

图 7-24　应力路径对抗剪强度的影响示意图

从图 7-24 中可以看出应力路径对土体抗剪强度的影响，在（p，q）平面上，OF 表示抗剪强度线，在剪切过程中沿应力路径 AB_1、AB_2 和 AB_3 进行剪切破坏，土体具有抗剪强度是不同的。显然，沿着路径 AB_1 进行剪切，土体抗剪强度很高；沿着路径 AB_3 土体抗剪强度很小；沿着路径 AB_2 抗剪强度居中。由图 7-24 可知应力路径对抗剪强度的影响是不小的。

7.7.4　土体各向异性的影响

土体各向异性主要由两个因素引起：一为结构方面的原因，在沉积和固结过程中，天然土层中的黏土颗粒及其组构单元排列的方向性造成了土体各向异性；二为应力方面的原因，由于天然地层的初始应力一般处于不等向应力状态（正常固结土静止土压力系数 K_0 值一般小于 1，超固结土 K_0 往往大于 1），引起了在不同方向荷载情况下，使土体破坏所需剪应力增量各不相同。在地质历史中，天然土层还受到周围环境（如气候变化、地下水位升降及历史上的冰川活动等）和时间的影响。这些都引起土的结构和土的初始应力状态的变化，使之变得更加复杂，从而使土的各向异性也变得更复杂。

用沿着不同方向切取的土样进行压缩剪切试验，可以测得土体强度的各向异性。试验表明：正常固结黏土的水平向土样的强度常常小于竖直向土样的强度。关于 45°方向的土样的强度有两种不同情况：有些黏土的 45°方向土样的强度既小于水平向土样的强度，也小于竖直向土样的强度。上海金山黏土属于后一种情况（图 7-25）。

图 7-26 表示由于填土荷载使地基产生滑动。设土体单元 A、B、C 均在滑动面上，单元 A 相当于竖向受压，单元 C 相当于水平向受压，而单元 B 相当于 45°方向受压，若土体具有各向异性，各点的抗剪强度是不同的。

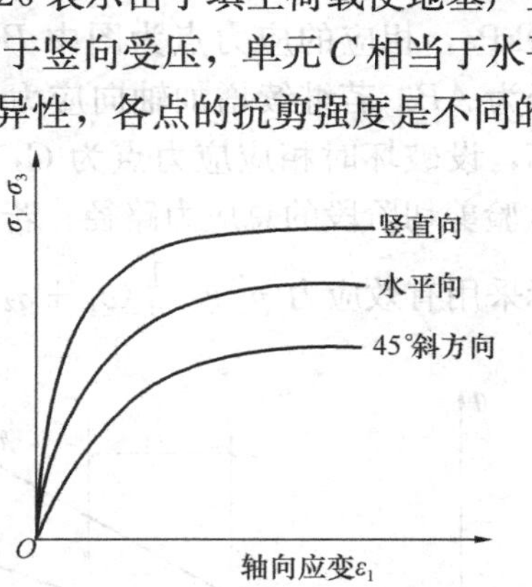

图 7-25　不同方向切取的土样应力应变曲线

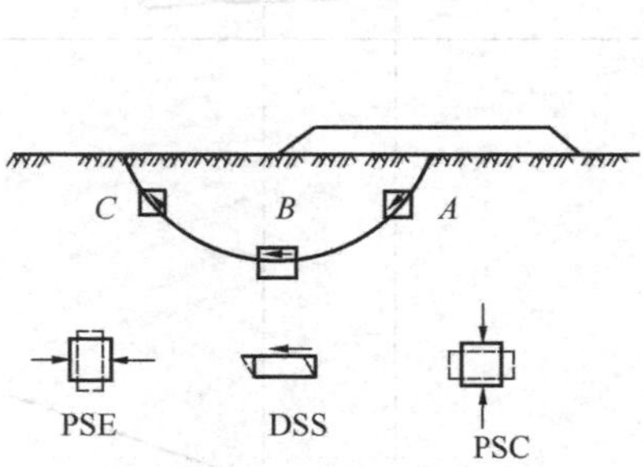

图 7-26　地基滑动图

7.7.5　中主应力的影响

在常规三轴压缩试验中，土体处于轴对称荷载作用下，且 $\sigma_2 = \sigma_3$ 并保持不变。常规三轴试验不能反映中主应力变化对抗剪强度的影响。在荷载作用下，地基土体一般呈三维应力状态，且 $\sigma_1 \neq \sigma_2 \neq \sigma_3$ 。采用常规三轴试验和平面应变三轴试验作对比试验，可以看到中主应力对抗剪强度的影响。图 7-27 为一组对比试验成果。它表明平面应变状态的有效内摩擦角 φ' 较轴对称时大，紧密砂约大 4°，松砂约大 0.5°。

7.7.6 加荷速率的影响

土体抗剪强度还受剪切速率的影响。图 7-28 表示剪切速率不同时同一种土样的 CIU 试验测定的应力应变曲线。剪切速率快时土的抗剪强度大，剪切速率慢时土的抗剪强度小。

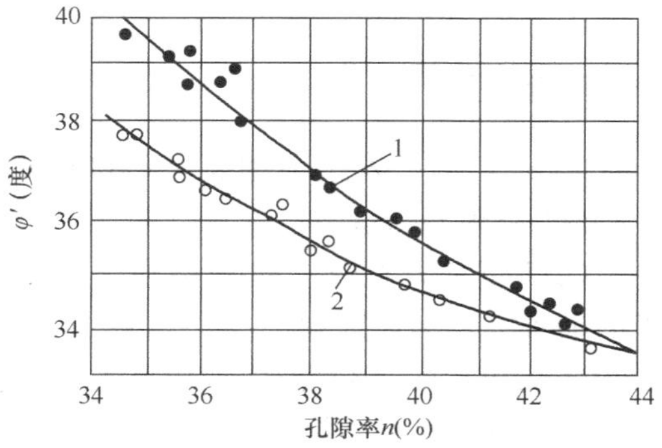

图 7-27 布拉斯特砂平面应变三轴与轴对称三轴试验成果比较

1—平面应变；2—轴对称三轴压缩

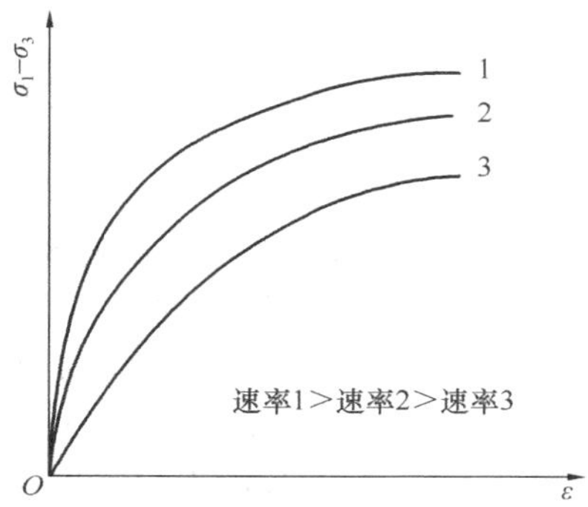

图 7-28 加荷速率对抗剪强度的影响

7.7.7 蠕变对土体抗剪强度的影响

土的抗剪强度由黏聚力与内摩擦力两部分组成。研究表明：剪切速率对黏聚力大小有影响，而与内摩擦力几乎没有关系。土的黏聚力具有黏滞性质，当剪应力低于通常的不排水抗剪强度时，虽然土不会很快的剪切破坏，但是黏聚力所承受的剪应力将会引起土体蠕动，土体发生不间断的缓慢变形。内摩擦力只有当变形增大后才能逐渐发挥，所以随着土体长时间蠕变，内摩擦力所承受的剪应力部分逐渐增大，而黏聚力所承受的剪应力部分则逐渐减小。随着土体蠕变，其黏聚力也逐渐减小，并达到某极限值。蠕变的速率决定于剪应力的大小，如图 7-29 所示。当剪应力较大时，有时虽然低于不排水强度（例如低于峰值不排水强度 50％），但是因为蠕变的影响较大，最后仍可能导致黏土破坏，这种破坏称为蠕变破坏。饱和的灵敏软黏土在不排水条件下剪切以及严重超固结黏土在排水条件下剪切最容易因发生蠕变引起强度降低。如果剪应力很小，内摩擦力最终足以承受剪应力，蠕变将停止发展，不会发生破坏。

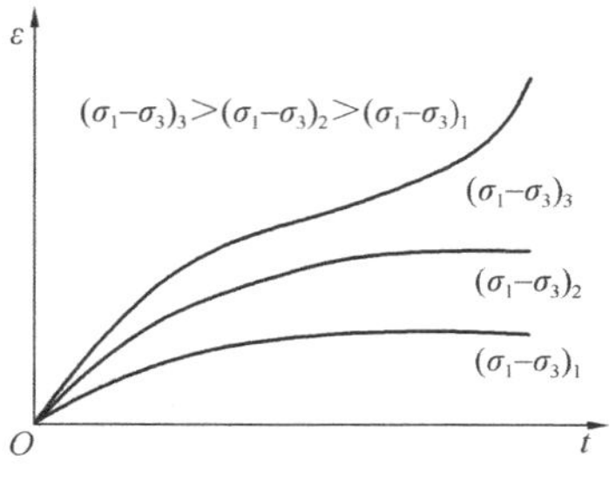

图 7-29 在恒定剪应力作用下土体蠕变

7.7.8 土体固结对黏性土抗剪强度的影响

土的抗剪强度主要与土中有效应力有关。土体在荷载作用下排水固结，土中有效应力增加，土的抗剪强度提高。在图 7-30 中，$c'=0$，有效内摩擦角为 φ'，土体固结压力为 σ_c，此时土的抗剪强度 τ_f 可表示为 σ_c 的函数，即

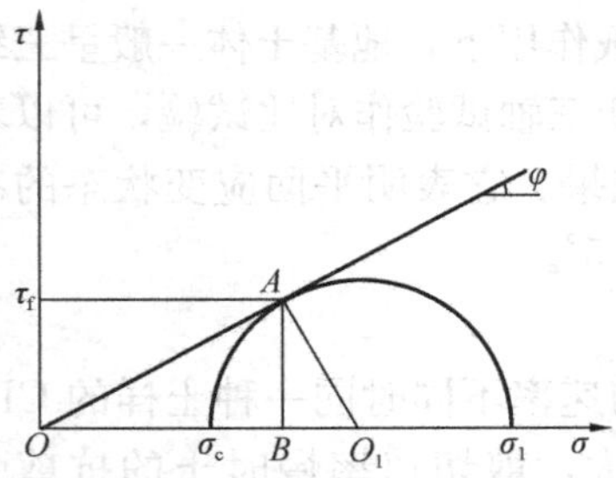

图 7-30　土体固结引起土体抗剪强度提高

$$\tau_f=\frac{\sin\varphi'\cos\varphi'}{1-\sin\varphi'}\sigma_c \tag{7.7.1}$$

若固结压力增加 $\Delta\sigma_c$，则抗剪强度增加 $\Delta\tau_f$ 其值为

$$\Delta\tau_f=\frac{\sin\varphi'\cos\varphi'}{1-\sin\varphi'}\Delta\sigma_c \tag{7.7.2}$$

习 题 与 思 考 题

7.1　某土体黏聚力 $c=100\text{kPa}$，内摩擦角 $\varphi=20°$，若土体中 $\sigma_3=100\text{kPa}$，$\sigma_1=220\text{kPa}$，试用图解法和数解法判断该土体是否处于极限平衡状态？

7.2　对一组 3 个饱和黏性土试样进行 CIU 试验，3 个土样分别在 $\sigma_3=100\text{kPa}$、200kPa、300kPa 下固结，产生剪切破坏时轴向应力分别是 $\sigma_1=220\text{kPa}$、402kPa、599kPa，孔隙水压力分别为 $u_f=60\text{kPa}$、132kPa、204kPa，试用绘图求出该土样的总应力强度指标 c_{cu}，φ_{cu} 和有效应力强度指标 c'，φ'，并求出剪切破坏时孔隙压力系数 A。

7.3　某饱和黏性土用 CIU 试验得到有效应力强度指标 $c'=0$，$\varphi'=30°$，如果该土样受到 $\sigma_1=280\text{kPa}$，$\sigma_3=200\text{kPa}$ 的作用时，测得孔隙水压力 $u=100\text{kPa}$，问该土样是否会破坏？

7.4　某黏性土有效应力抗剪强度指标 $c'=0$，$\varphi'=30°$，如该土样在围压 $\sigma_3=150\text{kPa}$ 下进行三轴固结排水剪切试验直至破坏，试求破坏时的轴向应力？

7.5　已知土的抗剪强度指标 $c=100\text{kPa}$，$\varphi=30°$，作用在此土中某平面上的总应力为 $\sigma_0=180\text{kPa}$，$\tau_0=80\text{kPa}$，倾斜角 $\theta=36°$，试问会不会发生剪切破坏？

7.6　某条形基础下地基土体中的一点应力为：$\sigma_z=300\text{kPa}$，$\sigma_x=150\text{kPa}$，$\tau=50\text{kPa}$。已知土的 $c=20\text{kPa}$，$\varphi=30°$，问该点是否会剪切破坏？如 σ_z 和 σ_x 不变，τ 值增加 70kPa，则该点又如何？

7.7　已知作用在两个相互垂直的平面上的正应力分别为 1800kPa 和 600kPa，剪应力为 400kPa。求①大主应力和小主应力；②这两个平面和最大主应力面的夹角？

7.8　土的抗剪强度为什么和试验方法有关，饱和软黏土不排水剪为什么得出 $\varphi=0$ 的结果？

7.9　什么情况下剪切破坏面与最大应力面是一致的？一般情况下，剪切破坏面与大主应力面成什么角度？

7.10　试分析土的抗剪强度影响因素。

参 考 文 献

[1]　龚晓南．高等土力学．杭州：浙江大学出版社，1996.

[2]　高大钊主编．土力学及基础工程．北京：中国建筑工业出版社，1998.

[3]　卢肇均．非饱和土抗剪强度的探索研究．中国铁道科学，1999，第 20 卷，第 2 期，10.

[4]　华南理工大学等编．地基及基础．北京：中国建筑工业出版社，1992.

[5]　龚晓南．软土地基土的抗剪强度若干问题，岩土工程学报，2011.

第 8 章　土压力及支挡结构

8.1　概述

在土建、水利、港口和交通等工程中，为了防止土体坍塌或滑坡，常用各种类型的挡土结构物进行支挡。设计挡土结构的关键是确定作用在挡土结构上的土压力（包括土压力的性质、大小、方向和作用点）。挡土结构按形式可分为：重力式、悬臂式、扶臂式、内撑式和锚杆式等。图 8-1 为重力式挡土墙结构各部分的名称。土压力按位移方向可分为：静止土压力、主动土压力和被动土压力（见图 8-2）。

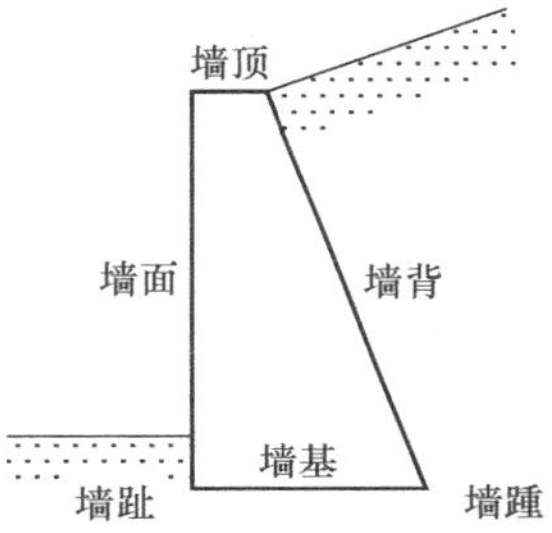

图 8-1　重力式挡土墙

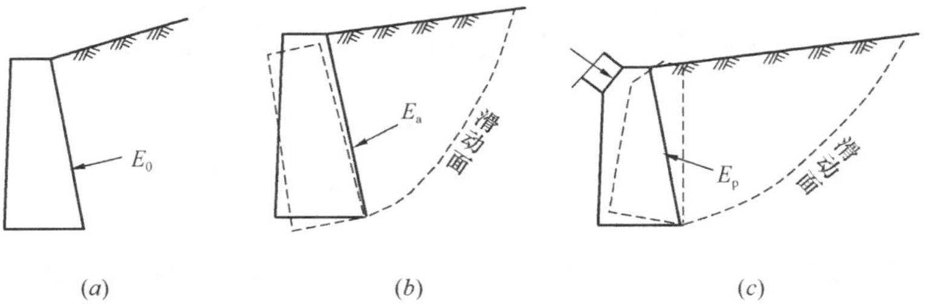

图 8-2　土压力的三种形式

(*a*) 静止土压力；(*b*) 主动土压力；(*c*) 被动土压力

在土压力计算时，一般假定为平面应变问题，即沿结构长度方向的应变为零。对该问题的严格处理，将需要建立应力应变关系，平衡方程以及相应的边界条件。土压力问题的严格分析是非常困难的。然而，我们最关心的问题是土体的破坏条件，假如不考虑位移，则可以应用塑性破坏的概念来解决土压力问题。

挡土结构物的类型很多，下面是一些主要的挡土结构。

1. 重力式挡土墙　重力式挡土墙依靠墙的自重保持稳定，一般多用块石、砖、素混凝土材料筑成。一般用于低挡土墙，墙高 $H<5$m 时采用。墙背有俯斜、垂直和仰斜三种（图 8-3）。

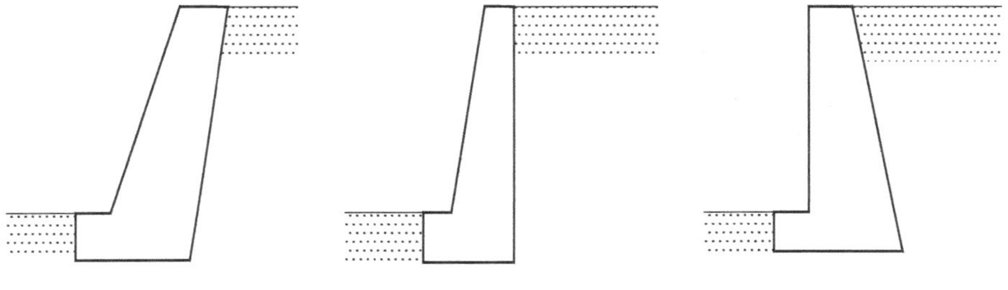

图 8-3　重力式挡土墙

(*a*) 仰斜；(*b*) 垂直；(*c*) 俯斜

2. 薄壁式挡土墙　薄壁式挡土墙是钢筋混凝土结构，有两种主要形式：悬臂式挡土墙和扶壁式挡土墙（见图 8-4）。薄壁式挡土墙的稳定主要依靠墙踵悬臂以上的土重，墙体内的拉应力由钢筋承担，这种类型的挡土墙截面尺寸较小，悬臂式挡土墙墙高 $H>5\mathrm{m}$，适用于重要工程，地基土质差，以及当地缺少石料等情况。扶壁式挡土墙墙高 $H>10\mathrm{m}$，为了增强墙的抗弯性能，沿长度方向每隔（0.8～1.0）H 做一个扶壁以保持挡土墙的整体性。

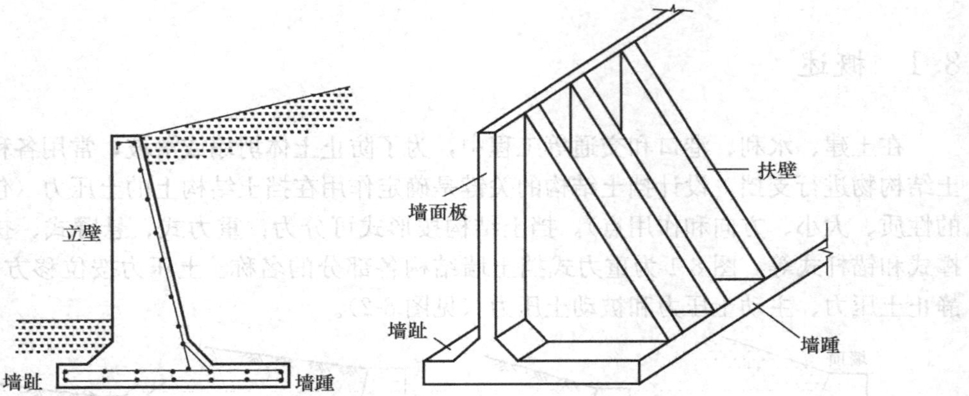

图 8-4　薄壁式挡土墙

3. 锚定式挡土墙　锚定式挡土墙包括锚杆式挡土墙和锚定板式挡土墙如图 8-5 所示，锚杆式挡土墙由预制的钢筋混凝土立柱、挡土板构成墙面，与水平或倾斜的钢锚杆联合组成。锚杆的一端与立柱连接，另一端被锚固在山坡深处的稳定岩层或土层中，墙后侧压力由挡土板传给立柱，由锚杆与岩体之间的锚固力，即锚杆的抗拔力，使墙获得稳定。它适用于墙面较大、石料缺乏或挖基困难地区，一般多用于路堑挡土墙。锚定板式挡土墙的结构形式与锚杆式挡土墙基本一样，所不同的是锚杆的锚固端改用锚定板，并将其埋入墙后填料内部的稳定层中，锚定板产生的抗拔力抵抗侧压力，保持墙的稳定。

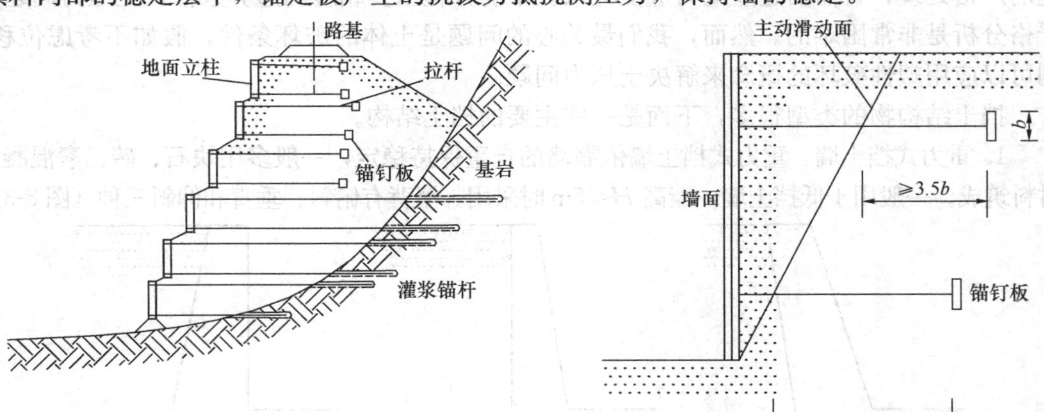

图 8-5　锚定式挡土墙

4. 加筋土挡土墙　加筋土挡土墙是由填土及布置在填土中的筋带，以及墙面板三部分组成（如图 8-6）。在垂直墙面的方向，按一定间隔和高度水平地放置拉筋材料，然后填土压实，通过填土与筋带间的摩擦作用，把土的侧压力传给筋带，从而稳定土体。加筋土挡土墙属柔性结构、对地基变形适应性大，建筑高度大，适用于填土路基。

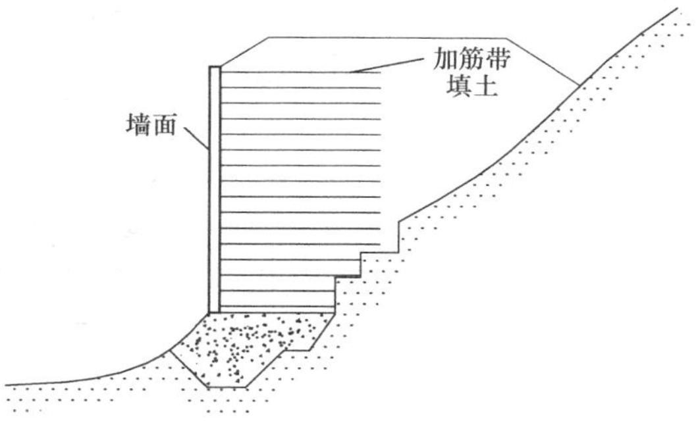

图 8-6　加筋土挡土墙

近二十年来，由于高层建筑的发展，深基坑工程越来越多，出现了各种形式的围护结构，这些结构与传统的支挡结构相比，在结构和受力方面都有很大的不同。本章将介绍静止土压力、主动土压力和被动土压力的基本理论，支挡结构物上土压力的计算方法，重力式挡土结构、柔性挡土结构和加筋挡土结构的设计等内容。

8.2　静止土压力计算

静止土压力——当挡土结构静止不动，土体处于弹性平衡状态时，则作用在结构上的土压力称为静止土压力。作用在每延米挡土结构上静止土压力的合力用 E_0（kN/m）表示，静止土压力强度用 p_0（kPa）表示。

当静止土压力时，挡土结构后的土体处于弹性平衡状态（见图 8-7），若假定土体是半无限弹性体，墙静止不动，土体无侧向位移，这时水平向静止土压力可按水平向自重应力公式计算，即

$$p_0 = K_0\sigma_{cz} = K_0\gamma z \tag{8.2.1}$$

式中　K_0——静止土压力系数（也称侧压力系数）。

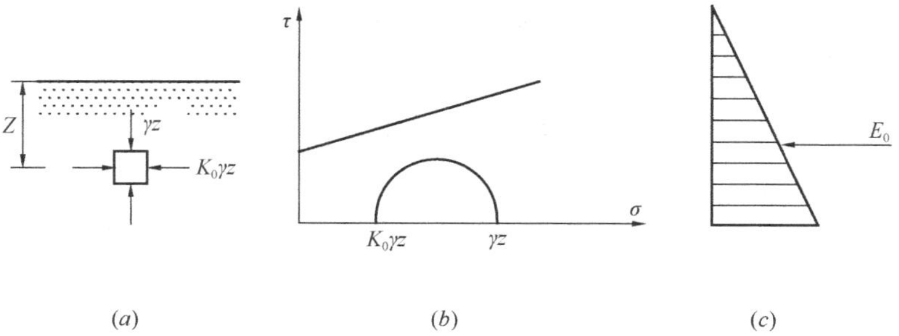

图 8-7　静止土压力状态

土的静止土压力系数可以在三轴仪中测定，也可在专门的侧压力仪器中测得。在缺乏试验资料时可按下面经验公式估算

对砂性土：

$$K_0 = 1 - \sin\varphi' \tag{8.2.2}$$

对黏性土：

$$K_0 = 0.95 - \sin\varphi' \tag{8.2.3}$$

对超固结黏土：

$$K_0 = \sqrt{OCR}(1 - \sin\varphi') \qquad (8.2.4)$$

式中　φ'——土的有效内摩擦角。

表 8-1 列出了不同土的静止土压力系数的参考值，图 8-8 给出了 K_0 与土的塑性指数 I_p 及超固结比 OCR 的试验关系曲线。

静止土压力系数 K_0 值　　**表 8-1**

土　名	K_0
砾石、卵石	0.20
砂性土	0.25～0.35
黏性土	0.45～0.55

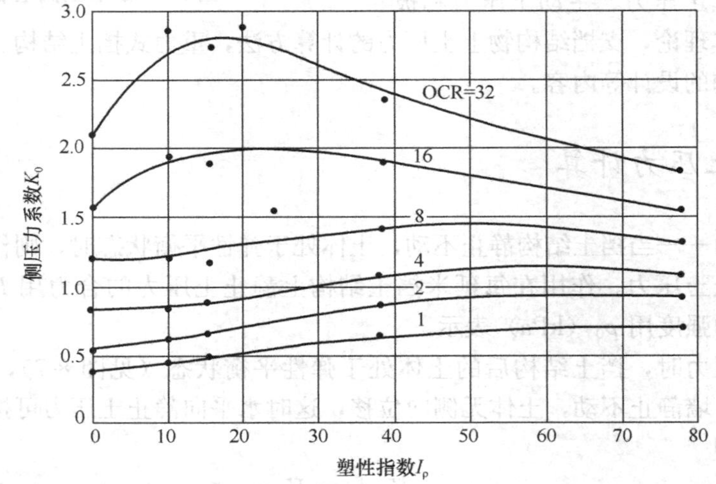

图 8-8　K_0 与土的塑性指数 I_p 及超固结比 OCR 的关系

由式（8.2.1）可见，静止土压力 p_0 沿深度呈直线分布，如图 8-9*a* 所示。作用在每延米挡土墙上的静止土压力合力 E_0 为：

$$E_0 = \frac{1}{2}K_0\gamma H^2 \qquad (8.2.5)$$

式中　H——挡土墙的高度。

若墙后土体内有地下水，计算静止土压力时，水下土应考虑水的浮力作用，对于透水性的土应采用浮重度 γ' 计算，同时考虑作用在挡土墙上的静水压力，如图 8-9*b* 所示。

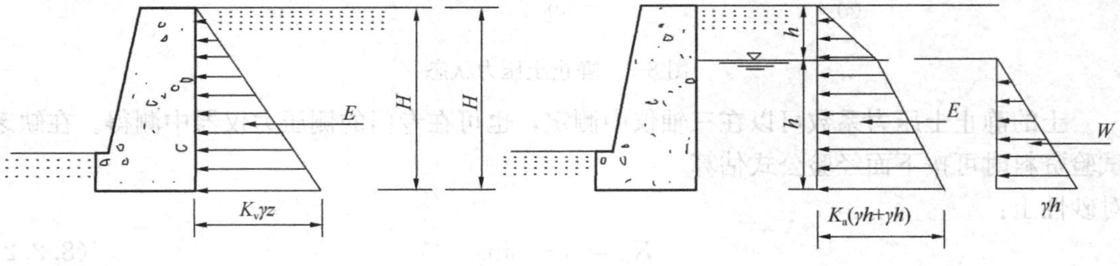

图 8-9　静止土压力的分布

（*a*）均匀土；（*b*）有地下水时

【例题 8-1】 计算作用在图 8-10 所示挡土墙上的静止土压力分布值及其合力 E_0。

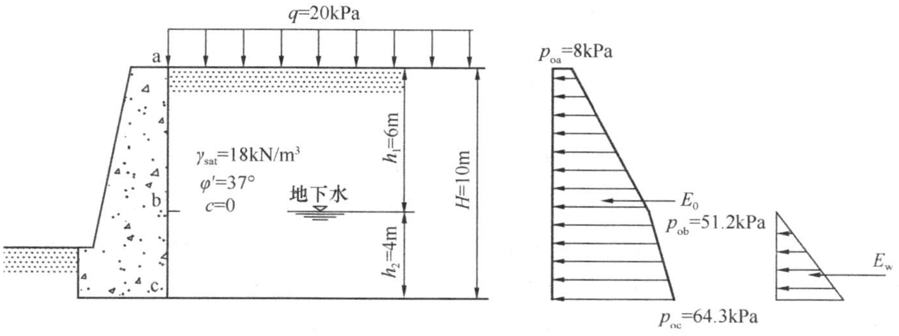

图 8-10 挡土墙的静止土压力分布

【解】 对砂性土，按式（8.2.2）计算静止土压力系数 K_0

$$K_0 = 1 - \sin\varphi' = 1 - \sin 37^\circ = 0.4$$

按式（8.2.1）计算土中各点静止土压力 p_0 值

a 点 $p_{oa} = K_0 q = 0.4 \times 20 = 8\text{kPa}$

b 点 $p_{ob} = K_0(q + \gamma h_1) = 0.4 \times (20 + 18 \times 6) = 51.2\text{kPa}$

c 点 $p_{oc} = K_0(q + \gamma h_1 + \gamma' h_2) = 0.4 \times [20 + 18 \times 6 + (18 - 9.81) \times 4] = 64.3\text{kPa}$

静止土压力的合力 E_0 为

$$E_0 = \frac{1}{2}(p_{0a} + p_{0b})h_1 + \frac{1}{2}(p_{0b} + p_{0c})h_2$$

$$= \frac{1}{2}(8 + 51.2) \times 6 + \frac{1}{2}(51.2 + 64.3) \times 4 = 408.6\text{kN/m}$$

E_0 的作用点位置离挡土墙底面为

$$d = \frac{1}{E_0}\left[p_{oa}h_1\left(\frac{h_1}{2} + h_2\right) + \frac{1}{2}(p_{ob} - p_{oa})h_1\left(h_2 + \frac{h_1}{3}\right) + p_{ob} \times \frac{h_2^2}{2} + \frac{1}{2}(p_{oc} - p_{ob})\frac{h_2^2}{3}\right]$$

$$= \frac{1}{408.6}\left[8 \times 10 \times \left(\frac{6}{2} + 4\right) + \frac{1}{2} \times 43.2 \times 6 \times \left(4 + \frac{6}{3}\right) + 51.2 \times \frac{4^2}{2} + \frac{1}{2}(64.3 - 51.2) \times \frac{4^2}{3}\right]$$

$$= 4.4\text{m}$$

作用在墙上的静水压力合力为

$$E_w = \frac{1}{2}\gamma_w h_2^2 = \frac{1}{2} \times 9.81 \times 4^2 = 78.5\text{kN/m}$$

静止土压力 p_0 及水压力的分布图示于图 8-10。

8.3 主动土压力计算

主动土压力——挡土结构在填土压力作用下，背离填土方向移动，这时作用在结构上的土压力逐渐减小，当其后土体达到极限平衡，出现连续滑动面使土体下滑，滑动面上的剪应力等于土的抗剪强度，这时土压力达到最小值，称为主动土压力，用 E_A(kN/m)表示合力和 p_a(kPa)表示分布强度。各种土产生主动土压力结构顶面的水平位移Δ_x值为：密砂为（0.0005～0.001）H（H 为挡土结构的高度）；松砂为（0.001～0.002）H；硬黏土为

0.01H；软黏土为 0.02H。

由法国的 C. A. Coulomb（库伦）于 1776 年和英国的 W. J. M. Rankine（朗肯）于 1857 年分别提出的土压力理论，由于概念明确，计算方便，是应用最广泛的两种土压力理论。下面将重点介绍这两种土压力理论。

8.3.1　Rankine 主动土压力理论

W. J. M. Rankine 在 1857 年研究了半无限土体在极限平衡状态时的应力情况。若在半无限土体取一竖直切面 AB，如图 8-11a 所示，在 AB 面上深度 z 处取一单元土体，作用的法向应力为 σ_z、σ_x，因为 AB 面上无剪应力，故 σ_z 和 σ_x 均为主应力。当土体处于弹性平衡状态时，$\sigma_z=\gamma z$，$\sigma_x=K_0\gamma z$，其应力圆如图 8-11b 中的圆 O_1，与土的强度包线不相交。若在 σ_z 不变的条件下，使 σ_x 逐渐减小，直到土体达到极限平衡时，则其应力圆将与强度包线相切，如图 8-11b 中的应力圆 O_2。σ_z 及 σ_x 分别为最大及最小主应力，该应力状态称为 Rankine 主动状态，土体中产生的两组滑动面与水平面成 $(45°+\varphi/2)$ 夹角。Rankine 认为作用在挡土墙背 AB（见图 8-12a）上的土压力，就是在半无限土体中和墙背方向、长度相对应的 AB 切面上达到极限平衡状态的应力情况。即 Rankine 认为可以用挡土墙代替半无限土体的一部分，而不影响土体的应力情况。这样，Rankine 土压力理论的极限平衡问题只有一个边界条件，即半无限土体的表面情况，而不考虑墙背与土体接触面上的边界条件。

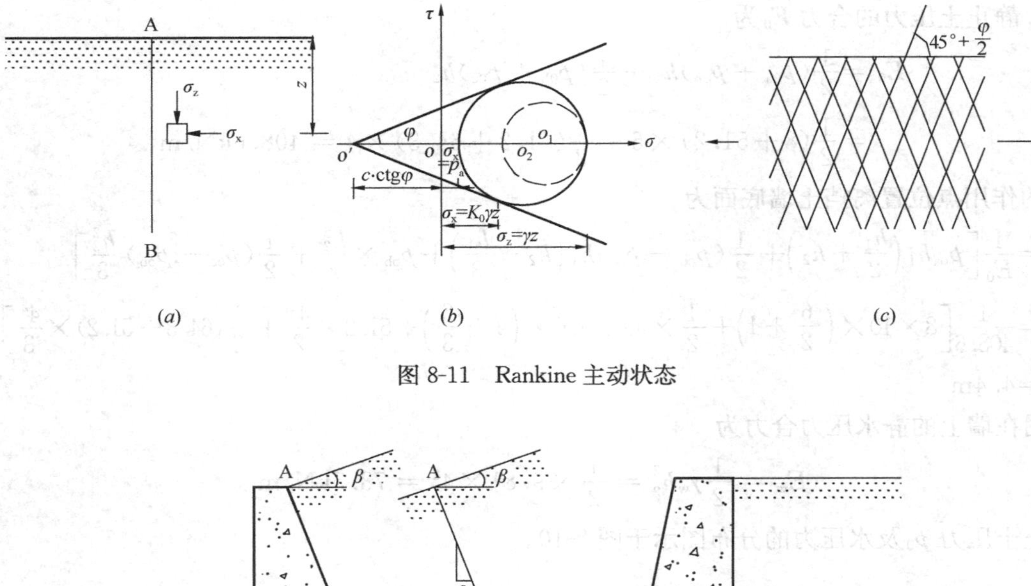

图 8-11　Rankine 主动状态

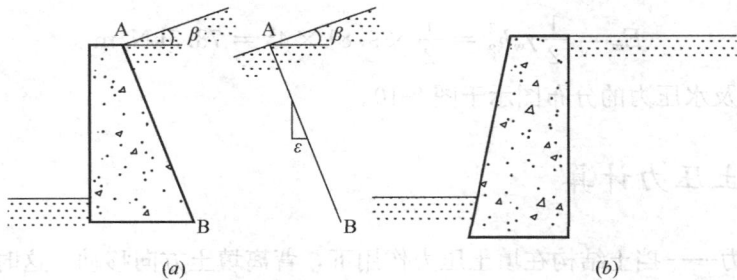

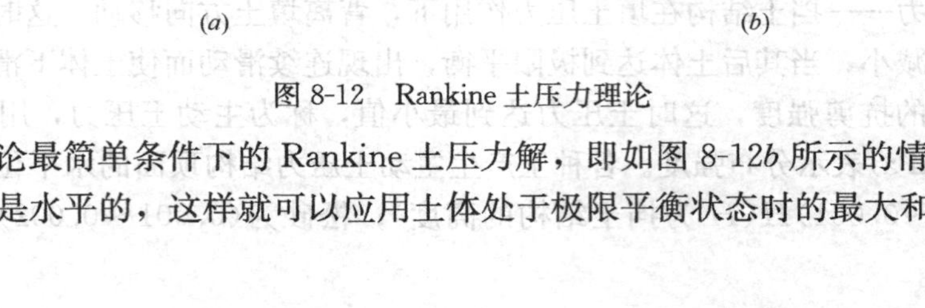

图 8-12　Rankine 土压力理论

下面仅讨论最简单条件下的 Rankine 土压力解，即如图 8-12b 所示的情况：墙背是竖直的，填土面是水平的，这样就可以应用土体处于极限平衡状态时的最大和最小主应力间的关系式来计算作用于墙背上的土压力。

1. 基本计算公式

图 8-13a 所示挡土墙墙背竖直，填土面水平，若墙背 AB 在填土压力作用下背离填土向外移动，达到极限平衡状态，即 Rankine 主动状态。在墙背深度 z 处取单元土体，其竖向应力 $\sigma_z=\gamma z$ 是最大主应力 σ_1，水平应力 σ_x是最小主应力 σ_3，也就是要计算的主动土压力 p_a。

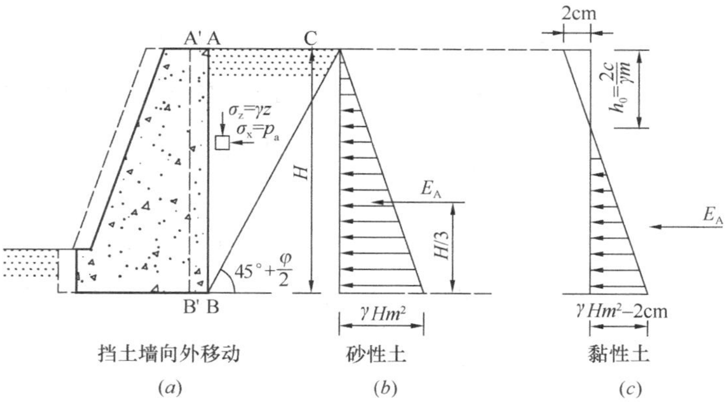

图 8-13　Rankine 主动土压力计算

由第 7 章知道土体处于极限平衡时，其主应力间满足下列关系式

$$\sigma_3=\sigma_1\tan^2\left(45°-\frac{\varphi}{2}\right)-2c\tan\left(45°-\frac{\varphi}{2}\right) \tag{8.3.1}$$

以 $\sigma_3=p_a,\sigma_1=\gamma z$ 代入上式，即得 Rankine 主动土压力计算公式为

对砂性土：

$$p_a=\gamma z\tan^2\left(45°-\frac{\varphi}{2}\right)=\gamma zm^2 \tag{8.3.2a}$$

对黏性土：

$$p_a=\gamma z\tan^2\left(45°-\frac{\varphi}{2}\right)-2c\tan\left(45°-\frac{\varphi}{2}\right)=\gamma zm^2-2cm \tag{8.3.2b}$$

式中 $m=\tan\left(45°-\frac{\varphi}{2}\right)$；

γ——土的重度（kN/m^3）；

c——土的黏聚力（kPa）；

φ——土的内摩擦角（°）；

z——计算点距填土面的深度（m）。

由式（8.3.2）可知，主动土压力 p_a沿深度 z 呈直线分布，如图 8-13b、c 所示。从图可见，作用在墙背上的主动土压力的合力 E_A即为 p_a分布图形的面积，其作用点位置在分布图形的形心处。即

对砂性土：

$$E_A=\frac{1}{2}\gamma m^2H^2 \tag{8.3.3}$$

E_A作用于距挡土墙底面 $\frac{1}{3}H$ 处。

对黏性土，令 $p_a = 0$，可解得拉力区的高度为

$$h_0 = \frac{2c}{\gamma m} \tag{8.3.4}$$

由于填土与墙背之间不能承受拉应力，因此在拉力区范围内将出现裂缝，在计算墙背上的主动土压力合力时，不应考虑拉力区的作用。即

$$E_A = \frac{1}{2}(\gamma H m^2 - 2cm)(H - h_0) \tag{8.3.5}$$

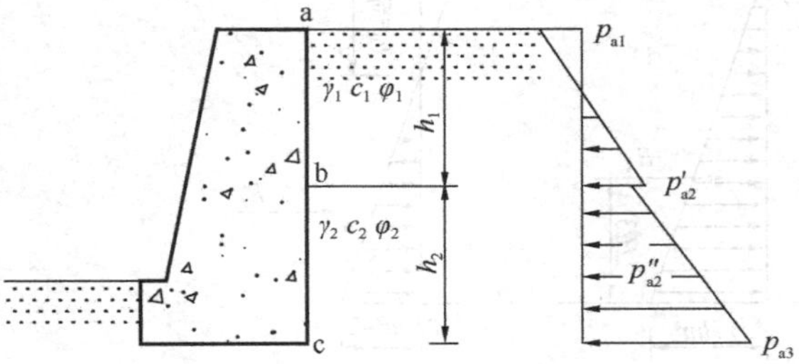

图 8-14 成层土的主动土压力计算

墙后填土中出现的滑动面 BC 与水平面的夹角为 $\left(45° + \frac{\varphi}{2}\right)$。

2. 成层土和填土面上有超载时的主动土压力计算

图 8-14 所示挡土墙后填土为成层土，仍可按式（8.3.2）计算主动土压力。但应注意在土层分界面上，由于两层土的抗剪强度指标不同，使土压力的分布有突变（见图8-14）。其计算方法如下

a 点 $\qquad p_{a1} = -2c_1 m_1$

b 点（在第一层土中） $\qquad p'_{a2} = \gamma_1 h_1 m_1^2 - 2c_1 m_1$

b 点（在第二层土中） $\qquad p''_{a2} = \gamma_1 h_1 m_2^2 - 2c_2 m_2$

c 点 $\qquad p_{a3} = (\gamma_1 h_1 + \gamma_2 h_2) m_2^2 - 2c_2 m_2$

式中 $m_1 = \tan\left(45° - \frac{\varphi_1}{2}\right)$；$m_2 = \tan\left(45° - \frac{\varphi_2}{2}\right)$；其余符号意义见图 8-14。

如挡土墙后填土表面作用着连续均布荷载 q 时，见图 8-15。计算时相当于在深度 z 处的竖应力 σ_z 增加了一个 q 值，因此，只要用（$q + \gamma z$）代替式（8.3.1）、式（8.3.2）中的 γz，就能得到填土面有超载时的主动土压力计算公式

对砂性土：

$$p_a = (\gamma z + q) m^2 \tag{8.3.6a}$$

对黏性土：

$$p_a = (\gamma z + q) m^2 - 2cm \tag{8.3.6b}$$

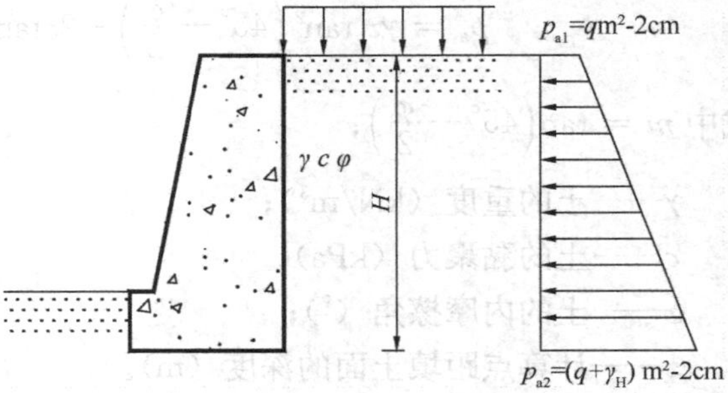

图 8-15 填土上有超载时的主动土压力计算

【例题 8-2】 已知挡土墙后填土为砂土，填土面作用均布荷载 q=19kPa，见图 8-16 试计算 Rankine 主动土压力分布及其合力。

【解】 已知 φ_1=30 °，φ_2=35 °，则

$$m_1^2 = \tan^2\left(45° - \frac{\varphi}{2}\right) = \tan^2\left(45° - \frac{30°}{2}\right) = 0.33$$

$$m_2^2 = \tan^2\left(45° - \frac{\varphi}{2}\right) = \tan^2\left(45° - \frac{35°}{2}\right) = 0.27$$

墙上各点的主动土压力为

a 点 $p_{a1} = qm_1^2 = 19 \times 0.33 = 6.3\text{kPa}$

b 点（在第一层土中）$p'_{a2} = (\gamma_1 h_1 + q)m_1^2 = (18 \times 6 + 19) \times 0.33 = 41.9\text{kPa}$

b 点（在第二层土中）$p''_{a2} = (\gamma_1 h_1 + q)m_2^2 = (18 \times 6 + 19) \times 0.27 = 34.3\text{kPa}$

c 点 $p_{a3} = (\gamma_1 h_1 + \gamma_2 h_2 + q)m_2^2 = (18 \times 6 + 20 \times 4 + 19) \times 0.27 = 55.9\text{kPa}$

根据计算结果绘出主动土压力分布图 8-16。由分布图可求得主动土压力合力及其作用点位置。

$$E_A = \left(6.3 \times 6 + \frac{1}{2} \times 35.6 \times 6\right) + \left(34.3 \times 4 + \frac{1}{2} \times 21.6 \times 4\right) = 325\text{kN/m}$$

E_A离挡土墙底面为

$$d = \frac{1}{325} \times \left(40 \times 7 + 107.79 \times 6 + 138.8 \times 2 + 43.4 \times \frac{4}{3}\right) = 3.8\text{m}$$

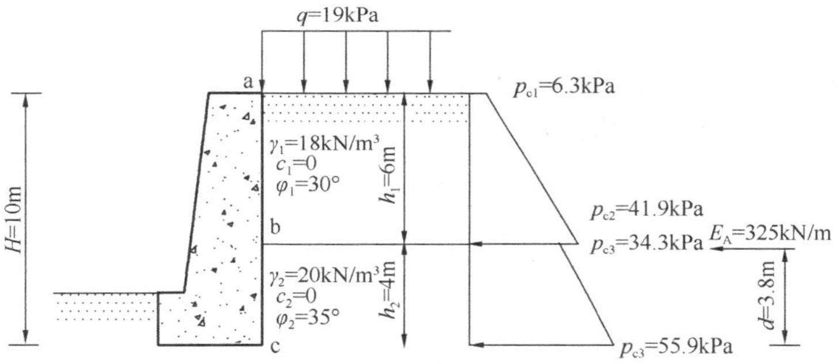

图 8-16

【例题 8-3】 已知挡土墙上填土为砂土，土的物理力学性质指标见图 8-17。试计算主动土压力及水压力的分布图及其合力。

【解】 $m^2 = \tan^2\left(45° - \frac{\varphi}{2}\right) = \tan^2\left(45° - \frac{30°}{2}\right) = 0.33$

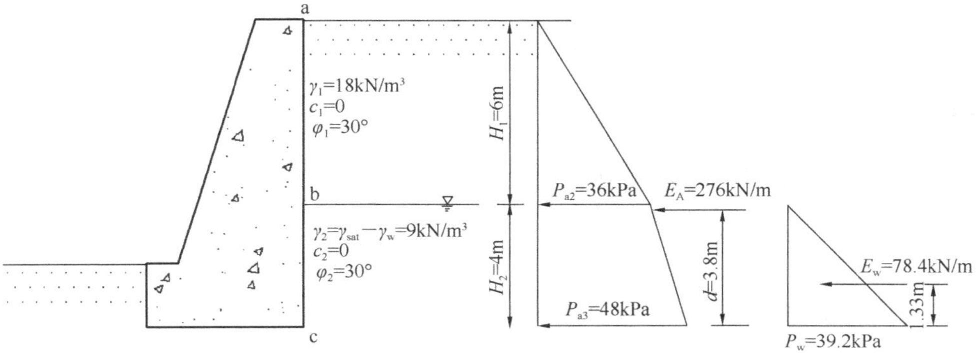

图 8-17　土的物理力学性质

墙上各点的主动土压力为

a 点 $p_{a1}=\gamma_1 zm^2=0$

b 点 $p_{a2}=\gamma_1 h_1 m^2=18\times 6\times 0.33=36.0\text{kPa}$

假定水下土的抗剪强度指标与水上土相同，故在 b 点的主动土压力无突变现象。

c 点 $p_{a3}=(\gamma_1 h_1+\gamma' h_2)m^2=(18\times 6+9\times 4)\times 0.33=48.0\text{kPa}$

绘出主动土压力分布图如图 8-17 所示，并可求得其合力 E_A 为

$$E_A=\frac{1}{2}\times 36\times 6+36\times 4+\frac{1}{2}\times(48-36)\times 4=108+144+24=276\text{kN/m}$$

合力 E_A 作用点距墙脚为

$$d=\frac{1}{276}\left(108\times 6+144\times 2+24\times\frac{4}{3}\right)=3.5\text{m}$$

C 点水压力

$$p_w=\gamma_w h_2=9.81\times 4=39.2\text{kPa}$$

作用在墙上的水压力合力如图 8-17 所示，其合力 E_w 为

$$E_w=\frac{1}{2}\times 39.2\times 4=78.4\text{kN/m}$$

E_w 作用在距墙脚 $\frac{h_2}{3}=\frac{4}{3}=1.33\text{m}$ 处。

【例题 8-4】 已知挡土墙后填土为黏土，填土表面作用均布荷载 q=19kPa，见图 8-18 试计算主动土压力的分布图及其合力。

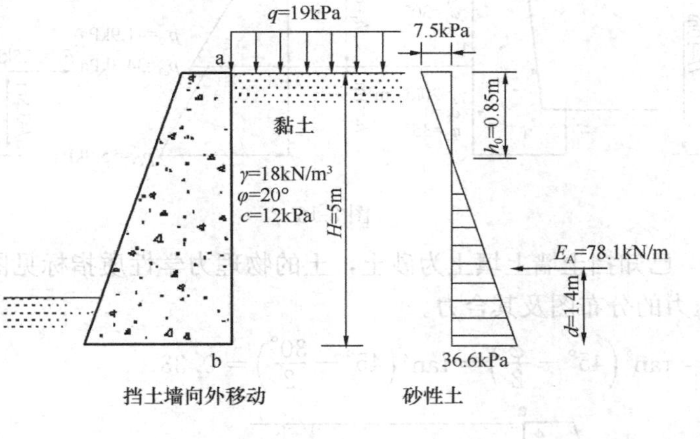

图 8-18 试件主动土压力分布

【解】 已知 φ=20°，则 $m=\tan\left(45°-\frac{20°}{2}\right)=0.70$；$m^2=\tan^2\left(45°-\frac{20°}{2}\right)=0.49$

a 点 $p_{a1}=qm^2-2cm=19\times 0.49-2\times 12\times 0.70=-7.50\text{kPa}$

b 点 $p_{a2}=(q+\gamma H)m^2-2cm=(19+18\times 5)\times 0.49-2\times 12\times 0.70=36.60\text{kPa}$

墙背上部拉力区高度 h_0 可令 p_a=0 解得

$$h_0=\frac{2c}{\gamma m}-\frac{q}{\gamma}=\frac{2\times 12}{18\times 0.7}-\frac{19}{18}=0.85\text{m}$$

按上述计算结果绘出主动土压力分布图如图 8-18，并求得其合力 E_A为

$$E_A = \frac{1}{2} \times 36.6 \times (5-0.85) = 75.90\text{kN/m}$$

E_A的作用点离挡土墙底面为

$$d = \frac{H-h_0}{3} = \frac{5-0.85}{3} = 1.4\text{m}$$

3. 填土表面上有局部荷载时的土压力

若填土表面上的均布荷载不是全面分布的，而是从墙背后一定距离开始，如图 8-19 所示，在这种情况下的土压力计算可按以下步骤进行。

自均布荷载的起点 o 作两条辅助线 oa 和 ob，oa 与水平面夹角为 φ，ob 与填土破坏面平行，与水平面的夹角为 θ。对于垂直的光滑墙背 $\theta = 45° + \varphi/2$，倾斜或粗糙墙背则按 Coulomb 理论求出。oa 和 ob 分别交墙背于 a 和 b 点。可以认为 a 点以上的土压力不受表面均布荷载的影响，按无荷载情况计算，b 点以下的土压力则按连续均布荷载情况计算，a 与 b 点间的土压力以直线连接，沿墙背面 AB 上的土压力分布如图中阴影所示。阴影部分的面积就是总的主动土压力 E_a，E_a 作用于阴影部分的形心处，土压力系数 K_a 值分别按 Rankine 理论或 Coulomb 理论计算。

若填土表面的均布荷载在一定宽度范围内，如图 8-20 所示。从荷载首尾 o 及 o′点作四条辅助线 oa、ob、o′c 及 o′d，oa 和 o′c 与水平面夹角为 φ，ob 和 o′d 均与破坏面平行，且交墙背于 a、b、c 和 d 四点。认为 a 点以上及 d 点以下墙背面的土压力不受荷载影响，b 和 c 之间按有均布荷载情况计算。a、b 之间及 c、d 之间用直线连接。图中阴影面积就是总的主动土压力 E_a，E_a 作用于阴影面积形心处，K_a 值同样可根据不同情况采用 Rankine 理论或 Coulomb 理论计算。

8.3.2 Coulomb 主动土压力理论

C. A. Coulomb 在 1776 年提出的土压力理论假定挡土墙墙后的填土是均匀的砂性土，当墙背离土体移动或推向土体时，墙后土体即达到极限平衡状态，其滑动面是通过墙脚 B 的二组平面（如图 8-21 所示），一个是沿墙背的 AB 面，另一个是产生在土体中的 BC 面。假定滑动土楔 ABC 是刚体，根据土楔 ABC 的静力平衡条件，按平面问题解得作用在挡土墙上的土压力。因此也有的把 Coulomb 土压力理论称为滑楔土压力理论。

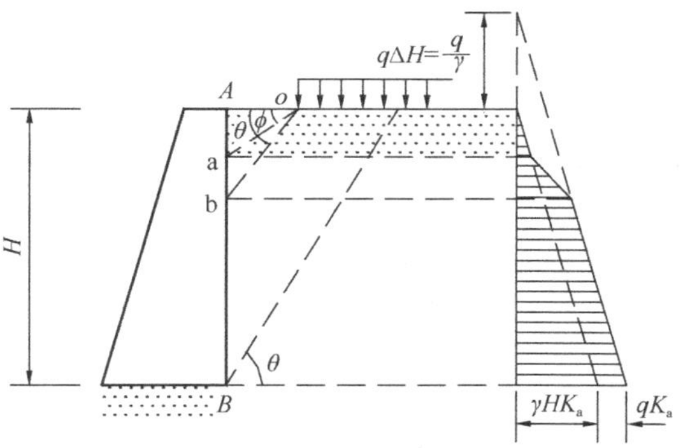

图 8-19　均布荷载不是全面分布的情况

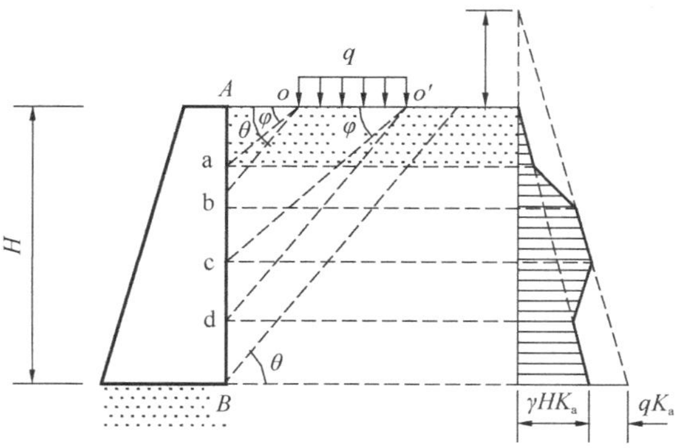

图 8-20　条形分布荷载的情况

图 8-22 所示挡土墙，已知墙背 AB 倾斜，与竖直线的夹角为 ε；填土表面 AC 是一平面，与水平面的夹角为 β。若挡土墙在填土压力作用下背离填土向外移动，当墙后土体达到主动极限平衡状态时，土体中产生两个通过墙脚 B 的滑动面 AB 及 BC。若滑动面 BC 与水平面间夹角为 α，取单位长度挡土墙，把滑动土楔 ABC 作为脱离体，考虑其静力平衡条件，作用在滑动土楔 ABC 上的作用力有

1. 土楔 ABC 的重力为 G。若 α 值已知，则 G 的大小、方向及作用点位置均已知。

2. 土体作用在滑动面 BC 上的反力为 R。R 是 BC 面上摩擦力 T_1 与法向反力 N_1 的合力，它与 BC 面的法线间的夹角等于土的内摩擦角 φ。由于滑动土楔 ABC 相对于滑动面 BC 右边的土体是向下移动，故摩擦力 T_1 的方向向上，R 的作用方向已知，大小未知。

3. 挡土墙对土楔的作用力为 Q。它与墙背法线间的夹角等于墙背与填土间的摩擦角 δ。同样，由于滑动土楔 ABC 相对于墙背是向下滑动，故墙背在 AB 面产生的摩擦力 T_2 的方向向上。Q 的作用方向已知，大小未知。

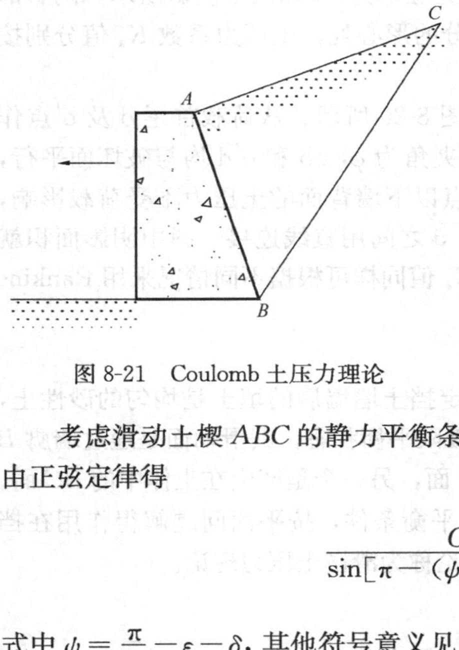

图 8-21　Coulomb 土压力理论

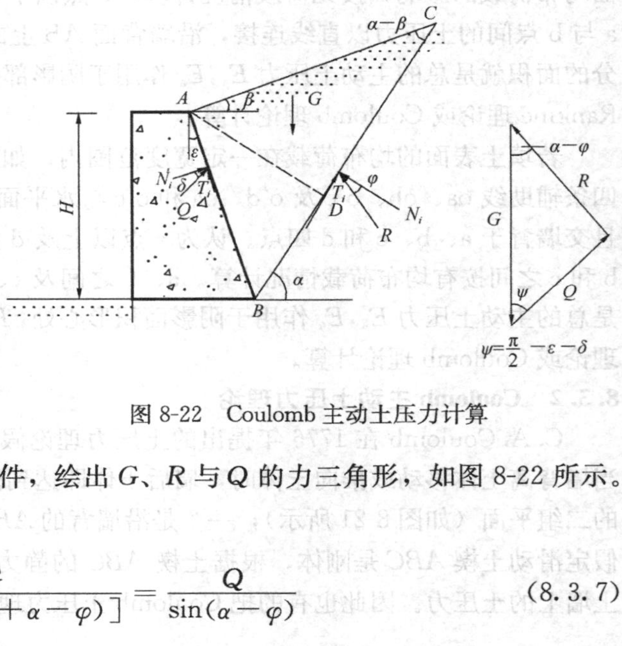

图 8-22　Coulomb 主动土压力计算

考虑滑动土楔 ABC 的静力平衡条件，绘出 G、R 与 Q 的力三角形，如图 8-22 所示。由正弦定律得

$$\frac{G}{\sin[\pi-(\psi+\alpha-\varphi)]}=\frac{Q}{\sin(\alpha-\varphi)} \tag{8.3.7}$$

式中 $\psi=\frac{\pi}{2}-\varepsilon-\delta$，其他符号意义见图 8-22。

由图 8-22 可知

$$G=\frac{1}{2}\overline{AD}\,\overline{BC}\gamma \tag{8.3.8}$$

$$\overline{AD}=\overline{AB}\sin\left(\frac{\pi}{2}+\varepsilon-\alpha\right)=H\frac{\cos(\varepsilon-\alpha)}{\cos\varepsilon}$$

$$\overline{BC}=\overline{AB}\frac{\sin\left(\frac{\pi}{2}+\beta-\varepsilon\right)}{\sin(\alpha-\beta)}=H\frac{\cos(\beta-\varepsilon)}{\cos\varepsilon\sin(\alpha-\beta)}$$

$$G=\frac{1}{2}\gamma H^2\frac{\cos(\varepsilon-\alpha)\cos(\beta-\varepsilon)}{\cos^2\varepsilon\sin(\alpha-\beta)}$$

将G代入式（8.3.7）得

$$Q=\frac{1}{2}\gamma H^2\left[\frac{\cos(\varepsilon-\alpha)\cos(\beta-\varepsilon)\sin(\alpha-\varphi)}{\cos^2\varepsilon\sin(\alpha-\beta)\cos(\alpha-\varphi-\varepsilon-\delta)}\right] \tag{8.3.9}$$

式中γ、H、ε、β、δ、φ均为常数，Q随滑动面BC的倾角α而变化。当$\alpha=\frac{\pi}{2}+\varepsilon$时，$G=0$，则$Q=0$；当$\alpha=\varphi$时，$R$与$Q$重合，则$Q=0$；因此当$\alpha$在$\left(\frac{\pi}{2}+\varepsilon\right)$和$\varphi$之间变化时，$Q$将有一个极大值$Q_{max}$即为所求的主动土压力$E_A$。要计算$Q_{max}$值时，可将式（8.3.9）对$\alpha$求导并令

$$\frac{dQ}{d\alpha}=0 \tag{8.3.10}$$

因此，解得α值代入式（8.3.9），得Coulomb主动土压力计算公式

$$E_A=Q_{max}=\frac{1}{2}\gamma H^2K_a \tag{8.3.11}$$

式中

$$K_a=\frac{\cos^2(\varphi-\varepsilon)}{\cos^2\varepsilon\cos(\delta+\varepsilon)\left[1+\sqrt{\frac{\sin(\delta+\varphi)\sin(\varphi-\beta)}{\cos(\delta+\varepsilon)\cos(\varepsilon-\beta)}}\right]^2} \tag{8.3.12}$$

其中 γ——墙后填土的重度；

φ——墙后填土的内摩擦角；

H——挡土墙的高度；

ε——墙背与竖直线间夹角。墙背俯斜时为正（如图8-23）反之为负值；

δ——墙背与填土间的摩擦角，$\delta=\frac{1}{2}\varphi\sim\frac{2}{3}\varphi$；

β——填土面与水平面间的倾角；

K_a——主动土压力系数，它是φ、δ、ε、β的函数。

若填土面水平，墙背竖直，以及墙背光滑时。也即$\beta=0$、$\varepsilon=0$及$\delta=0$时，由式（8.3.11）可得

$$K_a=\frac{\cos^2\varphi}{(1+\sin\varphi)^2}=\frac{1-\sin^2\varphi}{(1+\sin\varphi)^2}=\frac{1-\sin\varphi}{1+\sin\varphi}=\tan^2\left(45°-\frac{\varphi}{2}\right)=m^2$$

故有

$$E_A=\frac{1}{2}\gamma H^2m^2$$

此式与填土为砂性土时的Rankine主动土压力公式相同（见式8.3.3）。由此可见，在特定条件下，两种土压力理论得到的结果是相同的。

为了计算滑动土楔（也称破坏棱体）的长度（即AC长），须求得最危险滑动面BC倾角α值。若填土表面AC是水平面，即$\beta=0$时，根据式（8.3.10）的条件，可解得α的计算公式如下

墙背俯斜时（即$\varepsilon>0$）

$$\cot\alpha = -\tan(\varphi+\delta+\varepsilon)+\sqrt{[\cot\varphi+\tan(\varphi+\delta+\varepsilon)][\tan(\varphi+\delta+\varepsilon)-\tan\varepsilon]} \tag{8.3.13}$$

墙背仰斜时（即 $\varepsilon<0$）

$$\cot\alpha = -\tan(\varphi+\delta-\varepsilon)+\sqrt{[\cot\varphi+\tan(\varphi+\delta-\varepsilon)][\tan(\varphi+\delta-\varepsilon)+\tan\varepsilon]} \tag{8.3.14}$$

墙背竖直时（即 $\varepsilon=0$）

$$\cot\alpha = -\tan(\varphi+\delta)+\sqrt{\tan(\varphi+\delta)[\cot\varphi+\tan(\varphi+\delta)]} \tag{8.3.15}$$

由式（8.3.11）可以看到，主动土压力 E_A 是墙高 H 的二次函数，故主动土压力强度 p_a 是沿墙高按直线规律分布的，如图 8-23 所示。合力 E_A 的作用方向与墙背法线成 δ 角，与水平面成 θ 角，其作用点在墙高的 $\frac{1}{3}$ 处。

作用在墙背上的主动土压力 E_A 可以分解为水平分力 E_{Ax} 和竖向分力 E_{Ay}

$$E_{Ax}=E_A\cos\theta=\frac{1}{2}\gamma H^2K_a\cos\theta \tag{8.3.16}$$

$$E_{Ay}=E_A\sin\theta=\frac{1}{2}\gamma H^2K_a\sin\theta \tag{8.3.17}$$

式中 θ——E_A 与水平面的夹角，$\theta=\delta+\varepsilon$；

E_{Ax}、E_{Ay} 都是线性分布，见图 8-23。

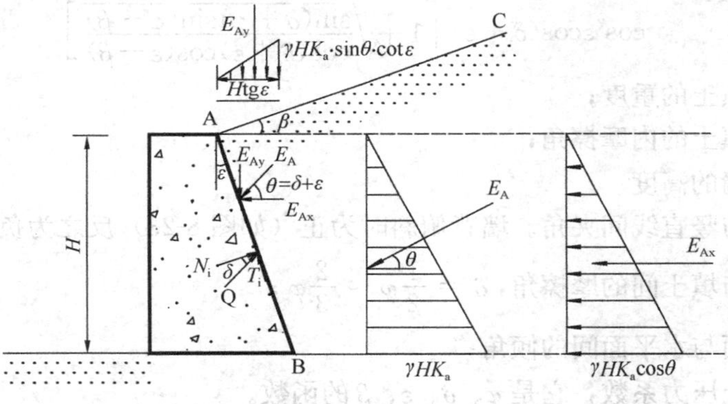

图 8-23 主动土压力的分布

【例题 8-5】 如图 8-24 所示，已知挡土墙墙高 $H=5\text{m}$，墙背倾角 $\varepsilon=10°$，填土为细砂，填土面水平，重度 $\gamma=19\text{kN/m}^3$，内摩擦角 $\varphi=30°$，墙背与填土间的摩擦角 $\delta=15°$，按 Coulomb 理论求作用在墙上的主动土压力 E_A。

【解】 1）按 Coulomb 主动土压力式计算

当 $\beta=0$，$\varepsilon=10°$，$\delta=15°$，$\varphi=30°$时，主动土压力系数由式（8.3.12）得

$$K_a=\frac{\cos^2(\varphi-\varepsilon)}{\cos^2\varepsilon\cos(\delta+\varepsilon)\left[1+\sqrt{\frac{\sin(\delta+\varphi)\sin(\varphi-\beta)}{\cos(\delta+\varepsilon)\cos(\varepsilon-\beta)}}\right]^2}$$

$$=\frac{\cos^2(30-10)}{\cos^2 10\cos(15+10)\left[1+\sqrt{\frac{\sin(15+30)\sin(30-0)}{\cos(15+10)\cos(10-0)}}\right]^2}$$

$=0.378$

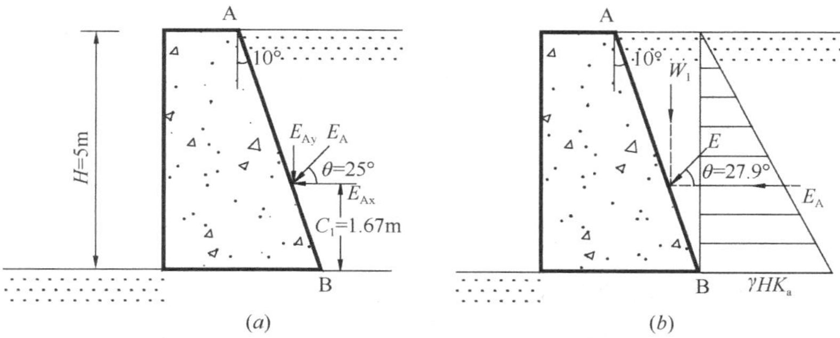

图 8-24 [例题 8-5] 图

由式 8.3.16、式 8.3.21、式 8.3.22 求得作用在每延米长挡土墙上的主动土压力为

$$E_A = \frac{1}{2}\gamma H^2 K_a = \frac{1}{2} \times 19 \times 5^2 \times 0.378 = 89.78\text{kN/m}$$

$$E_{Ax} = E_A\cos\theta = 89.78 \times \cos(15° + 10°) = 81.36\text{kN/m}$$

$$E_{Ay} = E_A\sin\theta = 89.78 \times \sin25° = 37.94\text{kN/m}$$

E_A的作用点位置距墙底面为

$$C_1 = \frac{H}{3} = \frac{5}{3} = 1.67\text{m}。$$

2）按 Rankine 土压力理论计算

Rankine 主动土压力式（8.3.3）是适用于填土为砂土，墙背竖直（$\varepsilon=0$），墙背光滑（$\delta=0$）和填土面水平（$\beta=0$）。在本例题挡土墙 $\varepsilon=10°$，$\delta=15°$，不符合上述情况。现从墙脚 B 点作竖直面 BC_1，用 Rankine 主动土压力是 E_A与土体 ABC_1 重力 W_1的合力，见图 8-24b。当 $\varphi=30°$时，得 $m^2=0.33$。按式（8.3.3）求得作用在 BC_1面上的主动土压力 E_A为

$$E_A = \frac{1}{2}\gamma H^2 m^2 = \frac{1}{2} \times 19 \times 5^2 \times 0.33 = 79.09\text{kN/m}$$

土体 ABC_1的重力 W_1为

$$W_1 = \frac{1}{2}\gamma H^2 \tan\varepsilon = \frac{1}{2} \times 19 \times 5^2 \times \text{tg}10° = 41.88\text{kN/m}$$

作用在墙背 AB 上的合力 E 为

$$E = \sqrt{E_A^2 + W_1^2} = \sqrt{79.09^2 + 41.88^2} = 89.49\text{kN/m}$$

合力 E 与水平面夹角 θ 为

$$\theta = \text{arctg}\frac{W_1}{E_A} = \text{arctg}\frac{41.88}{79.09} = 27.9°$$

由此可见，用这种近似方法求得的土压力合力 E 值与 Coulomb 公式的结果比较接近。

8.3.3 Culmann 图解法确定主动土压力

自从 C. A. Coulomb 在 1776 年发表土压力理论二百多年以来，许多学者对 Coulomb 土压力理论作了改进和发展，而利用图解法计算土压力及确定最危险滑动面也是其中很重要的方面。式（8.3.11）的 Coulomb 主动土压力解析解，仅适用于填土表面是平面，若填土表面为不规则或作用各种荷载时，就不能应用解析解计算土压力，这时可以用图解法

计算。

C. Culmann（库尔曼）在1875年提出的图解法是目前较常采用的一种图解方法。在图8-25*a*中表示用库尔曼图解法求主动土压力的方法，其作图步骤如下

1. 过墙脚B作水平线BH。

2. 过B点作φ线，与水平线成φ角。

3. 过B点作ψ线，与φ线成ψ角，$\psi=\dfrac{\pi}{2}-\varepsilon-\delta$。

4. 任意假定一个试算的滑动面BC_1，它与水平线成α角；计算滑动土楔ABC_1的重力G_1，按适当的比例尺在φ线上量Bd_1代表G_1的大小，由d_1作d_1e_1线与ψ线平行与BC_1线交于e_1点。由ΔBd_1e_1可以看出它就是滑动土楔ABC_1的静力平衡力三角形，d_1e_1就表示相应于试算滑动面BC_1时，墙背对土楔的作用力Q值。

5. 重复上述步骤，假定多个试算滑动面BC_2、BC_3、BC_4…，得到相应的d_2e_2、d_3e_3、d_4e_4……，即得到一系列的Q值。

6. 将e_1、e_2、e_3…，点连成曲线，称E线，也称Culmann线。作E线的切线t-t，它与φ线平行，得切点e。作de使它平行ψ线，则de表示Q值中的最大值Q_{max}，且知$Q_{max}=E_A$，连Be延长到C，BC就是最危险滑动面。

7. 按与G同样的比例量de线，即得主动土压力E_A值。

库尔曼图解法的证明，见图8-25*a*中的三角形Bde，已知Bd是滑动土楔的重力G，$\angle eBd=\alpha-\varphi$，$\angle edB=\psi=\dfrac{\pi}{2}-\delta-\varepsilon$（因为$ed//\psi$线），故三角形Bde与图8-25b或8-22b中的滑动土楔静力平衡的力三角形相等，这就证明了ΔBde就是力平衡三角形，ed就表示Q值。

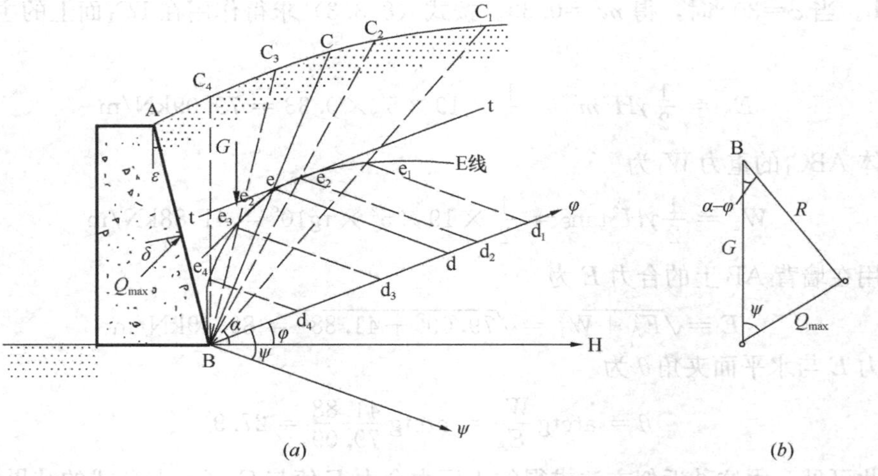

图8-25 Culmann法求主动土压力

按上述Culmann图解法可以求得主动土压力E_A值，但是不能确定E_A的作用点位置。这时可以采用一种近似的方法来解决。如图8-26所示，若根据库尔曼图解法已经求得最危险滑动面BC，和滑动土楔ABC的重心O点，通过O点作平行于滑动面BC的平行线交墙背于O_1点，O_1点即为E_A的作用点。

如果在填土表面作用任意分布的荷载时，仍可用库尔曼图解法求主动土压力。这时可把假定滑动土楔 ABC 范围内的分布荷载的合力 $\sum q$ 和移动土楔的重力 G 叠加后，按上述作图方法求解，见图 8-27。

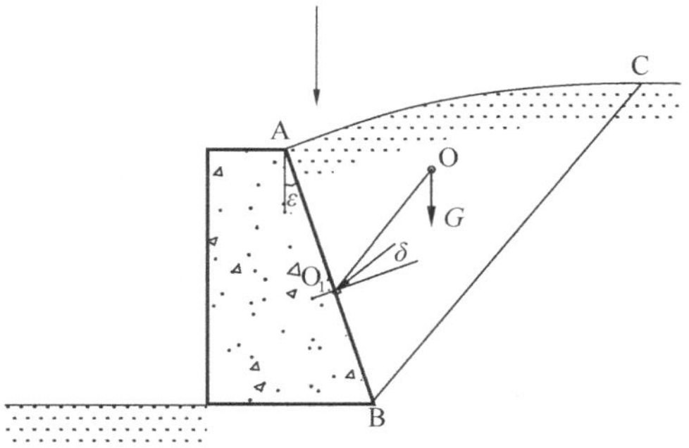

图 8-26　确定土压力作用点位置的近似法

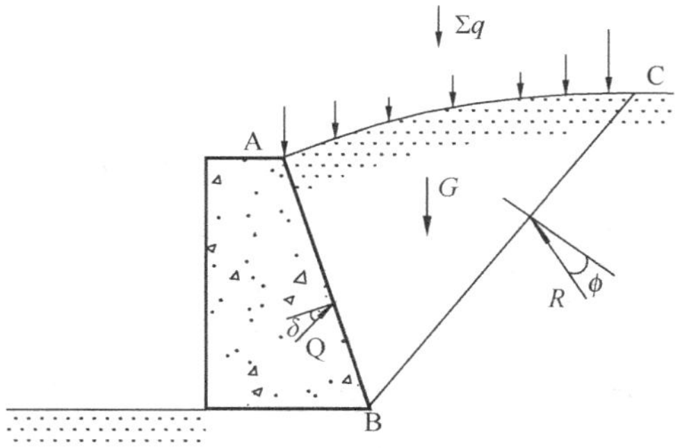

图 8-27　填土面作用荷载时求主动土压力的图解法

【例题 8-6】　已知挡土墙墙高 $H=5\text{m}$，$\varepsilon=15°$，填土为砂土，$\gamma=18\text{kN/m}^3$，$\varphi=35°$，$\delta=10°$，$\psi=\frac{\pi}{2}-\varepsilon-\delta=65°$，用库尔曼图解法求作用在挡土墙上的主动土压力。

【解】　假设 5 个试算滑动面 BC_1，$BC_2 \cdots$，BC_5，见图 8-28。计算各滑动土体的重力 G_i

$$G_1=(\Delta ABC_1)\times\gamma=\frac{1}{2}\times\overline{AD}\times\overline{BC_1}\times\gamma=\frac{1}{2}\times 1.79\times 6.08\times 18=97.95\text{kN/m}$$

$$G_2=(\Delta ABC_1+\Delta C_1BC_2)\times\gamma=97.95+\frac{1}{2}\times 1\times 6\times 18=97.95+54$$
$$=151.95\text{kN/m}$$

$$G_3=G_2+(\Delta C_2BC_3)\times\gamma=151.95+54=205.95\text{kN/m}$$

$$G_4=G_3+(\Delta C_3BC_4)\times\gamma=205.95+54=259.95\text{kN/m}$$

$$G_5=G_4+(\Delta C_4BC_5)\times\gamma=259.95+54=313.95\text{kN/m}$$

绘 φ 线及 ψ 线。将 $G_1 \sim G_5$ 按比例绘于 φ 线，即令 $Bd_1=G_1$，$Bd_2=G_2$，$Bd_3=G_3$，

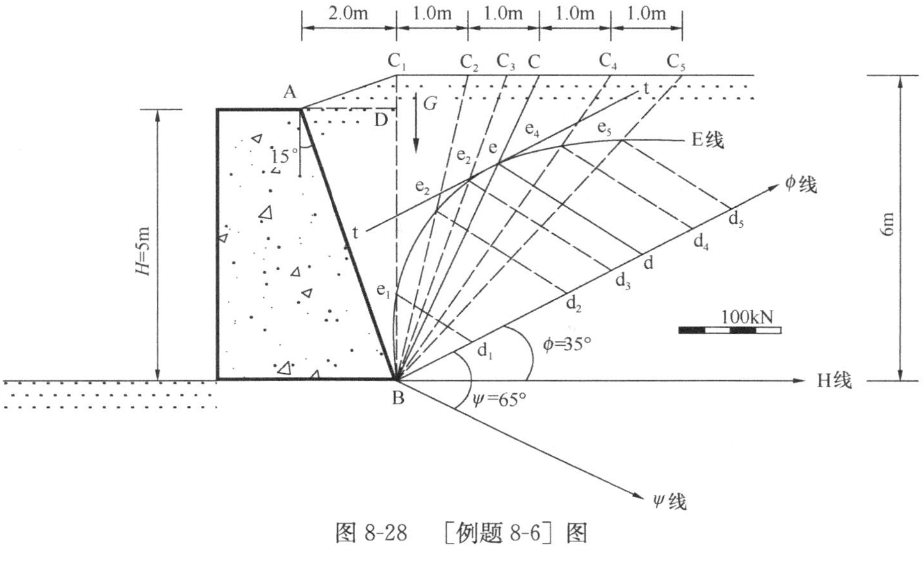

图 8-28　［例题 8-6］图

$Bd_4=G_4$，$Bd_5=G_5$。作 $d_ie_i//\psi$ 线，得 $e_1\sim e_5$点，连成光滑曲线为 E 线。作 E 线的切线 t-t，使 $tt//\varphi$ 线，得切点 e，量 ed 线的长度并按 G_i的比例换算得

$$\overline{ed}=Q_{\max}=E_{\mathrm{A}}=108\mathrm{kN/m}$$

8.4 被动土压力计算

被动土压力——挡土结构在外力作用下，向填土方向移动或转动，这时作用在结构上的土压力将由静止土压力逐渐增大，直到土体达到极限平衡，并出现连续滑动面，滑动面上的剪应力等于土的抗剪强度，这时土压力增至最大值，称为被动土压力，用 E_{p}表示合力和 p_{p}表示强度。各种土产生被动土压力墙顶的水平位移Δ_{x}值：密砂为 0.0005H（H 为挡土结构的高度）；松砂为 0.01H；硬黏土为 0.02H；软黏土为 0.04H。

8.4.1 Rankine 被动土压力理论

Rankine 土压力理论认为：若在半无限土体取一竖直切面 AB，如图 8-29a 所示，在 AB 面上深度 z 处取一单元土体，作用的法向应力为 σ_z、σ_x，因为 AB 面上无剪应力，故 σ_z和 σ_x均为主应力。当土体处于弹性平衡状态时，$\sigma_z=\gamma z$，$\sigma_x=K_0\gamma z$，其应力圆如图 8-29b 中的圆 O_1，与土的强度包线不相交。若在 σ_z不变的条件下，不断增大 σ_x值，直到土体达到极限平衡，滑动面上的剪应力等于土的抗剪强度，这时其应力圆为图 8-29b 中的圆 O_2，它与土的强度包线相切，但 σ_z为最小主应力，σ_x为最大主应力，土体中产生的两组滑动面与水平面成 $\left(45°-\frac{\varphi}{2}\right)$ 角，如图 8-29c 所示，这时称为 Rankine 被动状态。

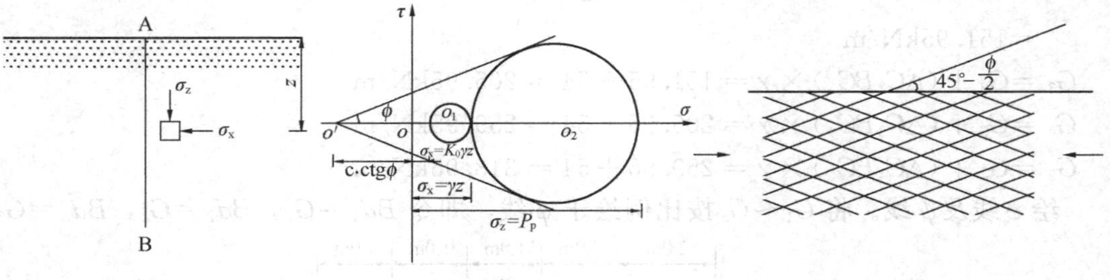

图 8-29 Rankine 被动状态

图 8-30 所示挡土墙，墙背竖直，填土面水平，若挡土墙在外力作用下推向填土，当墙后土体达到被动极限平衡状态时，这时在墙背深度 z 处取单元土体，其竖向应力$\sigma_z=\gamma z$ 是最小主应力σ_3，而水平应力为σ_1，即被动土压力 p_{p}。Rankine 被动土压力计算公式

对砂性土：

$$p_{\mathrm{p}}=\gamma z\tan^2\left(45°+\frac{\varphi}{2}\right)=\gamma z\frac{1}{m^2} \tag{8.4.1a}$$

对黏性土：

$$p_{\mathrm{p}}=\gamma z\tan^2\left(45°+\frac{\varphi}{2}\right)+2c\tan\left(45°+\frac{\varphi}{2}\right)=\gamma z\frac{1}{m^2}+2c\frac{1}{m} \tag{8.4.1b}$$

式中 $\frac{1}{m}=\tan\left(45°+\frac{\varphi}{2}\right)$。

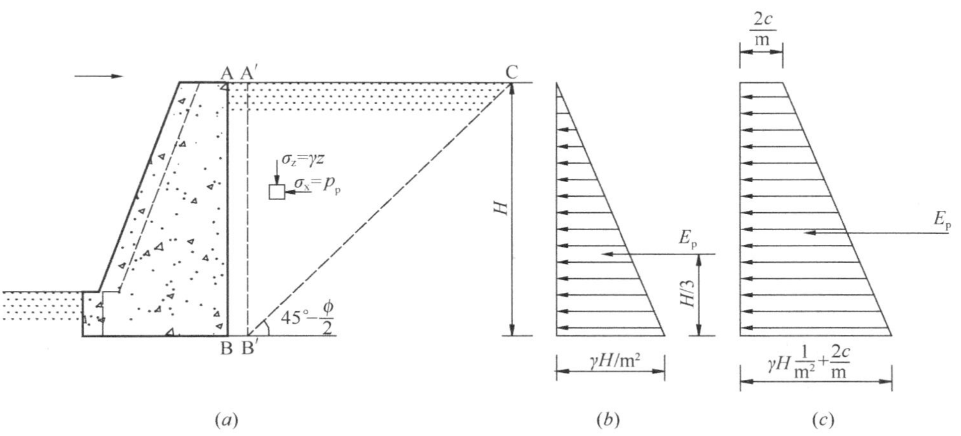

图 8-30 Rankine 被动土压力计算

(a) 挡土墙向填土移动；(b) 砂性土；(c) 黏性土

从上式可知，被动土压力 p_P 沿深度 z 呈直线分布，如图 8-30b，c 所示。作用在墙背上的被动土压力合力 E_P，可由 p_P 的分布图形面积求得。墙后填土中出现的滑动面 B′C 与水平面的夹角为 $\left(45°-\frac{\varphi}{2}\right)$。

若填土为成层土，填土中有地下水或填土表面有超载时，被动土压力的计算方法与前述主动土压力计算相同，可参见下例。

【例题 8-7】 计算作用在图 8-31 所示挡土墙上的被动土压力分布图及其合力。

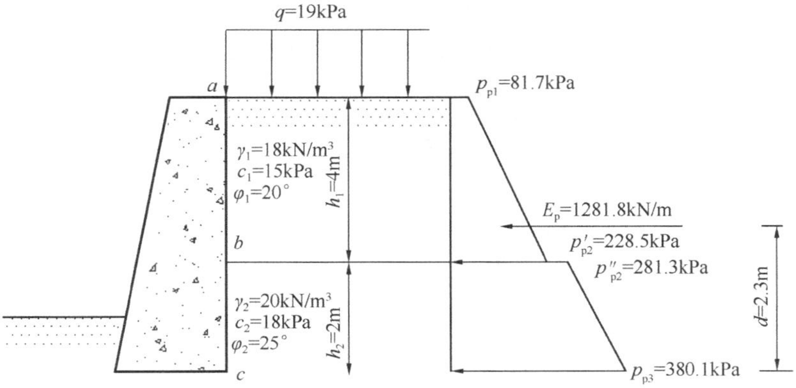

图 8-31 ［例题 8-7］图

【解】 已知 $\varphi_1=20°$，$\varphi_2=25°$，

$$\frac{1}{m_1}=1.43,\ \frac{1}{m_1^2}=2.04,\ \frac{1}{m_2}=1.57,\ \frac{1}{m_2^2}=2.47$$

墙上各点被动土压力 p_p

a 点 $p_{p1}=(q+\gamma_1 z)\frac{1}{m_1^2}+\frac{2c_1}{m_1}=(19+0)\times 2.04+2\times 15\times 1.43=81.7\text{kPa}$

b 点（位于第一层土中）

$$p'_{p2} = (q+\gamma_1 h_1)\frac{1}{m_1^2}+\frac{2c_1}{m_1} = (19+18\times 4)\times 2.04+2\times 15\times 1.43 = 228.5\text{kPa}$$

b 点（位于第二层土中）

$$p''_{p2} = (q+\gamma_1 h_1)\frac{1}{m_2^2}+\frac{2c_2}{m_2} = (19+18\times 4)\times 2.47+2\times 18\times 1.57 = 281.3\text{kPa}$$

c 点

$$p_{p3} = (q+\gamma_1 h_1+\gamma_2 h_2)\frac{1}{m_2^2}+\frac{2c_2}{m_2} = (19+18\times 4+20\times 2)\times 2.47+2\times 18\times 1.57$$

$$=380.1\text{kPa}$$

将上述计算结果绘出被动土压力 p_p 的分布图，如图 8-31 所示。被动土压力的合力 E_p 及其作用点位置为

$$E_p = 81.7\times 4+\frac{1}{2}\times(228.5-81.7)\times 4+281.3\times 2+\frac{1}{2}(380.1-281.3)\times 2$$

$$=326.8+293.6+562.6+98.8 = 1281.8\text{kN/m}$$

$$d = \frac{1}{1281.8}\times(326.8\times 4+293.6\times 3.33+562.6\times 1+98.8\times 0.67)$$

$$=2.3\text{m}$$

8.4.2 Coulomb 被动土压力计算

Coulomb 土压力理论认为挡土墙在外力作用下推向填土，墙后土体达到极限平衡状态时，假定滑动面是通过墙脚的两个平面 AB 和 BC，如图 8-32 所示。由于滑动土体 ABC 向上挤出，故在滑动面 AB 和 BC 上的摩阻力 T_2 及 T_1 的方向与主动土压力相反，是向下的。这样得到的滑动土体 ABC 的静力平衡力三角形如图 8-32 所示，由正弦定律可得：

$$Q = G\frac{\sin(\alpha+\varphi)}{\sin\left(\frac{\pi}{2}+\varepsilon-\delta-\alpha-\varphi\right)} \tag{8.4.2}$$

同样，Q 值是随着滑动面 BC 的倾角 α 而变化，但作用在墙背上的被动土压力值，应该是各反力 Q 中的最小值。这是因为挡土墙推向填土时，最危险的滑动面上的抵抗力 Q 值一定是最小的。计算 Q_{min} 时，同主动土压力计算原理相似，可令

$$\frac{dQ}{d\alpha} = 0 \tag{8.4.3}$$

由此可导出 Coulomb 被动土压力 E_p 的计算公式为

$$E_p = Q_{min} = \frac{1}{2}\gamma H^2 K_p \tag{8.4.4}$$

式中 K_p——被动土压力系数，其表达式为

$$K_p = \frac{\cos^2(\varphi+\varepsilon)}{\cos^2\varepsilon\cos(\varepsilon-\delta)\left[1-\sqrt{\frac{\sin(\varphi+\delta)\sin(\varphi+\beta)}{\cos(\varepsilon-\delta)\cos(\varepsilon-\beta)}}\right]^2} \tag{8.4.5}$$

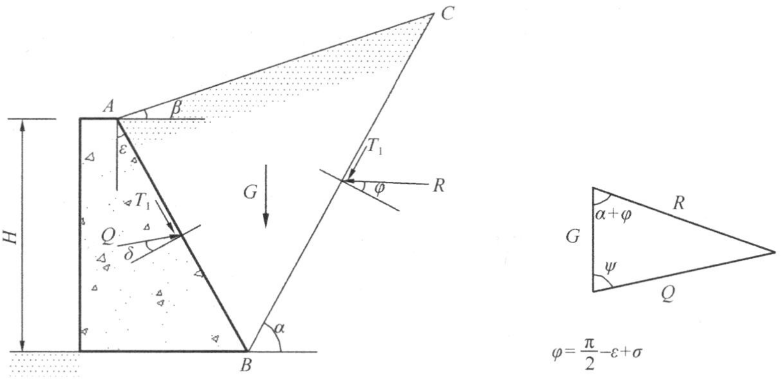

图 8-32　Coulomb 被动土压力计算图式

其他符号意义均同前（见图 8-32）。

E_p的作用方向与墙背法线成δ角。由式（8.4.4）可知被动土压力强度E_p沿墙高为直线规律分布。

8.5　土压力计算的讨论

8.5.1　非极限状态下的土压力

Rankine 与 Coulomb 土压力理论都是计算填土达到极限平衡状态时的土压力，发生这种状态的土压力必须要求挡土墙的位移足以使墙后填土的剪应力达到抗剪强度。实际上，挡土墙移动的大小和方式不同，影响着墙背面的土压力大小与分布。

1. 若墙的下端不动，上端向外移动，土压力为直线分布，总压力作用在墙底面以上$H/3$处，如图 8-33a 所示。当上端位移一定数值时，填土发生主动破坏，此时作用在墙上的土压力为主动土压力。若墙的上端不动，下端向外移动时，位移的大小不能使填土发生主动破坏，压力为曲线分布，总压力作用在墙底面以上$H/2$处，如图 8-33b 的所示。若墙的上端和下端都向外移动，位移的大小未使填土发生主动破坏，土压力也是曲线分布，如图 8-33c 所示，总压力作用在$H/2$附近。非极限状态下的土压力计算可参考有关研究成果。

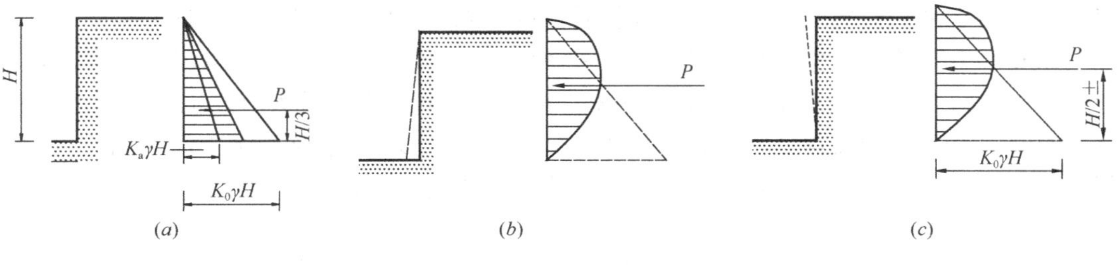

图 8-33　土压分布图

2. 在挡土墙计算中很少按静止土压力计算，这是因为大部分挡土结构都有不同程度的变形和位移，可能产生主动压力。因此，挡土墙的土压力通常都按主动土压力计算。直

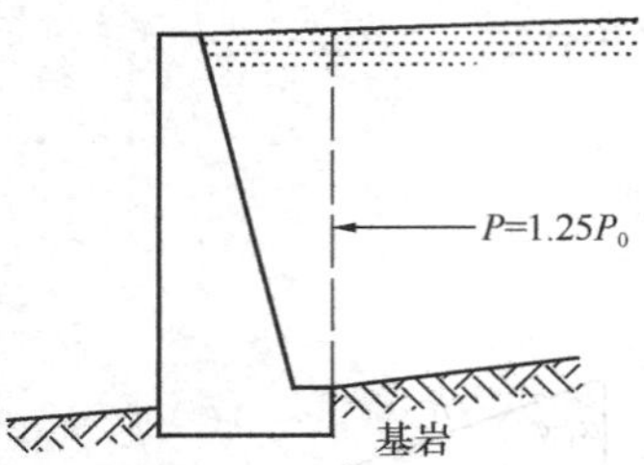

图 8-34　主动土压力

接浇筑在岩基上的挡土墙，墙的变形不足以达到主动破坏状态，按静止土压力计算比较符合实际的受力情况。但是，由于静止土压力系数难以精确确定，所以在设计中常将主动土压力增大 25%作为计算的土压力，如图 8-34 所示。

3. 被动土压力发生在墙向填土方向的位移比较大的情况，要求位移量达到墙高的 0.02 到 0.05 倍，这样大的位移是一般建筑物所不允许的。因此，在验算挡土墙的稳定性时，不能全部采用被动土压力的数值，一般取 30%。

8.5.2　土拱效应

土拱作用会影响土压力的大小和分布性态。支挡结构移动并使填土内产生不均匀的变形，则会引起附加剪应力，这些应力要使移动着的土体保持其原来的位置，因而作用在移动部分上的力就减少，而作用在不动部分土上的力却增大。如果土体在不同部位有着某种约束而不能自由移动，也可出现同样情况，在这些部位可能的摩擦阻力不能充分发挥，相应的剪应力比破坏状态时小。所以作用在支挡结构这一部分上的土压力将较大。

8.5.3　Rankine 与 Coulomb 土压力理论的比较

对于无黏性土，Rankine 理论由于忽略了墙背面的摩擦影响，计算的主动土压力偏大，用 Coulomb 理论则比较符合实际。但是，在工程设计中常用 Rankine 理论计算，这是因为计算公式简便，误差偏于安全方面。对于有黏聚力的填土，用 Rankine 土压力公式可以直接计算，用 Coulomb 理论却不能计算，往往用折减内摩擦角的办法考虑黏聚力的影响，误差可能较大。计算被动土压力用假定平面破坏面的 Coulomb 理论，误差太大，用 Rankine 理论计算，误差相对小一些，但也是偏大的。

若墙后填土中有水时，设计挡土墙还应考虑墙背面水压力的作用。为了降低墙后的水压力，应设置排水孔，或用粗砂作填料，这比准确计算土压力更为重要。

Rankine 土压力理论与 Coulomb 土压力理论是在各自的假定条件下，应用不同的分析方法得到的土压力计算公式。对无黏性土，在填土面水平（$\beta=0$）、墙背竖直（$\varepsilon=0$）、墙背光滑（$\delta=0$）的条件下，两种理论得到的结果是一样的。

但两种理论都有它们各自的特点：Rankine 理论是从土体处于极限平衡状态时的应力条件出发求解的。本章所介绍的 Rankine 土压力公式，仅是在简单条件下（墙背竖直、光滑和填土面水平）得到的解。若墙背倾斜时，可以采用例题 8-5 的方法处理。

Coulomb 理论是根据滑动土楔的静力平衡条件求解土压力的，并假定两组滑动面是通过墙脚 B 点的平面 AB 及 BC，见图 8-35。但若墙背倾斜角 ε 较大时，也即所谓坦墙时，则一组滑动面不会沿墙背 AB 产生，而是发生在土中 A′B，一般称为第二滑裂面。这时求得的土压力 E 是作用在第二滑裂面上，作用在墙背上的总土压力是土体 ABA′的重力 G 与第二滑裂面上的土压力 E 的合力。

Coulomb 理论的适用范围较广，它可用于填土面是任意形状，倾斜墙背，考虑墙背的实际摩擦角，但假定填土是砂土（即 $c=0$）。若填土是黏性土时，也可采用近似的方法计算。比较简单的是采用等代内摩擦角法，即不考虑黏土的黏聚力 c 值，而用等代内摩擦角 φ_D 代替黏性土的两个强度指标 c、φ 值。

Coulomb 理论假定滑动面是平面 BC（或 BC_1）但实际滑动面因受墙背摩擦的影响而是曲面，如图 8-36 所示的 BC'（或 BC'_1）。这对主动土压力计算引起的误差一般不大，但对被动土压力则会产生较大的误差，同时，这一误差随着土内摩擦角 φ 值的增大而加大，这是不安全的。因此，在实践中一般不用 Coulomb 理论计算被动土压力。

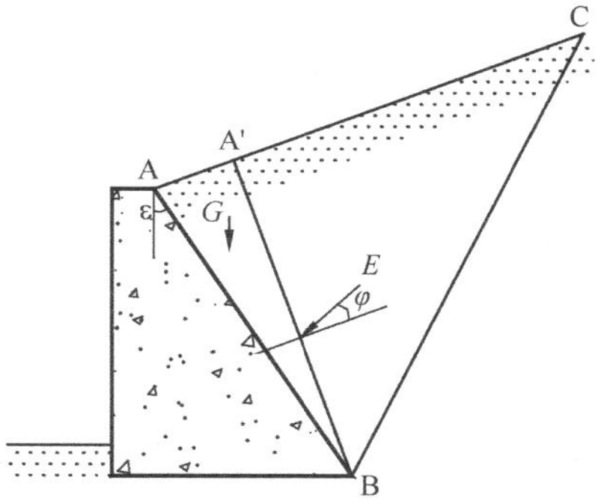

图 8-35　坦墙的第二滑裂

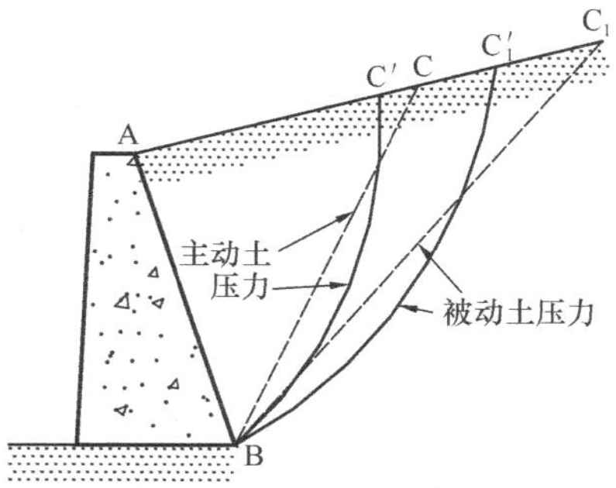

图 8-36　曲面滑动面对主动及被动土压力的影响

8.6　重力式挡土结构

重力式挡土结构属刚性结构，用来保持天然边坡或人工填土边坡稳定的建筑物。它广泛用于支挡路堤或路堑边坡、隧道洞口、桥梁两端及河流岸壁等。挡土墙的类型很多，设计时应根据当地的地形地质条件及挡土墙的重要性，考虑经济、安全和美观等，合理地选择类型，优化截面尺寸。下面介绍重力式挡土墙的设计。

1. 挡土墙的设计过程　1）根据地形和地质条件确定挡土墙的类型；2）根据工程经验拟定初步尺寸；3）进行各种验算，验算不满足要求，应采取各种可能的措施，直至满足要求为止。验算包括抗滑稳定性验算、抗倾覆稳定性验算、基底应力验算、墙身截面强度验算。各种措施包括①修改挡土墙断面尺寸；②挡土墙底面做砂石垫层，以加大摩阻力；③挡土墙底做逆坡，利用滑动面上部分反力来抗滑；④在软土地基上，其他方法无效或不经济时，可在墙踵后加拖板，利用拖板上的土重来抗滑，拖板与挡土墙之间用钢筋连接。

2. 墙后回填土的选择　墙后回填土的选择原则上应该是减小作用在挡土墙上的土压力值、减小挡土墙断面和节省土方量。因此 1）理想的回填土为卵石、砾石、粗砂、中砂；要求砂砾料洁净、含泥量小。用这类填土可以使挡土墙产生较小的主动土压力。2）可用的回填土为粉土、粉质黏土和黏土，要求含水量接近最优含水量，易压实。3）不能用的回填土为软黏土、成块的硬黏土、膨胀土和耕植土，这类土产生的土压力大，在冬季冰冻时或吸水膨胀会产生额外压力，对挡土墙的稳定不利。

3. 墙后排水措施　在挡土墙建成使用期间，如遇暴雨，雨水渗入墙后填土，使填土重度增加，内摩擦角降低，导致填土对墙的压力增大，同时墙后积水，水压力增加，对墙的稳定性不利。因此，墙背应做泄水孔，一般泄水孔直径为 5～10cm，间距 2～3m。泄水孔应高于墙前水位，以免倒灌（见图 8-37）。如墙后填土倾斜，还应做截水沟，排除地表

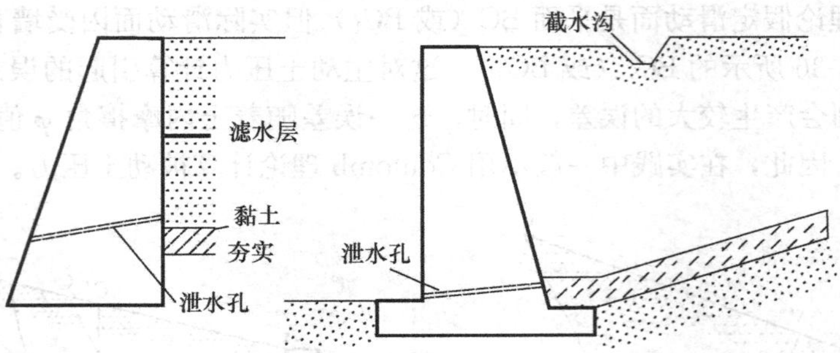

图 8-37　挡土墙的排水措施

水流。

4. 重力式挡土墙的验算

（1）抗倾覆稳定验算　作用在挡土墙上的荷载有：土压力、挡土墙的自重以及基底反力（图 8-38）。墙面埋入土中部分受到被动土压力作用，一般忽略不计，基底反力假定为线性分布。挡土墙倾覆破坏通常是在土压力作用下绕墙趾 o 点转动外倾。将主动土压力 E_a 分解为垂直分力 E_y 和水平分力 E_x，计算力系对墙趾 o 的力矩，要求抗倾覆安全系数 K_t 有：

$$K_t = \frac{Wb + E_y a}{E_x h} \geqslant 1.5 \tag{8.6.1}$$

抗倾覆安全系数 K_t，必须大于 1.5。须注意在软弱地基上，倾覆时墙趾可能陷入土中，力矩中心点将向内移动，抗倾覆安全系数将会降低，甚至会发生沿圆弧滑动面而整体破坏的危险。

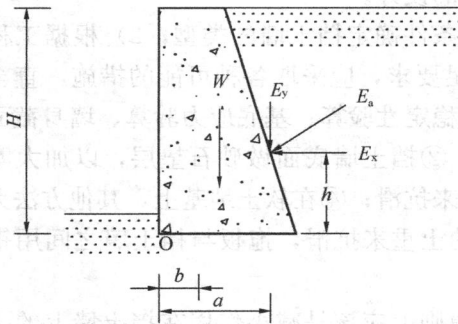

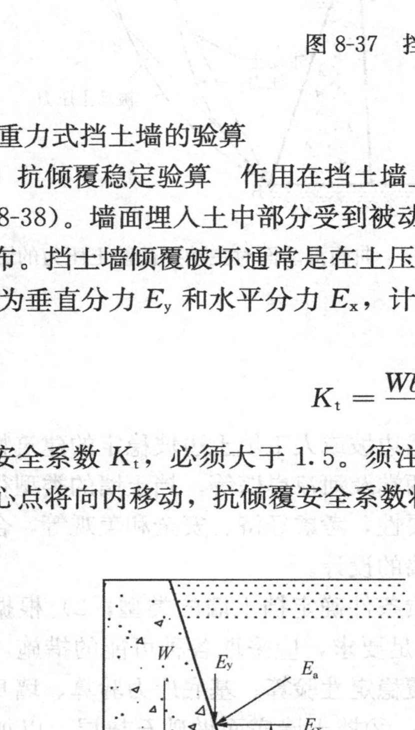

图 8-38　挡土墙稳定验算

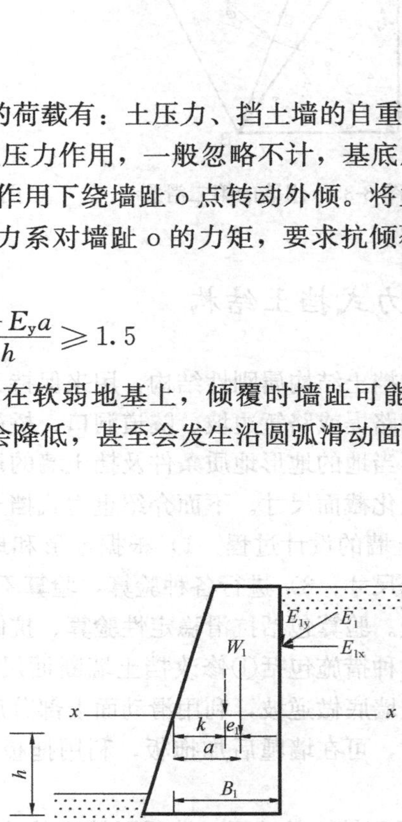

图 8-39　墙身强度验算

（2）抗滑动稳定验算　在土压力的水平分力 E_x 作用下，挡土墙有可能沿基础底面发生滑动破坏。抗滑动稳定验算时，应保证使得由于土压力的垂直分力 E_y 和墙重 W 产生在基底的摩擦阻力大于滑动力 E_x。抗滑稳定安全系数 K_s 应满足

$$K_s = \frac{(E_y + W)\mu}{E_x} \geqslant 1.3 \tag{8.6.2}$$

式中　μ——挡土墙基底与土的摩擦系数，由试验测定，也可参考表 8-2。

墙底面倾斜时，应将力分解为与底面平行和垂直的分力，再作抗滑动稳定验算。

挡土墙基底摩擦系数 **表 8-2**

土的类别		摩擦系数 μ
黏性土	可　塑	0.25～0.30
	硬　塑	0.30～0.35
	坚　塑	0.35～0.45
砂　土		0.40
碎石土		0.50～0.60
软质岩石		0.40～0.60
硬质岩石		0.65～0.75

(3) 地基承载力验算　在挡土墙自重及土压力的垂直分力作用下基底压力按直线分布假定计算，要求

$$p \leqslant [R] \tag{8.6.3a}$$

$$p_{max} \leqslant 1.2[R] \tag{8.6.3b}$$

$$p_{min} \geqslant 0 \tag{8.6.3c}$$

式中　p——基底平均压力，(kN/m²)；

p_{max}——由于偏心荷载引起的最大压力，(kN/m²)；

p_{min}——由于偏心荷载引起的最小压力，(kN/m²)；

$[R]$——地基的容许承载力，(kN/m²)。

(4) 墙身材料强度验算　挡土墙墙身材料应有足够的强度。任意断面 x-x 上的法向应力 σ_1（图 8-39）

$$\sigma_1 = \frac{W_1 + E_{1y}}{B_1}\left(1 + \frac{6e_1}{B_1}\right) \leqslant [\sigma] \tag{8.6.4}$$

x-x 断面上的剪应力为

$$\tau_1 = \frac{E_{1x} - (W_1 + E_{1y})\mu_1}{B_1} \leqslant [\tau] \tag{8.6.5}$$

式中　e_1——x-x 断面上墙重及土压力垂直分力合力的偏心距

$$e_1 = \frac{B_1}{2} - k_1 = \frac{B_1}{2} - \frac{W_1 a + E_{1y}B_1 - E_{1x}b}{W_1 + E_{1y}} \tag{8.6.6}$$

μ_1——墙身材料的摩擦系数，当混凝土或块石砌体时 μ_1=0.6～0.7；

$[\sigma]$——墙身材料的抗压设计强度；

$[\tau]$——墙身材料的抗剪设计强度。其他符号见图 8-39。

墙身材料强度验算应取最不利位置计算，如断面急剧变化或转折处，一般在墙身与基础接触处应力可能最大。

【例题 8-8】　挡土墙高 H=6.0m，墙背直立，填土面水平，墙背光滑，用毛石和 M2.5 水泥砂浆砌筑；砌体重度为 22kN/m³，填土内摩擦角为40°，黏聚力为 0，基底摩擦系数，地基承载力标准值 f_k=180kPa，试设计此挡土墙。

【解】 (1) 挡土墙断面尺寸的拟定　重力式挡土墙的顶宽取 1/12H，底宽取（1/2～

1/3）H，初步选择顶宽为0.7m，底宽2.5m。

（2）土压力计算

$$E_a = \frac{1}{2}\gamma H^2 \tan^2\left(45° - \frac{\varphi}{2}\right)$$
$$= \frac{1}{2} \times 19 \times 6.0^2 \times \tan^2\left(45° - \frac{40°}{2}\right)$$
$$= 74.4\text{kN/m}$$

土压力作用点离墙底的距离为

$$z = \frac{1}{3}H = \frac{1}{3} \times 6.0 = 2.0\text{m}$$

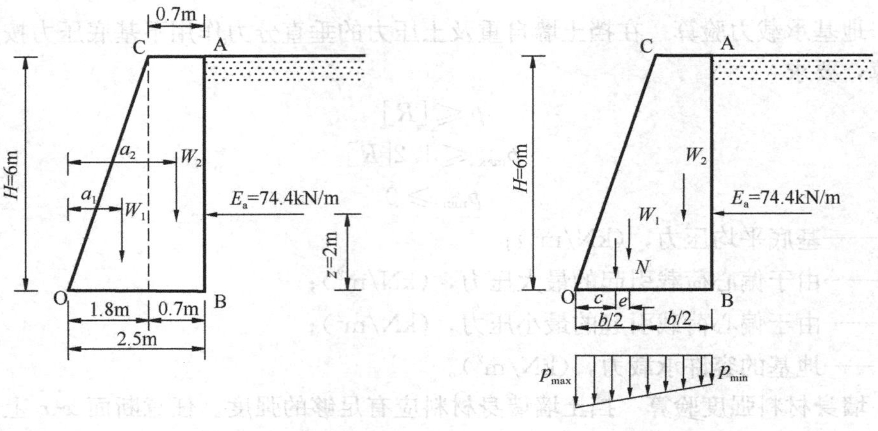

图8-40　［例题8-8］图

（3）挡土墙自重及重心　将挡土墙截面分成一个三角形和一个矩形，分别计算它们的自重

$$W_1 = \frac{1}{2}(2.5 - 0.7) \times 6 \times 22 = 119\text{kN/m}$$
$$W_2 = 0.7 \times 6 \times 22 = 92.4\text{kN/m}$$

重力作用点离o点的距离分别为

$$a_1 = \frac{2}{3} \times 1.8 = 1.2\text{m}$$

$$a_2 = 1.8 + \frac{1}{2} \times 0.7 = 2.15\text{m}$$

（4）倾覆稳定性验算

$$K_t = \frac{W_1 a_1 + W_2 a_2}{E_a z} = \frac{119 \times 1.2 + 92.4 \times 2.15}{74.4 \times 2} = 2.29 > 1.5$$

（5）滑动稳定性验算

$$K_s = \frac{(W_1 + W_2)\mu}{E_a} = \frac{(119 + 92.4) \times 0.5}{74.4} = 1.42 > 1.3$$

（6）地基承载力验算　作用在基底的总垂直力

$$N = W_1 + W_2 = 119 + 92.4 = 211.4\text{kN/m}$$

合力作用点离o点距离

$$c=\frac{W_1a_1+W_2a_2-E_ah}{N}$$
$$=\frac{119\times1.2+92.4\times2.15-74.4\times2}{211.4}=0.92\text{m}$$

偏心距

$$e=\frac{B}{2}-c=\frac{2.5}{2}-0.92=0.33<\frac{B}{6}=1$$

基底压力

$$p=\frac{N}{b}=\frac{211.4}{2.5}=84.6<f_k=180\text{kPa}$$
$$p_{\substack{max\\min}}=\frac{N}{b}\left(1\pm\frac{6e}{b}\right)=\frac{211.4}{2.5}\left(1\pm\frac{6\times0.33}{2.5}\right)$$
$$=84.6(1\pm0.804)=\begin{matrix}152.8\\16.6\end{matrix}\text{kPa}$$
$$p_{max}<1.2f_k=1.2\times180=216\text{kPa}$$

此外还应进行墙身强度验算。

8.7 柔性挡土结构

在基坑工程中，坑壁常用围护结构进行保护，这些围护结构物多是施工中的临时性结构物，但也有用作永久性结构物的，如地下连续墙。围护结构的种类很多，按受力分有：悬臂式结构、内撑式结构、锚碇式结构等，按材料分有：水泥搅拌桩、钢筋混凝土地下连续墙、钢板桩等。

围护结构上的土压力计算与前述挡土墙不同，这是因为它们的刚度、施工方法、墙的位移，以及受力后的破坏形式有所差别。挡土墙是刚度很大的整体结构物，它的施工方法是先筑墙后填土，墙的位移是墙背保持为一平面的平移或转动，挡土墙受力后是作为一个整体而破坏的。而围护结构应看作柔性结构，它的施工方法与结构构造有关，如多支撑板桩往往是随挖土随支撑，墙身的位移是受到支撑的约束和限制，它的破坏是从一个或几个支撑点开始，而后发展到整个围护系统的破坏。因此，作用在围护结构上的土压力计算，不能直接采用前面的 Rankine 或 Coulomb 土压力公式，而应按其围护结构的不同构造型式，采用经验性的土压力分布图形。下面介绍悬臂式板桩墙的设计计算，其他的结构形式可参考有关专著。

图 8-41 所示的悬臂式板桩墙，由于不设支撑，因此墙身位移较大，通常用于挡土高度不大的临时性支撑结构。

悬臂式板桩墙的破坏一般是板桩绕桩底端 b 点以上的某点 o 转动。这样在转动点 o 以上的墙身前侧以及 o 点以下的墙身后侧，将产生被动土压力，在相应的另一侧产生主动土压力。

由于精确地确定土压力的分布规律有困难，一般近似地假定土压力的线性分布如图 8-41 所示，墙身前侧是被动土压力，其合力为 E_{p1}，并考虑有一定的安全系数 K，一般取 $K=2$；在墙身后方为主动土压力，合力为 E_A。另外在桩下端还作用被动土压力 E_{p2}，由

于 E_{p2} 的作用位置不易确定，计算时假定作用在桩端 b 点。考虑到 E_{p2} 的实际作用位置应在桩端以上一段距离，因此，在最后求得板桩的入土深度 t 后，再适当增加 10%～20%。

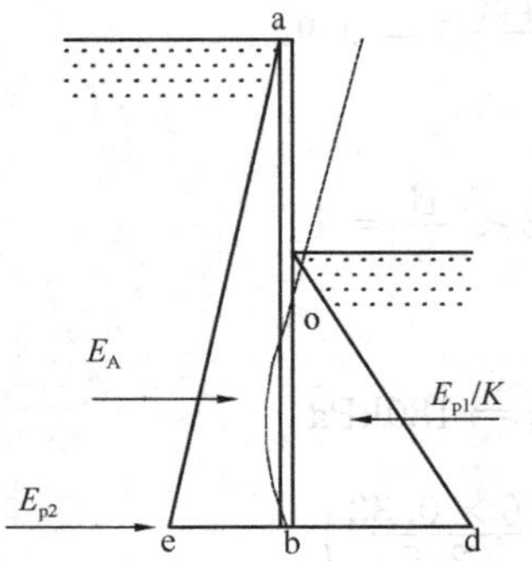

图 8-41　悬臂式板桩墙的计算

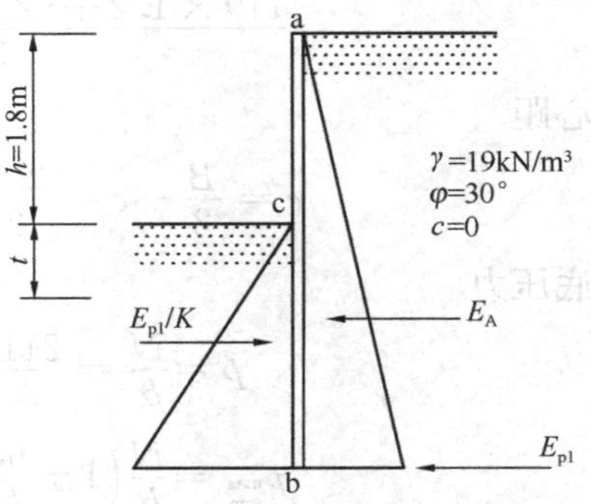

图 8-42　［例题 8-9］图

按图 8-41 所示的土压力分布图形计算板桩墙的稳定性及板桩的强度。

【例题 8-9】　已知桩周土为砂砾，$\gamma=19\text{kN/m}^3$，$\varphi=30°$，$c=0$。基坑开挖深度 $h=1.8\text{m}$。安全系数取用 $K=2$，计算图 8-42 所示悬臂式板桩墙需要的入土深度 t 及桩身最大弯矩值。

【解】　当 $\varphi=30°$ 时，计算得 Rankine 土压力系数 $m^2=0.333$，$\dfrac{1}{m^2}=3$。若令板桩入土深度为 t，取 1 延米长的板桩墙，计算墙上作用力对桩端 b 点的力矩平衡条件 $\sum M_b=0$，得

$$\frac{1}{6}\gamma t^3\frac{1}{m^2}\frac{1}{K}=\frac{1}{6}\gamma(h+t)^3m^2$$

$$\frac{1}{6}\times19\times t^3\times3\times\frac{1}{2}=\frac{1}{6}\times19\times(1.8+t)^3\times0.333$$

解得

$$t=2.76\text{m}$$

板桩的实际入土深度较计算值增加 20%，则可求得板桩的总长度 L 值

$$L=h+1.2t=1.8+1.2\times2.76=5.12\text{m}$$

若板桩的最大弯矩截面在基坑底深度 t_0 处，该截面的剪力应等于零，即

$$\frac{1}{2}\gamma\frac{1}{m^2}\frac{1}{K}t_0^2=\frac{1}{2}\gamma m^2(h+t_0)^2$$

$$\frac{1}{2}\times19\times3\times\frac{1}{2}\times t_0^2=\frac{1}{2}\times19\times0.333(1.8+t_0)^2$$

解得

$$t_0=1.49\text{m}$$

可求得每延米板桩墙的最大弯矩 M_{max} 为

$$\begin{aligned}M_{max}&=\frac{1}{6}\times19\times0.333(1.8+1.49)^3-\frac{1}{6}\times19\times3\times\frac{1}{2}\times1.49^3\\&=21.6\text{kN}\cdot\text{m}\end{aligned}$$

8.8 加筋土挡土结构

加筋土挡土结构是法国工程师 Henri Vidal（亨利维达尔）在 1963 年发明的一类新型挡土结构。已在众多的工程得到应用，世界各地不同环境下的加筋土挡土结构，已经受了各种荷载和位移的考验，通过整体观测与分项研究，从理论与实践两方面均取得了许多成果。

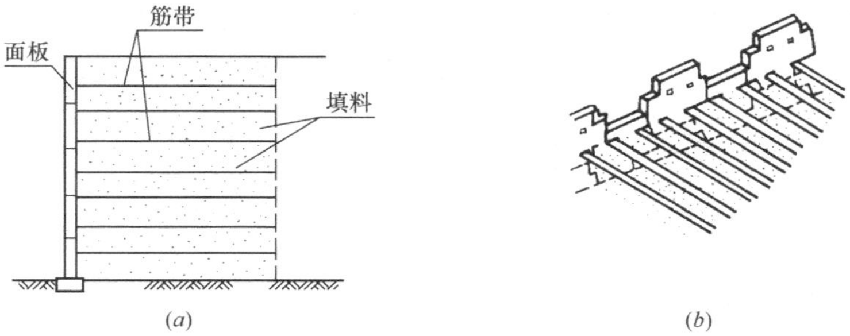

图 8-43　加筋土基本结构

8.8.1　加筋土挡土墙的构造

加筋土挡土结构是由填土和土中布置的筋带（或筋网）以及墙面面板三部分组成（见图 8-43）。

1. 填料是加筋体的主体材料，由它与筋带产生摩擦力。填料应符合土工标准、化学标准和电化学标准。土工标准包括力学标准和施工标准。规定土工标准是为了使土和筋带间能发挥较大摩擦力，以确保结构的稳定。力学标准主要是确定填料的计算内摩擦角和填料与筋带间的视摩擦系数。施工标准是确保力学标准的重要条件，主要是确定填料的级配和压实密度。填料的化学和电化学标准，主要为保证筋带的长期使用品质和填料本身的稳定。

2. 筋带的作用是承受垂直荷载和水平拉力作用并与填料产生摩擦力。因此，筋带材料必须具有以下特性：抗拉性能强，不易脆断，蠕变量小，与填土间的摩擦系数大，具有良好的柔性、耐久性。筋带为带状，国内以采用聚丙烯土工带和钢筋混凝土带（见图 8-44）为主，国外广泛使用镀锌钢带。

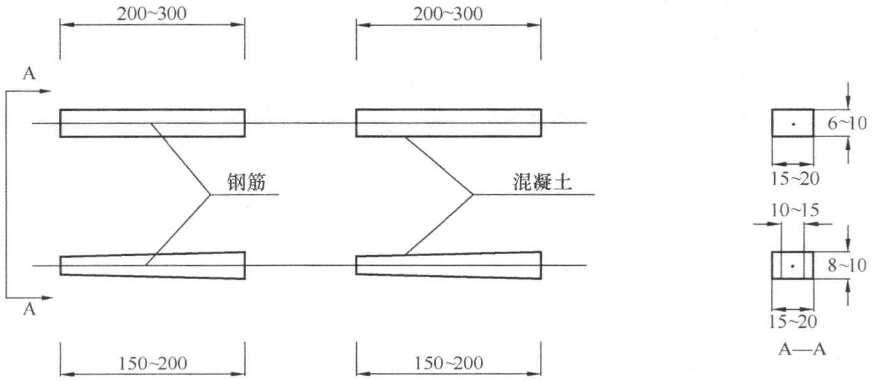

图 8-44　钢筋混凝土筋带

3. 面板的作用是防止填土侧向挤出及传递土压力。各种形式的面板设计均应满足坚固、美观以及运输与安装的方便。国内常用的面板为混凝土或钢筋混凝土预制件。面板类型有十字形、六角形、槽形、L形以及矩形等。各种面板的组合情况如图 8-45 所示。

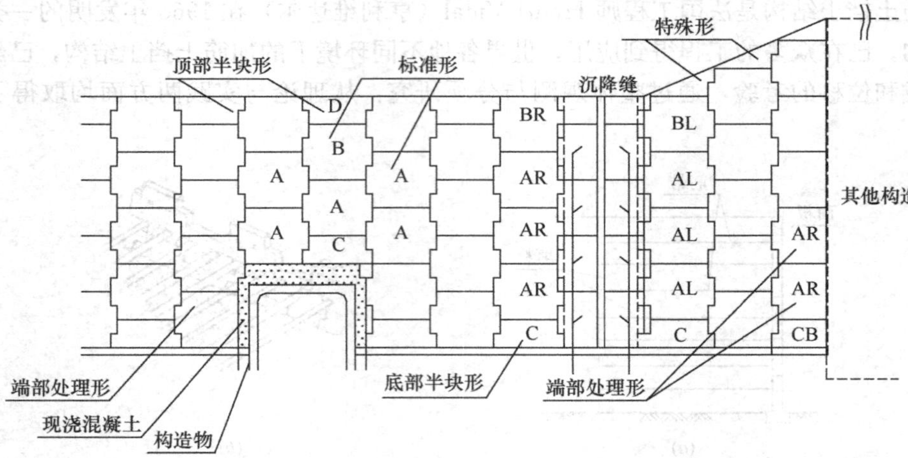

图 8-45　各种十字形面板的组合

加筋土挡土墙可能由于各种因素导致不能正常工作，如筋带裂缝造成的断裂、土与筋带之间结合力不足造成的加筋体断裂、外部不稳定造成的破坏等，因此，需要进行内部稳定性验算、外部稳定性验算和整体稳定性验算。

8.8.2　设计步骤

1. 根据用途、填料、地基、施工方法、筋带的种类以及工点的断面图，初步拟定加筋土挡土墙的平面、纵断面以及横断面的形式。

2. 确定有关设计参数　1）根据填土材料和筋带的种类，通过试验或现有经验确定填料的重度、计算摩擦角、筋带的容许应力以及土与筋带之间的视摩擦系数。2）根据地基土的性质和状态，确定地基土的天然重度、内摩擦角及黏聚力；3）确定加筋体与地基间的摩擦系数及黏聚力；

3. 根据筋带种类、布筋的特点以及施工条件选择内部稳定性计算方法。

4. 内部稳定性验算 1）根据筋带的垂直与水平间距、荷载的情况，计算筋带所受的拉力。2）根据筋带的容许拉应力，验算筋带的抗拉强度。若不满足要求时，则增加筋带数量，或改变筋带布设，或改用较高强度的筋带，重新计算直至满足要求为止。3）根据初拟筋带的长度、宽度，验算筋带的抗拔稳定性。若不满足要求，或增长筋带长度，或增加筋带数量（只有当地形受限制时才用），或改用摩擦系数大的填料和表面粗糙的筋带，重新计算直至满足要求为止。

5. 外部稳定验算　一般应对加筋体沿底面的滑移、倾覆稳定性和基础底面地基的承载力进行验算。必要时还需进行沉降和整体滑动计算。不满足设计指标要求的，均应分别采取改变断面、加长筋带和加固地基等措施重新计算，直至满足要求为止。

6. 进行技术经济比较，确定采用的方案。

8.8.3　内部稳定性验算

内部稳定性验算通常有：楔体平衡分析法和应力分析法，下面介绍楔体平衡分析法。

1. 基本假定 1）加筋体填料为非黏性土；2）加筋体墙面顶部能产生足够的侧向位移，从而使墙面后达到主动极限平衡状态（即加筋体的墙面绕面板底端旋转），在加筋体内产生与垂直面成 θ 角的破裂面，将加筋体分为活动区与稳定区（如图 8-46a 所示）；3）加筋体中形成的楔体相当于刚体，面板与填料之间的摩擦忽略不计。作用于面板上的侧土压力为主动土压力，压力强度呈线形分布（如图 8-46b 所示）；4）筋带的拉力随深度成直线比例增长（如图 8-46c 所示）。在筋带长度方向上，自由端拉力为零，沿长度逐渐增加至近墙面处为最大；5）只有破裂面后，稳定区内的筋带与土的相互作用产生抗拔阻力。

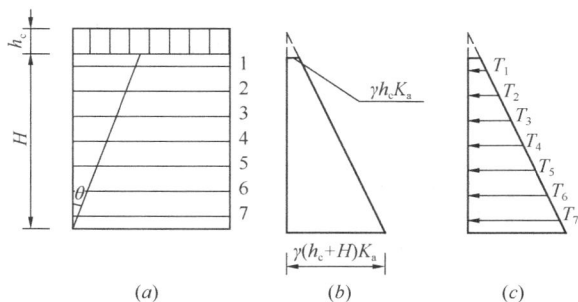

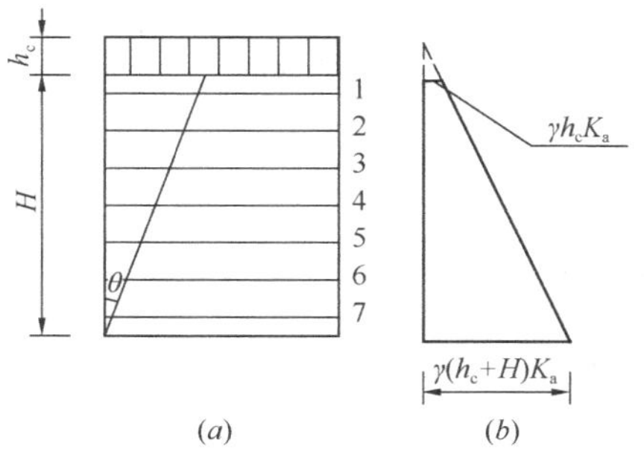

图 8-46 基本假定图式

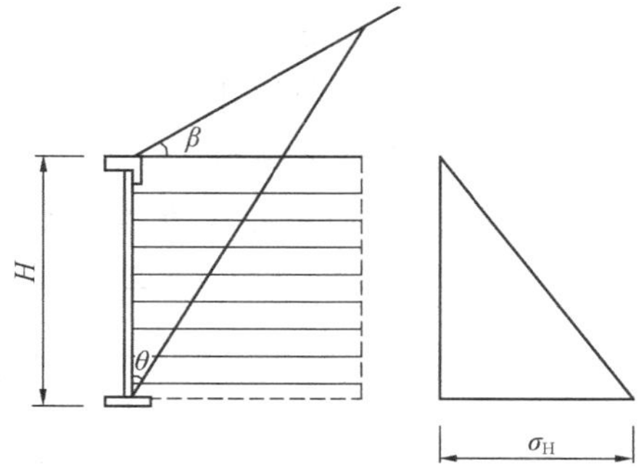

图 8-47 破裂面交于内边坡

2. 筋带受力计算 根据以上基本假定，以 Coulomb 理论为基础，采用重力式挡土墙计算土压力的方法，按加筋体上填土表面的形态和车辆荷载的分布情况不同，并考虑加筋土通常 $\alpha=0$、$\delta=0$ 的特点。加筋体上局部荷载（包括路堤填土）所产生的侧压力在墙面板上的影响范围，近似地沿平行于破裂面的方向传递至墙背，从而绘制侧压力分布图形，根据压力分布图形，推求出加筋土挡土墙沿墙高各单元节点处的侧压力，再确定各计算单元上筋带所承受的拉力。

（1）破裂面交于内边坡（如图 8-47 所示）

① 破裂角 θ 由重力式挡土墙推得

$$\tan(\theta+\beta)=-\tan\psi_2\pm\sqrt{(\tan\psi_2+\cot\psi_1)[\tan\psi_2+\tan(\beta-\alpha)]} \tag{8.8.1}$$

式中 $\psi_1=\varphi-\beta,\ \psi_2=\varphi+\delta+\alpha-\beta$

加筋土挡土墙将 $\alpha=0$、$\delta=0$ 代入式（8.8.1）得

$$\tan(\theta+\beta)=-\tan(\varphi-\beta)\pm\sqrt{[\tan(\varphi-\beta)+\cot(\varphi-\beta)][\tan(\varphi-\beta)+\tan\beta]} \tag{8.8.2}$$

② 侧土压力系数 K_a 由重力式挡土墙推得

$$K_a=\frac{\cos^2(\varphi-\alpha)}{\cos^2\alpha\cos(\alpha+\delta)\left[1+\sqrt{\dfrac{\sin(\varphi-\delta)\sin(\varphi-\beta)}{\cos(\alpha+\delta)\cos(\alpha-\beta)}}\right]^2} \tag{8.8.3}$$

加筋土挡墙将 $\alpha=0$、$\delta=0$ 代入式（8.8.3）得

$$K_a=\frac{\cos^2\varphi}{\left[1+\sqrt{\dfrac{\sin\varphi\sin(\varphi-\beta)}{\cos\beta}}\right]^2} \tag{8.8.4}$$

③ 加筋体任一深度 h_i 的土的侧压力 σ_i 绘制应力图形，并由图形求任意深度 h_i 处的土侧压力 σ_i（如图 8-47 所示）因为 $\sigma_0=0$，$\sigma_H=\gamma_1 HK_a$，于是 $\sigma_i=\gamma_1 h_i K_\alpha$。

④ 第 i 层筋带所受的拉力

$$T_i=\sigma_i S_x S_y \qquad (8.8.5)$$

式中 S_x、S_y——筋带水平和垂直方向的计算距离。

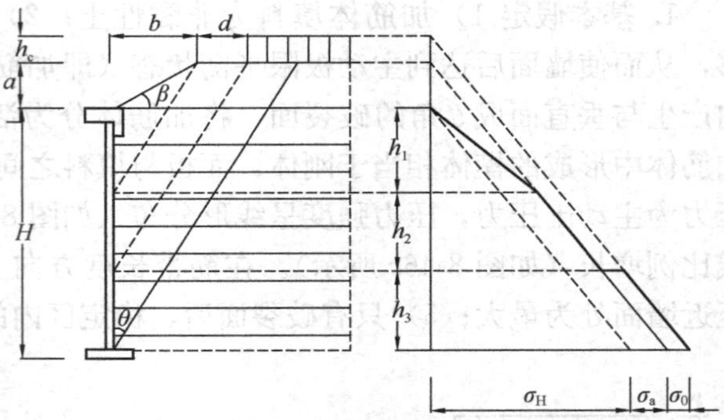

图 8-48 破裂面交于路基面

（2）破裂面交于路基面（如图 8-48）

① 破裂角 θ 由重力式挡土墙推得

$$\tan\theta=-\tan\psi\pm\sqrt{(\tan\psi+\cot\varphi)(\tan\psi+A)} \qquad (8.8.6)$$

式中 $\psi=\varphi+\delta+\alpha$，$A=\dfrac{ab+2h_c(b+d)-H(H+2a+2h_c)\tan\alpha}{(H+a)(H+a+2h_c)}$

加筋土挡土墙将 $\alpha=0$、$\delta=0$ 代入式（8.8.6）得：

$$\tan\theta=-\tan\varphi\pm\sqrt{(\tan\varphi+\cot\varphi)(\tan\varphi+A)} \qquad (8.8.7)$$

式中 $A=\dfrac{ab+2h_c(b+d)}{(H+a)(H+a+2h_c)}$

② 侧土压力系数 K_a 由重力式挡土墙推得

$$K_a=(\tan\theta-\tan\alpha)\frac{\cos(\theta+\varphi)}{\sin(\theta+\psi)} \qquad (8.8.8)$$

式中 $\psi=\alpha+\delta+\varphi$

加筋土挡墙将 $\alpha=0$、$\delta=0$ 代入式（8.8.8）得

$$K_a=\frac{\tan\theta}{\tan(\theta+\varphi)} \qquad (8.8.9)$$

③ 加筋体任一深度 h_i 的土压力 σ_i 绘制侧压力图形，并由图形求任意深度 h_i 处的土压应力 σ_i（见图 8-48 所示）因为 $\sigma_0=\gamma_1 h_c K_a$，$\sigma_a=\gamma_2 aK_a$，$\sigma_H=\gamma_1 HK_a$，而 $h_1=\dfrac{b}{\tan\theta}-a$，$h_2=\dfrac{d}{\tan\theta}$，$h_3=H-h_1-h_2$，由压力图形可得

$$\left.\begin{aligned}
&\sigma_i=\frac{h_i}{h_1}(h_1\gamma_1+a\gamma_2)K_a && h_i\leqslant h_1\\
&\sigma_i=(h_i\gamma_1+a\gamma_2)K_a && h_1<h_i<h_1+h_2\\
&\sigma_i=[(h_i+h_c)\gamma_1+a\gamma_2]K_a && h_1+h_2\leqslant h_i\leqslant H
\end{aligned}\right\} \qquad (8.8.10)$$

④第 i 层筋带所受的拉力 T_i

$$T_i=\sigma_i S_x S_y \qquad (8.8.11)$$

式中 σ_i——由式（8.8.10）求出沿墙体不同深度处的土压应力。

3. 筋带断面计算

根据不同深度筋带所承受的最大拉力计算筋带断面。当采用扁钢带并用螺栓连接时还

应验算螺栓连接处的截面（该截面受到固定螺栓孔的削弱）和螺栓的抗剪强度。筋带断面按下式计算

$$A_i = \frac{1000T_i}{\eta[\sigma_t]} \tag{8.8.12}$$

式中　A_i——第 i 单元筋带断面积，mm^2；

η——筋带容许应力提高系数；

$[\sigma_t]$——筋带容许拉应力，MPa。

4. 筋带抗拔稳定性验算

各个单元节点筋带抗拔能力是用该节点筋带所具有的抗拔力 S_i 与它所受到的拔出力 T_i 之比来反映，该比值称为抗拔安全系数 K_f，要求 $K_f \geqslant [K_f]$。

$$K_f = \frac{S_i}{T_i} \geqslant [K_f] \tag{8.8.13}$$

各层筋带的抗拔力 S_i 按作用于该锚固长度范围内的垂直荷载大小进行计算。

$$S_i = 2b_i f^* \left[\frac{1}{2}\gamma_2(a_i + a)(b - L_{0i}) + \gamma_2 a(L_i - b) + \gamma_1 L_{ei} h_i\right] \quad (L_i > b) \tag{8.8.14}$$

$$S_i = 2b_i f^* \left[\frac{1}{2}\gamma_2(a_i + L_i \tan\beta) + \gamma_1 L_{ei} h_i\right] \quad (L_i \leqslant b) \tag{8.8.15}$$

式中　f^*——筋带与土的视摩擦系数；

L_{ei}——第 i 节点处稳定区筋带长度，$L_{ei} = L_i - L_{0i}$；

L_{0i}——第 i 结点处非稳定区筋带长度，$L_{oi} = (H - h_i)\tan\theta$；

θ——破裂角。

求得 S_i 后，将 S_i 代入式（8.8.13）计算 K_f 并与 $[K_f]$ 比较分析其抗拔稳定性。

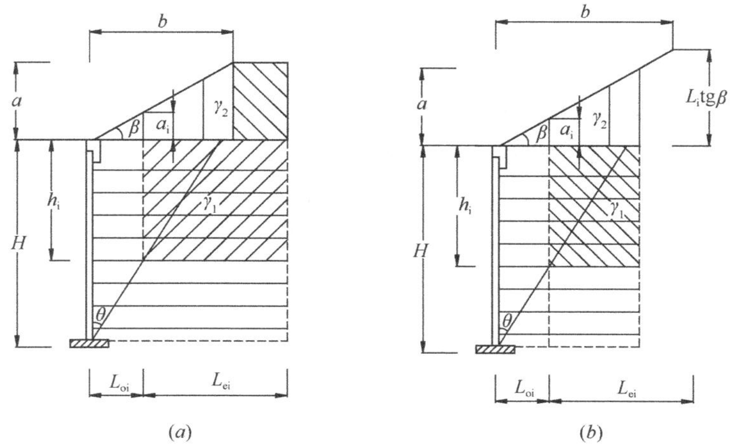

图 8-49　筋带抗拔力稳定性验算图式

(a) $L_i > b$；(b) $L_i \leqslant b$

8.8.4　外部稳定性分析

加筋土挡土墙的外部稳定性分析中视加筋体为刚体。其分析项目一般包括基底滑移与倾覆稳定性验算、基础底面地基承载力验算，必要时还应对整体滑动和地基沉降进行验算。

1. 土压力计算

根据加筋土挡土墙墙后填土的不同边界条件，采用 Coulomb 公式计算作用于筋体的主动土压力。

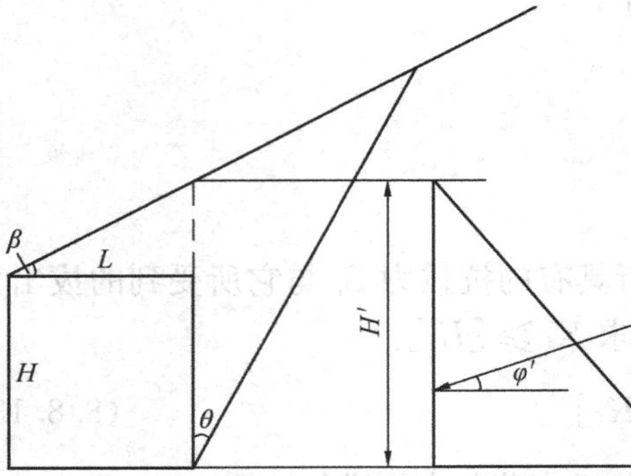

图 8-50　墙后破裂面交于内边坡

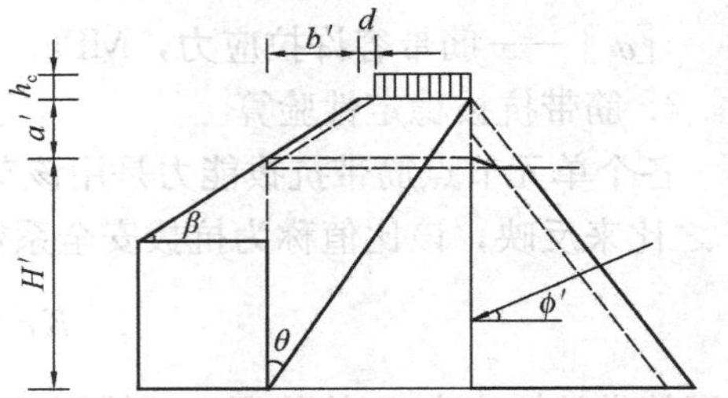

图 8-51　墙后破裂面交于路面上（路堤式挡墙）

(1) 路堤式挡土墙，墙后破裂面交于内边坡，土压力为

$$E_a = \frac{1}{2}\gamma H'^2 K_a \tag{8.8.16}$$

则

$$E_{ax} = E_a \cos\varphi' \tag{8.8.17a}$$

$$E_{ay} = E_a \sin\varphi' \tag{8.8.17b}$$

式中　$K_a = \dfrac{\cos^2\varphi}{\cos\varphi'\left[1+\sqrt{\dfrac{\sin(\varphi-\varphi')\sin(\varphi-\beta)}{\cos\varphi'\cos\beta}}\right]^2}$；

$$H' = L\tan\beta + H\text{；}$$

φ' 为加筋土挡土墙与填料之间的摩擦角，采用 φ_1 与 φ_2 中的小值。

(2) 路堤式挡土墙，墙后破裂面交与路基面上

$$E_a = \gamma K_a \frac{A_0\tan\theta - B_0}{\tan\theta} \tag{8.8.18}$$

则

$$E_{ax} = E_a \cos\varphi' \tag{8.8.19a}$$

$$E_{ay} = E_a \sin\varphi' \tag{8.8.19b}$$

式中　$A_0 = \frac{1}{2}(a' + H' + 2h_c)(a' + H')$

$B_0 = \frac{1}{2}a'b' + (b' + d)h_c$

$K_a = \dfrac{\tan\theta\cos(\theta+\varphi)}{\sin(\theta+\varphi+\varphi')}$

$\tan\theta = -\tan(\varphi+\varphi') \pm \sqrt{\left[\tan(\varphi+\varphi') + \cot\varphi\right]\left[\tan(\varphi+\varphi') + \dfrac{B_0}{A_0}\right]}$

(3) 路肩式挡土墙，墙后破裂面交于路面上如图（8-52）所示

$$E_a = \frac{1}{2}\gamma H(H+2h_c)K_a \quad (8.8.20)$$

则

$$E_{ax} = E_a\cos\varphi' \quad (8.8.21a)$$

$$E_{ay} = E_a\sin\varphi' \quad (8.8.21b)$$

式中 $K_a = \frac{\tan\theta\cos(\theta+\varphi)}{\sin(\theta+\varphi+\varphi')}$

$\tan\theta = -\tan(\varphi+\varphi') \pm \sqrt{[\tan(\varphi+\varphi')+\cot\varphi]\tan(\varphi+\varphi')}$

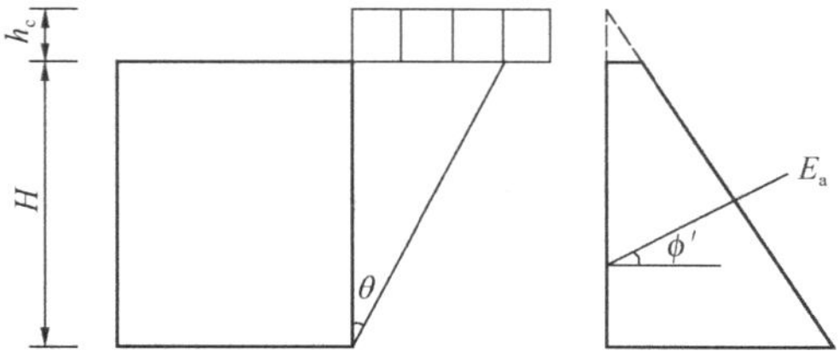

图 8-52 墙后破裂面交于路面上

2. 滑移稳定性分析

验证加筋体在总水平力作用下，加筋体与地基间产生摩阻力抵抗其滑移的能力，用抗滑稳定系数 K_c 为

$$K_c = \frac{f\Sigma N}{\Sigma T} \geqslant [K_c] \quad (8.8.22)$$

式中 ΣN——竖向力总和；

ΣT——水平力总和；

f——加筋体底面与地基土之间的摩擦系数，当缺乏实际资料时，可参考下表。

地基摩擦系数 **表 8-3**

地基土分类	f	地基土分类	f
软塑黏土	0.25	砂性土、软质岩石	0.40～0.60
硬塑黏土	0.30	碎（砾）石土	0.50
砂质粉土、粉质黏土、半干硬的黏土	0.30～0.40	硬质岩石	0.5～0.6

注：填料的强度弱于地基时，f=0.3～0.4

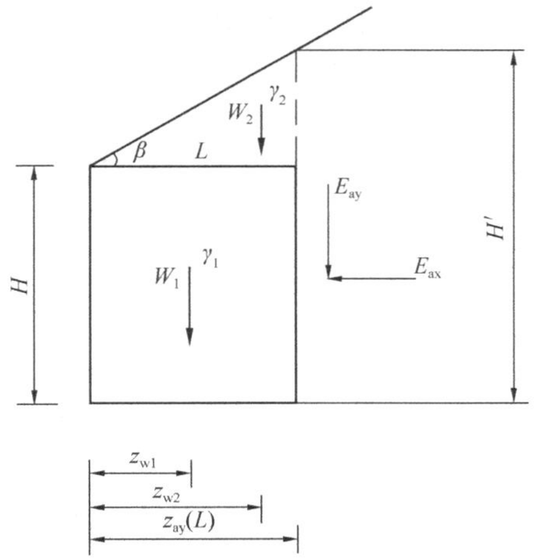

图 8-53 滑移、倾覆稳定性分析图式

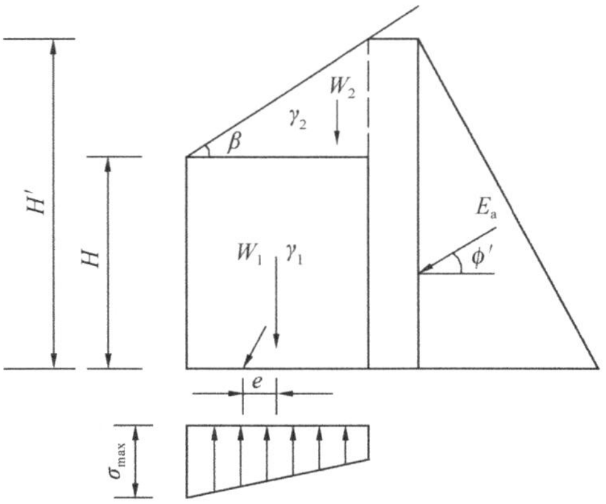

图 8-54 基础底面地基承载力验算图式

3. 倾覆稳定性分析

为保证加筋土挡土墙抗倾覆稳定性，须验算它抵抗墙身绕墙趾倾覆的能力（如图 8-53 所示），用抗倾覆稳定系数 K_0 表示，即对于墙趾总的稳定力矩 ΣM_y 与总的倾覆力矩

ΣM_0 之比

$$K_0 = \frac{\Sigma M_y}{\Sigma M_0} \geqslant [K_0] \tag{8.8.23}$$

图 8-53 所示的加筋体断面时

$$\Sigma M_y = W_1 Z_{w1} + W_2 Z_{w2} + E_{ay} Z_{ay}$$

$$= \frac{1}{2}\gamma_1 HL^2 + \frac{1}{3}\gamma_2 L^3 \tan\beta + E_{ay} L$$

$$\Sigma M_0 = E_{ax} Z_{ax} = \frac{1}{3} E_{ax} H'$$

4. 基础底面地基承载力验算

验证加筋体总垂直力作用下，基底压应力是否小于地基容许承载力（如图 8-54 所示）。由于加筋体承受偏心荷载，因此，基底压应力按梯形分布考虑，验算公式为

$$\sigma_{max} = \frac{\Sigma N}{L}\left(1 + \frac{6e}{L}\right) \geqslant [\sigma] \tag{8.8.24}$$

式中 σ_{max}——基础底面最大压应力，kPa；

ΣN——作用于基底的垂直合力，kN/m；

L——加筋土挡土墙底面的计算宽度，m；

e——ΣN 的偏心距，m；

$[\sigma]$——地基容许承载力，kPa。

8.8.5 整体稳定性分析

整体稳定性分析，即加筋体随地基一起滑动的验算，其目的在于确定潜在破裂面安全系数，目前大多采用圆柱形破裂面，即圆弧滑动面法进行验算。

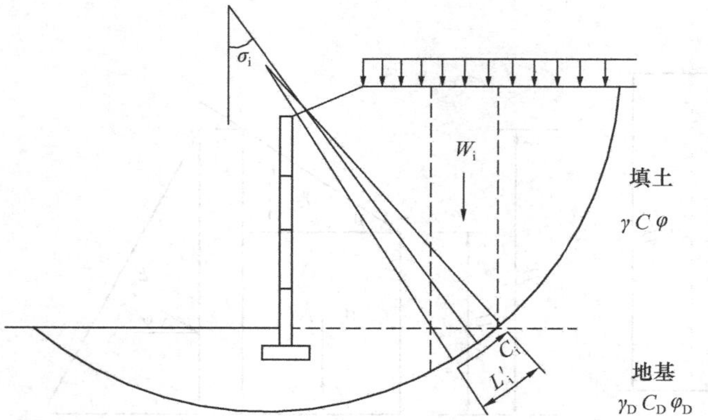

图 8-55 圆弧滑动面条分法验算图式

在进行验算时，如何考虑埋置于土中的筋带效果，至今尚无确切和统一的方法。一般常用的方法有以下几种：

1. 设筋带长度不超过可能的滑动面（如图 8-55 所示），可以按普遍的圆弧法计算。

2. 破裂面穿过筋带，在加筋体部分考虑因有筋带而产生的似内聚力，而将该值计入抗滑力矩中。

3. 破裂面穿过筋带，将伸入滑弧后面的筋带长度产生的摩阻力和筋带的抗拉强度两者中的小值对滑弧圆心取矩，视为稳定力矩。

上述 2、3 种方法较复杂，在一般情况下与第 1 种方法算出滑动圆弧最小安全系数差别不大，因此可按方法 1 进行滑动圆弧验算。

圆弧滑动面条分法验算公式如下（如图 8-55 所示）

$$K_s = \frac{\sum(C_i l'_i + W_i \cos\alpha_i \tan\varphi_i)}{\sum W_i \sin\alpha_i} \geqslant [K_s] \tag{8.8.25}$$

式中　C_i、l'_i——第 i 条块滑动面上的黏聚力（kPa）和弧长（m）；

W_i——第 i 条块自重及其荷载重，（kN）；

φ_i——第 i 条块滑动面上土的内摩擦角，（°）；

α_i——第 i 条块滑动弧的法线与竖直线的夹角，（°）；

$[K_s]$——容许稳定系数 $[K_s]=1.10\sim1.25$

8.9　管涵上的土压力计算

地下管道和涵洞上的土压力，因埋设方式不同而采用不同的计算方法。埋设的方式有沟埋式和上埋式二种，如图 8-56 所示。沟埋式是在天然地基或老填土中挖沟，将管道放至沟底，在其上填土。上埋式是将管道放在天然地基上再填土。但是，若在软土地基上用沟埋式建造管道，为防止不均匀沉降而采用桩基础，也要按上埋式计算作用在管涵上土压力。

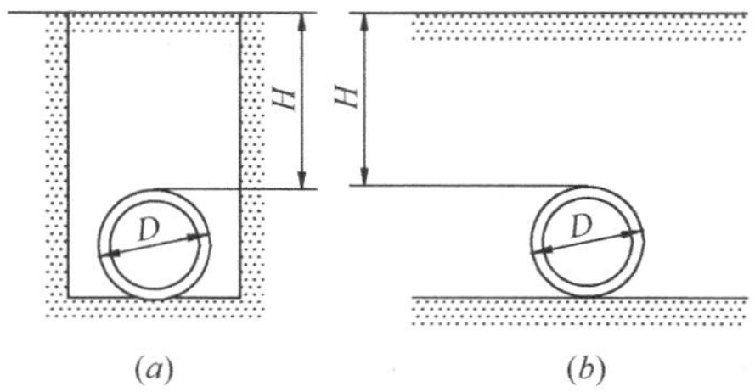

图 8-56　埋设方式图

（*a*）沟埋式；（*b*）上埋式

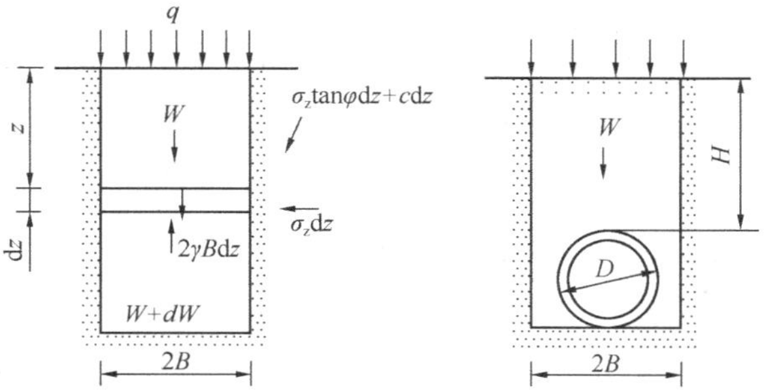

图 8-57　沟埋式管涵上的土压力

8.9.1　沟埋式管涵上的土压力

图 8-57 表示在地基中开挖的一条宽度为 $2B$ 的沟，在沟中填土，填土表面上有均布荷载 q。由于填土压缩下沉与沟壁发生摩擦，一部分填土和荷载的重量将传至两侧的沟壁上，使填土及荷载的重量减轻，这种现象称为填土中的拱效应。为了计算有拱效应时涵洞上的土压力，假设滑动面是竖直的，在填土表面以下，深度处取一厚度为 dz 的土层，根据竖向力的平衡条件得到

$$2\gamma B dz + 2B\sigma_z - 2B(\sigma_z + d\sigma_z) - 2c dz - 2K\sigma_z \tan\varphi dz = 0 \tag{8.9.1}$$

简化为

$$\gamma B dz - B d\sigma_z - c dz - K\sigma_z \tan\varphi dz = 0 \tag{8.9.2}$$

式中　K——土压力系数，一般采用主动土压力系数 K_a；

γ——沟中填土的重度；

c——填土与沟壁之间的黏聚力；

φ——填土与沟壁之间的内摩擦角。

由式（8.9.2）得到

$$\frac{d\sigma_z}{dz}=\gamma-\frac{c}{B}-K\sigma_z\frac{\tan\varphi}{B} \tag{8.9.3}$$

上式为一阶常微分方程，根据边界条件：当 $z=0$ 时 $\sigma_z=q$，可以解得

$$\sigma_z=\frac{B(\gamma-c/B)}{K\tan\varphi}(1-e^{-K\frac{z}{B}\tan\varphi})+qe^{-K\frac{z}{B}\tan\varphi} \tag{8.9.4}$$

作用在管涵顶上的总压力为

$$W=\sigma_z D \tag{8.9.5}$$

式中　D——管涵的直径。

由于埋土经过长时间压缩以后，沟壁摩擦作用将消失，因此，管涵顶上所受到的由土重引起的总压力将增大为

$$W=\gamma HD \tag{8.9.6}$$

作用在管涵侧壁的水平压力根据式（8.9.4）可以得到

$$\sigma_x=K\sigma_z=\frac{B(\gamma-c/B)}{\tan\varphi}(1-e^{-K\frac{z}{B}\tan\varphi})+Kqe^{-K\frac{z}{B}\tan\varphi} \tag{8.9.7}$$

管涵侧壁的水平压力与竖直压力成正比，为曲线分布。

8.9.2　上埋式管涵上的土压力

在天然地基上埋设管涵，由于管涵顶上的填土与两侧填土之间的沉降不同，对管涵上的填土发生向下的剪切力，因此，作用在管涵上的土压力为土重与剪切力之和。按上述方法可以求得

$$\sigma_z=\frac{D(\gamma+2c/D)}{2K\tan\varphi}(e^{2K\frac{H}{D}\tan\varphi}-1)+qe^{2K\frac{H}{D}\tan\varphi} \tag{8.9.8}$$

作用在管涵顶上的总压力，根据式（8.9.8）计算，即

$$W=\sigma_z D \tag{8.9.9}$$

作用在管涵侧壁的水平压力，根据式（8.9.8）可以得到

$$\sigma_x=\frac{D(\gamma+2c/D)}{2\tan\varphi}(e^{2K\frac{z}{D}\tan\varphi}-1)+Kqe^{2K\frac{z}{D}\tan\varphi} \tag{8.9.10}$$

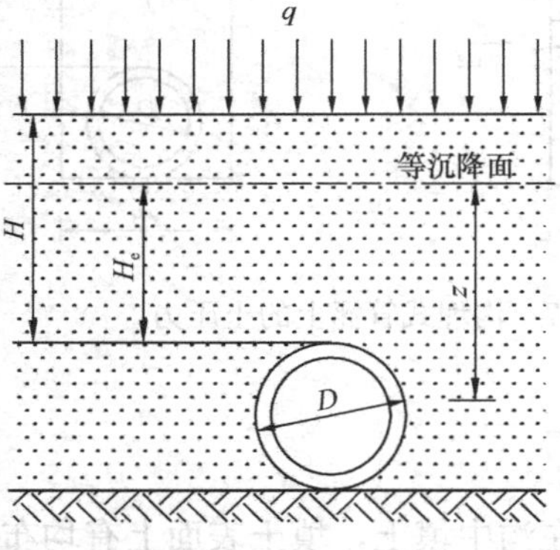

图 8-58　管涵上的竖向压力与水平压力

管涵侧壁的水平压力与竖间压力成正比，也是曲线分布。式（8.9.8）、（8.9.10）适用于管涵顶上填土厚度小的情况。若填土厚度较大，在上层某一深度内管涵顶上的填土与周围的填土相对沉降很小，可以忽略不计，该深度处称为等沉降面，在等沉降面以下的填土才有相对沉降，发生剪切力。设发生相对沉降的土层厚度为 H_e 如图 8-58 所示，则作用在管涵上的竖向压力与水平压力分别为

$$\sigma_z=\frac{D(\gamma+2c/D)}{2K\tan\varphi}(e^{2K\frac{H_e}{D}\tan\varphi}-1)+[q+\gamma(H-H_e)]e^{2K\frac{H_e}{D}\tan\varphi} \tag{8.9.11}$$

$$\sigma_x=\frac{D(\gamma+2c/D)}{2\tan\varphi}(e^{2K\frac{H_e}{D}\tan\varphi}-1)+K[q+\gamma(H-H_e)]e^{2K\frac{H_e}{D}\tan\varphi} \tag{8.9.12}$$

式中　H_e 可按下式计算

$$e^{2K\frac{H_e}{D}\tan\varphi}-2K\tan\varphi\frac{H_e}{D}=2K\tan\varphi\gamma_{sd}\rho+1 \tag{8.9.13}$$

式中 γ_{sd}——实验系数，称为沉降比，一般的土取 0.75，压缩性大的土取 0.5；

ρ——突出比，等于放置管涵的地面至洞顶的距离除以管涵的外径。

【例题 8-10】 图 8-56 所示管涵，外径 $D=1$m，填土为砂土，重度 $\gamma=18$kN/m^3，内摩擦角 $\varphi=30°$，管涵顶上的填土厚度 $H=3$m，(1) 计算沟埋式施工时作用在管涵顶上的土压力，设沟宽 $2B=1.6$m，(2) 计算上埋式施工时作用在管涵顶上的土压力。

【解】 (1) 沟埋式管涵上的竖向压力按式 (8.9.4) 计算

$$K=K_a=\tan^2(45°-\varphi/2)=\tan^2(45°-30°/2)=0.33$$

$$\sigma_z=\frac{B\gamma}{K\tan\varphi}(1-e^{-K\frac{H}{B}\tan\varphi})=\frac{0.8\times18}{0.33\times\tan30°}(1-e^{-0.33\times\frac{3}{0.8}\tan30°})=38.6\text{kN/m}^2$$

作用在管涵顶上的总压力按式 (8.9.5) 计算，即

$$W=\sigma_z D=38.6\times1=38.6\text{kN/m}$$

(2) 上埋式管涵上的竖向压力按式 (8.9.8) 计算

$$\sigma_z=\frac{D\gamma}{2K\tan\varphi}(e^{2K\frac{H_e}{D}\tan\varphi}-1)=\frac{1.0\times18}{2\times0.33\times\tan30°}(e^{2\times0.33\times\frac{3}{1}\times\tan30°}-1)=119.4\text{kN/m}^2$$

作用在管涵顶上的总压力同样按式 (8.9.5) 计算，即

$$W=\sigma_z D=119.4\times1=119.4\text{kN/m}$$

由以上计算可见，上埋式管涵上的压力远大于沟埋式管涵上的压力，但是，如果都考虑填土沉降不等所引起的侧壁摩擦力影响，则作用在管涵顶上的总压力按式 (8.9.6) 计算为

$$W=\gamma HD=18\times3\times1=54\text{kN/m}$$

因此在上埋式管涵设计时要充分考虑到土压力的变化情况。

习 题 与 思 考 题

8.1 按 Rankine 土压力理论计算图 8-1 所示挡土墙上的主动土压力及其分布图。(参考答案：$E_A=20.63$kN/m，$d=1.97$m)

8.2 已知桥台台背宽度 $B=5$m，桥台高度 $H=6$m。填土性质为：$\gamma=18$kN/m^3，$\varphi=20^0$，$c=13$kPa；地基土为黏土，$\gamma=17.5$kN/m^3，$\varphi=15°$，$c=15$kPa；土的侧压力系数 $K_0=0.5$。用 Rankine 土压力理论计算图 8-2 所示拱桥桥台墙背上的静止土压力及被动土压力，并绘出其分布图。(参考答案：$E_0=758.5$kN，$E_p=3957.3$kN)

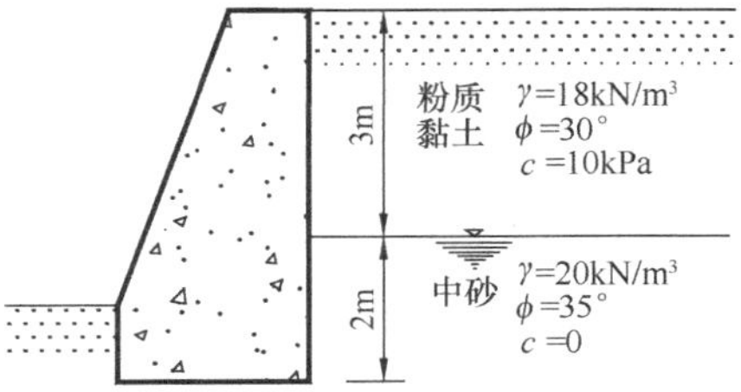

图 8-59 习题题 8.1 图

图 8-60 习题题 8.2 图

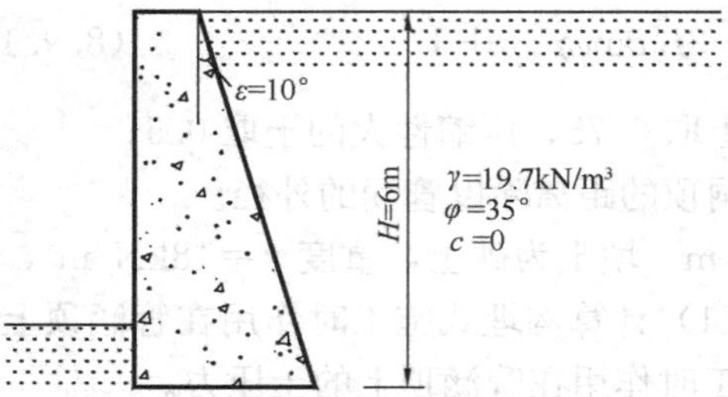

图 8-61　习题题 8.3 图

8.3　已知墙高 $H=6\text{m}$，墙背倾角 $\varepsilon=10°$，墙背摩擦角 $\delta=\varphi/2$；填土面水平 $\beta=0$，$\gamma=19.7kN/m^3$，$\varphi=35°$，$c=0$。用库仑土压力理论计算图 8-3 挡土墙上的主动土压力值及滑动面方向。（参考答案：$E_A=114.18\text{kN/m}$，$\alpha=63.6°$）

8.4　已知（1）桥面净宽为净－7，两侧各设 0.75m 人行道，台背宽度 $B=9\text{m}$；（2）荷载等级为汽车－15 级，（3）台后填土性质 $\gamma=18\text{kN/m}^3$，$\varphi=30°$，$c=0$；（4）桥台构造见图 8-4，台背摩擦角 $\delta=15°$。按《公路桥涵设计通用规范（JTJ 021—85）》方法计算图 8-4 所示 U 型桥台上的主动土压力值。考虑台后填土上有汽车荷载作用。（参考答案：$E_A=756.4\text{kN}$，$\alpha=56.9°$）

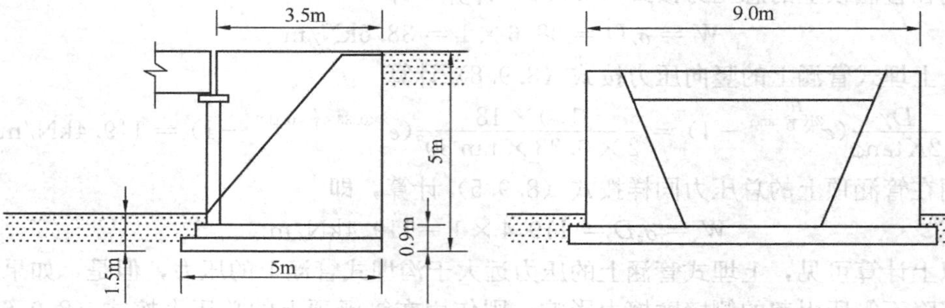

图 8-62　习题题 8.4 图

8.5　已知填土 $\gamma=20\text{kN/m}^3$，$\varphi=30°$，$c=0$；挡土墙高度 $H=5\text{m}$，墙背倾角 $\varepsilon=10°$，墙背摩擦角 $\delta=\varphi/2$。用库尔曼图解法计算图 8-5 所示挡土墙上的主动土压力。（参考答案：$Q_{max}=135.33\text{kN/m}$）。

8.6　已知板桩下端为固定支承条件，基坑开挖深度 $h=6\text{m}$，锚杆位置 $d=1\text{m}$，锚杆设置间距 $a=2\text{m}$；土的性质 $\gamma=17.5\text{kN/m}^3$，$\varphi=25°$，$c=0$。计算图 8-6 所示锚旋式板桩墙的入土深度 t、锚碇拉杆的拉力 T，以及板桩的最大弯矩值。（参考答案：$t=5.23\text{m}$，$T=132.71\text{kN}$，$M_{max}=205.26\text{kN}\cdot\text{m}$）

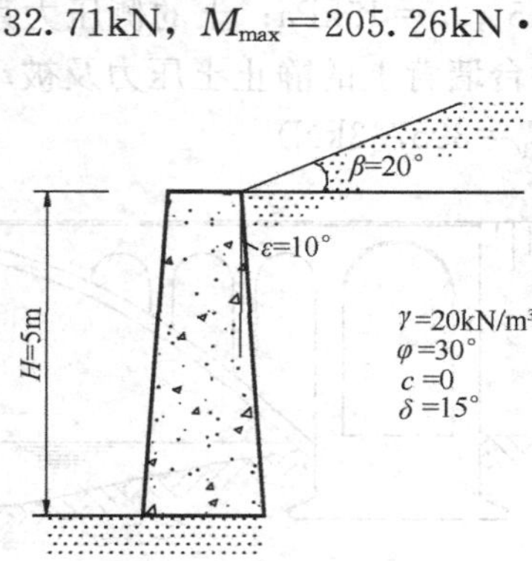

图 8-63　习题题 8.5 图

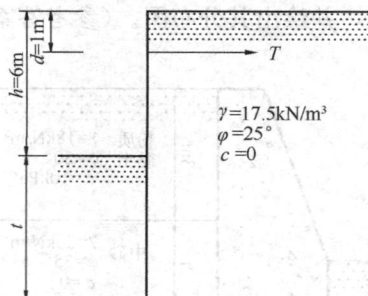

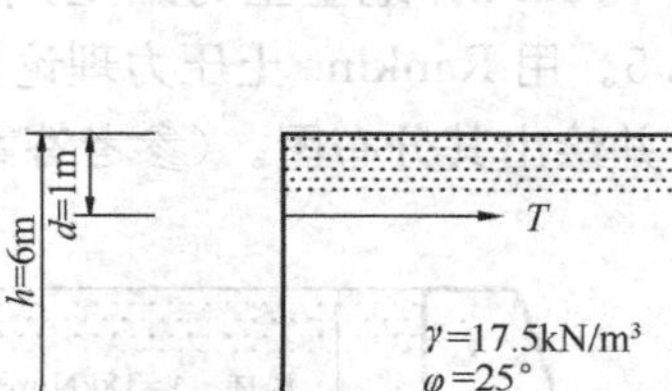

图 8-64　习题题 8.6 图

8.7　已知墙后土为松砂，$\gamma=17.5\text{kN/m}^3$，$\varphi=25°$，$c=0$，土与板桩间的摩擦角 $\delta=10°$，支撑的水平 $a=2\text{m}$。计算图 8-8 所示多支撑板桩墙上的支撑反力及板桩上的最大弯矩值。（参考答案：$A=603.58\text{kN}$，$B=482.68\text{kN}$，$C=452.76\text{kN}$，$M_A=-130.29\text{kN/m}$）

8.8　管道外径 $D=1.5\text{m}$，填土为砂土，重度 $\gamma=18.5\text{KN/m}^3$，内摩擦角 $\varphi=31°$，管道顶上的填土厚度 $H=3.0\text{m}$，(1) 计算沟埋式施工时作用在管道顶上的土压力，设沟宽 $2B=2.1\text{m}$，(2) 计算上埋式施工时作用在管道顶上的土压力。（参考答案：$W=64.05\text{kN/m}$，$W=125.33\text{kN/m}$）

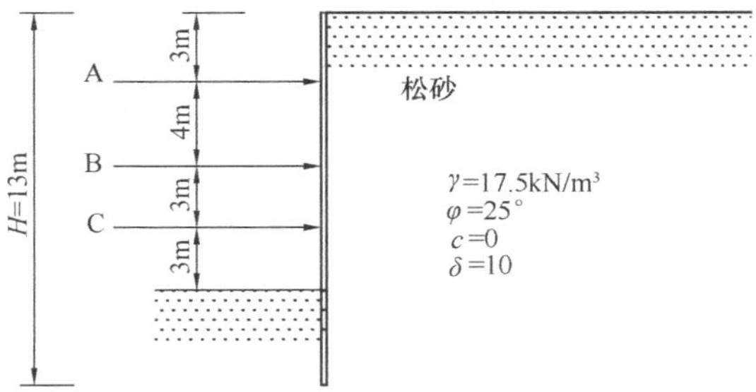

图 8-65　习题题 8.7 图

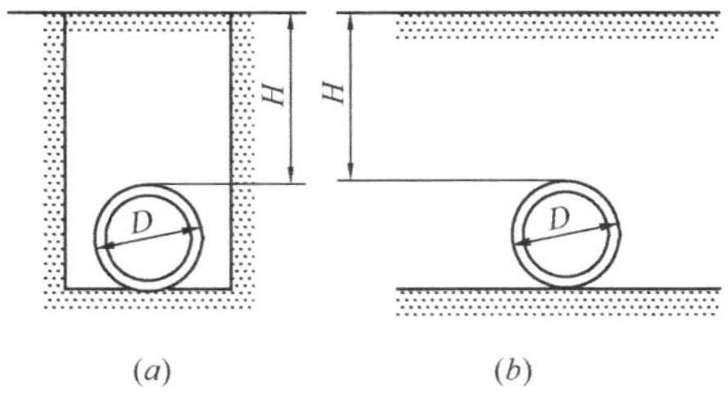

图 8-66　习题题 8.8 图

(a) 沟埋式；(b) 上埋式

参 考 文 献

[1] 钱家欢主编. 土力学. 南京：河海大学出版社. 1988.

[2] 洪毓康主编. 土质学与土力学.（第二版）. 北京：人民交通出版社. 1987.

[3] 殷永安编. 土力学及基础工程. 北京：中央广播电视大学出版社. 1986.

[4] 铃木音彦著. 唐业清吴庆荪合译. 藤家禄校. 工程土力学计算实例. 北京：中国铁道出版社. 1982.

[5] Braja M Das. Principles of Foundation Engineering. Brooks/Cole Engineering Division, 1984.

[6] 交通部第二公路堪查设计院. 公路设计手册—路基. 北京：人民交通出版社. 1997.

[7] 龚晓南主编. 土力学(第一版). 北京：中国建筑工业出版社. 2002.

[8] 徐日庆，龚晓南，杨林德. 土的非线性抗剪强度及土压力计算[J]. 浙江大学学报，1997 年第 31 卷增刊. 101-106.

[9] 徐日庆，杨仲轩，龚晓南，俞建霖. 考虑位移和时间效应的土压力计算方法[J]. 浙江省第八届土力学及基础工程学术讨论会论文集. 1998 温州. 9-14.

[10] 徐日庆，龚慈，魏纲，王景春. 考虑平动位移效应的刚性挡土墙土压力理论[J]. 浙江大学学报，第 39 卷，第 1 期. 2005 年 1 月，119-122.

[11] 章瑞文，徐日庆，郭印. 绕墙脚转动的挡土墙主动土压力分布研究[J]. 岩土力学，第 27 卷增刊 2，2006 年 10 月 119-124.

[12] 章瑞文，徐日庆，郭印. 挡土墙主动土压力的逐层计算法[J]. 岩土力学，第 27 卷增刊 1，2006 年 10 月 151-155.

[13] 龚慈，魏纲，徐日庆. RT 模式下刚性挡土墙的土压力计算方法研究[J]. 岩土力学，2006，27 (9)，1588-1592.

[14] 章瑞文，徐日庆. 平移模式下挡土墙墙背土侧压力系数的计算[J]. 中国公路学报. 2007 年，第

01期. Vol. 20，No. 1，18-22.
[15] 章瑞文，徐日庆，郭印. 挡土墙墙后土体应力状态及土压力分布研究[J]. 浙江大学学报(工学版)，第44卷，第1期，2008年1月，111-115.
[16] 章瑞文，徐日庆. 土拱效应原理求解挡土墙土压力方法的改进[J]. 岩土力学，2008 Vol29，No4，1057-1060.
[17] 徐日庆，李昕睿，朱剑锋. 刚性挡土墙平动模式下中间被动土压力的计算[J]. 浙江大学学报(工学版)，Vol. 44，No. 10，2010-10，2005-2009.
[18] 朱剑锋，徐日庆，王兴陈. 基于扰动概念模型的刚性挡土墙土压力理论[J]. 浙江大学学报(工学版)，第45卷，第6期，2011年6月，1081-1087.
[19] 徐日庆，张庆贺，刘鑫，廖斌. 考虑渗透性的水-土压力计算方法[J]. 岩土工程学报. 2012，34(5)：961-964.
[20] 徐日庆，廖斌，吴渐，畅帅. 黏性土的非极限主动土压力计算方法研究[J]. 岩土力学，2013，34(1)：148-154.

第9章 地基承载力

9.1 概述

上部建筑的荷载通过基础传给地基，最终由地基承担。地基承载力是指地基承担荷载的能力。在荷载作用下地基产生变形，随着荷载增大地基变形逐渐增大，当荷载增大到地基中部分区域应力达到土的抗剪强度时，土中应力出现重分布。当外加荷载足够大，地基可能出现两种极限状态的破坏。一种是地基可能会产生正常使用不能允许的过大变形，即达到正常使用极限状态。另一种是地基中达到抗剪强度的区域连成一片，地基失去稳定性，即达到承载能力极限状态，此时作用在地基上的荷载称为地基极限承载力，它是使地基发生剪切破坏失去稳定时的基础最小底面压力。地基正常使用极限状态主要以变形过大为特征，有时称为变形极限状态。承载能力极限状态以强度破坏为特征，有时称为强度极限状态。狭义上的地基极限承载力指的是产生强度极限状态时的地基承载能力，广义上的地基极限承载力指的是使地基产生极限状态时的基底压力最小值。

地基承载力问题是土力学的一个重要课题，其目的是为了充分掌握地基的承载规律，发挥地基的承载能力，合理确定地基承载力，使位于地基上的各种工程具有足够的安全储备，确保地基不因荷载过大而发生剪切破坏，保证基础不因沉降或沉降差过大而影响建筑物的安全和正常使用。为了达到上述要求，工程上一般都采用限制基底压力最大不超过某一特定值的办法解决。该承载力特定值被称为地基承载力特征值，它是在保证地基稳定条件下一般建筑地基沉降量不超过规定值的地基承载能力，是具有一定安全储备的地基承载力。

土的抗剪强度是土体抵抗剪切破坏的能力，地基承载力是地基土抗剪强度的一种宏观表现，影响地基土抗剪强度的因素对地基承载力也产生类似影响。一般情况下，含水量高的地基土抗剪强度低，承载力也低，孔隙比大的地基土抗剪强度低，承载力低。除了地基土的物理力学性质外，影响地基承载力的因素尚有：地基土的构成；地下水位；基础形式、埋深、刚度；施工方法等。

地基承载力的确定一般有理论计算法、原位试验法、规范法、经验法等。理论计算法以土的强度理论为基础，根据地基土中塑性变形区发展范围以及整体剪切破坏等不良情况，在一定假设条件下推导出的承载力理论计算公式。原位试验法是通过现场试验确定承载力的方法，包括静载荷试验、静力触探试验、动力触探试验、标准贯入试验等。规范法是根据土的物理力学性质指标或现场测试结果，通过规范得到承载力的方法。规范不同(包括不同部门、不同行业、不同地区的规范)，其承载力值不会相同，应用时需注意各自的使用条件。经验法是一种基于地区的使用经验，进行类比判断确定承载力的方法。本章将一一介绍上述几种方法。

9.2 地基破坏模式

9.2.1 三种破坏形式

在荷载作用下地基因承载力不足引起的破坏一般都由地基土的剪切破坏引起。试验研究表明，它有三种破坏形式：整体剪切破坏、局部剪切破坏和冲切剪切破坏，如图 9-1 所示。

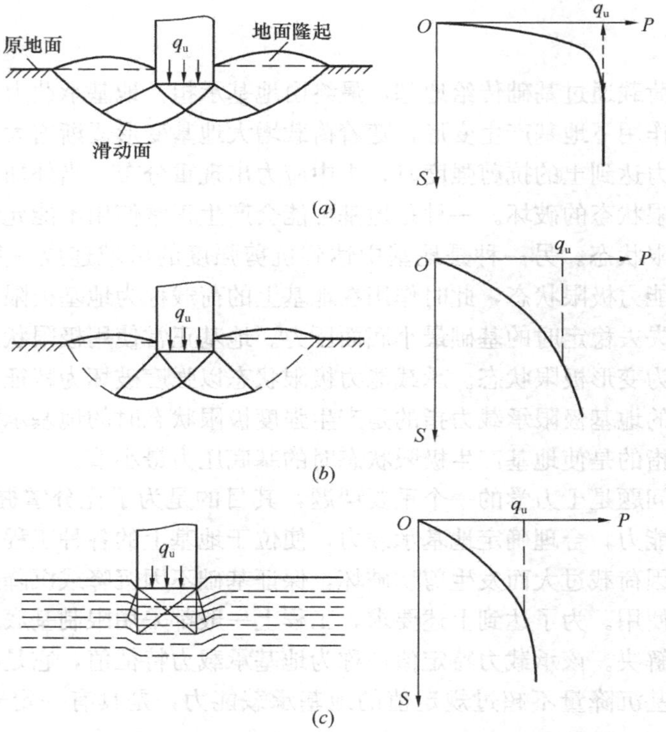

图 9-1 地基的破坏形式

(*a*) 整体剪切破坏；(*b*) 局部剪切破坏；(*c*) 冲剪破坏

1. 整体剪切破坏

整体剪切破坏是在基础荷载作用下地基发生连续剪切滑动面的地基破坏形式，其概念最早由普朗德尔（L. Prandtl）于 1920 年提出。它的破坏特征是：地基在荷载作用下产生近似线弹性（*P-S* 曲线呈线性）变形。当荷载达到一定数值时，在基础边缘以下土体首先发生剪切破坏，随着荷载继续增加，剪切破坏区也逐渐扩大，*P-S* 曲线由线性开始弯曲。当剪切破坏区在地基中形成一片，成为连续的滑动面时，基础就会急剧下沉并向一侧倾斜、倾倒，基础两侧的地面向上隆起，地基发生整体剪切破坏，地基、基础均失去了继续承载能力。描述这种破坏形式的典型荷载—沉降曲线（*P-S* 曲线）具有明显的转折点，破坏前建筑物一般不会发生过大的沉降，它是一种典型的土体强度破坏，破坏有一定的突然性。如图 9-1（*a*）示。整体剪切破坏一般在密砂和坚硬的黏土中最有可能发生。

2. 局部剪切破坏

局部剪切破坏是在基础荷载作用下地基某一范围内发生剪切破坏区的地基破坏形式，其概念最早由德比尔（E. E De Beer）于 1943 年提出。其破坏特征是：在荷载作用下，地基在基础边缘以下开始发生剪切破坏后，随着荷载增大，地基变形增大，剪切破坏区继续扩大，基础两侧土体有部分隆起，但剪切破坏区没有发展到地面，基础没有明显的倾斜和倒塌。基础由于产生过大的沉降而丧失继续承载能力，地基失去稳定性。描述这种破坏形式的 P-S 曲线一般没有明显的转折点，其直线段范围较小，是一种以变形为主要特征的破坏形式。

3. 冲切剪切破坏

冲切剪切破坏是在荷载作用下基础下土体发生垂直剪切破坏，使基础产生较大沉降的一种地基破坏形式，有时称为冲剪破坏、刺入剪切破坏。冲切剪切破坏的概念由德比尔和魏锡克（A. Vesic）于 1958 年提出，其破坏特征是：在荷载作用下基础产生较大沉降，基础周围的部分土体也产生下陷，破坏时地基中基础好像"刺入"土层，不出现明显的破坏区和滑动面，基础没有明显的倾斜，其 P-S 曲线没有转折点，是一种典型的以变形为特征的破坏形式。在压缩性较大的松砂、软土地基或基础埋深较大时相对容易发生冲剪破坏。

各种破坏形式的特点和比较见表 9-1。

条形基础受铅直中心荷载作用地基破坏形式的特点 **表 9-1**

破坏形式	地基中滑动面情况	荷载与沉降曲线的特征	基础两侧地面情况	破坏时基础的沉降情况	基础表现	设计控制因素	事故出现情况	适用条件	
								地基土	相对埋深①
整体破坏	完整（以至露出地面）	有明显拐点	隆起	较小	倾倒	强度	突然倾倒	密实	小
局部破坏	不完整	拐点不易确定	有时微有隆起	中等	可能会出现倾倒	变形为主	较慢下沉时有倾倒	松软	中
冲剪破坏	很不完整	拐点无法确定	沿基础出现下陷	较大	只出现下沉	变形	缓慢下沉	软弱	大

① 基础相对埋深为基础埋深与基础宽度之比。

9.2.2 破坏模式的影响因素和判别

影响地基破坏形式的因素很多，主要有：地基土本身的条件，如种类、密度、含水量、抗剪强度等；基础条件，如形式、埋深、尺寸、地面粗糙程度等；上部荷载的形式等，其中土的压缩性是影响破坏模式的主要因素。如果土的压缩性低，土体相对比较密实，一般容易发生整体剪切破坏，反之，如果土比较疏松，压缩性高，则会发生冲剪破坏。图 9-2 给出魏锡克砂土模型试验结果，该图说明了地基破坏模式与砂土相对密实度的关系。

魏锡克考虑了土压缩性，建议引入临界刚度比作为判断破坏模式的标准。地基土刚度指标 I_r 和临界刚度指标 $(I_r)_{cr}$ 分别按式（9.2.1）和式（9.2.2）计算。

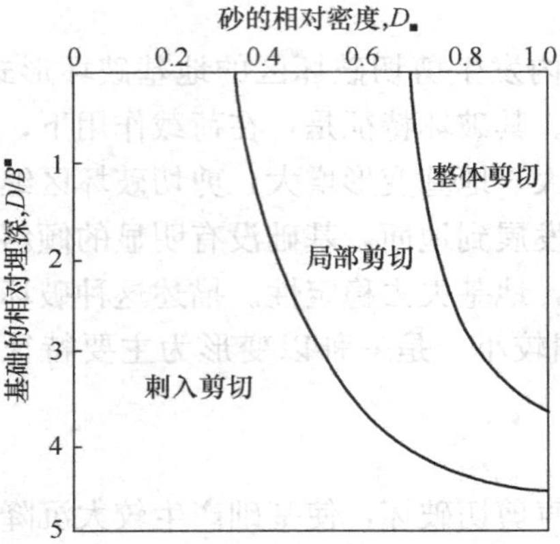

图 9-2　砂中模型基础的破坏模式
（根据 Vesic，1963a，由 De Beer 修改，1970）
对于方形和圆形基础，$B^* = B$（边长和直径）
对于矩形基础，$B^* = BL/2(B+L)$

$$I_r = \frac{G}{c + q_0 \mathrm{tg}\varphi} = \frac{E}{2(1+\upsilon)(c + q_0 \mathrm{tg}\varphi)} \tag{9.2.1}$$

$$(I_r)_{cr} = \frac{1}{2} e^{\left(3.30 - 0.45\frac{B}{L}\right) c\tan\left(45° - \frac{\varphi}{2}\right)} \tag{9.2.2}$$

式中　L——基础的长度，m；

G——土的剪切模量，kPa；

E——土的变形模量，kPa；

υ——土的泊松比；

c——土的黏聚力，kPa；

φ——土的内摩擦角，(°)；

q_0——地基中上隆区平均超载压力，kPa，一般可取基底以下 $B/2$（B 为基础宽度）深度处的上覆土重。

式（9.2.1）从无限固体内扩孔问题解答得到，考虑材料为理想弹塑性体，当考虑塑性区平均体应变为 Δ 时，魏锡克建议对刚度指标进行修正成为 I_{rr}。

$$I_{rr} = \frac{1}{1 + I_r \Delta} I_r \tag{9.2.3}$$

当 $I_r > (I_r)_{cr}$ 时，被认为土是相对不可压缩，地基产生整体剪切破坏；当 $I_r < (I_r)_{cr}$ 时，被认为土相当可压缩，地基将可能发生局部冲剪破坏，按整体剪切破坏模式理论公式计算地基承载力时就需对土的压缩性进行修正。

地基压缩性对破坏模式的影响也会随着其他因素的变化而变化。建在密实土层中的基础，如果基础埋深大或受到瞬时动力冲击荷载，也会发生冲剪破坏，如果在密实砂层下卧有可压缩的软弱土层，地基也可能发生冲剪破坏。建在饱和正常固结黏土上的基础，若地基土在加载时不发生体积变化，将会发生整体剪切破坏，如果加荷很慢，使地基土固结，发生体积变化，则有可能发生刺入破坏。除了几种典型情况外，对应具体工程可能会发生何种破坏模式需考虑各方面的因素后综合分析确定。

9.3　地基临界荷载

9.3.1　地基变形的三个阶段

在现场用规定方法进行载荷试验，可以得到地基的载荷-变形关系（即 P-S 曲线）。实际工程中地基土在荷载作用下的变形是个复杂过程，与土的性质、载荷板宽度、埋深、试验方法等有关。图 9-3 表示一种典型的 P-S 关系。大多数情况下，P-S 曲线可以分为三个阶段：压密阶段、局部剪切阶段和整体剪切破坏阶段。

（1）压密阶段，又称直线变形阶段，对应 P-S 曲线的 oa 段。在这个阶段外加荷载较小，地基土以压密变形为主，压力与变形之间基本呈线性关系，地基中的应力尚处在弹性平衡阶段，地基中任一点的剪应力均小于该点的抗剪强度。该阶段的应力一般可近似采用弹性理论进行分析。

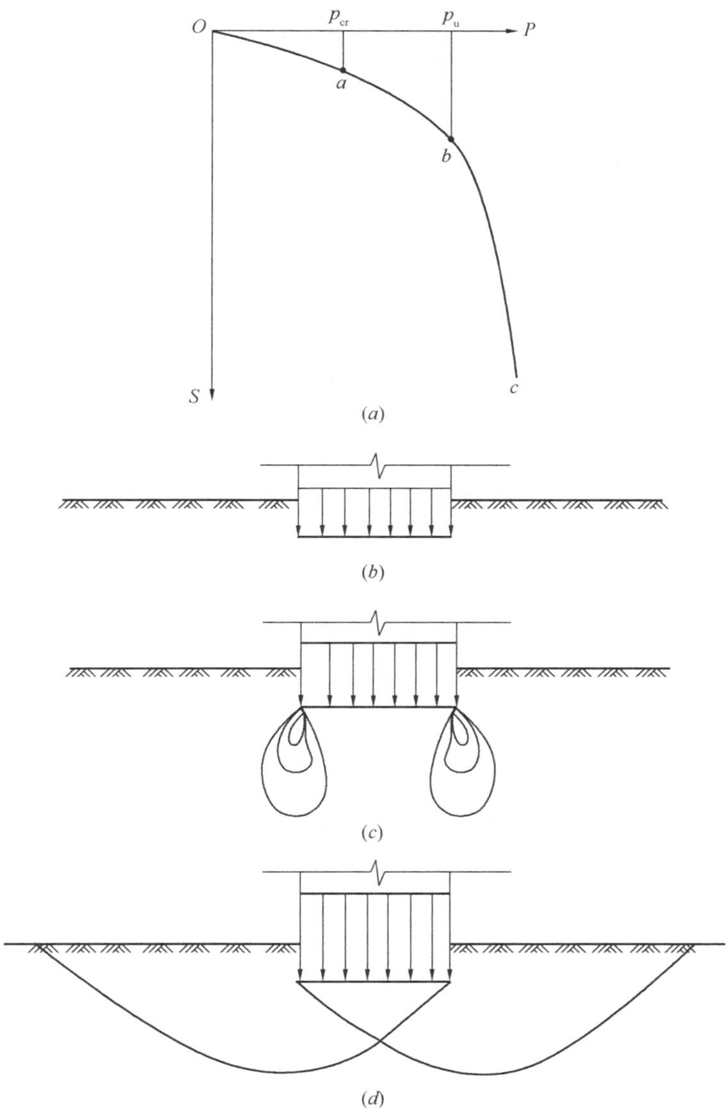

图 9-3　变形曲线的三个阶段与相应的地基破坏情况

（a）P-S 关系曲线；（b）压密阶段；（c）局部剪切阶段；（d）整体剪切破坏阶段

（2）局部剪切阶段，又称为塑性变形阶段，对应 P-S 曲线的 ab 段。在这一阶段，从基础两侧底边缘点开始，局部位置土中剪应力等于该处土的抗剪强度，土体处于塑性极限平衡状态，宏观上 P-S 曲线呈现非线性变化。随着荷载的增大，基础下土的塑性平衡区扩大，载荷一变形曲线的斜率增大。在这一阶段，虽然地基土部分区域发生了塑性极限平衡，但塑性区并未在地基中连成一片，地基基础仍有一定的稳定性，地基的安全度则随着塑性区的扩大而降低。

（3）整体剪切破坏阶段，有时称为塑性流动阶段、完全破坏阶段，对应 P-S 曲线的 bc 段。该阶段基础以下两侧的地基塑性区贯通并连成一片，基础两侧土体隆起，很小的荷载增量就会引起大的基础沉陷，这个变形主要不是由土的压缩引起，而是由地基土的塑性流动引起，是一种随时间不稳定的变形，其结果是基础往一侧倾倒，地基整体失去稳定性。显然，除了个别试验性工程之外，实际工程决不允许。

相应于地基变形的三个阶段，地基有两个界限荷载，一个是相当于从压密阶段过渡到局部剪切阶段的界限荷载，称为地基临塑荷载，一般记为 P_{cr}，是对应 P-S 曲线 a 点的荷载；另一个是从局部剪切阶段过渡到整体剪切破坏阶段的界限荷载，称为极限荷载，记为 P_u，即对应 P-S 曲线 b 点的荷载。

根据地基三个变形阶段及其界限荷载，理论上有三种计算确定承载力的方法：一是取临塑荷载为承载力值，此时对应的地基安全度大，地基的承载能力未能充分发挥；二是取产生某范围塑性开展区对应的塑性荷载为地基承载力值；三是极限荷载 P_u 取一定安全储备后的值为地基承载力值。本节介绍前面两种方法，第三种方法在下节介绍。

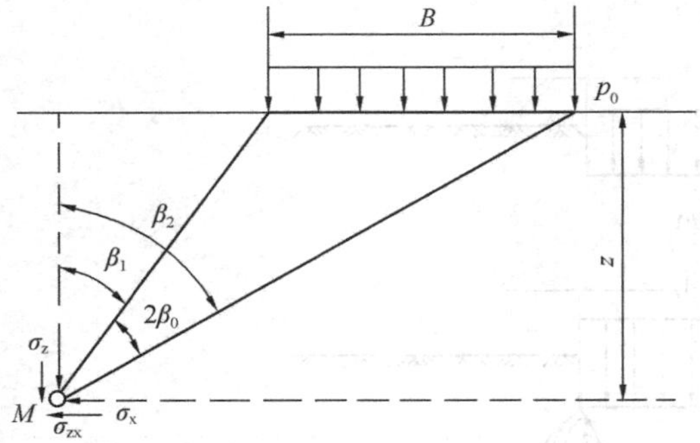

图 9-4　均布铅直荷载

9.3.2　临塑荷载 P_{cr}

临塑荷载又称比例极限荷载，指基础边缘地基刚开始出现塑性极限平衡区时基底单位面积上所承担的荷载，对应于 P-S 曲线的 a 点，是压密变形阶段的终点，塑性变形阶段的起点荷载。以下介绍根据弹性理论和极限平衡条件确定临塑荷载的方法。

设想在均质地基表面上有一条形基础，基础上作用均布铅直荷载，如图 9-4 所示。根据弹性理论，地基中 M 处由条形荷载 P_0 引起的附加应力为：

$$\sigma_z = \frac{p_0}{\pi}[\sin\beta_2\cos\beta_2 - \sin\beta_1\cos\beta_1 + (\beta_2 - \beta_1)] \tag{9.3.1}$$

$$\sigma_x = \frac{p_0}{\pi}[-\sin(\beta_2 - \beta_1)\cos(\beta_2 + \beta_1) + (\beta_2 - \beta_1)] \tag{9.3.2}$$

$$\tau_{zx} = \frac{p_0}{\pi}(\sin^2\beta_2 - \sin^2\beta_1) \tag{9.3.3}$$

从材料力学可得 M 点的主应力与各应力分量之间的关系为

$$\begin{matrix}\sigma_1\\ \sigma_3\end{matrix} = \frac{1}{2}(\sigma_z + \sigma_x) \pm \sqrt{(\sigma_z + \sigma_x)^2 + 4\tau_{zx}{}^2} \tag{9.3.4}$$

将式（9.3.1）、（9.3.2）、（9.3.3）代入式（9.3.4）可得：

$$\begin{matrix}\sigma_1\\ \sigma_3\end{matrix} = \frac{p_0}{\pi}[(\beta_2 - \beta_1) \pm \sin(\beta_2 - \beta_1)] \tag{9.3.5}$$

记 $2\beta_0 = \beta_2 - \beta_1$，有

$$\begin{matrix}\sigma_1\\ \sigma_3\end{matrix} = \frac{p_0}{\pi}(2\beta_0 \pm \sin 2\beta_0) \tag{9.3.6}$$

作用在 M 点的应力除了由基底附加应力 p_0 引起的外，还有土自重应力。实际工程中基础一般都有埋深 D，则 M 点的土自重应力为：

$$\sigma_{cM} = \sigma_{cd} + \gamma z \tag{9.3.7}$$

$$\sigma_{cd} = \gamma_0 D \tag{9.3.8}$$

式中　σ_{cd}——基底上自重应力；

γ——持力层土重度；

γ_0——基础埋深范围土重度；

z——M点距基底距离。

为了推导方便，假设地基土原有自重应力场的土侧压力系数$k_0=1$，具有静水压力性质，则自重应力场没有改变M点附加应力场的大小和主应力的作用方向，M点总大小主应力为：

$$\left.\begin{matrix}\sigma_1\\ \sigma_3\end{matrix}\right\} = \frac{p_0}{\pi}[2\beta_0 \pm \sin 2\beta_0] + \sigma_{cM} \tag{9.3.9}$$

式中　p_0——基底附加应力；

其余符号的意义见图 9-5。

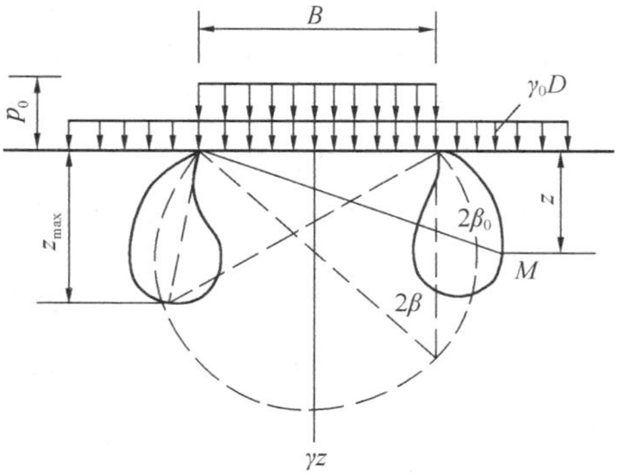

图 9-5　塑性区深度z_{max}与张角$2\beta_0$的关系

当基础荷载增大至M点应力达到极限平衡状态时，M点的大小主应力满足下式极限平衡条件（见式 7.2.3）：

$$\sin\varphi = \frac{\sigma_1 - \sigma_3}{\sigma_1 + \sigma_3 + 2c\cot\varphi} \tag{9.3.10}$$

将式（9.3.9）代入式（9.3.10），经整理有：

$$z = \frac{p_0}{\pi\gamma}\left(\frac{\sin 2\beta_0}{\sin\varphi} - 2\beta_0\right) - \frac{c}{\gamma\tan\varphi} - D\frac{\gamma_0}{\gamma} \tag{9.3.11}$$

上式为满足极限平衡条件的塑性区边界方程，给出了塑性区边界上任意一点坐标z与$2\beta_0$的关系。随着基础荷载的增大，在基础两侧以下土中塑性区对称地扩大。在一定荷载作用下，塑性区最大深度z_{max}可按数学上求极值的方法，由$\frac{dz}{d\beta}=0$的条件求得。

$$\frac{dz}{d\beta} = \frac{2p_0}{\pi\gamma}\left(\frac{\cos 2\beta_0}{\sin\varphi} - 1\right) = 0$$

$$\cos 2\beta_0 = \sin\varphi$$

$$2\beta_0 = \frac{\pi}{2} - \varphi$$

代入式（9.3.11），有

$$z_{max} = \frac{p_0}{\pi\gamma}\left(\cot\varphi - \frac{\pi}{2} + \varphi\right) - \frac{c}{\gamma\tan\varphi} - D\frac{\gamma_0}{\gamma} \tag{9.3.12}$$

根据定义，临塑荷载为地基刚要出现还未出现极限平衡区时的荷载，即$z_{max}=0$时的荷载，则令式（9.3.12）右侧为零，可得P_{cr}。

$$P_{cr} = \frac{\pi(\gamma_0 D + c\cot\varphi)}{\cot\varphi + \varphi - \frac{\pi}{2}} + \gamma_0 D \tag{9.3.13}$$

或

$$P_{cr} = N_d \cdot \gamma_0 D + N_c \cdot c \tag{9.3.14}$$

$$N_d=\left[\frac{\pi}{\cot\varphi+\varphi-\frac{\pi}{2}}+1\right] \tag{9.3.15}$$

$$N_c=\frac{\pi\cot\varphi}{\cot\varphi+\varphi-\frac{\pi}{2}} \tag{9.3.16}$$

式中　N_d，N_c——承载力系数，也可由表 9-2 查得。

从式（9.3.14）可看出，临塑荷载 P_{cr} 由两部分组成，第一部分为基础埋深的影响，第二部分为地基土黏聚力的作用，这两部分都是内摩擦角的函数，随 φ 的增大而增大。P_{cr} 随埋深的增大而增大，随 c 的增大而增大。

9.3.3　塑性荷载 $P_{\frac{1}{3}}$、$P_{\frac{1}{4}}$

允许地基产生一定范围塑性区所对应的基础荷载力塑性荷载，$P_{\frac{1}{3}}$、$P_{\frac{1}{4}}$ 表示地基相应 $z_{max}=\frac{1}{3}b$ 和 $z_{max}=\frac{1}{4}b$（b 为条形基础宽）时的基础荷载。

工程实践表明，除了一些地基土特别软弱等情况外，采用不允许地基产生塑性区的临塑荷载 P_{cr} 作为地基承载力特征值，不能充分发挥地基的承载能力，取值偏于保守。对于中等强度以上地基土，将地基中塑性区控制在一定深度范围内的塑性荷载作为地基承载力特征值，使地基既有足够的安全度，保证稳定性，又能比较充分地发挥地基的承载能力，从而达到优化设计，符合经济合理的原则。允许塑性区开展深度的范围大小与建筑物的重要性、荷载性质和大小、基础形式和特性、地基土的物理力学性质等有关。根据工程实践经验，在中心荷载作用下，控制塑性区最大开展深度 $z_{max}=\frac{1}{4}b$，在偏心荷载下控制 $z_{max}=\frac{1}{3}b$，对一般建筑物是允许的。

根据定义，分别将 $z_{max}=\frac{1}{4}b$ 和 $z_{max}=\frac{1}{3}b$ 代入式（9.3.12）得：

$$P_{\frac{1}{4}}=\frac{\pi\gamma}{\cot\varphi+\varphi-\frac{\pi}{2}}\left(\frac{1}{4}b+D+\frac{c}{\gamma}\cot\varphi\right)+\gamma_0 D \tag{9.3.17a}$$

$$P_{\frac{1}{4}}=N_{b(\frac{1}{4})}\cdot\gamma b+N_d\cdot\gamma_0 D+N_c\cdot c \tag{9.3.17b}$$

$$P_{\frac{1}{3}}=\frac{\pi\gamma}{\cot\varphi+\varphi-\frac{\pi}{2}}\left(\frac{1}{3}b+D+\frac{c}{\gamma}\cot\varphi\right)+\gamma_0 D \tag{9.3.18a}$$

$$P_{\frac{1}{3}}=N_{b(\frac{1}{3})}\cdot\gamma b+N_d\cdot\gamma_0 D+N_c\cdot c \tag{9.3.18b}$$

$$N_{b(\frac{1}{4})}=\frac{\pi}{4\left(\cot\varphi+\varphi-\frac{\pi}{2}\right)} \tag{9.3.19}$$

$$N_{b(\frac{1}{3})}=\frac{\pi}{3\left(\cot\varphi+\varphi-\frac{\pi}{2}\right)} \tag{9.3.20}$$

式中，N_c、N_d 为承载力系数，见式（9.3.15）、(9.3.16)。

从式（9.3.17）、(9.3.18）可以看出，塑性荷载由三部分组成，第一部分表现为基础宽度的影响，实际上是塑性区开展深度的影响，第二、三部分分别反映了基础埋深和地基上黏聚力对承载力的影响，后两部分组成了临塑荷载。N_b、N_c、N_d 是塑性荷载的承载力系数，它们都随内摩擦角 φ 的增大而增大，其值可查表 9-2 得到。分析塑性荷载的组成，可以看到它受地基土的性质、基础埋深、基础尺寸等因素的影响。

以上各式从条形均布荷载，按弹性理论并且假定自重应力场的 $k_0=1$ 情况下推导得出，与工程中基底压力非均布、地基土 $k_0\neq1$、地基已出现塑性区而非弹性、非理想条形基础等实际情况有一定距离。由于按塑性区开展深度确定承载力的方法在国内已使用了多年，积累了经验，国家地基规范建议的地基承载力计算公式就是在式（9.3.17）的基础上经修正得到的。

承载力系数 N_b、N_d、N_c **表 9-2**

内摩擦角 φ	$N_{b(\frac{1}{4})}$	$N_{b(\frac{1}{3})}$	N_d	N_c
0	0	0	1.0	3.14
2	0.03	0.04	1.12	3.32
4	0.06	0.08	1.25	3.51
6	0.10	0.13	1.39	3.71
8	0.14	0.18	1.55	3.93
10	0.18	0.24	1.73	4.17
12	0.23	0.31	1.94	4.42
14	0.29	0.39	2.17	4.69
16	0.36	0.47	2.43	5.00
18	0.43	0.57	2.72	5.31
20	0.51	0.68	3.06	5.06
22	0.61	0.81	3.44	6.04
24	0.72	0.95	3.87	6.45
26	0.84	1.11	4.37	6.90
28	0.98	1.30	4.93	7.40
30	1.15	1.52	5.59	7.95
32	1.34	1.77	6.35	8.55
34	1.55	2.06	7.21	9.22
36	1.81	2.40	8.25	9.97
38	2.11	2.79	9.44	10.80
40	2.45	3.25	10.84	11.73

【例题 9-1】 某条形基础置于一均质地基上，宽 3m，埋深 $h=1$m，地基土天然重度 18.0kN/m^3，天然含水量 38%，土粒相对密度 2.73，抗剪强度指标 $c=15$kPa，$\varphi=12°$，问该基础的临塑荷载 P_{cr}、塑性荷载 $P_{\frac{1}{4}}$、$P_{\frac{1}{3}}$ 各为多少？若地下水位上升至基础底面，假定土的抗剪强度指标不变，其 P_{cr}、$P_{\frac{1}{4}}$、$P_{\frac{1}{3}}$ 有何变化？

【解】 根据 $\varphi=12°$，查表 9-2 得：

$$N_d=1.94,\ N_c=4.42,\ N_{b(1/4)}=0.23,\ N_{b(1/3)}=0.31$$

将 $c=15$kPa，$\gamma=\gamma_0=18.0$kN/m^3，$b=3.0$m，$d=1.0$m 及承载力系数分别代入式

(9.3.14)、(9.3.17)、(9.3.18) 得：

$$P_{cr}=\gamma_0 d\cdot N_d+c\cdot N_c=18.0\times1.0\times1.94+15.0\times4.42=66.3\text{kPa}$$

$$P_{\frac{1}{4}}=\gamma b\cdot N_{b(1/4)}+\gamma_0 d\cdot N_d+c\cdot N_c$$

$$=18.0\times3.0\times0.23+18.0\times1.0\times1.94+15.0\times4.42$$

$$=78.7\text{kPa}$$

$$P_{\frac{1}{3}}=\gamma b\cdot N_{b(1/3)}+\gamma_0 d\cdot N_d+c\cdot N_c$$

$$=18.0\times3.0\times0.31+18.0\times1.0\times1.94+15.0\times4.42$$

$$=83.0\text{kPa}$$

地下水上升到基础底面，不会对承载力系数产生影响，此时 γ 需取有效重度 $\gamma'=\gamma_{sat}-\gamma_w$

$$\gamma_{sat}=\frac{(d_s-1)\gamma}{d_s(1+\omega)}+\gamma_w$$

$$\gamma'=\gamma_{sat}-\gamma_w=\frac{(d_s-1)\gamma}{d_s(1+\omega)}+\gamma_w=\frac{(2.73-1.0)\times18.0}{2.73(1+0.38)}=8.27\text{kN/m}^3$$

$$P_{cr}=N_d\cdot\gamma_0 d+N_c\cdot c=66.3\text{kPa}$$

$$P_{\frac{1}{4}}=\gamma' b\cdot N_{b(\frac{1}{4})}+\gamma_0 d\cdot N_d+c\cdot N_c=8.27\times3.0\times0.23+66.3=72.0\text{kPa}$$

$$P_{\frac{1}{3}}=\gamma' b\cdot N_{b(\frac{1}{3})}+\gamma_0 d\cdot N_d+c\cdot N_c=8.27\times3.0\times0.23+66.3=74.0\text{kPa}$$

从比较可知，当地下水位上升到基底时，地基的临塑荷载没有变化，地基的塑性荷载降低，例题的减小量达 7.6%～11.0%。不难看出，当地下水位上升到基底以上时，临塑荷载也将降低。由此可知，对工程而言，做好排水工作，防止地表水渗入地基，保持水环境对保证地基具有足够的承载能力具有重要意义。

9.4 理论公式确定地基极限承载力

要得到地基极限承载力的精确解，必须通过应力连续方程并结合土的极限平衡条件方程，得到一组非线性偏微分方程，不能求得应力的理论解，只能进行数值计算。为求得近似程度较高、使用方便的理论解，一般的步骤是先假定地基破坏的图式，再根据静力平衡原理来推导地基极限承载力。这一类近似方法统称为极限平衡方法，有关这方面的理论公式很多，本文主要介绍其中最具有代表性的理论解。

9.4.1 普朗德尔极限承载力理论解

土的抗剪强度理论给出，当土中一点破坏时，其最大主应力 σ_1 和最小主应力 σ_3 之间满足以下关系：

$$\sigma_1=\sigma_3\tan^2(45°+\varphi/2)+2c\tan(45°+\varphi/2) \tag{9.4.1a}$$

或

$$\sigma_3=\sigma_1\tan^2(45°-\varphi/2)-2c\tan(45°-\varphi/2) \tag{9.4.1b}$$

此即极限平衡理论。普朗德尔（1920）根据极限平衡理论对刚性模子压入半无限刚塑性体问题进行了研究。其中，刚性模子的刚度假定无限大，外荷载作用下不产生变形。普朗德尔假定条形基础具有足够大的刚度，等同于条形刚性模子，且底面光滑，地基具有刚塑性性质且地基土重度为零，基础置于地基表面。当作用在基础上的荷载足够大时，基础陷入地基中，地基产生如图 9-6 所示的整体剪切破坏。

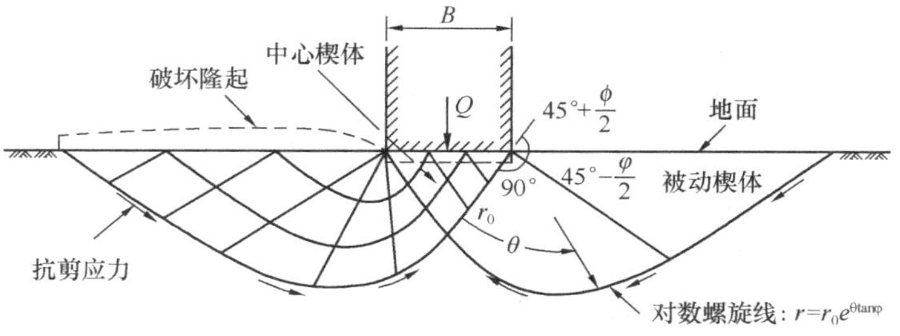

图 9-6　采用普朗德尔对数螺旋线的地基承载力理想化破坏图形

（引自 Prandtl，1921）

图 9-6 所示的塑性极限平衡区分为五个部分，一个是位于基础以下的中心楔体，又称主动朗肯区，该区大主应力 σ_1 的作用方向为竖向，小主应力 σ_3 作用方向为水平向，根据极限平衡理论小主应力作用方向与破坏面成45°＋$\varphi/2$ 角，此即该区两侧面与水平面的夹角。与中心区相邻的是两个辐射向剪切区，又称普朗德尔区，由一组对数螺线和一组辐射向直线组成，该区形似以对数螺旋线 $\gamma_0 e^{\theta\tan\varphi}$为弧形边界的扇形，其中心角为直角。与普朗德尔区另一侧相邻的是被动朗肯区，该区大主应力 σ_1 作用方向为水平向，小主应力 σ_3 作用方向为竖向，破裂面与水平面的夹角为45°－$\varphi/2$。

普朗德尔导出在图 9-6 所示情况下作用在基底的极限压应力，即极限承载力为：

$$p_u = cN_c \tag{9.4.2}$$

$$N_c = \cot\varphi[e^{\pi\tan\varphi}\tan^2(45° + \varphi/2) - 1] \tag{9.4.3}$$

式中　N_c——承载力系数；

c、φ——土的抗剪强度指标。

上式是在假定基底光滑，基础埋深为零（$D=0$），地基土无重量情况下导出的极限承载力理论公式，与实际情况有较大差距。1924 年，赖斯纳（Ressiner）在普朗德尔理论解的基础上考虑了基础埋深的影响（如图 9-7 所示），导出了地基极限承载力计算公式：

$$p_u = cN_c + qN_q \tag{9.4.4}$$

$$N_q = e^{\pi\tan\varphi}\tan^2(45° + \varphi/2) \tag{9.4.5}$$

式中　N_q——与内摩擦角有关的承载力系数；

q——基底土自重应力；

其余符号与式（9.4.2）相同。

比较可知，式（9.4.4）是在式（9.4.2）基础上加上了考虑基础埋深影响的项。赖斯

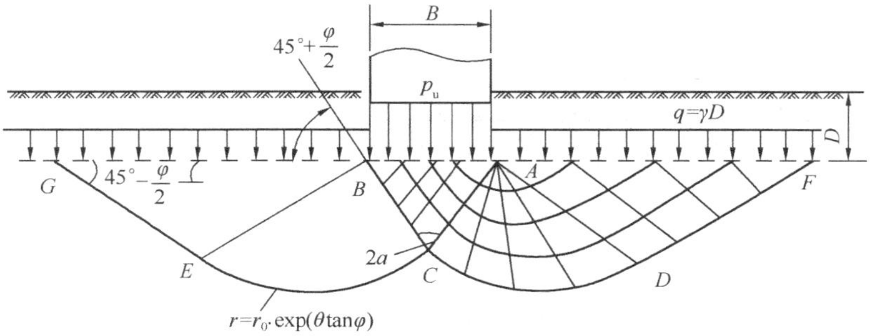

图 9-7　赖斯纳考虑基础埋深对普朗德尔解修正示意图

纳对普朗德尔的修正不考虑基底以上土的抗剪强度，把基底以上土用作用在基底接触面上的柔性超载（$q=\gamma_0 D$）来代替。虽然赖斯纳的修正比普朗德尔理论公式有了进步，但由于没有考虑地基土的重量，没有考虑基础埋深范围内土的抗剪强度等影响，其结果与实际工程仍有较大差距，为此，许多学者，如太沙基、斯肯普顿、梅耶霍夫等先后进行了研究并取得了进展，主要结果见后文。

9.4.2 太沙基极限承载力理论

对具体工程而言，普朗德尔理论进行了过分简化，与实际有较大距离，太沙基对此进行了修正，他考虑：（1）地基土有重量，即 $\gamma \neq 0$；（2）基底粗糙；（3）不考虑基底以上填土的抗剪强度，把它仅看成作用在基底平面上的超载；（4）在极限荷载作用下地基发生整体剪切破坏；（5）破坏区有五个，如图 9-8 所示。由于基底与土之间的摩擦力阻止了剪切位移，基底以下的Ⅰ区就像弹性核一样随着基础一起向下移动，为弹性区。由于 $\gamma \neq 0$，弹性Ⅰ区与过渡区（Ⅱ区）的交界面为一曲面，为计算方便假定为平面，它与水平面的夹角 ψ 界于 φ 与 $45°+\varphi/2$ 之间。Ⅱ区的滑动面假定由对数螺旋线和直线组成。除弹性楔体外，在滑动区域范围Ⅱ、Ⅲ区内的所有土体均处于塑性极限平衡状态，取弹性核为脱离体［见图 9-8（c）］，并取竖直方向力的平衡，考虑单位长基础，有

$$Q_u + W = 2P_P\cos(\psi-\varphi) + cB\tan\varphi \tag{9.4.6}$$

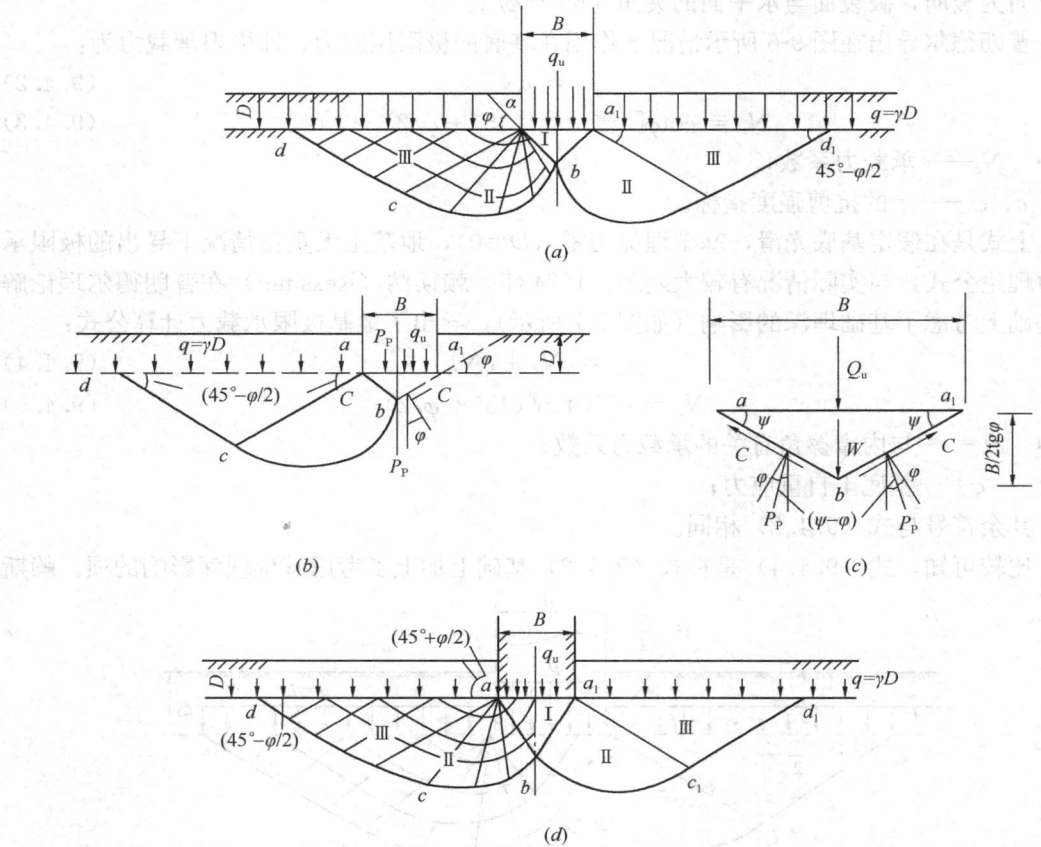

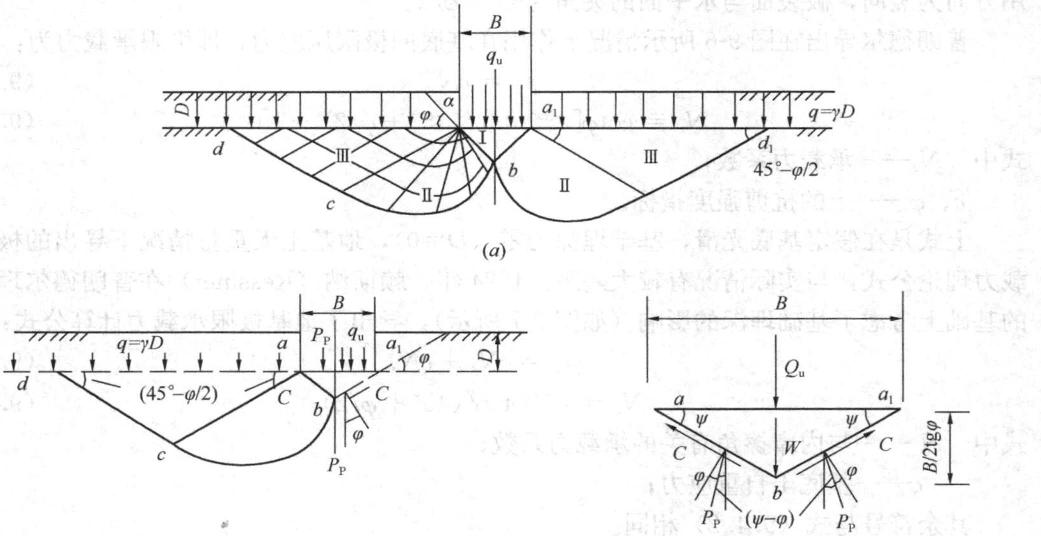

图 9-8 太沙基承载力课题

（a）粗糙基底；（b）完全粗糙基底；（c）弹性楔体受力状态；（d）完全光滑基底

$$W=\frac{1}{4}\gamma B^2\tan\psi \tag{9.4.7}$$

式中　B——基础宽度；

γ——地基土重度，$\gamma=\rho g$，ρ 为土密度，g 为重力加速度；

ψ——弹性楔体与水平面的夹角，$45°+\varphi/2>\psi>\varphi$；

c——地基土的黏聚力；

φ——地基土的内摩擦角；

P_P——作用于弹性楔体边界面 ab（或 a_1b）上分别由土的黏聚力 c、超载 q 和土重引起的被动土压力合力，即 $p_P=p_{pc}+p_{pq}+p_{p\gamma}$，它们分别是 c、q、γ 项的被动土压力系数仁 k_{pc}、k_{pq}、$k_{p\gamma}$的函数。太沙基建议采用下式简化确定：

$$p_P=\frac{B}{2\cos^2\varphi}\left(ck_{pc}+qk_{pq}+\frac{1}{4}\gamma B\tan\varphi k_{p\gamma}\right) \tag{9.4.8}$$

将式（9.4.8）代入式（9.4.6），可得到

$$p_u=\frac{Q_u}{B}=cN_c+qN_q+\frac{1}{2}\gamma BN_\gamma \tag{9.4.9}$$

式中，N_c、N_q、N_γ，为粗糙基底的承载力系数，是 φ、ψ 的函数。

式（9.4.9）即为基底粗糙情况下太沙基承载力理论公式。其中弹性楔体两侧对称边界面与水平面的夹角 ψ 为未定值。

太沙基给出了基底完全粗糙情况的解答。此时，弹性楔体两侧面与水平面的夹角 $\psi=\varphi$，承载力系数由下式确定：

$$\left.\begin{aligned}N_c&=\left(\frac{e^{\left(\frac{3}{2}\pi-\varphi\right)\tan\varphi}}{2\cos^2(45°+\varphi/2)}-1\right)\cot\varphi=(N_q-1)\cot\varphi\\N_q&=\frac{e^{\left(\frac{3}{2}\pi-\varphi\right)\tan\varphi}}{2\cos^2(45°+\varphi/2)}\\N_\gamma&=\frac{1}{2}\left(\frac{k_{p\gamma}}{2\cos^2\varphi}-1\right)\tan\varphi\end{aligned}\right\} \tag{9.4.10}$$

从上式可知，承载力系数为土的内摩擦角 φ 的函数，表示土重影响的承载力系数 N_γ 包含相应被动土压力系数 $k_{p\gamma}$，需由试算确定。

对完全粗糙情况，太沙基给出了承载力系数，如图 9-9 所示。由内摩擦角 φ 直接从下图 9-9 或表 9-3 可查得 N_c、N_q、N_γ。式（9.4.9）为在假定条形基础下地基发生整体剪切破坏情况下得到的，对于实际工程中存在的方形、圆形和矩形基础，或地基发生局部剪切破坏情况，太沙基给出了相应的经验公式。

对地基发生局部剪切破坏的情况，太沙基建议对土的抗剪强度进行折减，通常取原抗剪强度指标的 2/3，即

$$c^*=\frac{2}{3}c \tag{9.4.11}$$

$$\varphi^*=\tan^{-1}\left(\frac{2}{3}\tan\varphi\right) \tag{9.4.12}$$

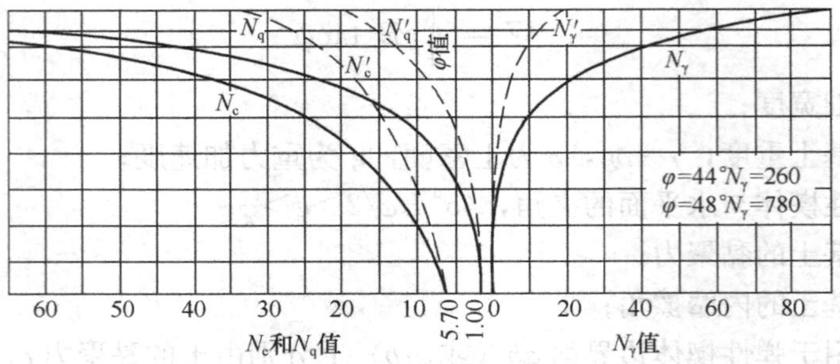

图 9-9　太沙基公式中的承载力系数

太沙基公式承载力系数表　　　　**表 9-3**

φ（度）	N_γ	N_q	N_c	φ（度）	N_γ	N_q	N_c
0	0	1.00	5.7	22	6.5	9.17	20.2
2	0.23	1.22	6.5	24	8.6	11.4	23.4
4	0.39	1.48	7.0	26	11.5	14.2	27.0
6	0.63	1.81	7.7	28	15	17.8	31.6
8	0.86	2.2	8.5	30	20	22.4	37.0
10	1.20	2.68	9.5	32	28	28.7	44.4
12	1.66	3.32	10.9	34	36	36.6	52.8
14	2.20	4.00	12.0	36	50	47.2	63.6
16	3.0	4.91	13.6	38	90	61.2	77.0
18	3.9	6.04	15.5	40	130	80.5	94.8
20	5.0	7.42	17.6				

根据调整后的 c^*、φ^* 由图表查得 N_c、N_q、N_γ 按式（9.4.9）计算局部剪切破坏极限承载力，或根据 c、φ查得 N'_c、N'_q、N'_γ，再按下式计算极限承载力

$$p_u = \frac{2}{3}cN'_c + qN'_q + \frac{1}{2}\gamma BN'_\gamma \tag{9.4.13}$$

对于圆形或方形基础，太沙基建议按下列半经验公式计算地基极限承载力。

对方形基础（宽度为 B）

整体剪切破坏　　$p_u = 1.2cN_c + qN_q + 0.4\gamma BN_\gamma$　　(9.4.14)

局部剪切破坏　　$p_u = 0.8cN'_c + qN'_q + 0.4\gamma BN'_\gamma$　　(9.4.15)

对圆形基础（半径为 B）

整体剪切破坏　　$p_u = 1.2cN_c + qN_q + 0.6\gamma BN_\gamma$　　(9.4.16)

局部剪切破坏　　$p_u = 0.8cN'_c + qN'_q + 0.6\gamma BN'_\gamma$　　(9.4.17)

对宽度 B，长度 L 的矩形基础，可按 B/L 值在条形基础（$B/L = 0$）和方形基础（$B/L = l$）的计算极限承载力之间用插入法求得。

根据太沙基理论求得的是地基极限承载力，在此一般取它的（1/2～1/3）作为地基承载力特征值，取值大小与结构类型、建筑重要性、荷载的性质等有关。

从图 9-9 或表 9-3 可知，当中 $\varphi = 0$，$N_\gamma = 0$。针对这种情况，斯肯普顿建议对作用在软黏土地基（$\varphi=0$）上宽度为B，长度为L，埋深D小于2.5倍基础宽度的矩形基础，按下式估算地基极限承载力。

$$p_u = 5c_u\left(1+0.2\frac{B}{L}\right)\left(1+0.2\frac{D}{L}\right)+\gamma_0 D \tag{9.4.18}$$

式中　c_u——土的天然抗剪强度。

式（9.4.18）即为斯肯普顿极限承载力公式。按斯肯普顿公式估算极限承载力时其安全系数一般取1.1～1.5。

【例题9-2】　资料同【例题9-1】，要求：

（1）按太沙基理论求地基整体剪切破坏和局部剪切破坏时极限承载力，取安全系数为2，求相应的地基承载力特征值。

（2）直径或边长为3m的圆形、方形基础，其他条件不变，地基产生了整体剪切破坏和局部剪切破坏，试按太沙基理论求地基极限承载力。

（3）要求（1）、（2）中，若地下水位上升到基础底面，承载力各为多少？

【解】　根据题意有：$c=15\text{kPa}$，$\varphi=12°$，$\gamma=18.0\text{kN/m}^3$，$B=3\text{m}$，$D=1\text{m}$，$q=18\text{kPa}$。

查表得：$N_c=10.90$，$N_q=3.32$，$N_\gamma=1.66$。

当$c^*=(2/3)c=10\text{kPa}$，$\varphi^*=(2/3)\varphi=8°$时，$N_c=8.50$，$N_q=2.20$，$N_\gamma=0.86$。

（1）对条形基础

整体剪切破坏，按式（9.4.9）计算

$$\begin{aligned}p_u &= cN_c+qN_q+(1/2)\gamma BN_\gamma\\ &=15.0\times10.90+18.0\times3.32+(1/2)\times18.0\times3.0\times1.66\\ &=268.08\text{kPa}\end{aligned}$$

地基承载力特征值　$f_k=p_u/2=268.08/2=134.04\text{kPa}$

局部剪切破坏用c^*、φ^*代入式（9.4.9）计算

$$\begin{aligned}p_u &= c^*N_c+qN_q+(1/2)\gamma BN_\gamma\\ &=10\times8.50+18.0\times2.20+(1/2)\times18.0\times3.0\times0.86\\ &=147.82\text{kPa}\end{aligned}$$

地基承载力特征值$f_k=p_u/2=147.82/2=73.91\text{kPa}$

（2）边长为3m的方形基础

整体剪切破坏按式（9.4.14）计算

$$\begin{aligned}p_u &= 1.2cN_c+qN_q+0.4\gamma BN_\gamma\\ &=1.2\times15.0\times10.90+18.0\times3.32+0.4\times18.0\times3.0\times1.66\\ &=291.82\text{kPa}\end{aligned}$$

$$f_k=p_u/2=291.82/2=145.91\text{kPa}$$

局部剪切破坏按式（9.4.15）计算

$$\begin{aligned}p_u &= 0.8cN'_c+qN'_q+0.4\gamma BN'_\gamma\\ &=0.8\times15.0\times8.5+18.0\times2.20+0.4\times18.0\times3.0\times0.86\\ &=160.18\text{kPa}\end{aligned}$$

$$f_k=p_u/2=80.09\text{kPa}$$

半径为1.5m的圆形基础

整体剪切破坏按式（9.4.16）计算

$$
\begin{aligned}
p_u &= 1.2cN_c + qN_q + 0.6\gamma BN_\gamma \\
&= 1.2 \times 15.0 \times 10.90 + 18.0 \times 3.32 + 0.6 \times 18.0 \times 1.5 \times 1.66 \\
&= 282.85\text{kPa}
\end{aligned}
$$

$$f_k = p_u/2 = 141.43\text{kPa}$$

局部剪切破坏按式（9.4.17）计算

$$
\begin{aligned}
p_u &= 0.8cN'_c + qN'_q + 0.6\gamma BN_\gamma \\
&= 0.8 \times 15.0 \times 8.50 + 18.0 \times 2.20 + 0.6 \times 18.0 \times 1.5 \times 0.86 \\
&= 155.53\text{kPa}
\end{aligned}
$$

$$f_k = p_u/2 = 77.77\text{kPa}$$

（3）地下水位上升到基础底面，则各公式中的γ应由γ'代替，从【例题9-1】知，$\gamma' = 8.27\text{kN/m}^3$，则有

条形基础整体剪切破坏

$$p_u = 15.0 \times 10.90 + 18.0 \times 3.32 + (1/2) \times 8.27 \times 3.0 \times 1.66 = 243.85\text{kPa}$$

$$f_k = p_u/2 = 121.93\text{kPa}$$

条形基础局部剪切破坏

$$p_u = 10 \times 8.5 + 18.0 \times 2.20 + (1/2) \times 8.27 \times 3.0 \times 0.86 = 135.27\text{kPa}$$

$$f_k = p_u/2 = 67.63\text{kPa}$$

方形基础整体剪切破坏

$$p_u = 1.2 \times 15.0 \times 10.90 + 18.0 \times 3.32 + (1/2) \times 8.27 \times 3.0 \times 1.66 = 276.55\text{kPa}$$

$$f_k = p_u/2 = 138.28\text{kPa}$$

方形基础局部剪切破坏

$$p_u = 0.8 \times 15.0 \times 8.50 + 18.0 \times 2.20 + 0.4 \times 8.27 \times 3.0 \times 0.86 = 150.13\text{kPa}$$

$$f_k = p_u/2 = 75.07\text{kPa}$$

圆形基础整体剪切破坏

$$p_u = 1.2 \times 15.0 \times 10.90 + 18.0 \times 3.32 + 0.6 \times 8.27 \times 1.5 \times 1.66 = 268.32\text{kPa}$$

$$f_k = p_u/2 = 134.16\text{kPa}$$

圆形基础局部剪切破坏

$$p_u = 0.8 \times 15.0 \times 8.50 + 18.0 \times 2.20 + 0.6 \times 8.27 \times 1.5 \times 0.86 = 148.00\text{kPa}$$

$$f_k = p_u/2 = 74.00\text{kPa}$$

9.4.3 梅耶霍夫极限承载力理论

太沙基理论忽略了覆土的抗剪强度，而是简单地当作过载来计算。另外，滑动区被假定与基础底面水平线相交，没有延伸到地表面，这与实际的地基破坏情况不符。对于深基础而言（一般假定埋深超过基础宽度），这样的假设会带来过大的误差，应把基底以上土层的抗剪强度一并考虑到承载力的公式中去。针对太沙基承载力理论的局限性，梅耶霍夫（G. G. Meyerhof）假定滑动面延伸到地表面，是地基土的塑性平衡区随地基埋深增加到最大程度，如图9-10所示。但由于数学上的困难而无法得到严格的解答，梅耶霍夫根据模型试验的地基破坏图示为基础，用简化方法推出条形基础在中心荷载作用时均质地基极限承载力公式。

假定基础底面光滑，发生整体剪切破坏，对称的两组滑动面交于地面 E 点，由直线 AC、对数螺线 CD 和直线 DE 组成，AC 与水平面成 $45°+\varphi/2$。为简化分析，作用在基础侧面 BE 上的合力及上覆土块重量 W 由 BE 面上等代应力 σ_0、τ_0 代替，BE 面与水平面成在 β 角。假定基础侧面法向应力 σ_a 按静止土压力分布，基础与土的摩擦角为 δ，切向力 $\tau_a=\sigma_a\tan\delta$。

根据上述假定，先考虑黏聚力和超载（σ_0、τ_0），不考虑地基土重度对承载力的影响，再考虑地基土重度，不考虑黏聚力和超载（σ_0、τ_0）对承载力的影响，然后将两部分叠加起来，即可得出地基极限承载力公式，如式（9.4.19）所示。

$$q_u = cN_c + qN_q + (1/2)\gamma BN_\gamma \tag{9.4.19}$$

$$\sigma_0 = \frac{1}{2}\gamma D\left(k_0\sin^2\beta + \frac{1}{2}k_0\tan\delta\sin2\beta + \cos^2\beta\right) \tag{9.4.20}$$

$$\tau_0 = \frac{1}{2}\gamma D\left(\frac{1-k_0}{2}\sin2\beta + k_0\tan\delta\sin^2\beta\right) \tag{9.4.21}$$

$$N_q = [(1+\sin\varphi)e^{2\theta\tan\varphi}]/[1-\sin\varphi\sin(2\eta+\varphi)] \tag{9.4.22}$$

$$N_c = (N_q - 1)\cot\varphi \tag{9.4.23}$$

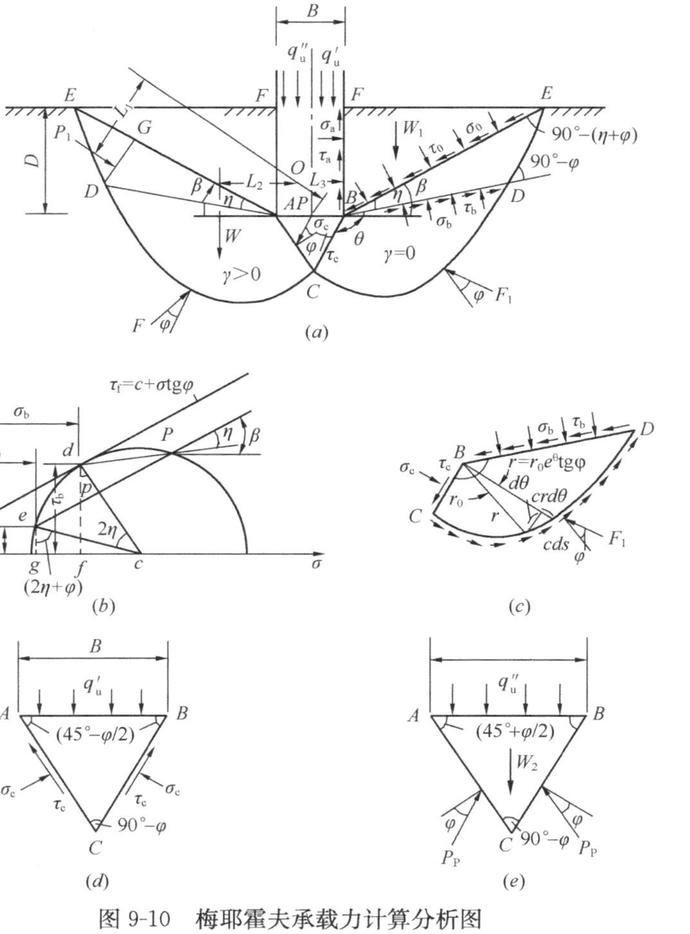

图 9-10　梅耶霍夫承载力计算分析图

$$N_{\gamma} = \frac{4p_{\mathrm{p}}\sin(45° + \varphi/2)}{\gamma B^2} - \frac{1}{2}\tan(45° + \varphi/2) \tag{9.4.24}$$

$$P_{\mathrm{p}} = (P_1 L_1 + W_1 L_2) L_3 \tag{9.4.25}$$

$$\theta = 135° + \beta - \eta - \varphi/2 \tag{9.4.26}$$

式中　k_0——静止土压力系数；

δ——土与基础侧面之间的摩擦角；

P_{p}——作用在 AC 面上的被动上压力，作用在离点 A 的 2/3 $\overline{AC}$处，是在假定不同的中心点 o 时求出的最小被动土压力；

L_1、L_2、L_3——分别为 P_1、W_1、P_{p} 离中心点的距离；

P_1——土体 DEG 引起的压力；

W_1——土体 $ACDG$ 的重量；

η——AD 与 AE 的夹角；

β——AE 与水平面的夹角。

梅耶霍夫承载力系数也可由 β、η 查图 9-11 得到。

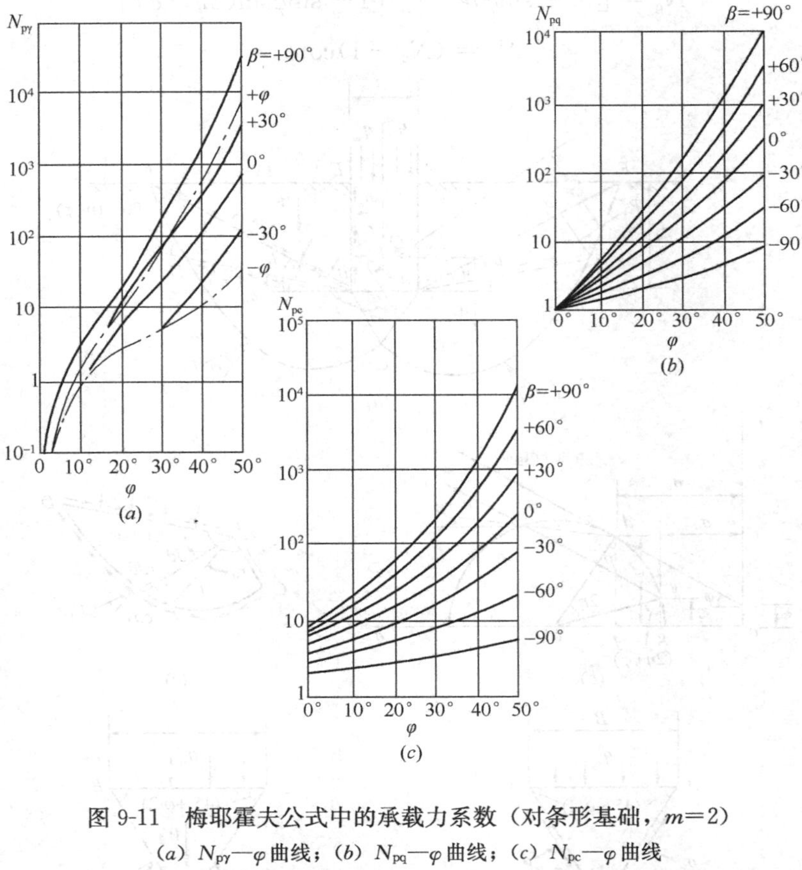

图 9-11　梅耶霍夫公式中的承载力系数（对条形基础，m=2）

（a）$N_{p\gamma}$—φ 曲线；（b）N_{pq}—φ 曲线；（c）N_{pc}—φ 曲线

注：m 表示 BE 面抗剪强度发挥系数，m=1 表示抗剪强度充分发挥。

然而，在实际工程中，理想中心荷载作用的情况不是很多，在许多时候荷载是偏心的甚至是倾斜的，这时情况相对复杂一些，基础可能会整体剪切破坏也可能水平滑动破坏。

其理论破坏模式见图 9-12 所示。当有水平荷载作用时，地基的整体剪切破坏沿水平荷载作用方向一侧发生滑动，弹性区的边界面也不对称，滑动方向一侧为平面，另一侧为圆弧，其圆心即为基础转动中心。随着荷载偏心距的增大，滑动面明显缩小。汉森(J. B. Hansen)、魏锡克考虑了荷载偏心、倾斜的影响，对承载力计算公式提出了修正公式，感兴趣的读者可查阅相关文献。

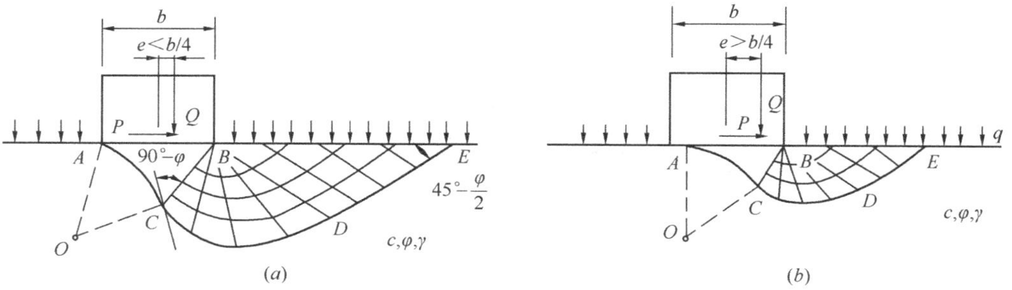

图 9-12 偏心和倾斜荷下的理论滑动图示

9.5 原位测试确定地基承载力特征值

9.5.1 载荷试验

载荷试验是工程地质勘查工作中一项基本的原位测试。该试验在一定尺寸平板上施加一定的荷载，来观察各级荷载作用下所产生的沉降，并根据绘制的 P-S 曲线来确定地基承载力特征值 f_{ak}。载荷试验被广泛地应于检测天然地基和处理后地基的承载力，具有直观、直接、准确的特点，是确定地基承载力最可靠的方法。根据承压板的形式、设置深度和试验对象的不同，可分为浅层平板载荷试验、深层平板载荷试验、螺旋板载荷试验和岩石地基载荷试验等。本文主要介绍浅层平板载荷试验与深层平板载荷试验。

1. 浅层平板载荷试验

地基土浅层平板载荷试验适用于确定浅部地基土层的承压板下应力主要影响范围内的承载力和变形参数。图 9-13 给出了几种常见的浅层平板载荷试验布置方式。实际试验时，承压板面积不应小于 $0.25m^2$，对于软土不应小于 $0.5m^2$。试验基坑宽度不应小于承压板宽度或直径的三倍。试验土层应保持原状结构和天然湿度。宜在拟试压表面用粗砂或中砂层找平，其厚度不应超过 20mm。

加载过程中，最大荷载加载量不应小于设计要求的两倍，加荷分级不应少于 8 级。每级加载后，按间隔 10min、10min、10min、15min、15min，以后每隔半小时测读一次沉降量，当在连续两小时内，每小时沉降量小于 0.1mm 时，则认为已趋稳定，可加下一级荷载。

如果出现下列情况之一时，即可终止加载：

(1) 承载板周围的土明显地侧向挤出；

(2) 沉降 s 急骤增大，P-S 曲线出现陡降段；

(3) 在某一级荷载下，24h 内沉降速率不能达到稳定标准；

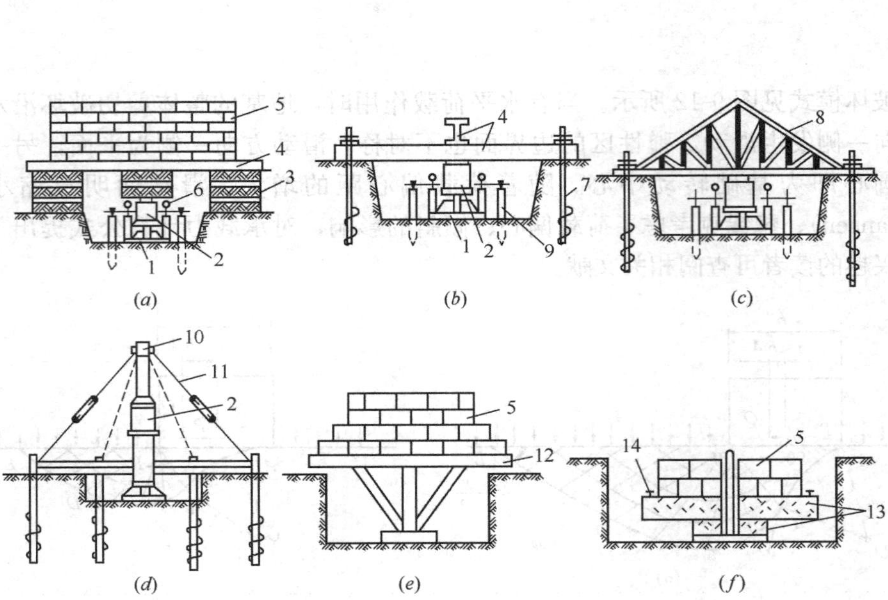

图 9-13 常见的浅层平板载荷试验布置方式

1—承压板；2—千斤顶；3—木垛；4—钢梁；5—钢锭；6—百分表；7—地锚；8—桁架；9—立柱；10—分力帽；11—拉杆；12—载荷台；13—混凝土板；14—测点

(4) 沉降量与承压板宽度或直径之比大于或等于 0.65。

当满足终止加载情况的前三款之一时，其对应的前一级荷载为极限荷载 P_u。

根据 P-S 曲线，按下列三条规定进一步确定承载力特征值：

(1) 当 P-S 曲线上有临塑荷载 P_{cr}时，取该临塑荷载值为地基承载力特征值；

(2) 当极限荷载 P_u 小于对应临塑荷载 P_{cr} 的 2 倍时，取极限荷载值的一半作为特征值；

(3) 当不能按上述二条规定确定时，当压板面积为 $0.25m^2 \sim 0.50m^2$，可取 $S/b=0.01\sim0.015$（b 为承压板的边长或直径）所对应的荷载作为特征值，但其值不应大于最大加载量的一半。

同一土层需要取三个或更多试验点进行试验，当各试验实测值的极差不超过其平均值的 30%时，取此平均值作为该土层的地基承载力特征值。

2. 深层平板载荷试验

地基土深层平板载荷试验适用于确定深部地基土层及大直径桩桩端土层在承压板下应力主要影响范围内的承载力和变形参数。图 9-14 为深层平板载荷试验装置示例图。深层平板载荷试验的承压板采用直径为 0.8m 的刚性板，紧靠承压板周围外侧的土层高度应不少于 80cm。实际试验时，加载等级可按预估极限承载力的 1/10～1/15 分级施加。每级加荷后，第一个小时内按间隔 10min、10min、10min、15min、15min，以后每隔半小时测读一次沉降。

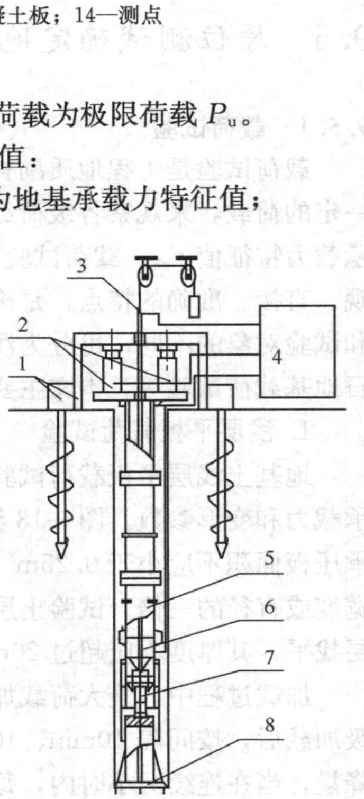

图 9-14 深层平板载荷试验装置示意图

1—油缸；2—千斤顶；3—位移传感器；4—检测仪；5—传力管；6—位移杆；7—压力传感器；8—承压板

在连续两小时内，每小时的沉降量小于 0.1mm 时，则认为已趋稳定，可加下一级荷载。

当出现下列情况之一时，即可终止加载：

1）沉降 S 急剧增大，P-S 曲线上有可判定极限承载力的陡降段，且沉降量超过 0.4d（d 为承载板直径）；

2）在某级荷载下，24h 内沉降速率不能达到稳定；

3）本级沉降量大于前一级沉降量的 5 倍；

4）当持力层土层坚硬，沉降量很小时，最大加载量不小于设计要求的 2 倍。

满足终止加载的前三款情况之一时，其对应的前一级荷载为极限荷载 P_u。地基承载力特征值的确定方法同浅层平板载荷试验一致。

9.5.2 静力触探

静力触探是将金属制作的圆锥形探头以静力方式按一定速度均匀压入土中，借以量测贯入阻力（p_s）等参数值，间接评估土的物理力学性质的试验。这种方法对那些不易钻孔取样的饱和砂土、高灵敏度的软土以及土层竖向变化复杂、不易密集取样查明土层变化而言，可实现现场连续、快速地测得土层对触探头的贯入阻力（p_s）、探头侧壁与土体的摩擦力（f_s）、土体对侧壁的压力（p_n）及土层孔隙水压力（u）等参数。图 9-15 示出的是静力触探法（CPT）的测量概况。

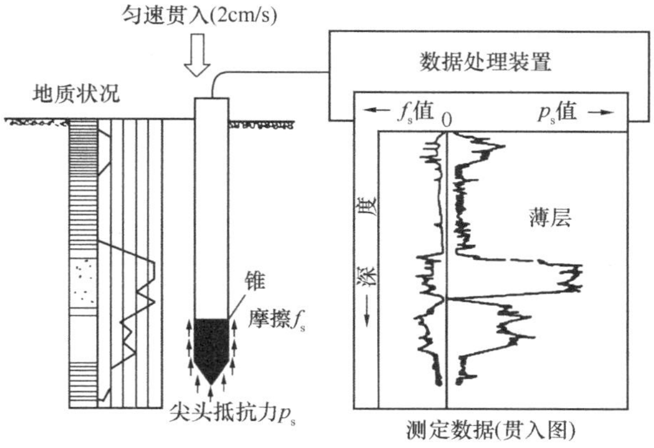

图 9-15 静力触探概况图

将静力触探所测得的贯入阻力与载荷试验、土工试验有关指标进行回归分析，可以得到适用于一定地区或一定土性的经验公式，这些公式用以确定土的天然地基承载力。我国使用静力触探方法几十多年，积累了大量实测对比资料，建立了许多地区性或土性的静力触探地基承载力计算公式。这些公式都受到适用范围的限制，只适用于与本来性状大致相似的土层，若超越了这一范围，就可能产生不能允许的误差。本节给出《铁路工程地质原位测试规程》TB 10018—2003 推荐的 3 个经验公式，对于其他经验公式，读者可自行查找资料。

一般黏性土地基承载力：$f_{ak}=5.8p_s^{0.5}-46$； (9.5.1)

砂土地基承载力：$f_{ak}=0.98p_s^{0.63}+14.4$； (9.5.2)

软土地基承载力：$f_{ak}=0.112p_s+5$。 (9.5.3)

上述 f_{ak} 值用于基础设计时，尚需进一步按照基础实际宽度和埋深进行深、宽修正。

此外，梅耶霍夫对于砂土地基提出了一个经验公式：

$$f_{ak}=\frac{Bp_s}{36}\left(1+\frac{D}{B}\right) \tag{9.5.4}$$

式中 f_{ak}——地基承载力特征值（kPa）；

p_s——贯入阻力（kPa）；

B——基础宽度（m）；

D——埋置深度（m）。

9.5.3 动力触探

当土层较硬，用静力触探无法贯入土中时，可采用圆锥动力触探法，简称动力触探。动力触探法适用于强风化、全风化的硬质岩石，各种软质岩石及相对较硬的土类。动力触探的工作原理是把冲击锤提升到一定高度，令其自由下落，冲击钻杆上的锤垫，使探头贯入土中。贯入阻力用贯入一定深度的锤击数表示。

动力触探仪根据锤的质量进行分类，相应的探头和钻杆的规格尺寸也不同。国内将动力触探仪分为轻型、重型和超重型三种类型，如图 9-16 与表 4 所示。

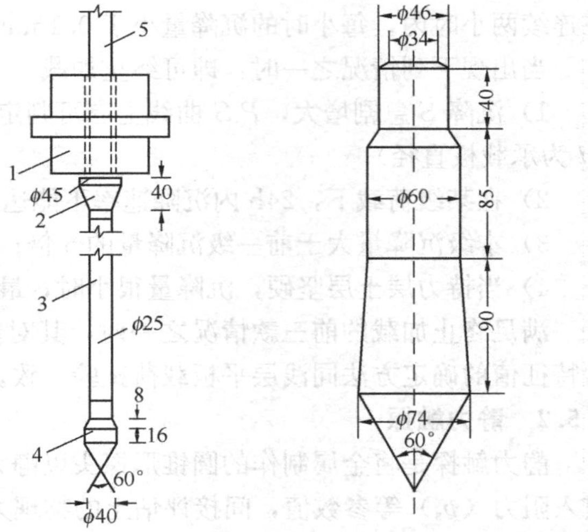

轻型动力触探仪(mm)　　重型、超重型动力触探探头(mm)

图 9-16 动力触探仪的构造

1—穿心锤；2—钢砧与锤垫；3—触探杆；4—圆锥探头；5—导向杆

圆锥动力触探类型　　表 9-4

类　型		轻　型	重　型	超　重　型
落锤	锤的质量/kg	10±0.2	63.5±0.5	120±1
	落距/cm	50±2	76±2	100±2
探头	直径/mm	40	74	74
	锥角	60	60	60
探杆直径/mm		25	42	50～60
指标		贯入 30cm 的锤击数 N_{10}	贯入 10cm 的锤击数 $N_{63.5}$	贯入 10cm 的锤击数 N_{120}
主要适用岩土		浅部的填土、砂土、粉土、黏性土	砂土、中密以下的碎石土、极软岩	密实和很密的碎石土、软岩、极软岩

我国幅员辽阔，土层分布的特点具有很强的地域性，各地区和部门在使用动力触探的过程中积累了很多地区性或行业性的经验，积累了大量资料，建立起地基承载力和动力触击数之间的经验公式，但在使用这些公式时要注意相应的适用范围。原铁道部第二设计院通过筛选，采用了 59 组对比数据，包括卵石、碎石、圆砾、角砾，分布在四川、广西、辽宁、甘肃等地，数据乘上修正系数后（表 9-5），统计分析了 $N_{63.5}$ 与地基承载力特征值的关系（表 9-6）。

修　正　系　数　　表 9-5

$N_{63.5}$ / L (m)	5	10	15	20	25	30	35	40	≥50
≤2	1.0	1.0	1.0	1.0	1.0	1.0	1.0	1.0	
4	0.96	0.95	0.93	0.92	0.90	0.89	0.87	0.86	0.84

续表

$N_{63.5}$ / L (m)	5	10	15	20	25	30	35	40	≥50
6	0.93	0.90	0.88	0.85	0.83	0.81	0.79	0.78	0.75
8	0.90	0.86	0.83	0.80	0.77	0.75	0.73	0.71	0.67
10	0.88	0.83	0.79	0.75	0.72	0.69	0.67	0.64	0.61
12	0.85	0.79	0.75	0.70	0.67	0.64	0.61	0.59	0.55
14	0.82	0.76	0.71	0.66	0.62	0.58	0.56	0.53	0.50
16	0.79	0.73	0.67	0.62	0.57	0.54	0.51	0.48	0.45
18	0.77	0.70	0.63	0.57	0.53	0.49	0.46	0.43	0.40
20	0.75	0.67	0.59	0.53	0.48	0.44	0.41	0.39	0.36

注：L 为杆长。

$N_{63.5}$与地基承载力特征值的关系　　表 9-6

$N_{63.5}$	3	4	5	6	8	10	12	14	16
f_{ak} (kPa)	140	170	200	240	320	400	480	540	600
$N_{63.5}$	18	20	22	24	26	28	30	35	40
f_{ak} (kPa)	660	720	780	830	870	900	930	970	1000

注：1. 适用的深度范围为 1m～20m；

2. 表内的 $N_{63.5}$ 为经修正后的平均击数。

9.5.4 标准贯入试验

标准贯入试验适用于砂土、粉土和一般黏性土。根据《岩土工程勘察规范》GB 50021—2009，标准贯入试验的设备应符合表 9-7 的规定。贯入器自试验标高开始，记录每打入 10cm 的锤击数，累计打入 30cm 的锤击数为标准贯入试验锤击数 N。当锤击数已达 50 击，而贯入深度未达 30cm 时，可记录 50 击的贯入深度，按下式换算成相对于 30cm 的标准贯入试验锤击数 N，并终止试验。

$$N=30\times\frac{50}{\Delta S} \tag{9.5.5}$$

式中　ΔS——50 击时的贯入度 (cm)。

标准贯入试验设备规格　　表 9-7

落　锤		锤的质量 (kg)	63.5
		落 距 (cm)	76
贯入器	对 开 管	长 度 (mm)	>500
		外 径 (mm)	51
		内 径 (mm)	35
	管　靴	长 度 (mm)	50～76
		刃口角度 (°)	18～20
		刃口单刃厚度 (mm)	1.6
钻　杆		直 径 (mm)	42
		相对弯曲	<1/1000

用 N 值估算地基承载力特征值的经验方法很多。例如梅耶霍夫从地基的强度出发，提出砂土地基的承载力特征值经验公式（9.5.6）：

$$f_{ak}=\frac{N}{10}\ (1+D/B) \tag{9.5.6}$$

式中 f_{ak}——地基的承载力特征值（kg/cm^2）；

N——标准贯入试验锤击数；

D——浅基础的埋深（m）；

B——基础的埋深（m）。

对于地下水面以下的砂土，则上式的计算结果还要除以 2。

太沙基和派克（R. Peck）考虑地基沉降的影响，提出另一种计算地基承载力特征值的经验公式（9.5.7），在总沉降不超过 25mm 的情况下，可用下式计算 f_{ak}：

$$\left.\begin{aligned}&\text{当 } B\leqslant 1.3\text{m 时，} f_{ak}=N/B\\&\text{当 } B>1.3\text{m 时，} f_{ak}=\frac{N}{12}\left(1+\frac{0.3}{B}\right)\end{aligned}\right\} \tag{9.5.7}$$

式中 B——基础宽度（m）。

【例题 9-3】 地基土为均匀中砂，重度 $\gamma=16.7\text{kN/m}^3$，条形基础宽度 $B=2.0\text{m}$，埋深 $D=1.2\text{m}$，对于基底下滑裂面范围内的砂土，静力触探试验的贯入阻力 $p_s=3500\text{kPa}$，平均标准贯入击数 $N=20$，试估算地基土的承载力特征值。

【解】 根据贯入阻力 p_s，求地基承载力特征值：

(1) 用《铁路工程地质原位测试规程》的经验公式（9.5.2）：

$$f_{ak}=0.98p_s^{0.63}+14.4=181.9\ (\text{kPa})$$

由于 $B\leqslant 2.0\text{m}$ 且 $D\leqslant 3.0\text{m}$，承载力特征值不需要修正。

(2) 用梅耶霍夫公式（9.5.4）

$$f_{ak}=\frac{Bp_s}{36}\left(1+\frac{D}{B}\right)=\frac{2\times 3500}{36}\times\left(1+\frac{1.2}{2.0}\right)=311.1\ (\text{kPa})$$

根据标准贯入击数 $N=20$，求地基容许承载力：

(3) 用梅耶霍夫经验公式（9.5.6）：

$$f_{ak}=\frac{N}{10}\left(1+\frac{D}{B}\right)=\frac{20}{10}\times\left(1+\frac{1.2}{2}\right)=3.2\ (\text{kg/cm}^2)\ =313.5\ (\text{kPa})$$

(4) 用太沙基和派克公式（9.5.7）：

因为 $B>1.3\text{m}$，

$$f_{ak}=\frac{N}{12}\left(1+\frac{0.3}{B}\right)=\frac{20}{12}\times\left(1+\frac{0.3}{2.0}\right)=1.92\ (\text{kg/cm}^2)\ =187.8\ (\text{kPa})$$

根据上述四种计算结果，《铁路工程地质原位测试规程》经验公式与太沙基派克公式之间比较接近，梅耶霍夫的两个经验公式之间比较接近。但是，《铁路工程地质原位测试规程》经验公式与太沙基派克公式的计算值偏低很多，对于沉降要求严格的工程，我们考虑取承载力较低的结果：180kPa。

9.6 规范法确定地基承载力特征值

为了确定地基承载力的大小，除了理论公式和原位测试以外，还可以采用各地区和有关产业部门制定的地基基础设计规范。这些规范所提供的数据和方法，大多是根据土工试验、工程实践总结出来的，具有一定的安全储备，不致因种种意外原因而导致地基破坏。本节重点介绍《建筑地基基础设计规范》与《铁路桥涵地基和基础设计规范》中地基承载力的相关内容。对于《岩土工程勘察规范》、《港口工程地基规范》等其他规范所涉及的地基承载力内容，请读者自行查阅。

当荷载增加时，随着地基变形的增长，地基承载力也在逐渐增大，很难界定出下一个真正的“极限值”。而且根据现有理论计算公式，可以得出不同的极限承载力。因此，在实际地基设计过程中，规范一般不按承载力极限状态原则来设计，而按正常使用极限状态原则来设计。地基承载力的取值也就是前文提及的承载力特征值。

9.6.1 《建筑地基基础设计规范》GB 50007—2011

关于承载力计算，《建筑地基基础设计规范》表述为：地基承载力特征值可由载荷试验或其他原位测试、公式计算，并结合工程实践经验等方法综合确定。相比老版本，11版规范建议综合各种方法来确定。当基础宽度大于 3m 或埋置深度大于 0.5m 时，从载荷试验或其他原位测试、经验值等方法确定的地基承载力特征值，还应按式（9.6.1）进行修正：

$$f_a = f_{ak} + \eta_b \gamma (b-3) + \eta_d \gamma_m (d-0.5) \tag{9.6.1}$$

式中 f_a——修正后的地基承载力特征值（kPa）；

f_{ak}——修正前地基承载力特征值（kPa）；

η_b、η_d——基础宽度和埋置深度的地基承载力修正系数，按基底下土的类别查表 9-8 取值；

γ——基础底面以下土的重度（kN/m^3），地下水位以下取浮重度；

b——基础底面以下土的重度（kN/m^3），当基础底面宽度小于 3m 时按 3m 取值，大于 6m 时按 6m 取值；

γ_m——基础底面以上土的加权平均重度（kN/m^3），位于地下水位以下的土层取有效重度；

d——基础埋置深度（m），宜自室外地面标高算起。在填方整平地区，可自填土地面标高算起，但填土在上部结构施工后完成时，应从天然地面标高算起。对于地下室，当采用箱型基础或筏基时，基础埋置深度自室外地面标高算起；当采用独立基础或条形基础时，应从室内地面标高算起。

承载力修正系数 **表 9-8**

土的类别		η_b	η_d
淤泥和淤泥质土		0	1.0
人工填土 e 或 I_L 大于等于 0.85 的黏性土		0	1.0
红黏土	含水比 $\alpha_w > 0.8$	0	1.2
	含水比 $\alpha_w \leqslant 0.8$	0.15	1.4

续表

土的类别		η_b	η_d
大面积压实填土	压实系数大于 0.95、黏粒含量 $\rho_c \geqslant 10\%$ 的粉土	0	1.5
	最大干密度大于 2100kg/m^3 的级配砂石	0	2.0
粉土	黏粒含量 $\rho_c \geqslant 10\%$ 的粉土	0.3	1.5
	黏粒含量 $\rho_c < 10\%$ 的粉土	0.5	2.0
e 或 I_L 均小于 0.85 的黏性土		0.3	1.6
粉砂、细砂（不包括很湿与饱和时的稍密状态）		2.0	3.0
中砂、粗砂、砾砂和碎石土		3.0	4.4

注：1. 强风化和全风化的岩石，可参照所风化成的相应土类取值，其他状态下的岩石不修正；
2. 地基承载力特征值按本规范附录 D 深层平板载荷试验确定时 η_b 取 0；
3. 含水比是指土的天然含水量与液限的比值；
4. 大面积压实填土是指填土范围大于两倍基础宽度的填土。

需要强调的是，地基承载力特征值 f_{ak} 相当于载荷试验时地基土 P-S 曲线上线性变形段内某一规定变形所对应的值，其最大值不会超过该 P-S 曲线上的比例极限值（临塑荷载 P_{cr}）。所以按照新规范，地基承载力特征值是小于临塑荷载 P_{cr} 的，具有较高的安全储备。

此外，《建筑地基基础设计规范》给出了另一种根据土的抗剪强度指标直接确定地基承载力特征值的方法。当荷载偏心距 e 小于或等于 0.033 倍基础地面宽度时，根据土的抗剪强度指标确定地基承载力特征值可按式（9.6.2）计算，并应满足变形要求：

$$f_a = M_b \gamma b + M_d \gamma_m d + M_c c_K \tag{9.6.2}$$

式中：f_a——由土的抗剪强度指标确定的地基承载力特征值（kPa）；

M_b、M_d、M_c——承载力系数，按表 9-9 确定；

b——基础底面宽度（m），大于 6m 时按 6m 取值，对于砂土小于 3m 时按 3m 取值；

d——基础埋深；

c_K——基底下一倍短边宽度的深度范围内土的黏聚力标准值（kPa）；

φ_K——基底下一倍短边宽度的深度范围内土的内摩擦角标准值（°）。

规范附录 E 详细介绍了如何通过室内试验统计确定抗剪强度指标标准值 c_K、φ_K。

承载力系数 M_b、M_d、M_c **表 9-9**

土的内摩擦角标准值 φ_K（°）	M_b	M_d	M_c
0	0	1.00	3.14
2	0.03	1.12	3.32
4	0.06	1.25	3.51
6	0.10	1.39	3.71
8	0.14	1.55	3.93

续表

土的内摩擦角标准值 φ_K（°）	M_b	M_d	M_c
10	0.18	1.73	4.17
12	0.23	1.94	4.42
14	0.29	2.17	4.69
16	0.36	2.43	5.00
18	0.43	2.72	5.31
20	0.51	3.06	5.66
22	0.61	3.44	6.04
24	0.80	3.87	6.45
26	1.10	4.37	6.90
28	1.40	4.93	7.40
30	1.90	5.59	7.95
32	2.60	6.35	8.55
34	3.40	7.21	9.22
36	4.20	8.25	9.97
38	5.00	9.44	10.80
40	5.80	10.84	11.73

9.6.2 《铁路桥涵地基和基础设计规范》TB 10002.5—2005

《铁路桥涵地基和基础设计规范》是一本适用于铁路桥涵地基基础的技术标准。它在地基承载力方面的规定与公路桥涵相一致，所以这里仅介绍铁路规范。规范中重点提出地基基本承载力 σ_0 和容许承载力 [V] 两个概念，相当于《建筑地基基础设计规范》里修正前、修正后的地基承载力特征值 f_a 和 f_{ak}。地基的基本承载力 σ_0 是指基础宽度 $b \leqslant 2$m、埋置深度 $h \leqslant 3$m 时，在保证地基稳定的条件下，桥梁和涵洞基础下地基单位面积上容许承受的荷载。σ_0 的值可以根据地基土的性质查规范表格确定。比如砂土地基或粉土地基，可按表 9-10 和表 9-11 确定。对于碎石土地基、黏性土地基、黄土地基以及冻土地基等，可查规范文本。确定地基承载力的关键在于对地基土进行准确分类，所以想要利用表中数据，必须先在现场取土样，进行室内试验，以划分土的类别和测定具体的物理力学指标。若用原位测试方法确定 σ_0 时，可不受表格限制。在设计重要桥梁或地质复杂桥梁的过程中，还应采用载荷试验及原位测试方法等综合确定。当 $b>2$m 或 $h>3$m 时，需要按式（9.6.3）对基本承载力 σ_0 进行修正，得到容许承载力 [V]。

注：1. 基础宽度 b，对于矩形基础为短边宽度（m），对于圆形或正多边形基础为 $\sqrt{F}$，F 为基础的底面积（m^2）；
2. 各类岩土地基基本承载力表中的数值允许内插；
3. 原位测试方法及成果的应用，可参照国家和铁道部有关标准的规定。

砂类土地基的基本承载力 σ_0（kPa） **表 9-10**

土名	湿度 \ 密实程度	稍松	稍密	中密	密实
砾砂、粗砂	与湿度无关	200	370	430	550
中砂	与湿度无关	150	330	370	450
细砂	稍湿或潮湿	100	230	270	350
	饱和	—	190	210	300
粉砂	稍湿或潮湿	—	190	210	300
	饱和	—	90	110	200

粉土地基的基本承载力 σ_0（kPa） **表 9-11**

e \ w	10	15	20	25	30	35	40
0.5	400	380	(355)				
0.6	300	290	280	(270)			
0.7	250	235	225	215	(205)		
0.8	200	190	180	170	(165)		
0.9	160	150	145	140	130	(125)	
1.0	130	125	120	115	110	105	(100)

注：1. e 为天然孔隙比，w 为天然含水率，有括号者仅供内插；

2. 在湖、塘、沟、谷与河漫滩地段以及新近沉积的粉土，应根据当地经验取值。

在确定了地基基本承载力 σ_0 之后，若基础的宽度 b 大于 2m 或基础底面的埋置深度 h 大于 3m，且 $h/b \leqslant 4$ 时，需要按式（9.6.3）修正地基的容许承载力：

$$[V] = \sigma_0 + \kappa_1 \gamma_1 (b-2) + \kappa_2 \gamma_2 (h-3) \tag{9.6.3}$$

式中 $[V]$——地基的容许承载力（kPa）；

σ_0——地基的基本承载力（kPa）；

b——基础的短边宽度（m），大于 10m 时，按 10m 计算；

h——基础底面的埋置深度（m），对于受水流冲刷的墩台，由一般冲刷线算起；不受水流冲刷者，由天然底面算起；位于挖方内，由开挖后地面算起；

γ_1——基底以下持力层土的天然重度（kN/m^3）；如持力层在水面以下，且为透水者，应采用浮重；

γ_2——基底以上土的天然重度的平均值（kN/m^3）；如持力层在水面以下，且为透水者，水中部分应采用浮重；如为不透水者，不论基底以上水中部分土的透水性质如何，应采用饱和容重；

κ_1，κ_2——宽度、深度修正系数，按持力层土确定，见表 9-12。

宽度、深度修正系数 **表 9-12**

土的类别 / 系数	黏性土				粉土	黄土		砂类土								碎石类土			
	Q_4 的冲、洪积土		Q_3 及其以前的冲、洪积土	残积土		新黄土	老黄土	粉砂		细砂		中砂		砾砂粗砂		碎石圆砾角砾		卵石	
	$I_L<0.5$	$I_L\geq0.5$						稍、中密	密实	稍、中密	密实	稍、中密	密实	稍、中密	密实	稍、中密	密实	稍、中密	密实
κ_1	0	0	0	0	0	0	0	1	1.2	1.5	2	2	3	3	4	3	4	3	4
κ_2	2.5	1.5	2.5	1.5	1.5	1.5	1.5	2	2.5	3	4	4	5.5	5	6	5	6	6	10

注：1. 节理不发育或较发育的岩石不作宽度修正，节理发育或很发育的岩石，κ_1，κ_2 可按碎石类土的系数，但对已风化成砂、土状者，则按砂类土、黏性土的系数；
2. 稍松状态的砂类土和松散状态的碎石类土，κ_1，κ_2 值可采用表列稍、中密值的 50%；
3. 冻土的 $\kappa_1=0$、$\kappa_2=0$。

【例题 9-4】 有一很厚的粉土层，地下水面在地表下 3m 处。测得水面以下土的资料为：$\gamma_s=27\text{kN/m}^3$，$w=25\%$。水面以上的 $\gamma=19\text{kN/m}^3$。设基础为长条形，宽 5m，埋深 4m。试按《铁路桥涵地基和基础设计规范》中的内容求地基的容许承载力。

【解】 已知土层为粉土，因此可查询表 9-11。由于基础埋深 4m，基底在地下水面以下 1m，故地基土为饱和土，即 $S_r=1.0$。又已知地基土的 $w=25\%$，$\gamma_s=27\text{kN/m}^3$，可以推算出地基土的天然孔隙比 e 和浮重度 γ'，如下：

天然孔隙比：
$$e=\frac{\gamma_s w}{\gamma w}=\frac{27\times0.25}{10}=0.675$$

浮重度：
$$\gamma'=\frac{\gamma_s\cdot e+\gamma_s}{1+e}-\gamma_w=\frac{10\times0.675+27}{1+0.675}-10=10.15\text{kN/m}^3$$

根据表 9-11，由 w 和 e 用内插法求得地基土的基本承载力 $\sigma_0=228.75\text{kPa}$。

考虑到基础宽度超过 2m，埋深超过 3m，地基承载力应予以修正，可按式（9.6.3）计算。公式中参数 k_1，k_2 可由表 9-12 查得：$k_1=0$，$k_2=1.5$。而公式中的 γ_2 应采用基底以上土的加权重度，即

$$\gamma_2=\frac{\gamma'\times1+\gamma\times3}{4}=\frac{10.15+19\times3}{4}=16.79\text{kN/m}^3$$

在计算时从安全角度出发，考虑为透水土层，故水下土的重度用浮重度 γ'。

修正后的容许承载力 $[\sigma]$ 为

$$[\sigma]=\sigma_0+k_2\gamma_2(h-3)=228.75+1.5\times16.79\times1=253.935\text{kPa}$$

软土地基的容许承载力不适用上述表格法，需要另外计算。软土地基的容许承载力，必须同时满足稳定和变形两方面的要求，可按下列方法确定，但应同时检算基础的沉降量，并符合有关规定。

1. 由式（9.6.4）计算：

$$[\sigma]=5.14C_u\frac{1}{m'}+\gamma_2 h \tag{9.6.4}$$

2. 对于小桥和涵洞基础，也可由式（9.6.5）确定软土地基容许承载力：

$$[\sigma]=\sigma_0+\gamma_2(h-3) \tag{9.6.5}$$

上面两式中　$[\sigma]$——地基容许承载力（kPa）；

m'——安全系数，可视软土灵敏度及建筑物对变形的要求等因素选 1.5 ～2.5；

γ_2、h——同上；

σ_0——由表 9-13 确定。

软土地基的基本承载力 σ_0（kPa）　　**表 9-13**

天然含水率 w（%）	36	40	45	50	55	65	75
σ_0	100	90	80	70	60	50	40

习题和思考题

9.1　一条形基础，宽 1.5m，埋深 1.0m。地基土层分布为：第一层素填土，厚 0.8m，密度 1.80g/cm³，含水量 35%；第二层黏性土，厚 6m，密度 1.82g/cm³，含水量 38%，土粒相对密度 2.72，土黏聚力 10kPa，内摩擦角 13°。求该基础的临塑荷载 p_{cr}，塑性荷载 $p_{1/3}$ 和 $p_{1/4}$？若地下水位上升到基础底面，假定土的抗剪强度指标不变，其 p_{cr}，$p_{1/3}$，$p_{1/4}$ 相应为多少？据此可得到何种规律？（答案：82.62kPa、89.72kPa、92.175kPa；82.62kPa、85.87kPa、87kPa）

9.2　例题 9-2 中，当基础为长边 6m，短边 3m 的矩形时，按太沙基理论计算相应整体剪切破坏、局部破坏及地下水位上升到基础底面时的极限承载力和承载力特征值。列表表示【例题 9-2】及上述计算结果，并分析计算结果及其变化规律。　（略）

9.3 试将式（9.4.8）代入式（9.4.6）进行推导，并写成式（9.4.9）的形式。写出相应的 N_c、N_q、N_γ 表达式。（答案：$N_c=\dfrac{k_{pc}\cos(\psi-\varphi)}{\cos^2\varphi}+\mathrm{tg}\psi$，$N_q=\dfrac{k_{pq}\cos(\psi-\varphi)}{\cos^2\varphi}$，$N_\gamma=\dfrac{k_{p\gamma}\cos(\psi-\varphi)\mathrm{tg}\varphi}{2\cos^2\varphi}-\dfrac{\mathrm{tg}\psi}{2}$）

9.4　某条形基础宽 1.5m，埋深 1.2m，地基为黏性土，密度 1.84g/cm³，饱和密度 1.98g/cm³，土的黏聚力 8kPa，内摩擦角 15°，问：

（1）整体破坏时地基极限承载力为多少？取安全度为 2.5，承载力特征值为多少？（答案：236.6kPa；94.7kPa）

（2）分别加大基础埋深至 1.6m、2.0m，承载力有何变化？（答案：269.4kPa；302.2kPa）

（3）若分别加大基础宽度至 1.8m，2.1m，承载力有何变化？（答案：243.8kPa；251kPa）

（4）若地基土内摩擦角为 20°，黏聚力为 12 kPa，承载力有何变化？（答案：444kPa）

（5）根据以上的计算比较，可得出哪些规律？　（略）

9.5　有一长条形基础，宽 4m，埋深 3m，测得地基土的力学指标标准值为：γ=17kN/m³，c_k=10kPa，φ_k=12°。试按《建筑地基基础设计规范》的规定计算地基承载力设计值。（答案：158.8kPa）

9.6　某地基表层 4m 厚的细砂，其下为饱和黏土，地下水位位于地表面。细砂的 γ_S

$=26.5kN/m^3$，$e=0.7$，而黏土的 $w_L=38\%$，$w_p=20\%$，$w=30\%$，$\gamma_s=27kN/m^3$，现拟建一基础宽 6m，长 8m，置放在黏土层面（假定该层面不透水），试查阅《铁路桥涵地基和基础设计规范》后计算该地基的容许承载力 $[\sigma]$。（答案：260.4kPa）

参 考 文 献

[1] K. Terzaghi 著．徐志英译．理论土力学．北京：地质出版社，1960.

[2] 钱家欢，殷宗泽主编．土工原理与计算（第二版）．北京：中国水利水电出版社，1996.

[3] 郑大同．地基极限承载力的计算．北京：中国建筑工业出版社，1979.

[4] 华南理工大学等四校合编．地基及基础（新一版）．北京：中国建筑工业出版社，1991.

[5] Meyehoff，G. G.，The Ultimate Bearng Capacity of Foundation. Geotechnique，Vol. 2，1951.

[6] 刘成宇主编．土力学（第二版）. 北京：中国铁道出版社，2000.

[7] 施建勇等编．Soil Mechanics. 北京：人民交通出版社，2004.

[8] 中华人民共和国住房和城乡建设部主编．《建筑地基基础设计规范》GB 50007—2011. 北京：中国建筑工业出版社，2012.

[9] 铁道第三勘察设计院主编．《铁路桥涵地基和基础设计规范》TB 10002. 1—2005. 北京：中国铁道出版社，2005.

[10] 中华人民共和国建设部主编．《岩土工程勘察规范》GB 50021—2001. 北京：中国建筑工业出版社，2009.

第 10 章　土 坡 稳 定 分 析

10.1　概述

边坡是具有倾斜坡面的土/岩体，其简单外形和各部分名称如图 10-1 所示。这种边坡可以是自然地质作用所形成的天然边坡，如山坡、江河的岸坡等，也可以是人工开挖或填筑而成的边坡，称为人工边坡。其中开挖基坑、渠道、路堑等所形成的边坡称为挖方边坡；填筑堤、坝等所形成的边坡称为填方边坡。由于土/岩体坡面不是水平的，其重力的一个分力使边坡土/岩体有向下移动的趋势。如果重力的这个分力足够大，那么边坡将会产生破坏。如图 10-2 中所示土坡的 *abcdea* 区域的土体已向下滑动。这是因为作用在该土体上的驱动力克服了沿土体破坏面上的抗剪强度所产生的阻力。

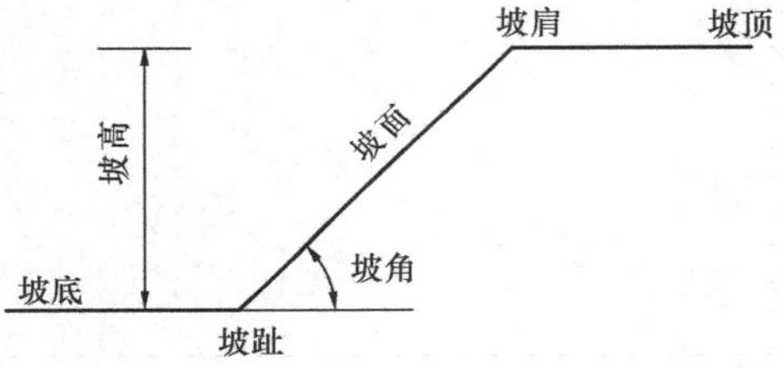

图 10-1　边坡各部分名称

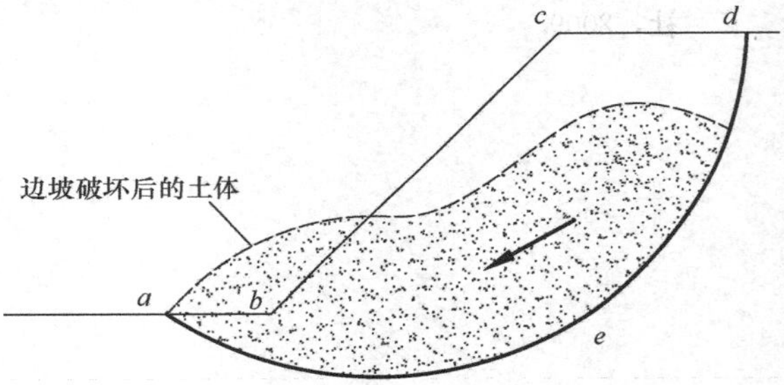

图 10-2　土坡滑动破坏

边坡破坏的模式有多种。Cruden and Varnes（1996）将其分为以下五种主要类型：

（1）溜滑（Fall)。松散的土和/或岩石碎块沿着边坡向下坠落、溜滑，见图 10-3（*a*)。

（2）崩塌（Topple)。大块状的土和/或岩体向前旋转崩落、倒塌，见图 10-3（*b*)。

（3）滑动（Slide)。土体沿着一个破裂面向下移动，见图 10-2。

（4）平滑（Spread)。这是一种横向延展（Lateral "Spreading"）式的滑动破坏，类似于平板滑动，是由于上覆有裂隙黏土的砂或粉土的移动而引起的滑动，见图 10-3（*c*)。

（5）流滑（Flow)。土体像黏滞流体一样向下运动，见图 10-3（*d*)。

本章重点讨论土坡的滑动类破坏稳定性的定量分析。

土坡的滑动是促使土坡运动的滑动力（驱动力）与滑动面上的抗滑力这一对矛盾抗衡的结果。或者说，是由于滑动力增大或抗滑力减小所致。诸如坡顶堆载、修建建筑物和行驶车辆、降雨（土体容重增大)、水库蓄水或水位降落时形成的渗透力，以及地震的动荷载等，都会引起滑动力的增大；又如气候变化产生土的干裂、冻胀，降雨或蓄水后土的湿化、膨胀，土的蠕变等使土的强度降低，以及坡脚处土体被冲刷或移走等，都会使抗滑力

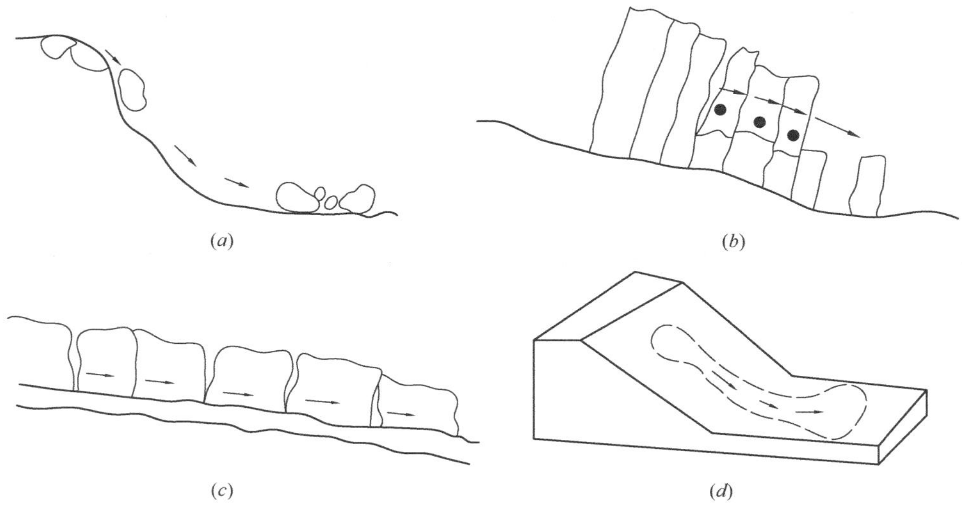

图 10-3　边坡破坏模式

(a) 溜滑；(b) 崩塌；(c) 平滑；(d) 流滑

减小。这些因素都有增大土坡产生滑动的可能性。

滑坡的形状各色各样，大致可以分为无限长的滑坡和有限长的滑坡。前者坡面的长度与滑坡深度相比大很多，成大平板的形状滑动，而后者滑动面长度与滑坡深度之比是很有限的数值。库尔曼（Culmann，1875 年）把潜在滑动面近似为一个平面，安全系数 F_s 的值用 Culmann 近似方法进行计算（见 10.4 节）。但这一简化计算方法仅适用于接近于垂直的边坡。对大量滑坡的实际调查表明，在均质黏土坡中发生的滑坡，滑动面在坡顶处较陡，近于垂直，在接近坡脚处与地面斜交，滑面形状近似于圆弧面（按塑性理论分析为对数螺线曲面，也很接近于圆弧面），如图 10-4（a）所示；由砂、卵石、风化砾石等组成的无黏性土中的滑坡，深度浅而形状接近于平面（如图 10-4（b）所示），或者由两个以上的平面所组成的折线形滑动面；当土坝坝基或黏土路堤地基中存在软弱夹层时，则可能出现曲线和直线组成的复合滑动面，如图 10-4（c）所示。

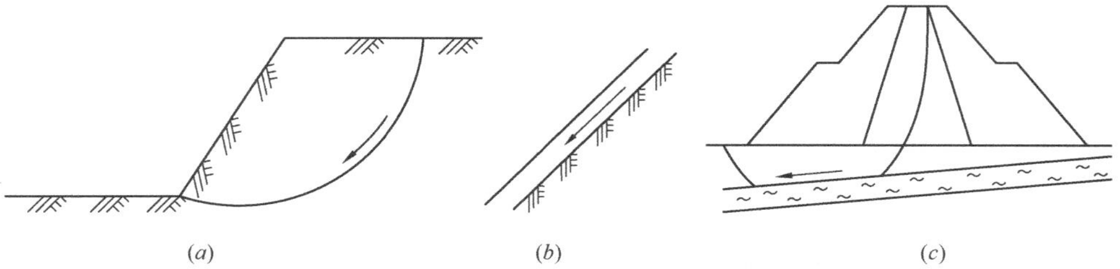

图 10-4　土坡滑动面的形状

(a) 圆弧形；(b) 直线形；(c) 复合形

一般土坡的长度（垂直于纸面方向）远较其宽度为大，故分析土坡稳定性时，常可沿其长度方向取单位长度按平面问题来计算。工程实践中，分析土坡稳定性的目的，在于验算土坡的断面是否稳定、合理；或者根据土坡预定高度、土的性质等已知条件，设计合理的土坡断面。采用的基本方法为极限平衡法，通过试算（搜索）确定最可能破裂面上的剪应力（或绕滑弧中心的滑动力矩），并把它与土的抗剪强度（或绕滑弧中心的抗滑力矩）作比较，即计算出安全系数。这一过程即为土坡的稳定性分析。最可能破裂面是具有最小安全系数的临界面。

10.2 安全系数

进行土坡稳定性分析的任务是确定安全系数的大小。一般而言，安全系数可定义为：

$$F_s = \frac{\tau_f}{\tau_d} \tag{10.2.1}$$

式中 F_s——关于强度的安全系数；

τ_f——土的平均抗剪强度；

τ_d——潜在破裂面上的平均剪应力。

土的抗剪强度包含两部分，即土的黏聚力和摩擦力，可写为：

$$\tau_f = c' + \sigma' \tan\varphi' \tag{10.2.2}$$

式中 c'——黏聚力；

φ'——内摩擦角；

σ'——潜在破裂面上的正应力。

用相似的方法，可以写出：

$$\tau_d = c'_d + \sigma' \tan \varphi'_d \tag{10.2.3}$$

式中，c'_d 和 φ'_d 分别是潜在破裂面上发挥的黏聚力和内摩擦角。将式（10.2.2）和（10.2.3）代入式（10.2.1），得到：

$$F_s = \frac{c' + \sigma' \tan \varphi'}{c'_d + \sigma' \tan \varphi'_d} \tag{10.2.4}$$

引入关于黏聚力的安全系数 F'_c 和关于摩擦力的安全系数 F'_φ，分别定义为：

$$F'_c = \frac{c'}{c'_d} \tag{10.2.5}$$

$$F'_\varphi = \frac{\tan \varphi'}{\tan \varphi'_d} \tag{10.2.6}$$

比较式（10.2.4）～式（10.2.6），可以看出，当 $F_{c'}$ 与 $F_{\varphi'}$ 相等时，就得到关于强度的安全系数。或者当

$$\frac{c'}{c'_d} = \frac{\tan \varphi'}{\tan \varphi'_d}$$

可以写出：

$$F_s = F_{c'} = F_{\varphi'} \tag{10.2.7}$$

当 $F_s=1$ 时，土坡处于极限（临界）破坏状态。一般而言，设计一个稳定的边坡，关于强度的安全系数处在 1.5 左右的水平是可以接受的。

10.3 无限土坡的稳定分析

10.3.1 无渗透水流时

对土坡稳定性问题的分析，我们可以从无限土坡开始，如图 10-5 所示。

土的抗剪强度由式（10.2.2）给出：

$$\tau_f = c' + \sigma' \tan\varphi'$$

假设土坡没有渗透水流，孔隙水压力为零，可以计算土坡沿着距离坡面深度为 H 的平面 AB 破坏时的安全系数。当 AB 面以上的土体从右向左产生移动时，土坡就会破坏。

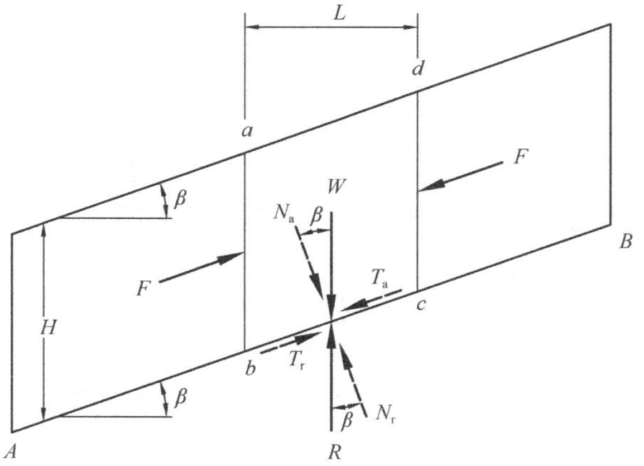

图 10-5 无限土坡分析（无渗流作用）

沿土坡长度方向取单位长度的单元体 $abcd$（宽度为 L）来考虑。作用在垂面 ab 和 cd 上的力 F 大小相等、方向相反，可以忽略不计。土单元体的重量为：

$$W = (\text{土单元体的体积}) \times (\text{土的容重}) = \gamma LH \tag{10.3.1}$$

重力 W 可分解为两部分：

（1）垂直于平面 AB 的分力 $N_a = W\cos\beta = \gamma LH\cos\beta$。

（2）平行于平面 AB 的分力 $T_a = W\sin\beta = \gamma LH\sin\beta$。注意这个分力即为导致土坡沿着平面 AB 产生滑动趋势的驱动力。

这样，土单元体底面上的有效正应力和剪应力可以分别给出其表达式：

$$\sigma' = \frac{N_a}{\text{底面面积}} = \frac{\gamma LH\cos\beta}{\left(\frac{L}{\cos\beta}\right)} = \gamma H\cos^2\beta \tag{10.3.2}$$

$$\tau = \frac{T_a}{\text{底面面积}} = \frac{\gamma LH\sin\beta}{\left(\frac{L}{\cos\beta}\right)} = \gamma H\cos\beta\sin\beta \tag{10.3.3}$$

重力 W 的反作用力 R 与 W 大小相等，方向相反。R 在 AB 面上分解为两部分：

$$N_r = R\cos\beta = W\cos\beta \tag{10.3.4}$$

$$T_r = R\sin\beta = W\sin\beta \tag{10.3.5}$$

为了平衡，单元体底面上发挥的抵抗剪应力$= T_r/(\text{底面面积}) = \gamma H\sin\beta\cos\beta$。抵抗剪应力也可写成如式（10.2.3）一样的形式：

$$\tau_d = c'_d + \sigma' \tan\varphi'_d$$

法向应力的值由式（10.3.2）给出。将式（10.3.2）代入式（10.2.3），得到：

$$\tau_d = c'_d + \gamma H\cos^2\beta\tan\varphi'_d \tag{10.3.6}$$

于是有

$$\gamma H\sin\beta\cos\beta = c'_d + \gamma H\cos^2\beta\tan\varphi'_d$$

或写成

$$\frac{c'_d}{\gamma H} = \sin\beta\cos\beta - \cos^2\beta\tan\varphi'_d = \cos^2\beta(\tan\beta - \tan\varphi'_d) \tag{10.3.7}$$

关于强度的安全系数已由式（10.2.7）定义，据此可以得到：

$$\tan \varphi'_{\mathrm{d}} = \frac{\tan \varphi'}{F_{\mathrm{s}}}\ ,\ c'_{\mathrm{d}} = \frac{c'}{F_{\mathrm{s}}}$$

将上式代入式（10.3.7），得到：

$$F_{\mathrm{s}} = \frac{c'}{\gamma H \cos^2\beta\tan\beta} + \frac{\tan\varphi'}{\tan\beta} \tag{10.3.8}$$

对于无黏性土，$c'=0$，则安全系数 $F_{\mathrm{s}}=\tan\varphi'/\tan\beta$。这表明，对于无黏性土坡，安全系数 F_{s} 的值与坡高 H 无关，只要坡角 $\beta<\varphi'$，土坡就是稳定的。而当 $F_{\mathrm{s}}=1$ 时，$\beta=\varphi'$。对于松散状态的砂土，此 β 称为天然休止角，数值等于松散砂土的内摩擦角 φ'。

对于具有黏聚力和内摩擦角的黏性土坡，将 $F_{\mathrm{s}}=1$，$H=H_{\mathrm{cr}}$ 代入式（10.3.8），就可以确定土坡处于极限平衡状态时滑动面的深度：

$$H_{\mathrm{cr}} = \frac{c'}{\gamma}\frac{1}{\cos^2\beta(\tan\beta - \tan\varphi')} \tag{10.3.9}$$

10.3.2 有渗透水流时

图 10-6 所示为一个无限土坡，土坡中存在渗透水流，地下水位线与坡面一致。土的抗剪强度由式（10.2.2）给出：

$$\tau_{\mathrm{f}} = c' + \sigma'\tan\varphi'$$

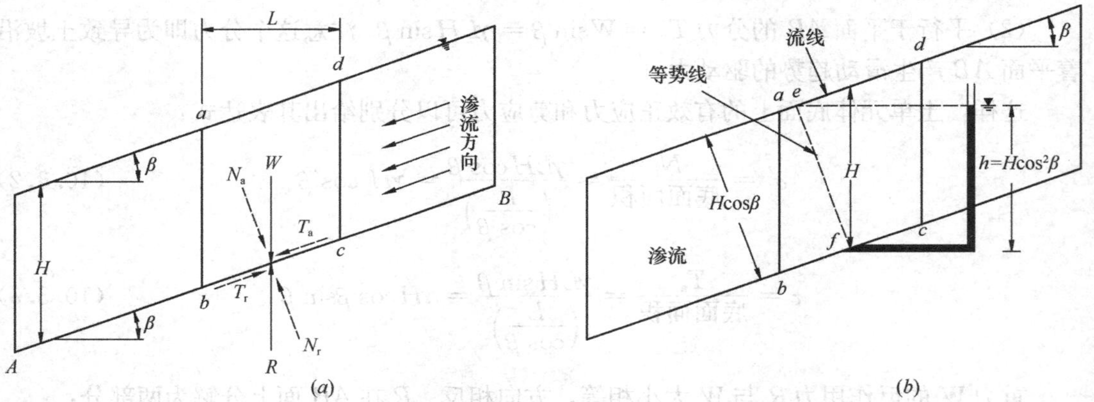

图 10-6 无限土坡分析（有渗流作用）

为了确定沿 AB 破坏面的安全系数，取单元体 $abcd$ 来分析。作用在垂面 ab 和 cd 上的力大小相等、方向相反。单位长度土坡单元体的重量为：

$$W = \gamma_{\mathrm{sat}} LH \tag{10.3.10}$$

式中 γ_{sat} ——土的饱和容重。

W 在垂直于 AB 面和平行于 AB 面上的分力为：

$$N_{\mathrm{a}} = W\cos\beta = \gamma_{\mathrm{sat}} LH\cos\beta \tag{10.3.11}$$

$$T_{\mathrm{a}} = W\sin\beta = \gamma_{\mathrm{sat}} LH\sin\beta \tag{10.3.12}$$

重力的反作用力等于 R，因此，

$$N_{\mathrm{r}} = R\cos\beta = W\cos\beta = \gamma_{\mathrm{sat}} LH\cos\beta \tag{10.3.13}$$

$$T_{\mathrm{r}} = R\sin\beta = W\sin\beta = \gamma_{\mathrm{sat}} LH\sin\beta \tag{10.3.14}$$

土单元体底部总法向应力和剪应力分别为：

$$\sigma = \frac{N_r}{\left(\frac{L}{\cos\beta}\right)} = \gamma_{sat} H \cos^2\beta \tag{10.3.15}$$

$$\tau = \frac{T_r}{\left(\frac{L}{\cos\beta}\right)} = \gamma_{sat} H\cos\beta\sin\beta \tag{10.3.16}$$

土单元体底部的抵抗剪应力也可由下式给出：

$$\tau_d = c'_d + \sigma'\tan\varphi'_d = c'_d + (\sigma - u)\tan\varphi'_d \tag{10.3.17}$$

式中 u 为单元体底部中点处的孔隙水压力，代表单元体底部孔隙水压力的平均值。由图 10-6（b）可以看出：

$$u = (f\text{ 点测压管水头高度}) \times \gamma_w = h\gamma_w$$

$$h = \overline{ef}\cos\beta = (H\cos\beta)\times\cos\beta = H\cos^2\beta$$

因此

$$u = \gamma_w H\cos^2\beta$$

将 σ（式（10.3.15））和 u 的值代入式（10.3.17），得到：

$$\begin{aligned}\tau_d &= c'_d + (\gamma_{sat}H\cos^2\beta - \gamma_w H\cos^2\beta)\tan\varphi'_d \\ &= c'_d + \gamma' H\cos^2\beta\tan\varphi'_d\end{aligned} \tag{10.3.18}$$

令式（10.3.16）和式（10.3.18）的右边相等，则有：

$$\gamma_{sat}H\cos\beta\sin\beta = c'_d + \gamma' H\cos^2\beta\tan\varphi'_d$$

整理可得：

$$\frac{c'_d}{\gamma_{sat}H} = \cos^2\beta\left(\tan\beta - \frac{\gamma'}{\gamma_{sat}}\tan\varphi'_d\right) \tag{10.3.19}$$

式中，$\gamma' = \gamma_{sat} - \gamma_w$，为土的有效容重，或称为浮容重。

将 $\tan\varphi'_d = \tan\varphi/F_s$ 和 $c'_d = c'/F_s$ 代入式（10.3.19），可以得到：

$$F_s = \frac{c'}{\gamma_{sat}H\cos^2\beta\tan\beta} + \frac{\gamma'}{\gamma_{sat}}\frac{\tan\varphi'}{\tan\beta} \tag{10.3.20}$$

对于无黏性土，$c' = 0$，则安全系数

$$F_s = \frac{\gamma'}{\gamma_{sat}}\frac{\tan\varphi'}{\tan\beta} \tag{10.3.21}$$

由此可见，对于无黏性土边坡，当逸出段为顺坡渗流时，安全系数降低 γ'/γ_{sat}，通常 γ'/γ_{sat} 约为 0.5，即安全系数降低一半。因此要保持同样的安全度，有渗流逸出时的坡角比没有渗流逸出时要平缓得多。

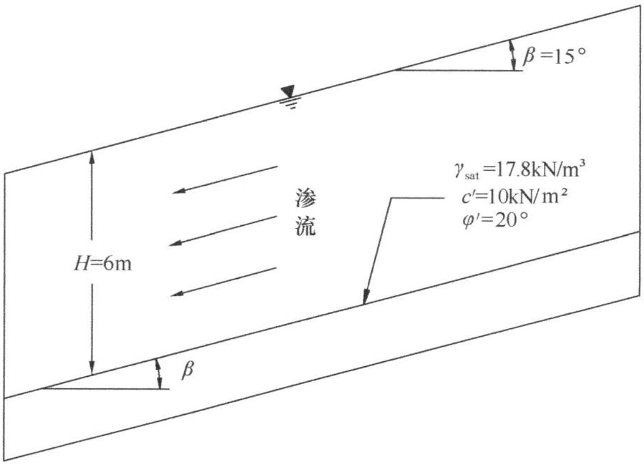

图 10-7 ［例题 10-1］图示

【例题 10-1】 如图 10-7 所示为一个无限土坡，其下为岩层。土坡中有地下水的渗透水流作用，并且水位线与坡面一致。试确定

（1）沿土一岩界面的抗滑稳定安

全系数 F_s。

(2) 若要求沿土一岩界面的抗滑稳定安全系数 $F_s=2.0$，试确定 H。

【解】 (1) 由于 $\gamma_{sat}=17.8\text{kN/m}^3$，$\gamma_w=9.81\text{kN/m}^3$，所以，

$$\gamma'=\gamma_{sat}-\gamma_w=17.8-9.81=7.99\text{kN/m}^3$$

由式 (10.3.20) 得：

$$\begin{aligned}F_s&=\frac{c'}{\gamma_{sat}H\cos^2\beta\tan\beta}+\frac{\gamma'}{\gamma_{sat}}\frac{\tan\varphi'}{\tan\beta}\\&=\frac{10}{17.8\times6\times(\cos15^\circ)^2\times\tan15^\circ}+\frac{7.99\times\tan20^\circ}{17.8\times\tan15^\circ}\\&=0.375+0.61=0.985\end{aligned}$$

由于安全系数 F_s 的值小于 1，所以，这个土坡是不稳定的。

(2) 由 $F_s=\dfrac{c'}{\gamma_{sat}H\cos^2\beta\tan\beta}+\dfrac{\gamma'}{\gamma_{sat}}\dfrac{\tan\varphi'}{\tan\beta}=2$，可解得：$H=1.62\text{ m}$

当临界滑动面深度 H_{cr} 的值接近于土坡的高度时，就可认为土坡是有限的。本章以下各节所讲述的内容都是针对有限土坡而言的。

10.4 平面滑动面土坡的稳定分析（Culmann 法）

Culmann 分析方法是假定当土的平均剪应力大于抗剪强度时，土坡沿着一个平面发生滑动破坏。

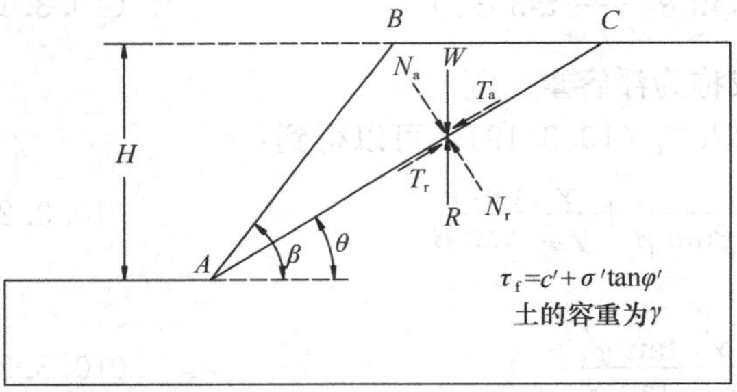

图 10-8 有限土坡的稳定分析——Culmann 法

如图 10-8 所示，土坡高度为 H，与水平线的夹角为 β。AC 是一个假设的破坏平面，沿土坡长度方向上取单位长度，则可以算出滑动楔形体 ABC 的重量：

$$\begin{aligned}W&=\frac{1}{2}H\times\overline{BC}\times1\times\gamma\\&=\frac{1}{2}H\,(H\cot\theta-H\cot\beta)\gamma\\&=\frac{1}{2}\gamma H^2\left[\frac{\sin(\beta-\theta)}{\sin\beta\sin\theta}\right]\end{aligned}\tag{10.4.1}$$

W 沿 AC 平面法向和切向的两个分力为：

$$N_a=\text{法向分力}=W\cos\theta=\frac{1}{2}\gamma H^2\left[\frac{\sin(\beta-\theta)}{\sin\beta\sin\theta}\right]\cos\theta\tag{10.4.2}$$

$$T_a=\text{切向分力}=W\sin\theta=\frac{1}{2}\gamma H^2\left[\frac{\sin(\beta-\theta)}{\sin\beta\sin\theta}\right]\sin\theta\tag{10.4.3}$$

AC 面上的平均有效正应力和平均剪应力分别为：

$$\sigma'=\frac{N_a}{\overline{AC}\times1}=\frac{N_a}{\left(\dfrac{H}{\sin\theta}\right)}=\frac{1}{2}\gamma H\left[\frac{\sin(\beta-\theta)}{\sin\beta\sin\theta}\right]\cos\theta\sin\theta\tag{10.4.4}$$

$$\tau = \frac{T_a}{\overline{AC} \times 1} = \frac{T_a}{\left(\frac{H}{\sin\theta}\right)} = \frac{1}{2}\gamma H\left[\frac{\sin(\beta-\theta)}{\sin\beta\sin\theta}\right]\sin^2\theta \tag{10.4.5}$$

沿 AC 面的平均抵抗剪应力也可表达为：

$$\tau_d = c'_d + \sigma'\tan\varphi'_d = c'_d + \frac{1}{2}\gamma H\left[\frac{\sin(\beta-\theta)}{\sin\beta\sin\theta}\right]\cos\theta\sin\theta\tan\varphi'_d \tag{10.4.6}$$

由式（10.4.5）和式（10.4.6），可得：

$$\frac{1}{2}\gamma H\left[\frac{\sin(\beta-\theta)}{\sin\beta\sin\theta}\right]\sin^2\theta = c'_d + \frac{1}{2}\gamma H\left[\frac{\sin(\beta-\theta)}{\sin\beta\sin\theta}\right]\cos\theta\sin\theta\tan\varphi'_d \tag{10.4.7}$$

或写成：

$$c'_d = \frac{1}{2}\gamma H\left[\frac{\sin(\beta-\theta)(\sin\theta-\cos\theta\tan\varphi'_d)}{\sin\beta}\right] \tag{10.4.8}$$

式（10.4.8）是根据假定破坏平面 AC 得到的。为了确定临界破坏面，必须用到最大值和最小值原理（对一个给定的 φ'_d 值）来找出使黏聚力最大的破裂角 θ。因此，取 c'_d 关于 θ 的一阶导数为零，即：

$$\frac{\partial c'_d}{\partial\theta} = 0 \tag{10.4.9}$$

因为在式（10.4.8）中，γ，H 和 β 都是常量，可得：

$$\frac{\partial}{\partial\theta}\left[\sin(\beta-\theta)(\sin\theta-\cos\theta\tan\varphi'_d)\right] = 0 \tag{10.4.10}$$

求解式（10.4.10）得到 θ 的临界值为：

$$\theta_{cr} = \frac{\beta+\varphi'_d}{2} \tag{10.4.11}$$

将 $\theta=\theta_{cr}$ 的值代入式（10.4.8）可得：

$$c'_d = \frac{\gamma H}{4}\left[\frac{1-\cos(\beta-\varphi'_d)}{\sin\beta\cos\varphi'_d}\right] \tag{10.4.12}$$

上式也可写成：

$$\frac{c'_d}{\gamma H} = m = \frac{1-\cos(\beta-\varphi'_d)}{4\sin\beta\cos\varphi'_d} \tag{10.4.13}$$

式中，m 称为稳定数（stability number）。

将 $c'_d=c$ 和 $\varphi'_d=\varphi'$ 代入式（10.4.12），可得到土坡达到临界（极限）平衡时的最大高度：

$$H_{cr} = \frac{4c'}{\gamma}\left[\frac{\sin\beta\cos\varphi'}{1-\cos(\beta-\varphi')}\right] \tag{10.4.14}$$

【例题 10-2】 已知土参数 $\gamma=16\text{kN/m}^3$，$c'=28\text{kN/m}^3$，$\varphi'=20°$。现需要在该土中开挖边坡，坡角为 45°。若土坡安全系数为 3.5，则开挖深度为多少？

【解】 已知：$c'=28\text{kN/m}^3$，$\varphi'=20°$

如果要求 $F_s = 3.5$，则由式（10.2.7）知，$F_{c'}$ 和 $F_{\varphi'}$ 都应该等于 3.5。根据式（10.2.5）：

$$F'_c = \frac{c'}{c'_d}，有$$

$$c'_d = \frac{c'}{F'_c} = \frac{c'}{F_s} = \frac{28}{3.5} = 8\text{kN/m}^2$$

同理，由式（10.2.6）：

$$F_{\varphi'} = \frac{\tan\varphi'}{\tan\varphi'_d}，有$$

$$\tan\varphi'_d = \frac{\tan\varphi'}{F'_\varphi} = \frac{\tan\varphi'}{F_s} = \frac{\tan 20°}{3.5}。则：$$

$$\varphi'_d = \tan^{-1}\left[\frac{\tan 20°}{3.5}\right] = 5.9°$$

将 c'_d 和 φ'_d 的值代入式（10.4.12），可得：

$$H = \frac{4c'_d}{\gamma}\left[\frac{\sin\beta\cos\varphi'_d}{1-\cos(\beta-\varphi'_d)}\right] = \frac{4\times 8}{16}\left[\frac{\sin 45°\cos 5.9°}{1-\cos(45°-5.9°)}\right] = 6.28\text{m}$$

10.5 圆弧滑动面土坡的稳定分析

当在坡顶下 DH 深度处（H 为坡高，D 称为深度因数，见下述）存在硬层时，黏土坡的圆弧滑动面不可能穿过硬层。这时必须考虑硬层对滑动面的影响。根据硬层所处的深度不同，圆弧滑动面可能有以下几种模式，如图 10-9 所示。

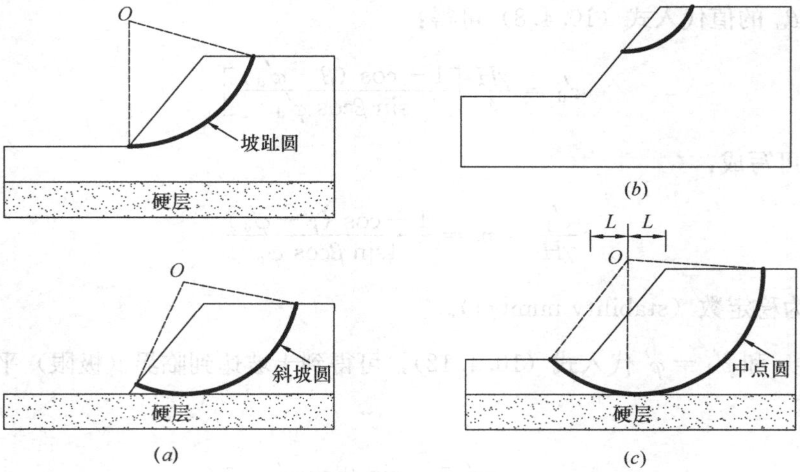

图 10-9　圆弧滑动破坏面模式

滑动面穿过坡趾或坡趾之上时，这种破坏叫做坡面破坏（Slope Failure），如图 10-9（a）所示。当滑动面穿过坡趾时，称之为坡趾圆(Toe Circle)；当该滑动面穿过坡趾之上，即穿过坡面，则称之为斜坡圆（Slope Circle）。在某种情况下，还可能发生浅层的坡面破坏，如图 14.9（b）所示。

滑动面穿过坡趾之下且与硬层相切，其圆心位于通过坡面中点的竖直线上，称为基础破坏（Base Failure）或深层滑动破坏，如图 14.10（c）所示，其破坏圆称为中点圆(Midpoint Circle)。

一般而言，基于圆弧滑动面的各种土坡稳定分析方法可以分为两大类：

（1）整体圆弧法（Mass Procedure）。此法将滑动面以上的土体看成一个整体。当假定组成土坡的土为均质土时，这个方法是很有用的，尽管大多数的天然土坡并不是均质土。

（2）条分法（Method of slices）。此法将滑动面以上的土体划分成若干竖直的平行土条。每个土条的稳定性分开计算。这是一个通用方法，可以考虑土的不均匀性和孔隙水压力，也能够反映潜在破坏面上正应力的变化。

以下详细说明整体圆弧法和条分法的原理。

10.5.1 整体圆弧法

1. $\varphi = 0$ 的饱和均质黏土边坡的整体圆弧法

（1）瑞典圆弧法

1915 年瑞典的彼得森（K. E. Petterson）用整体圆弧滑动法分析土坡的稳定性，并假定滑面以上的滑动土体为刚性体，然后取该土体为脱离体，分析其在各种力作用下的稳定性。此法称为瑞典圆弧法。

图 10-10（a）所示为一饱和的均质黏土边坡。在不排水条件下，$\varphi = 0$，则土的抗剪强度为常数，即 $\tau_f = c_u$，与 σ 无关。

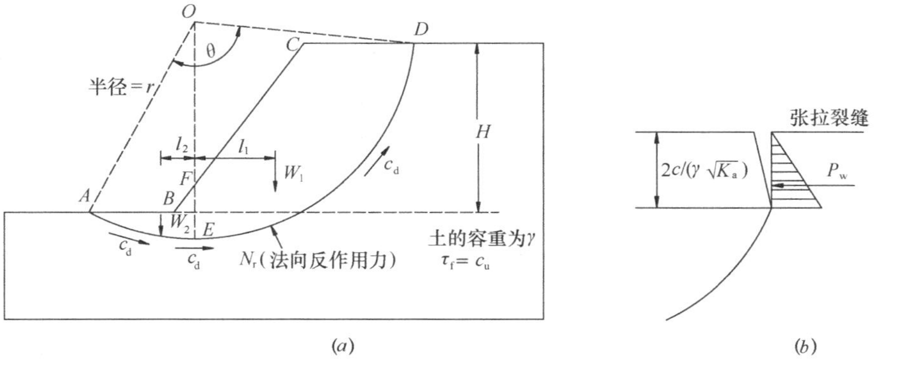

图 10-10 饱和均质黏土边坡的稳定分析（$\varphi = 0$）

为了进行稳定分析，假定图 10-10（a）中 AED 为潜在滑动面。AED 是一个半径为 r 的圆弧面，圆心在 O 点。沿土坡长度方向取单位长度，则 AED 圆弧面以上的土体（视为刚体）的重量为：

$$W = W_1 + W_2$$

其中

$$W_1 = (FCDEF \text{ 的面积}) \times \gamma$$

$$W_2 = (ABFEA \text{ 的面积}) \times \gamma$$

土体作为整体产生滑动破坏。关于 O 点引起土坡失稳的滑动力矩为：

$$M_d = W_1 l_1 - W_2 l_2 \tag{10.5.1}$$

式中，l_1 和 l_2 分别为 W_1 和 W_2 的力臂。

抗滑力来自于沿着潜在滑动面 AED 的黏聚力。如果所需要的黏聚力为 c_d，则关于 O 点的抗滑力矩为：

$$M_R = c_d (AED) \times 1 \times r = c_d r^2 \theta \tag{10.5.2}$$

由平衡条件 $M_R = M_d$，有

$$c_d r^2 \theta = W_1 l_1 - W_2 l_2$$

或写成：

$$c_d = \frac{W_1 l_1 - W_2 l_2}{r^2 \theta} \tag{10.5.3}$$

则抵抗滑动安全系数为：

$$F_s = \frac{\tau_f}{c_d} = \frac{c_u}{c_d} \tag{10.5.4}$$

上式可用于饱和黏土边坡形成过程中和刚竣工时（$\varphi = 0$）的稳定分析，称为 $\varphi = 0$ 法。

注意：

1）在滑动力矩 M_d 的表达式（10.5.1）中，若除 W_1、W_2 以外还有其他附加荷载（例如坡顶堆载、车辆荷载等），还应考虑这些附加荷载对圆心 O 的滑动力矩。

2）黏性土边坡坡顶裂缝的影响。当黏性土边坡坡顶出现裂缝时，滑弧长度的减小值为裂缝临界深度 $z_c = 2c/(\gamma\sqrt{K_a})$。当 $\varphi = 0$ 时，$z_c = 2c_u/\gamma$；若裂缝被水充满，尚须附加水压力的合力 P_w 对圆心 O 的滑动力矩，参见图 10-10（*b*）。

3）滑动面 AED 是任意选取的。而临界面上 c_u 与 c_d 的比值是最小的。换言之，c_d 应是最大的。因此，为了找到临界滑动面，必须选取若干不同的滑动面进行试算，这样获得的安全系数的最小值才是土坡滑动的安全系数，其对应的圆弧滑动面就是临界滑动面（最危险滑动面）。评价一个土坡的稳定性时，这个最小安全系数值应不小于有关规范所要求的数值。这一试算过程的工作量一般是较大的。

（2）泰勒图表法

为了减轻寻找最危险滑动面的试算工作，Taylor（1937）对饱和均质黏土边坡的稳定性分析制成了图表。土坡的稳定性与土体的抗剪强度指标 c 和 φ、土料容重 γ、土坡的尺寸包括坡角 β 和临界高度（又称极限高度）H_{cr} 等五个参数有密切关系。这五个参数考虑了均质黏性土坡的所有物理特性。Taylor 最后算出这五个参数间的关系，并用图表达其计算成果，称为 Taylor 图表法。

在临界圆弧滑动条件下，滑动面上所要求的黏聚力可通过下式来表达：

$$c_d = \gamma H m$$

或写成：

$$\frac{c_d}{\gamma H} = m \tag{10.5.5}$$

式中，m 称为稳定数，无量纲，其值只取决于坡角 β 和深度因数（Depth Factor）D。深度因数的定义为：

$$D = \frac{\text{坡顶到硬层的垂直距离}}{\text{边坡高度}} \tag{10.5.6}$$

不同坡角 β 所对应的稳定数 m 的值，见 Taylor 稳定数图 10-11。

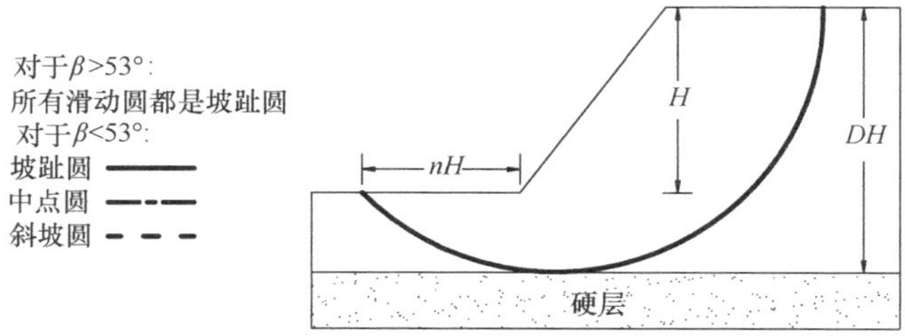

(a)

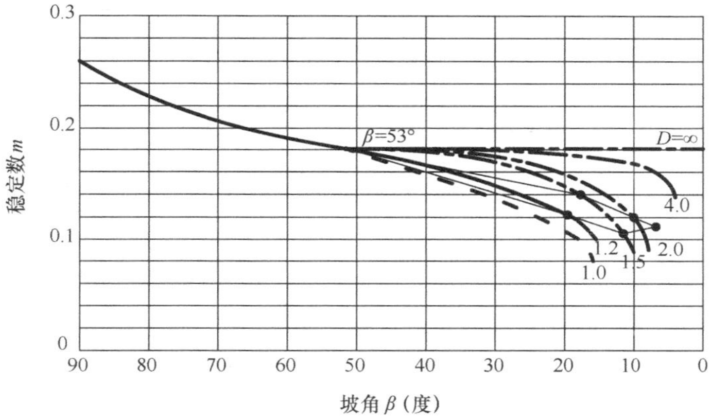

(b)

图 10-11　Taylor 稳定数图（$\varphi = 0$）

(a) 中点圆破坏的参数定义；(b) 稳定数 m 随坡角 β 的变化

将 $H = H_{cr}, c_d = c_u$（不排水抗剪强度）代入式（10.5.5）中，就可得到土坡的极限（临界）高度：

$$H_{cr} = \frac{c_u}{\gamma m} \tag{10.5.7}$$

Taylor 稳定数图的用途有：

1）根据 γ、c_u、和 β 求极限坡高 H_{cr}，或者根据 γ、c_u、和 H_{cr} 求极限坡角 β；

2）应用稳定数图求土坡最小安全系数。首先由 β 从 10-11 图中查得 m，则：$F_{smin} = c_u/(\gamma H_{cr} m)$。

读者在使用图 10-11 时要注意，它只对饱和黏土坡适用，而且只适用于不排水条件（$\varphi = 0$）的情况。

关于图 10-11，还需要指出以下几点：

1）对于 $\varphi = 0$ 或接近于 0 的土坡，当坡角 $\beta > 53°$ 时，临界滑动面总是坡趾圆。其圆心的位置可借助于图 10-12 确定。

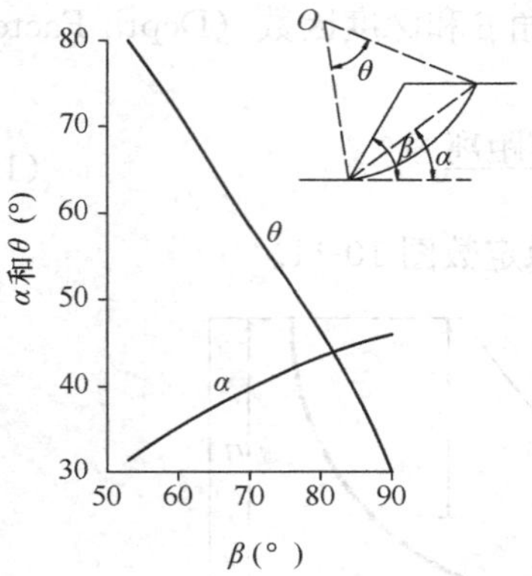

图 10-12　$\beta > 53°$ 时，坡趾圆的圆心位置

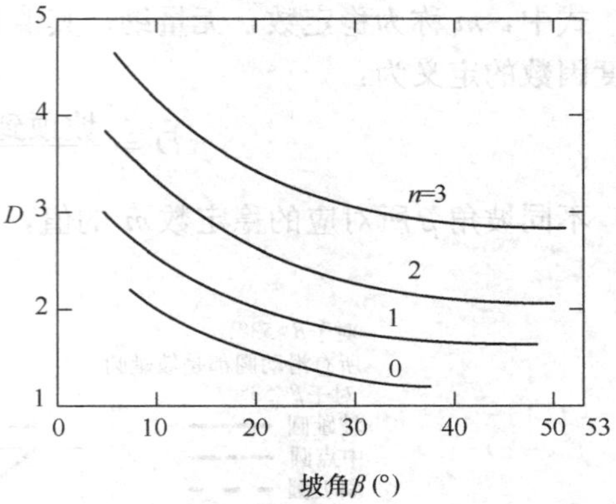

图 10-13　中点圆的位置

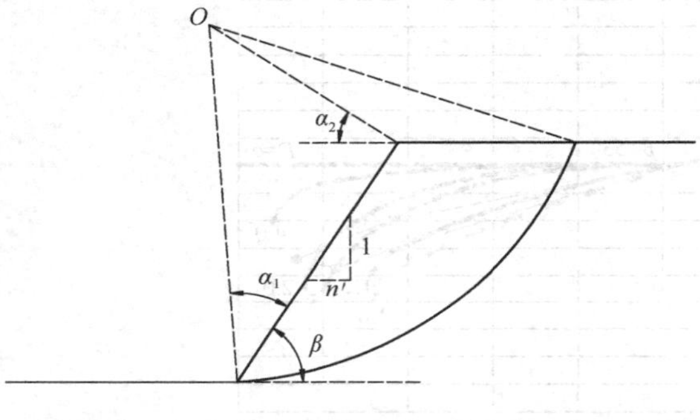

图 10-14　$\beta < 53°$ 时的临界坡趾圆圆心的位置

临界坡趾圆圆心的位置　　　表 10-1

n'	β(°)	α_1 (°)	α_2 (°)
1∶0.5	63.43	29.5	40
1.0	45	28	37
1∶0.7	53.13	29	39
1.5	33.68	26	35
1∶1.75	29.75	25	35
2.0	26.57	25	35
1∶2.5	21.8	25	35
3.0	18.43	25	35
1∶4.0	14.05	25	36
5.0	11.32	25	37

注：表中 n'、β、α_1、α_2 的含义见图 10-14。

2）当坡角 $\beta < 53°$ 时，土坡临界滑动面既可能是坡趾圆，也可能是斜坡圆或者中点圆，决定于坡顶下硬层的位置，即深度因数 D。

3）当临界滑动面为中点圆时（即滑动圆弧面与硬层相切），其位置可借助于图 10-13 确定。其稳定数的最大值近似为 0.181。

费伦纽斯（Fellenius，1927）也研究了坡角 $\beta < 53°$ 的临界坡趾圆的情况。提出临界坡趾圆的位置可由图 10-14 和表 10-1 确定。但需要指出的是，如此确定的临界坡趾圆未必是实际最危险的临界圆。

泰勒图表法比较简单，一般适用于坡高不超过 10m 的均质土坡的设计，或用于土坡稳定的初步设计。

【例题 10-3】 在饱和黏土中开挖一边坡，如图 10-15 所示。坡面与水平方向的夹角为 60°。假定 $c_u = 40\text{kPa}$，$\gamma = 17.5\text{N/m}^3$。

(1) 试确定能保持土坡稳定的的最大开挖深度。

(2) 当安全系数等于 1 时，找出临界圆的

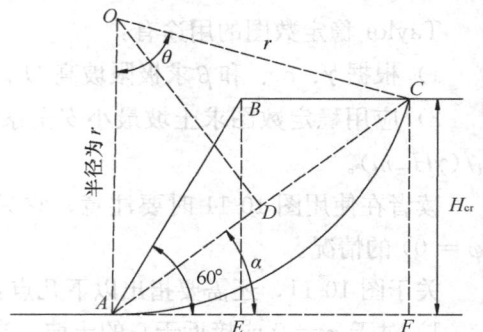

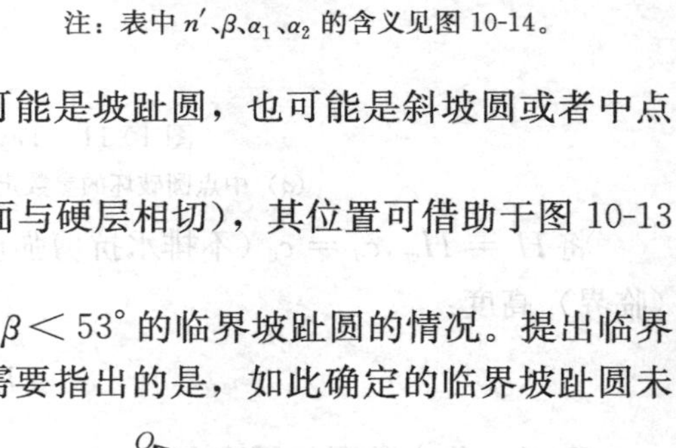

图 10-15　［例题 10-3］图示

圆弧半径 r。

(3) 找出距离 $\overline{BC}$。

【解】 (1) 由于坡角 $\beta=60°>53°$，所以临界滑动圆是坡趾圆。由图 10-11 知：$\beta=60°$ 时，$m=0.195$ 。由式（10.5.7）得：

$$H_{cr}=\frac{c_u}{\gamma m}=\frac{40}{17.5\times0.195}=11.72\text{m}$$

(2) 根据图 10-15，有：

$$r=\frac{\overline{DC}}{\sin\dfrac{\theta}{2}}\text{，而 }\overline{DC}=\frac{\overline{AC}}{2}=\frac{\left(\dfrac{H_{cr}}{\sin\alpha}\right)}{2}\text{，所以}$$

$$r=\frac{H_{cr}}{2\sin\alpha\sin\dfrac{\theta}{2}}$$

根据图 10-12，当 $\beta=60°$ 时，$\alpha=35°$，$\theta=72.5°$，代入上式，得

$$r=\frac{11.72}{2(\sin35°)\sin(36.25°)}=17.28\text{m}$$

(3) $\overline{BC}=\overline{EF}=\overline{AF}-\overline{AE}=H_{cr}(\cot\alpha-\cot60°)=11.72(\cot35°-\cot60°)=9.97\text{m}$

【例题 10-4】 在饱和黏土中开挖边坡，坡面与水平方向的夹角为 40° 。当开挖深度达到 6.1m 时，边坡产生破坏。先前的岩土勘察表明岩石层位于地表以下 9.15m 处。假定其为不排水条件，且 $\gamma_{sat}=17.29\text{kN/m}^3$ 。

(1) 确定黏土不排水时的黏聚力（利用图 10-11）。

(2) 临界滑动圆是哪种类型？

(3) 滑动面与开挖底面相交的点距离坡脚有多远？

【解】 (1) $D=\dfrac{9.15}{6.1}=1.5$，$\gamma_{sat}=17.29\text{kN/m}^3$，$H_{cr}=\dfrac{c_u}{\gamma m}$。由图 10-11 知，当 $\beta=40°$，$D=1.5$ 时，$m=0.175$，所以，$c_u=H_{cr}\gamma m=6.1\times17.29\times0.175=18.46\text{kN/m}^2$

(2) 临界滑动破坏圆为中点圆。

(3) 由图 10-13 知：当 $D=1.5$，$\beta=40°$ 时，$n=0.9$ 。因此，所求距离为

$$nH_{cr}=0.9\times6.1=5.49\text{m}$$

2. 具有 $c'-\varphi'$ 的均质土边坡的整体圆弧法

(1) Taylor 图表法

如图 10-16 所示为一个 c'，φ' 都不为零的均质土坡。

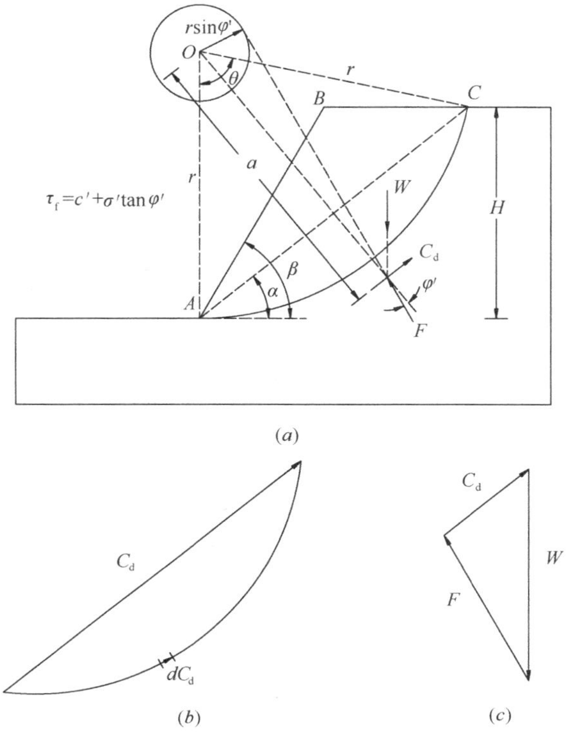

图 10-16 具有 $c'-\varphi'$ 的均质土坡的稳定分析

土的抗剪强度为：$\tau_f = c' + \sigma' \tan\varphi'$

假定孔隙水压力为零，$\widehat{AC}$ 为通过坡趾的一段圆弧，O 点为圆弧中心。沿土坡长度方向取单位长度，则

$$\text{滑体 } ABC \text{ 的重量} = W = (ABC \text{ 的面积}) \times \gamma$$

作用在滑体上的力还有以下几个：

1）C_d —黏聚力的合力，大小等于单位面积上发挥的黏聚力 c_d 乘以线段 $\overline{AC}$ 的长度，即

$$C_d = c'_d\,(\overline{AC}) \tag{10.5.8}$$

C_d 的作用方向与线段 $\overline{AC}$ 平行（如图 10-16（b）所示），与圆心 O 的距离为 a，使

$$C_d(a) = c'_d\,(\widehat{AC})r \tag{10.5.8}$$

或写成：

$$a = \frac{c'_d(\widehat{AC})r}{C_d} = \frac{\widehat{AC}}{\overline{AC}}r \tag{10.5.9}$$

2）F —滑动面上的正应力与沿着滑动面上的摩擦力的合力。为了满足平衡条件，力 F 的作用线必须通过 W 与 C_d 作用线的交点。

如果假定滑面上的摩擦力全部发挥（$\varphi'_d = \varphi'$ 或者 $F_\varphi{}' = 1$），则 F 的作用线方向与圆弧法线方向夹角为 φ'，并且与以 O 为圆心，半径为 $r\sin\varphi'$ 的圆相切。这个圆称为“摩擦圆”（Friction Circle）。实际上，摩擦圆的半径比 $r\sin\varphi'$ 要大一点。

因为 W，F，C_d 的作用方向已知，而且 W 的大小也知道，如图 10-16（c）所示的力多边形就可以画出来。C_d 的大小可由力多边形来确定。所以由式（10.5.8），单位面积上发挥的黏聚力可表达为：

$$c'_d = \frac{C_d}{\overline{AC}}$$

上式 c'_d 的大小是在某个假定破坏面的基础上确定的。因此必须假定多个滑动面进行试算，来确定具有最大黏聚力的临界滑动面。沿着临界面的最大黏聚力表达为：

$$c'_d = \gamma H\,[f\,(\alpha,\beta,\theta,\varphi')] \tag{10.5.10}$$

式中各符号的含义见图 10-16（a）。

对于临界平衡条件，$F_{c'} = F_{\varphi'} = F_s = 1$。将 $H = H_{cr}$，$c'_d = c'$ 代入式（10.5.10）得：

$$c' = \gamma H_{cr}\,[f\,(\alpha,\beta,\theta,\varphi')]$$

或写成：

$$\frac{c'}{\gamma H_{cr}} = f\,(\alpha,\beta,\theta,\varphi') = m \tag{10.5.11}$$

式中，m 为稳定数，其值随 φ' 和 β 值的不同而不同，如图 10-17 所示，可用

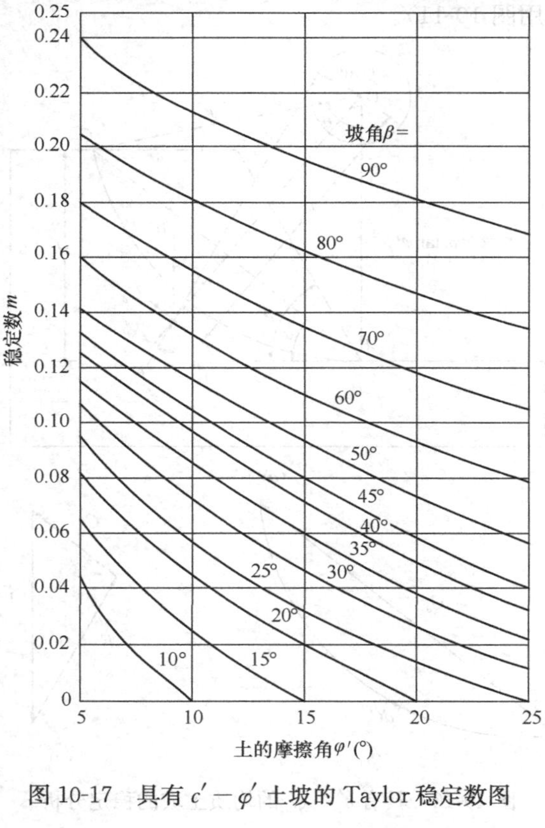

图 10-17　具有 $c' - \varphi'$ 土坡的 Taylor 稳定数图

于确定具有 $c'-\varphi'$ 的均质土坡的安全系数。具体步骤如下：

1）确定 c'，φ'，γ，β 和 H；

2）假定几个 φ'_d 值（注意：$\varphi'_d \leqslant \varphi'$），如 $\varphi'_{d(1)} \leqslant \varphi'_{d(2)}$……（见表 10-2 第（1）列）；

3）确定 $F_{\varphi'}$（见表 10-2 第（2）列）；

用摩擦圆方法确定 F_S　　表 10-2

φ'_d (1)	$F_{\varphi'}=\dfrac{\tan\varphi'}{\tan\varphi'_d}$ (2)	m (3)	c'_d (4)	$F_{c'}$ (5)
$\varphi'_{d(1)}$	$\dfrac{\tan\varphi'}{\tan\varphi'_{d(1)}}$	m_1	$m_1\gamma H=c'_{d(1)}$	$\dfrac{c'}{c'_{d(1)}}=F_{c'(1)}$
$\varphi'_{d(2)}$	$\dfrac{\tan\varphi'}{\tan\varphi'_{d(2)}}$	m_2	$m_2\gamma H=c'_{d(2)}$	$\dfrac{c'}{c'_{d(2)}}=F_{c'(2)}$

4）利用图 10-17，对于每一假定的 φ'_d 和 β，确定 m（即 m_1，m_2……，见表 10-2（3）列）；

5）对每一个 m 值，确定滑动面上的 c'_d（见表 10-2 第（4）列）；

6）对每一个 c'_d，计算 $F_{c'}$（见表 10-2 第（5）列）；

7）绘制 $F_{\varphi'} \sim F_{c'}$ 关系曲线，找出 $F_{\varphi'}=F_{c'}$ 的点，此值即为土坡的 F_s（见图 10-18）。

（2）Michalowski 图表法

Michalowski（2002）采用动力极限分析法，将滑动面假定为对数螺旋线曲面（Log-Spiral Surface），并将滑动面以上的土体视为刚体转动破坏，研究了简单边坡的稳定性，见图 10-19，其成果表达为图 10-20 所示的图表。借此图表，可直接确定 F_s，或最大坡高，或最大坡角。

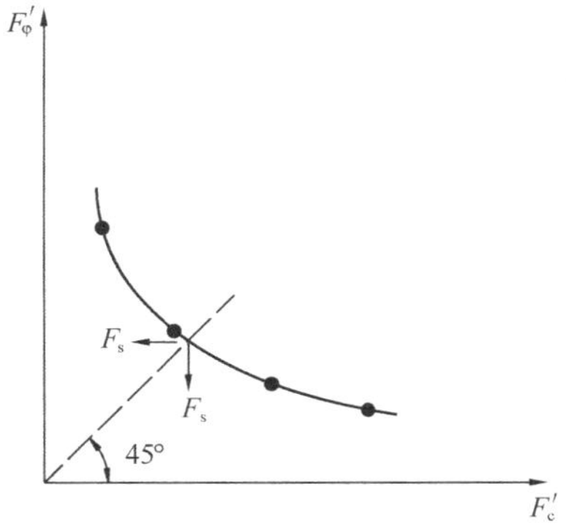

图 10-18　$F_{\varphi'}$ - $F_{c'}$ 关系曲线

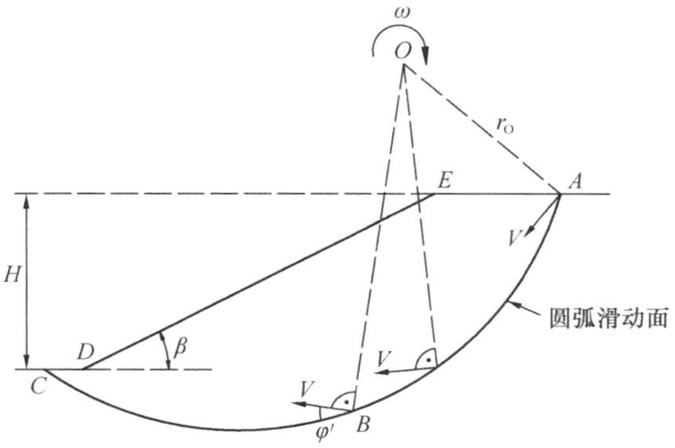

图 10-19　基于刚体转动破坏原理的土坡稳定分析——Michalowski 法

【例题 10-5】　一边坡坡角 $\beta=45°$，$\varphi'=20°$，$c'=15\text{kN/m}^2$。土体重度为 17kN/m^3。求土坡的临界高度。

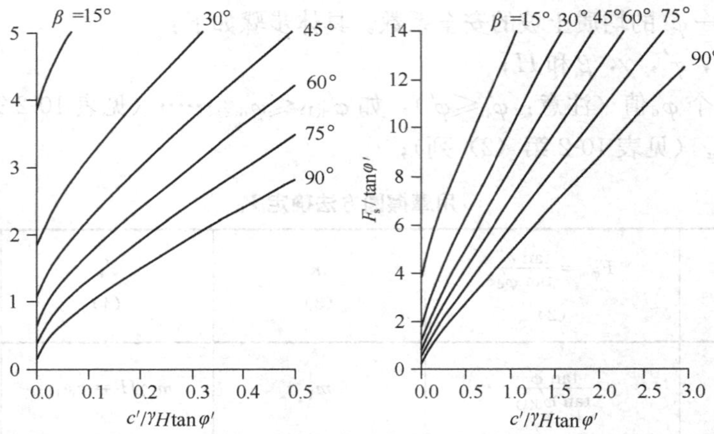

图 10-20　Michalowski 法确定简单土坡安全系数 F_s

【解】 由图 10-17 知，当 $\beta=45°, \varphi'=20°$ 时，$m=0.058$。由 $m=\dfrac{c'}{\gamma H_{cr}}$，得：

$$H_{cr}=\frac{c'}{\gamma m}=\frac{15}{17\times0.058}=15.2\text{m}$$

【例题 10-6】 试确定图 10-21 所示土坡关于强度的安全系数。

【解】 假定摩擦力全部发挥，由图 10-17 可知，当 $\beta=30°, \varphi'_d=\varphi'=20°$ 时，

$$m=0.025=\frac{c'_d}{\gamma H}$$

或写成：

$c'_d=0.025\times16\times12=4.8\text{kN/m}^2$。因此，

$$F_{\varphi'}=\frac{\tan\varphi'}{\tan\varphi'_d}=\frac{\tan 20}{\tan 20}=1,$$

$$F_{c'}=\frac{c'}{c'_d}=\frac{20}{4.8}=4.17$$

由于 $F_{c'}\neq F_{\varphi'}$，所以，这不是关于强度的安全系数。

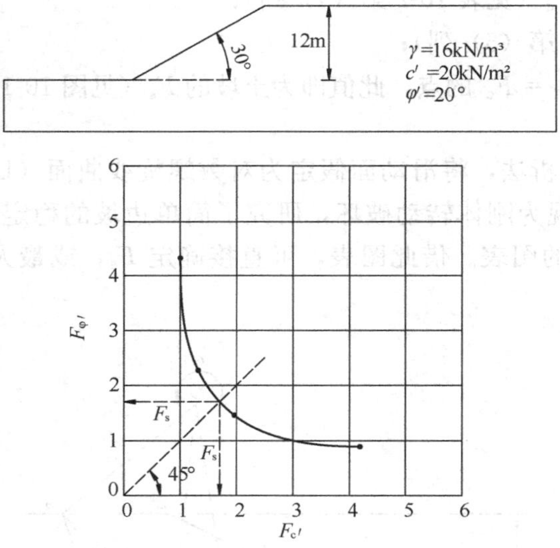

图 10-21　［例题 10-6］图示

现在，我们进行另一种尝试。假定滑动面土发挥的 $\varphi'_d=15°$。对于 $\beta=30°, \varphi'_d=15°$，$m=0.046=\dfrac{c'_d}{\gamma H}$（图 10-17），可得 $c'_d=0.046\times16\times12=8.83\text{kN/m}^2$。则：

$$F_{\varphi'}=\frac{\tan\varphi'}{\tan\varphi'_d}=\frac{\tan 20}{\tan 15}=1.36,$$

$$F_{c'}=\frac{c'}{c'_d}=\frac{20}{8.83}=2.26$$

假定不同的 φ'_d 值，用相似的方法计算 $F_{\varphi'}$ 和 $F_{c'}$，如表 10-3 所示。画出 $F_{\varphi'}\sim F_{c'}$ 曲

线，见图 10-21，可得到 $F_{c'}=F_{\varphi'}=F_s=1.73$ 。

表 10-3

φ'_d	$\tan\varphi'_d$	F_{φ}'	m	c'_d (kN/m²)	$F_{c'}$
20	0.364	1	0.025	4.8	4.17
15	0.268	1.36	0.046	8.83	2.26
10	0.176	2.07	0.075	14.4	1.39
5	0.0875	4.16	0.11	21.12	0.95

10.5.2 条分法

前述土坡稳定分析方法是针对土质均匀的简单土坡。而实际工程中往往会遇到外形比较复杂、由多层土组成的土坡，要确定整个滑动土体的重量及其形心位置就比较复杂。同时滑动面上的抗剪强度又分布不均匀，而是与各点的法向应力有关。此外，坡顶和坡面还可能作用有荷载等。在这些情况下，滑动面上的抗剪强度和滑动或抗滑力矩的计算都较困难。因此，通常采用条分法。

条分法就是将滑动土体分成若干竖直土条，每个土条的宽度不必相同，把土条当成刚体，分别求作用于各个土条上的力对圆心的滑动力矩和抗滑力矩，并求其总和，然后按下式求土坡的稳定安全系数。

$$F_s=\frac{\text{抗滑力矩}}{\text{滑动力矩}}=\frac{M_R}{M_s} \tag{10.5.12}$$

把滑动土体分成若干土条后，各土条的两个侧面存在着土条间的作用力，如图 10-22 (*b*) 所示。

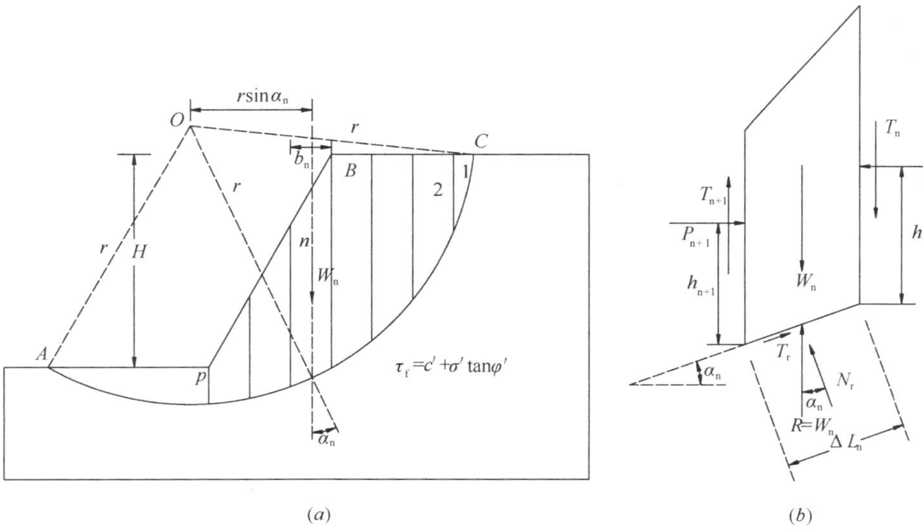

图 10-22　土条的作用力

作用于土条 n 的力，除重力 W_n 外，土条两侧面还作用有法向力 P_n ，P_{n+1} ，切向力 T_n 、T_{n+1} ，前者力的作用点离弧面分别为 h_n 、h_{n+1} 。滑弧段的长度近似取其直线长度

ΔL_n，其上作用着法向力 N_r 和切向力 T_r 。T_r 中包括黏聚阻力 $c'_n\Delta L_n$ 和摩擦阻力 $N_r\tan\varphi'_n$。由于土条的宽度不大，W_n 和 N_r 可以看成作用于弧段的中点。在这些力中，P_n 、T_n 和 h_n 在分析前一土条时已经出现，可视为已知量，因此待定的未知量有 P_{n+1} 、T_{n+1} 、h_{n+1} 、N_r 和 T_r ，共 5 个。每个土条可建立三个力的平衡条件，即 $\Sigma F_{xn}=0$ ，$\Sigma F_{zn}=0$ ，$\Sigma M=0$ 和一个极限平衡方程 $T_r=\dfrac{N_r\tan\varphi'_n+c'_n\Delta L_n}{F_s}$ 。

如果把滑动土体分成 p 个土条，则土条间的分界面有（$p-1$）个。界面上力的未知量为 3（$p-1$），滑动面上力的未知量为 $2p$，加上待求的安全系数 F_s ，总计未知量个数为（$5p-2$）。可以建立的静力平衡方程和极限平衡方程为 $4p$ 个。待求未知量与方程数之差为（$p-2$）。因此是一个（$p-2$）次的超静定问题。要使问题得解，必须建立新的条件方程。有两个可能的解决途径，一是抛弃刚体平衡的概念，把土体当成变形体，通过对土坡进行应力应变分析，可以计算出滑动面上的应力分布，因而可以不必用条分法，这就是有限元法。另一种途径是仍以条分法为基础，但对土条间的相互作用力加上一些可以接受的简化假定（包括力的大小、方向和作用点），以减少未知量或增加方程数。

目前有许多种不同的条分法，代表性的有费伦纽斯（Fellenius）、毕肖普（Bishop）、摩根斯坦和普赖斯（Morgenstern and Price）、简布（Janbu）和斯宾塞（Spencer）等人提出的方法。其差别都在于采用不同的简化假定上。各种简化假定，大体上分为三种类型：（1）不考虑土条间作用力或仅考虑其中一个，下述的瑞典条分法（又称费伦纽斯法）和简化毕肖甫法即属于此类；（2）假定条间力的作用方向或规定 P_n 和 T_n 的比值，如折线滑动面分析方法即属于这一类；（3）假定土条间力的作用位置，即规定 h_n 的大小，例如等于土条侧面高度的 1/2 或 1/3，简布法即属于这一类。最常用的两种简化分析法是瑞典条分法和简化毕肖普法。

1. 瑞典条分法（费伦纽斯条分法）

瑞典条分法是条分法中既古老又最简单的一种，可用图 10-22 加以解释。假定滑动破坏面 AC 为一圆弧面，并将滑体视为刚体。在图 10-22 中，取土条 n 进行分析，见图 10-22（b）。为了简化计算，假定孔隙水压力为零。P_n ，P_{n+1} ，T_n 和 T_{n+1} 很难确定，但认为土条间的作用力对土坡的整体稳定性影响不大，可以忽略，或者说，假定 P_n 和 T_n 的合力与 P_{n+1} 和 T_{n+1} 的合力大小相等、方向相反且作用在同一条直线上，即不计条间相互作用力对平衡条件的影响，然后根据整个滑动土体的力矩平衡条件，求得稳定安全系数。

由于不考虑土条间的作用力，根据土条 n 径向力的平衡条件，有

$$N_r=W_n\cos\alpha_n$$

抗剪力表达式为：$T_r=\tau_d(\Delta L_n)=\dfrac{\tau_f(\Delta L_n)}{F_s}=\dfrac{1}{F_s}[c'_n+\sigma'_n\tan\varphi'_n]\Delta L_n$ （10.5.13）

式（10.5.13）中，正应力 $\sigma'_n=\dfrac{N_r}{\Delta L_n}=\dfrac{W_n\cos\alpha_n}{\Delta L_n}$

由滑体 ABC 的平衡条件，关于 O 点的滑动力矩与抗滑力矩应相等，即：

$$\sum_{n=1}^{n=p}W_n r\sin\alpha_n=\sum_{n=1}^{n=p}\frac{1}{F_s}\left(c'_n+\frac{W_n\cos\alpha_n}{\Delta L_n}\tan\varphi'_n\right)(\Delta L_n)(r)$$

或写成：

$$F_s = \frac{\sum_{n=1}^{n=p}(c'_n \Delta L_n + W_n \cos\alpha_n \tan\varphi'_n)}{\sum_{n=1}^{n=p} W_n \sin\alpha_n} \tag{10.5.14}$$

式中，ΔL_n 近似等于$(b_n)/(\cos\alpha_n)$，b_n 为第 n 个土条的宽度；α_n 存在正负问题，当土条重量沿滑弧产生下滑力时，α_n 为正；当产生抗滑力时，α_n 为负。

式（10.5.14）就是最简单的条分法的计算公式，因为是瑞典人费伦纽斯首先提出的，所以称为瑞典条分法，也称为费伦纽斯条分法。

条分法也可扩展应用到多层土坡，如图 10-23 所示。其稳定性分析的步骤总体上与均质土坡是一样的。但需要注意：当用式（10.5.14）计算安全系数时，各个土条的 φ' 和 c' 的值是不一样的。例如，对于图 10-23 中的土条 3，必须用 $\varphi'=\varphi'_3$ 和 $c'=c'_3$，而对于土条 2 则用 $\varphi'=\varphi'_2$，$c'=c'_2$。

瑞典条分法是忽略土条间力影响的一种简化方法，它只满足滑动土体整体力矩平衡条件而不满足土条的静力平衡条件，这是它区别于其他条分法的主要特点。由于条间力的假设和实际情况有差别，该法的计算得到的安全系数偏低（即偏于安全），与更精确的分析方法相比，存在 5%～20%的误差（随滑弧中心角以及 F_s 值的增加而增大）。由于计算结果过于保守，现在国外已很少使用。

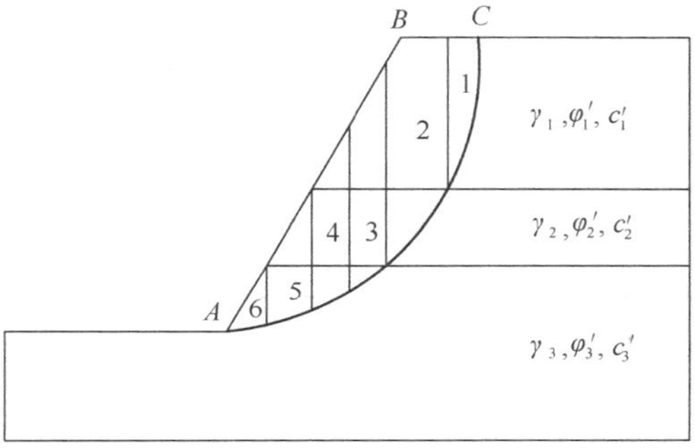

图 10-23　多层土坡的瑞典条分法

【例题 10-7】 如图 10-24 所示的土坡，假定 AC 为圆弧滑动面。试用瑞典条分法确定土坡稳定安全系数。

【解】 将滑动楔形体分为 7 个土条，列表计算如表 10-4 所示。根据计算结果，可得：

$$F_s = \frac{(\Sigma\text{第}(6)\text{列})c' + (\Sigma\text{第}(8)\text{列})\tan\varphi'}{\Sigma\text{第}(7)\text{列}}$$

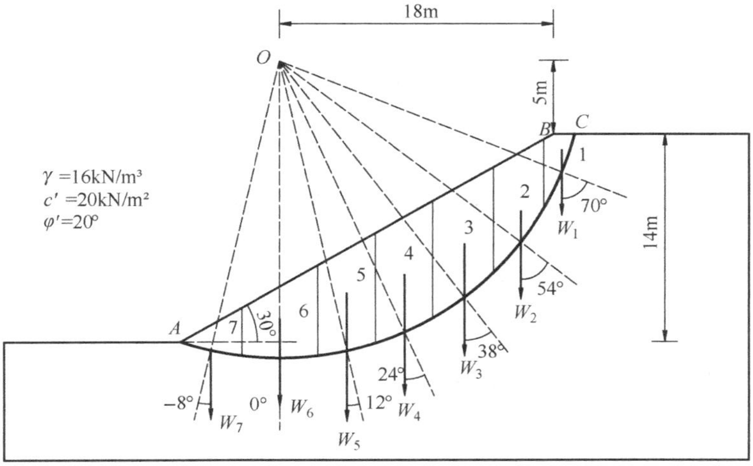

图 10-24　［例题 10-7］图示

$$= \frac{30.501 \times 20 + 1638 \times \tan 20^\circ}{776.75} = 1.55$$

土条计算表 **表 10-4**

土条编号 (1)	W_n (kN/m³) (2)	α_n (°) (3)	$\sin \alpha_n$ (4)	$\cos \alpha_n$ (5)	ΔL_n (m) (6)	$W_n \sin \alpha_n$ (kN/m³) (7)	$W_n \cos \alpha_n$ (kN/m³) (8)
1	22.4	70	0.94	0.342	2.924	21.1	7.66
2	294.4	54	0.81	0.588	6.803	238.5	173.1
3	435.2	38	0.616	0.788	5.076	268.1	342.94
4	435.2	24	0.407	0.914	4.374	177.1	397.8
5	390.4	12	0.208	0.978	4.09	81.2	381.8
6	268.8	0	0	1	4	0	268.8
7	66.58	−8	−0.139	0.990	3.232	−9.25	65.9
					∑第(6)列 =30.501	∑第(7)列 =776.75	∑第(8)列 =1638

2. 简化毕肖甫法

1955年，毕肖甫（A. N. Bishop）提出了一种比瑞典条分法精度更高的条分法。这个方法在一定程度上考虑了作用在土条两侧面上的力的影响。我们利用图 10-25 来说明这一方法。

在图 10-25（*a*）中，令 $P_n - P_{n+1} = \Delta P, T_n - T_{n+1} = \Delta T$ 。可以写出：

$$T_r = N_r \tan \varphi'_{dn} + c'_{dn} \Delta L_n = N_r \left(\frac{\tan \varphi'_n}{F_s} \right) + \frac{c'_n \Delta L_n}{F_s} \tag{10.5.15}$$

图 10-25（*b*）所示为第 *n* 个土条的平衡力系多边形。对竖直方向上的力求和，得：

$$W_n + \Delta T = N_r \cos \alpha_n + \left[\frac{N_r \tan \varphi'_n}{F_s} + \frac{c'_n \Delta L_n}{F_s} \right] \sin \alpha_n$$

或写成：

$$N_r = \frac{W_n + \Delta T - \dfrac{c'_n \Delta L_n}{F_s} \sin \alpha_n}{\cos \alpha_n + \dfrac{\tan \varphi'_n \sin \alpha_n}{F_s}} \tag{10.5.16}$$

由滑体 *ABC*（参见图 10-22）的平衡条件，对 *O* 点的滑动力矩和抗滑力矩相等：

$$\sum_{n=1}^{n=p} W_n r \sin \alpha_n = \sum_{n=1}^{n=p} T_r r \tag{10.5.17}$$

式中

$$T_r = \frac{1}{F_s} (c'_n + \sigma'_n \tan \varphi'_n) \Delta L_n = \frac{1}{F_s} (c'_n \Delta L_n + N_r \tan \varphi'_n) \tag{10.5.18}$$

将式（10.5.16）和式（10.5.18）代入式（10.5.17）并考虑到 $\Delta L_n \cos\alpha_n = b_n$（$b_n$ 为土条宽度），可得

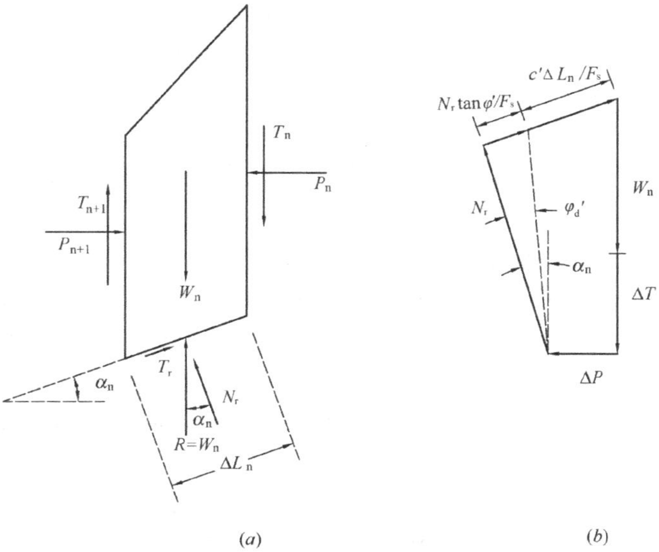

图 10-25　简化毕肖普法

（a）作用在第 n 个土条上的力；（b）力多边形

$$F_s=\frac{\sum_{n=1}^{n=p}(c'_n b_n+W_n\tan\varphi'_n+\Delta T\tan\varphi'_n)\frac{1}{m_{\alpha(n)}}}{\sum_{n=1}^{n=p}W_n\sin\alpha_n}\tag{10.5.19}$$

式中

$$m_{\alpha(n)}=\cos\alpha_n+\frac{\tan\varphi'_n\sin\alpha_n}{F_s}\tag{10.5.20}$$

为了简化计算，毕肖普进一步假定 $\Delta T=0$，实际上就是认为只有水平作用力而不存在切向力。于是式（10.5.19）进一步简化为：

$$F_s=\frac{\sum_{n=1}^{n=p}(c'_n b_n+W_n\tan\varphi'_n)\frac{1}{m_{\alpha(n)}}}{\sum_{n=1}^{n=p}W_n\sin\alpha_n}\tag{10.5.21}$$

式(10.5.21)即为简化毕肖普公式。注意 F_s 出现在等式(10.5.21)的两边，因此不能直接求出安全系数，而必须采用试算的方法，迭代求解 F_s 的值。为便于迭代计算，图 10-26 给出了 $m_{\alpha(n)}$ 随 α_n 和 $\frac{\tan\varphi'}{F_s}$ 的变化。

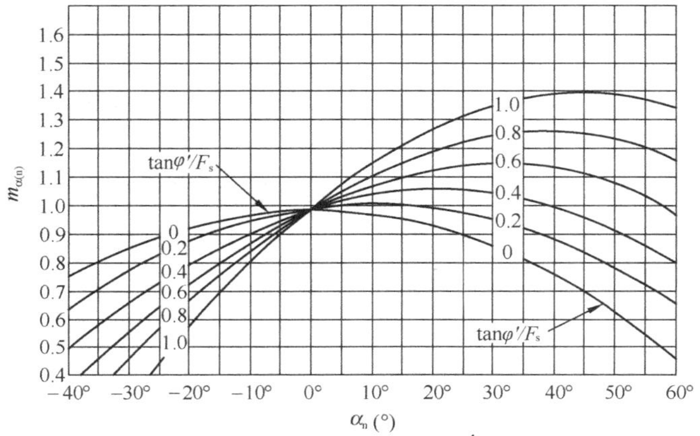

图 10-26　$m_{\alpha(n)}$ 随 α_n 和 $\frac{\tan\varphi'}{F_s}$ 的变化

试算时，可先假定 $F_s=1.0$，由图 10-26 查出各 α_n 所相应的 $m_{\alpha(n)}$ 值，代入式（10.5.21）中，求得边坡的安全系数 F'_s。

若 F'_s 与 F_s 之差大于规定的误差，用 F'_s 查 $m_{\alpha(n)}$，再次计算出安全系数 F''_s。如此反复迭代计算，直至前后两次计算的安全系数非常接近，满足规定精度的要求为止。计算经验表明，其收敛速度是很快的。

与瑞典条分法相比，简化毕肖甫法是在不考虑土条间切向力的前提下，满足力多边形闭合条件。就是说，虽然在公式中水平作用力并未出现，但隐含着土条间有水平力的作用。所以它的特点是：(1) 满足整体力矩平衡条件；(2) 满足各土条力的多边形闭合条件，但不满足土条的力矩平衡条件；(3) 假设土条间作用力只有法向力没有切向力；(4) 满足极限平衡条件。由于考虑了土条间水平力的作用，得到的安全系数较瑞典条分法高。很多工程计算表明，简化毕肖甫法与严格的极限平衡分析法，即满足全部静力平衡条件的方法（如简布法）相比，结果甚为接近，稳定安全系数的误差不超过 7%，大多数情况下在 2%左右，且偏于安全。由于计算不很复杂，精度又较高，所以是目前工程中很常用的一种方法。

从 $m_{\alpha(n)}$ 的算式（10.5.21）可以看到，当 α_n 为负值时，特别是其绝对值较大时，$m_{\alpha(n)}$ 可能接近于零，则 F_s 趋于无穷大；从式（10.5.16）也可以看出，当 α_n 较大，c' 值较大时，N_r 可能出现负值。这些不合理结果出现的原因是滑弧的假设不符合土压力理论，或者是抗剪强度的取值不正确。一般解决的措施是：一方面合理选择假设滑弧的位置，使其在坡顶处不要太陡，例如限制坡顶处 $\alpha_n \leqslant 45° + \frac{\varphi'_n}{2}$，在坡脚处限制 $|\alpha_n| \leqslant 45° - \frac{\varphi'_n}{2}$；另一方面应提高剪切试验的精度，提供合理的抗剪强度参数。

以上的计算是针对一个假设的滑弧。为得到土坡稳定的安全系数，还需假设多个滑弧，求得最小安全系数，相应于最小安全系数的滑弧才是可能失稳的滑动面，计算工作十分复杂，需借助计算机完成试算工作。现有的土坡稳定分析程序的主要功能是先选择某个滑弧的圆心，并限制滑弧通过某个点或与某条水平线相切，程序可根据滑坡体形状自动分条，并计算安全系数，然后在选定圆心的周围按一定间距确定不同的圆心，计算安全系数，比较这些安全系数的大小，获得最小安全系数。程序可以采用瑞典条分法、普简化毕肖法，或其他更精确的方法，能够适合复杂的土坡外形和土层条件，还可以考虑渗透力的作用等。

10.6 复合滑动面土坡的稳定分析

当土坡下面存在软弱或疏松夹层时，滑动面可能不完全是圆弧形，其中一部分沿着夹层面，参见图 10-27。

工程中常取图 10-27 中的 $ABCD$ 作为脱离体分析复合滑动面的稳定性。假设在竖直面 BC 和 AD 上分别作用有主动土压力和被动土压力的合力 P_a 和 P_p，并假设力的作用方向分别平行于坡顶和坡底，沿夹层表面 CD 向下的滑动力为 S，则：

$$S = P_a\cos(\beta_B - \alpha) - P_p\cos(\beta_A - \alpha) + W\sin\alpha \tag{10.6.1}$$

式中，α、β_A 和 β_B 的符号意义见图 10-27。

沿 CD 面提供的抗滑动力 T 取决于夹层土的抗剪强度，用有效应力分析，有

$$T' = c'L + [W\cos\alpha + P'_a\sin(\beta_B - \alpha) - P'_a\sin(\beta_A - \alpha)]\tan\varphi' \tag{10.6.2}$$

式中，L 为 CD 面的长度，P'_a、P'_p 为采用有效应力强度指标计算得到的 BC 和 AD 竖直面上的主动和被动土压力的合力。

土坡稳定的安全系数

$$F_s = \frac{T'}{S'} \qquad (10.6.3)$$

式中 S' 的计算参见式(10.6.1)，在该式中将 P_a 和 P_p 分别用 P'_a 和 P'_p 代替。

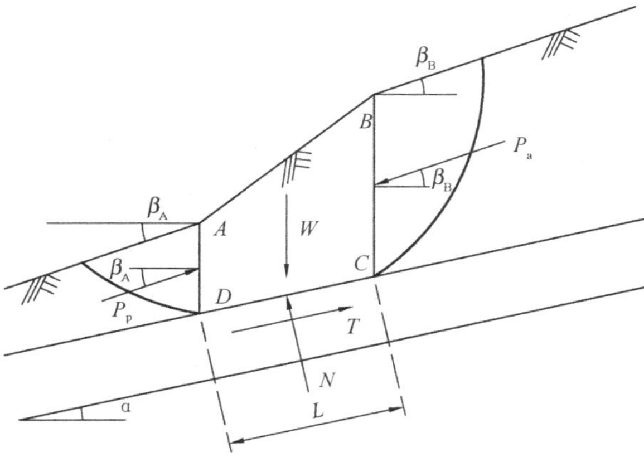

图 10-27　复合滑动面稳定分析

上述计算中隐含了假设 BC 和 AD 面同时达到主动和被动极限平衡状态，且 CD 面上发挥了土的抗剪强度。但实际上这三种状态所需的变形是不一致的。因此，复合滑动面的稳定分析只是一种近似计算。此外，和圆弧滑动面土坡的稳定分析类似，为求得最小安全系数，还需假设 BC 和 AD 面的不同位置进行计算比较；当夹层中存在孔隙水压力时，还需要考虑其对抗滑动力的影响。

10.7　稳定渗流和地震条件下土坡的稳定分析

前面已经讲述了直线滑动面土坡的库尔曼稳定分析方法、圆弧滑动面土坡的瑞典条分法和简化毕肖普法，以及复合滑动面土坡的近似分析方法的原理，并且都假定土体中的孔隙水压力为零。然而，无论是天然土坡还是人工土坡，在许多情况下存在渗流的作用，如堤坝挡水时的下游边坡、地下水位以下的基坑边坡等。当使用有效抗剪强度指标时，必须考虑土体中孔隙水压力的影响。

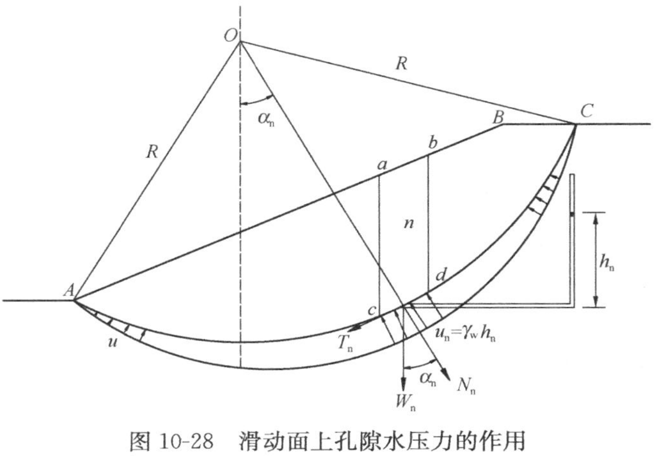

图 10-28　滑动面上孔隙水压力的作用

(引自陈仲颐等，1994)

图 10-28 表示土坡中因某种原因存在着孔隙水压力。作用在滑动弧面 AC 上的孔隙水压力的作用方向垂直于滑动弧面、指向圆心。取土条 n 进行力的分析。将土条重力 W_n 分解成法向力 N_n 和切向力 T_n。T_n 是滑动力，对圆心产生滑动力矩 M_{sn}。N_n 是法向力，如果将其扣去孔隙水压力 $u_n\Delta L_n$，剩余部分 $(N_n - u_n\Delta L_n)$ 在滑动弧面上产生摩擦阻力为 $T_{fn} = (N_r - u_n\Delta L_n)\tan\varphi'_n$，对于圆心产生抗滑力矩 M_{rn}。这样的分析方法就称为有效应力法。因为这时孔隙水压力已被扣除，摩阻力完全由有效应力计算，因此相对应的抗剪强度指标应采用有效强度指标 φ'_n。

另一种分析方法是计算摩阻力时不扣除孔隙水压力，而直接用式 $T_{fn}=N_n\tan\varphi_n$ 计算，相应的抗剪强度指标采用总应力指标 φ_n。这就是总应力法。

同一种情况用两种计算方法得到的摩擦阻力应该是一样的。为了得出这一结果，必须是 $\varphi_n<\varphi'_n$。正确的 φ_n 值必须能恰当地反映 u_n 所起的作用，使两种方法算得的摩擦阻力一样大。这种依靠不同的试验方法得出适当的强度指标 c、φ 以代替该具体情况下土体中孔隙水压力对强度的影响，就是总应力法的实质。

显然，如果孔隙水压力 u 能够比较容易地计算出来（例如稳定渗流引起的渗透压力一般可以根据流网比较准确地确定），应该采用有效应力法，这样概念清楚，结果可靠。但是有的情况下（如在土坡施工期、水位快速下降期以及受地震作用时），孔隙水压力则较难确定，就可以采用总应力法。目前在工程界中这两种方法均有应用。但在强度指标的配合选用上，常常存在模糊不清的概念而引起差错。因此，正确使用总应力法或有效应力法并选择相应的抗剪强度指标，是土坡稳定分析中的关键。

10.7.1 稳定渗流作用下土坡的稳定分析

稳定渗流作用下土坡的稳定分析，根据取脱离体的方法不同，可分两种计算方法。方法一是将土骨架与孔隙流体视为整体作为稳定分析的隔离体；方法二是土骨架作为稳定分析的隔离体。由于方法二须用流网分块计算渗透力，计算较为繁琐，故较少应用。因此仅以下介绍方法一。

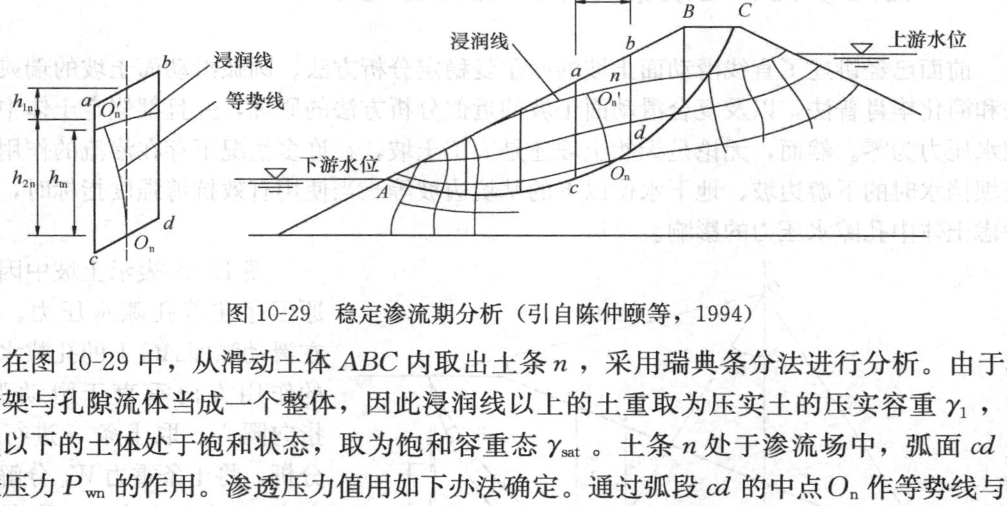

图 10-29 稳定渗流期分析（引自陈仲颐等，1994）

在图 10-29 中，从滑动土体 ABC 内取出土条 n，采用瑞典条分法进行分析。由于将土骨架与孔隙流体当成一个整体，因此浸润线以上的土重取为压实土的压实容重 γ_1，浸润线以下的土体处于饱和状态，取为饱和容重态 γ_{sat}。土条 n 处于渗流场中，弧面 cd 受渗透压力 P_{wn} 的作用。渗透压力值用如下办法确定。通过弧段 cd 的中点 O_n 作等势线与浸润线交于 O'_n。$O_n-O'_n$ 的竖直高度 h_{tn} 即为 cd 段上的平均渗压水头。作用于 cd 段上的总渗透压力为 $P_{wn}=u_n\Delta L_n=\gamma_w h_{tn}\Delta L_n$。

土条 n 的重量 $W_n=(\gamma_1 h_{1n}+\gamma_{sat}h_{2n})b_n$，$b_n$ 为土条的宽度。弧面 cd 上的切向滑动力为 $T_n=W_n\sin\alpha_n$，弧面上的总法向力为 $N_n=W_n\cos\alpha_n$（参见图 10-28）。因此，有效法向力为 $N'_n=W_n\cos\alpha_n-u_n\Delta L_n$。则稳定安全系数为：

$$F_s=\frac{\sum_1^p\left[(W_n\cos\alpha_n-u_n\Delta L_n)\tan\varphi'_n+c'_n\Delta L_n\right]}{\sum_1^p W_n\sin\alpha_n} \tag{10.7.1}$$

式中，$W_n=(\gamma_1 h_{1n}+\gamma_{sat}h_{2n})b_n$，$u_n=\gamma_w h_{tn}$。因为是有效应力法，所以强度指标用有效内摩擦角 φ'_n 和有效黏聚力 c'_n。

式（10.7.1）就是稳定渗流作用下采用瑞典条分法的计算公式。如果采用简化毕肖普法分析，参考图 10-25 和式（10.5.21），可得到稳定安全系数为：

$$F_s=\frac{\sum_{n=1}^{n=p}[c'_n b_n+(W_n-u_n b_n)\tan\varphi'_n]\frac{1}{m_{\alpha(n)}}}{\sum_{n=1}^{n=p}W_n\sin\alpha_n} \tag{10.7.2}$$

当滑弧面深入下游水位，土条中部分土体浸没在下游水位以下时（见图 10-30），这部分土体的容重可作如下处理。

图 10-30 中弓形阴影部分的水体本身处于静力平衡状态，可以认为这部分水体对边坡的稳定安全性没有影响。就是说只要这一面积内的土取为浮容重 γ'，就相当于考虑了下游水位的影响。这时作用于弧段 cd 上的渗压水头 h_{tn} 应该修改为 O'_n 点至下游水位的垂直高度（见图 10-30）。因此，土条 n 的重量为 $W_n=(\gamma_1 h_{1n}+\gamma_{sat}h_{2n}+\gamma' h_{3n})b_n$，土坡稳定安全系数仍为（10.7.1）式（瑞典条分法）或（10.7.2）式（简化毕肖普法）不变，只是 W_n 和 h_{tn} 作了上述相应的修改。

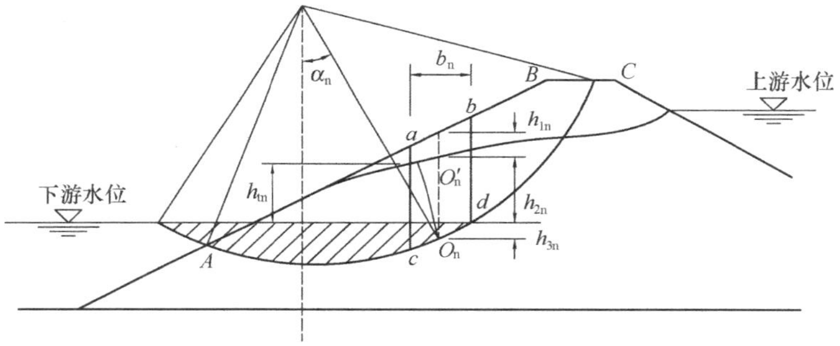

图 10-30　稳定分析中下游水位的作用（引自陈仲颐等，1994）

【例题 10-8】 一均质坝坝坡断面见图 10-31。土的有效抗剪强度指标 $\varphi'=26.6°$，$c'=10$kPa，填土压实容重 $\gamma=20$kN/m^3，饱和容重 $\gamma_{sat}=20.7$kN/m^3，浮容重 $\gamma'=10.7$kN/m^3。上游水位和渗透流网如图 10-31（*a*）所示。试用采用瑞典条分法分析下游坡的稳定性（引自陈仲颐等，1994）。

【解】 采用瑞典条分法求解。取滑弧面内土体（土骨架与孔隙流体一起）为隔离体。为计算简单，将滑动土体分成 6 块。以 1 号土条为例，见图 10-30（*b*），将土条沿其中心线高度分成三段，即浸润线至坡面高度 $h_{11}=1.2$m，下游水位至浸润线高度 $h_{21}=4.0$m，下游水位以下高度 $h_{31}=4.0$m，则 1 号土条的重量为 $W_1=(\gamma h_{11}+\gamma_{sat}h_{21}+\gamma' h_{31})b_1$，$b_1$ 为 1 号土条的宽度。

计算滑弧面上的渗透压力时，从弧段中点 O_1 作邻近等势线的平行线，交浸润线于 O'_1，量得 O'_1 与下游水位的铅直距离为 h_{t1}，即渗透压力 $P_{w1}=\gamma_w h_{t1}\Delta L_1$，$\Delta L_n$ 为 1 号土条的底面的长度。

按式（10.7.1）求边坡稳定安全系数 F_s。列表分项计算结果见表 10-5，得 $F_s=$

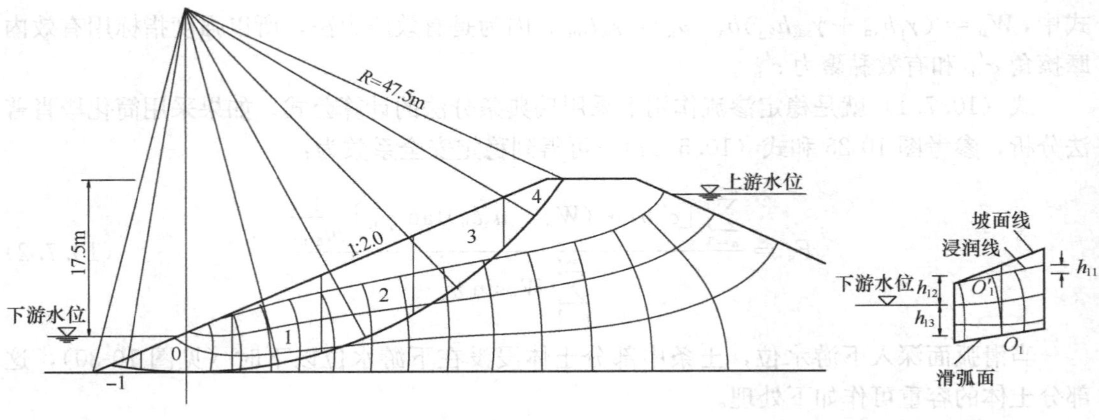

(a) (b)

图 10-31 ［例题 10-8］图示

$\frac{2411}{2884.3}=0.834$，还不足 1.0，更不满足相关规范要求，必须采取相应的工程措施提高坝坡的稳定性。

表 10-5

土条号	土条高度 (m)			W_n (kN)	α_n (°)	$\sin\alpha_n$	$\cos\alpha_n$	$W_n\sin\alpha_n$	$W_n\cos\alpha_n$	ΔL_n	P_{wn}	$P_{wn}\Delta L_n$	$c_n'\Delta L_n$	$(W_n\cos\alpha_n-P_{wn}\Delta L_n)\times\tan\varphi_n'+c_n'\Delta L_n$
	h_1	h_2	h_3											
−1	0	0	0.5	53.5	−8.3	−0.144	0.990	−7.7	53.0	4.0	0	0	40	66.5
0	0	折算	5.5	588.5	0	0	1.0	0	588	10.0	1.0	100	100	344
1	1.2	4.0	4.0	1496	12.3	0.213	0.977	319	1462	10.1	39	394	101	635
2	3.5	6.5	1.0	2153	24.9	0.421	0.907	906	1953	11.0	65	715	110	729
3	6.2	3.5	0	1965	39.3	0.633	0.774	1244	1521	12.0	85	1020	120	370.5
4	2.63	0	0	525	54.8	0.817	0.576	423	302	11.5	0	120	115	266

$\Sigma=2884.3$ $\Sigma=2411$

在水位快速下降的上游土坡也会出现渗流，其稳定分析和上述的方法相同。

10.7.2 地震对土坡稳定的影响

地震对土坡稳定的影响有两种作用：一是在边坡土体上附加作用一个随时间变化的加速度，因而产生随时间变化的惯性力，促使边坡滑动；另一种作用是振动使土体趋于变密，引起孔隙水压力上升，即产生振动孔隙水压力，从而减小土的抗剪强度。对于密实的黏性土，惯性力是主要的作用，而对于饱和、松散的无黏性土和低塑性黏性土，则第二种作用的影响更大。振动孔隙水压力的影响因素很复杂，需要进行系列的振动试验，配合土体动力反应分析才能进行预估。就是说，用有效应力法进行地震土坡稳定分析有一定的难度，只有对于地震区内重要的土石坝工程才进行这类分析。一般情况下，均采用总应力法。计算时将随时间而变化的惯性力等价成一个静的地震惯性力，作用于滑动土体上，所以称为拟静力法。即在每一土条的重心施加一个水平向的地震惯性力 F_{nh} 。对于地震设计烈度为 8、9 的 1、2 级土石坝，还要同时施加竖向地震惯性力 F_{nv} 。《水工建筑物抗震设计规范》DL 5073—2000 中规定，采用拟静力进行抗震稳定计算时，对于均质坝、厚斜墙坝和厚心墙坝，可采用瑞典条分法（费伦纽斯条分法）进行验算；对于 1、2 级及 70m 以上的土石坝，宜同时采用简化毕肖普法。

1. 地震惯性力

地震惯性力由垂直分量和水平分量组成，作用于质点上，在条分法中即作用于土条的重心。水平惯性力可按下式计算：

$$F_{nh} = \alpha_h \xi W_n \alpha_i / g \tag{10.7.3}$$

式中 α_h ——水平向设计地震加速度代表值。当设计烈度为 7、8 和 9 度时，α_h 分别为 $0.1g$、$0.2g$、$0.4g$；

g——重力加速度，其值为 9.81m/s^2；

ξ——地震加速度折减系数，取 0.25；

α_i ——质点 i（土条重心）的动态分布系数，按图 10-32 的规定采用。表中 α_m 在设计烈度为 7、8、9 度时，分别取 3.0、2.5、2.0。

垂直向设计地震加速度代表值应取水平向设计地震加速度代表值的 2/3。但是水平向的最大地震力与垂直向的最大地震力很少可能同时发生。因此对于垂直向的地震力 F_{nv} ，规范建议要乘以 0.5 的遇合系数。故地震垂直向惯性力为：

$$F_{nv} = 0.5 \times \frac{2}{3} \times \xi W_n \alpha_i = \frac{1}{3} F_{nh} = \alpha_h \xi W_n \alpha_i / (3g) \tag{10.7.4}$$

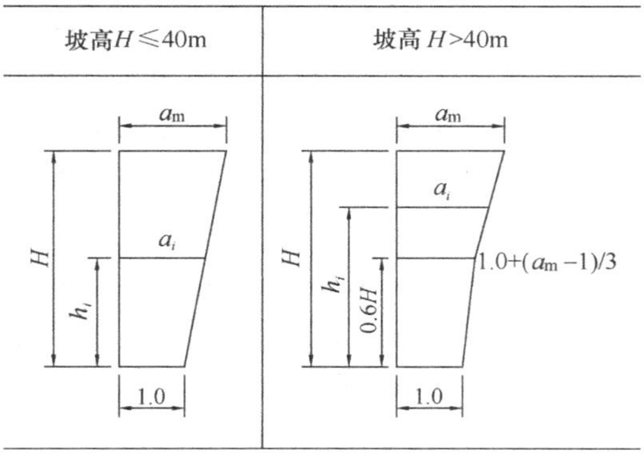

图 10-32　动态分布系数 α_i

2. 拟静力法边坡稳定计算

将动态的地震力用一个静的惯性力代替，作用于土条的重心，如图 10-33 所示。然后，就可按一般的边坡稳定分析方法进行地震情况下的边坡稳定分析，称为拟静力法。按拟静力法，用瑞典条分法计算地震时边坡的稳定安全系数为：

$$F_s = \frac{1}{\sum (W_n \pm F_{nv}) \sin \alpha_n + \frac{M_h}{\gamma}} \sum \frac{c_n b_n + (W_n \pm F_{nv} - u_n b_n) \tan \varphi_n}{\cos \alpha_n + \frac{\sin \alpha_n \tan \varphi_n}{F_s}} \tag{10.7.5}$$

式中 M_h ——各个土条的水平地震惯性力 F_{nh} 对圆心的力矩之和，即 $M_h = \sum F_{nh} d_n$ ；

d_n —— F_n 的力臂；

F_{nv} ——作用于土条重心处的竖向地震惯性力，作用方向取向上（“—”号）或向下（“+”号），应以不利于稳定为准则；

c_n、φ_n ——地震作用下土的黏聚力和内摩擦角。

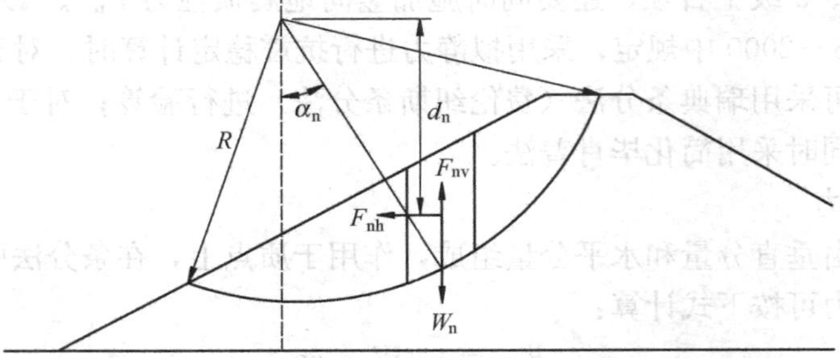

图 10-33　滑动土体上的地震惯性力

10.8　孔隙水压力的估算和抗剪强度指标的选用

土坡在形成过程中或运用期间，土坡和地基中的应力、土的抗剪强度都在随时间变化，因此土坡稳定的安全系数也在不断变化，除了填筑或开挖引起的总应力变化外，最重要的影响就是不同的排水条件引起的孔隙水压力的变化。在有效应力分析中，无论是瑞典条分法（式（10.7.1））还是简化毕肖普法（式（10.7.2）），都必须正确估算孔隙水压力的变化，找出在土坡形成和运用期间，何时安全系数最小，也就是最危险的临界状态。这是运用这些公式的关键。此外，土的抗剪强度指标有不排水剪 c_u、φ_u 、固结不排水剪 c_{cu}、φ_{cu} 和有效应力指标 c'、φ' ，其值相差很大，引起安全系数计算的差别甚至比选用不同的分析方法的影响还大。

下面根据具体的工程问题，分析孔隙水压力的变化，确定最危险的临界状态，然后介绍孔隙水压力的估算方法，并简要总结抗剪强度指标的选择。

10.8.1　临界状态分析

1. 饱和软黏土地基上堤坝的填筑

图 10-34（*a*）所示为一个建在饱和软黏土地基上的黏土堤坝。*APB* 为潜在圆弧滑动破坏面，*P* 为 *APB* 上的一点。在填筑堤坝之前，*P* 点的初值孔隙水压力由地下水位确定，即：

$$u = h\gamma_w \tag{10.8.1}$$

在理想情况下，假定堤坝的高度处处相同，如图 10-34（*a*）所示。在 $t = t_1$ 时，堤坝高度为 *H*，随后（即 $t > t_1$ ）保持不变。由于堤坝的填筑，潜在破坏面上的平均剪应力 τ 逐渐增大，如图 10-34（*b*）所示。从 $0 \sim t_1$ 时段，τ 值呈线性增加，之后保持不变。

如果施工速度较快，而一般黏性土的渗透系数又较小，不计排水的影响，则 *P* 点的孔隙水压力在堤坝填筑过程中会逐渐增加，如图 10-34（*c*）所示。在 $t = t_1$ 时刻，$u = u_1 > h\gamma_w$ 。

这是因为黏土地基排水的速度很慢。然而，当堤坝竣工之后（即 $t > t_1$ ），孔隙水压力会随着排水的进行而逐渐减小，因而将会产生固结。在 $t \simeq t_2$ 时刻，$u = h\gamma_w$ ，仍由地下水位确定。

为了简单起见，如果我们假定堤坝的填筑过程是十分迅速的，而且在实际填筑过程中不产生排水，即含水量不变，那么黏土的平均抗剪强度 τ_f 将在 $t=0\sim t_1$ 时段保持不变，或表达为 $\tau_f=c_u$（不排水抗剪强度），如图 10-34（d）所示。当 $t>t_1$ 时即堤坝竣工以后，由于产生固结，抗剪强度 τ_f 的大小将会逐渐增大。当 $t\geqslant t_2$ 时，即在固结完成以后，黏土的平均抗剪强度为 $\tau_f=c'+\sigma'\tan\varphi'$（排水抗剪强度），如图 10-34（$d$）所示。堤坝沿潜在滑动面的安全系数可以表达为：

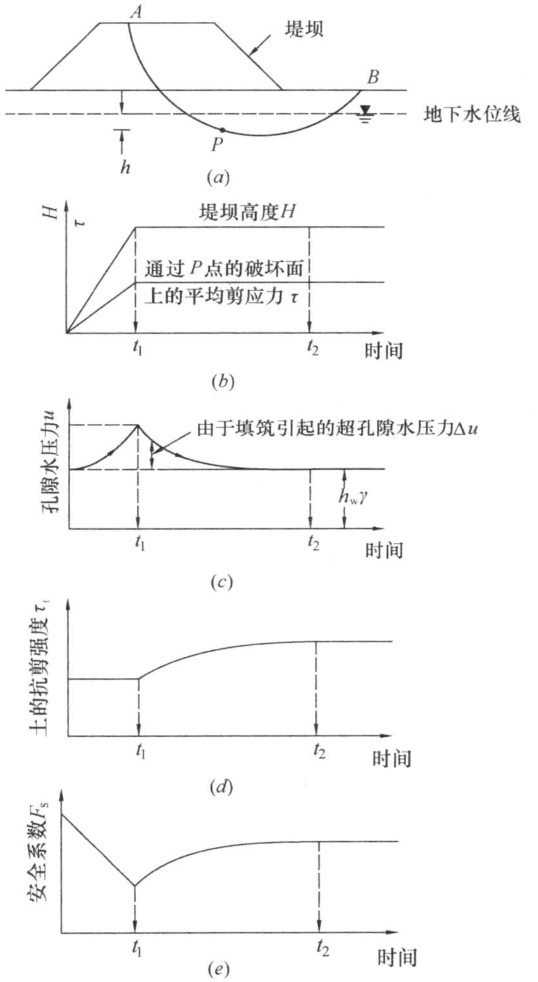

图 10-34　软黏土地基上堤坝的填筑

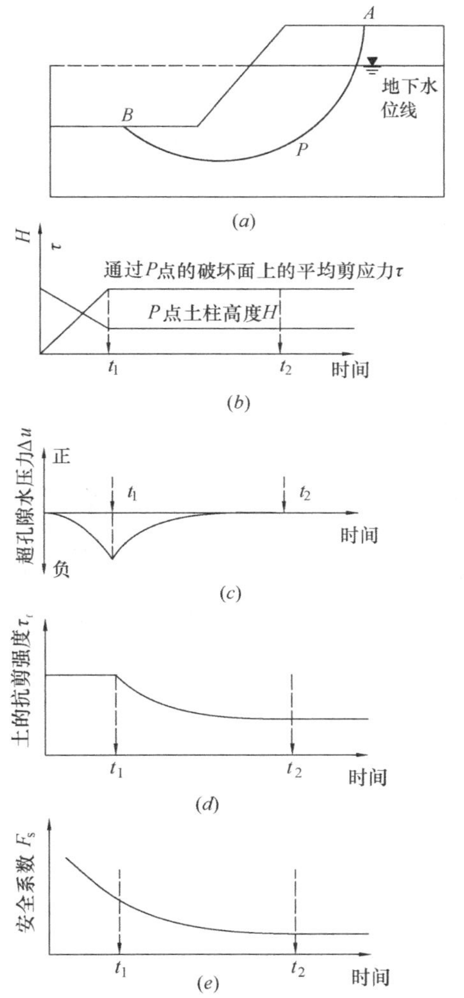

图 10-35　挖方土坡和水位下降时的上游坡

$$F_s=\frac{\text{黏土滑动面上的平均抗剪强度 }\tau_f\text{（图 10-34}(d)\text{）}}{\text{黏土滑动面上的平均剪应力 }\tau\text{（图 10-34}(b)\text{）}} \tag{10.8.2}$$

安全系数随时间变化的一般规律如图 10-34（e）所示。从图中可以看到，在堤坝填筑期间，安全系数 F_s 随时间的推移逐渐减小（参见式（10.2.1）），在堤坝竣工的时候（$t=t_1$ 时刻）达到最小值，即达到临界状态，超过这点之后直到 $t=t_2$，F_s 的值随着排水的进行继续增大。在此临界状态，可选用不排水抗剪强度指标，按总应力法计算安全系数，不需要考虑孔隙水压力的变化。如果竣工时是安全的，其他时刻堤坝也是安全的。

2. 挖方土坡和水位下降时的上游坡

图 10-35（a）所示为一个饱和软黏土挖方边坡，APB 为圆弧潜在破坏面。在边坡开挖的过程中，随着挖方卸荷，通过 P 点的潜在破坏面上的平均剪应力 τ 增加，在开挖结束即竣工的时候（$t=t_1$），平均剪应力 τ 将达到最大值，如图 10-35（b）所示。

由于土坡的开挖，P 点的有效上覆压力减小，这将导致孔隙水压力减小。孔隙水压力的净变化值 Δu 随时间的变化如图 10-35（c）所示。当开挖结束后（$t>t_1$），净负超孔隙水压力会逐渐消散；当 $t\geqslant t_2$ 时，Δu 为零。

黏土的平均抗剪强度 τ_f 随时间的变化见图 10-35（d）。注意，竣工以后，由于负的超孔隙水压力逐渐消散，τ_f 是逐渐下降的。

如果用式（10.8.2）定义挖方土坡沿潜在破坏面的安全系数，则安全系数随时间的变化关系如图 10-35（e）所示。假设挖方较快，P 点含水量不变，不排水抗剪强度 τ_f 不变。当用总应力法分析时，竣工时安全系数是开挖阶段的最小值；竣工以后，如上所述 τ_f 下降，但 τ 不变，故安全系数仍继续下降（参见式（10.2.1））。因此用总应力法不能求得临界状态，应该采用有效应力法分析竣工后的长期稳定性，最小值出现在 $t\geqslant t_2$ 时段。

类似的情况还有水位快速下降时的上游坡。水位下降前后，两水位之间的土体容重从浮容重增大至饱和容重，引起滑动面上的剪应力 τ 增加；同时水位下降引起孔隙水压力下降。由于下降较快，土体含水量不变，因此 τ_f 不变，其变化规律与土坡开挖过程类似（见图 10-35），因此安全系数逐渐下降，水位下降稳定以后，安全系数最小，为临界状态。但与开挖竣工后的不同之处在于，水位下降稳定之后，τ 不变，而 u 将逐渐消散，τ_f 逐渐增加。因此安全系数有一个逐渐上升的过程。以上分析和工程实践是相吻合的，堤坝上游坡的滑动破坏常发生在水位快速下降时，就是因为安全系数随着水位下降而减小，甚至在未减小到最小值时（最低水位）土坡即发生滑动。

Morgenstern（1963）基于简化毕肖普法提出了在水位快速下降情况下，确定土坡安全系数的方法。

在图 10-36 中，L 为水位降低的高度；H 为路堤高度；β 为坡面与水平线的夹角。

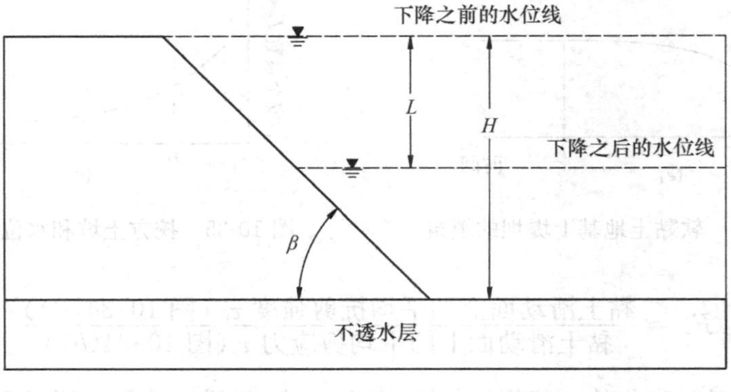

图 10-36　水位快速下降时的土坡稳定分析示意图

Morgenstern 采用以下假定：

（1）土坡由均质土组成且坐落在无渗透性的基础上；

（2）最初的水位线在土坡顶部；

(3) 在水位下降过程中，孔隙水压力并未消散；

(4) 土的饱和容重为 $\gamma_{sat} = 2\gamma_w$（γ_w 为水的容重）。

图 10-37～图 10-39 为 Morgenstern 给出的水位快速降落时的土坡安全系数表。

3．土坡的渐进性破坏

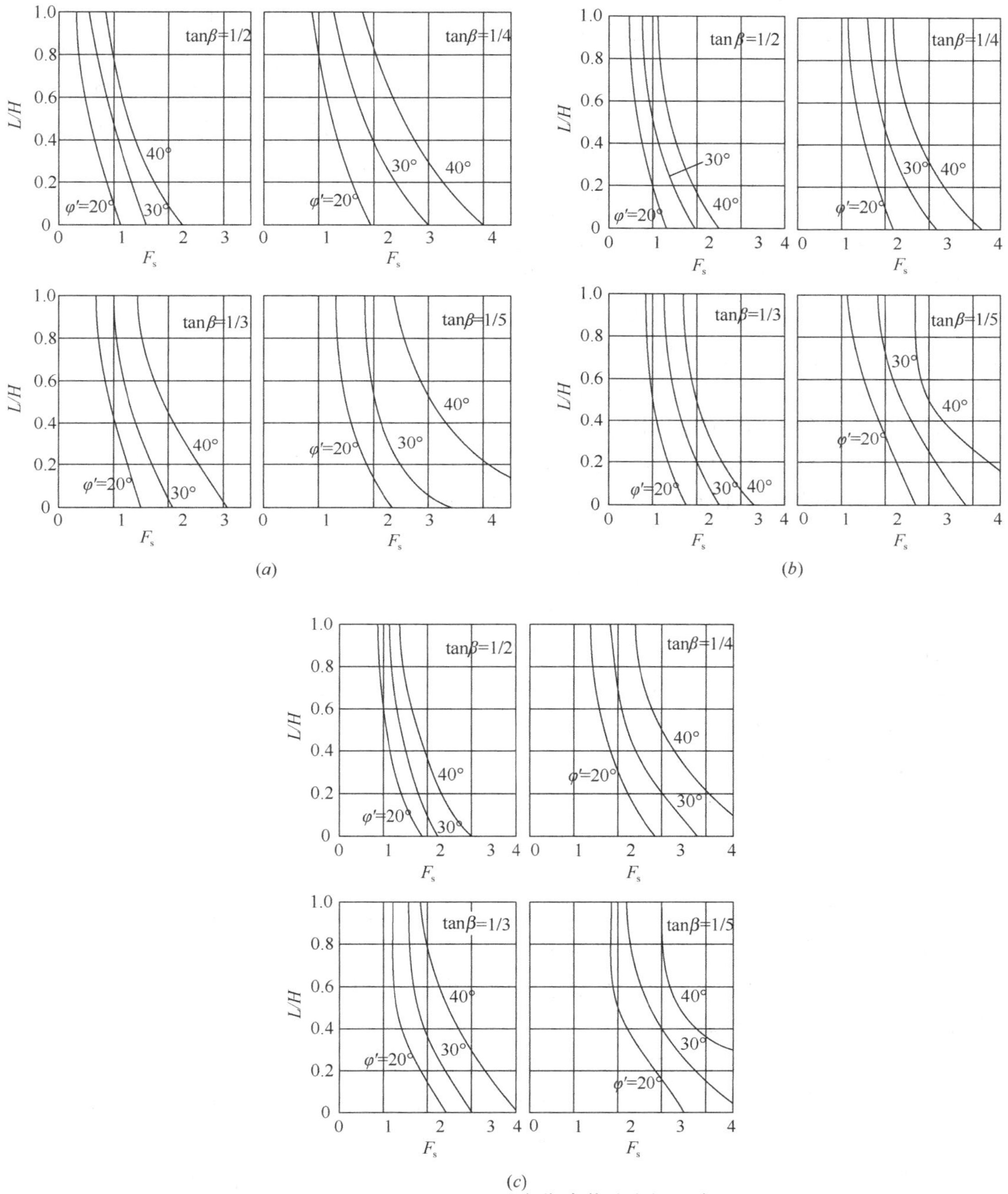

图 10-37　Morgenstern 水位降落稳定性图表

$(a)c'/\gamma H = 0.0125$；$(b)c'/\gamma H = 0.025$；$(c)c'/\gamma H = 0.05$

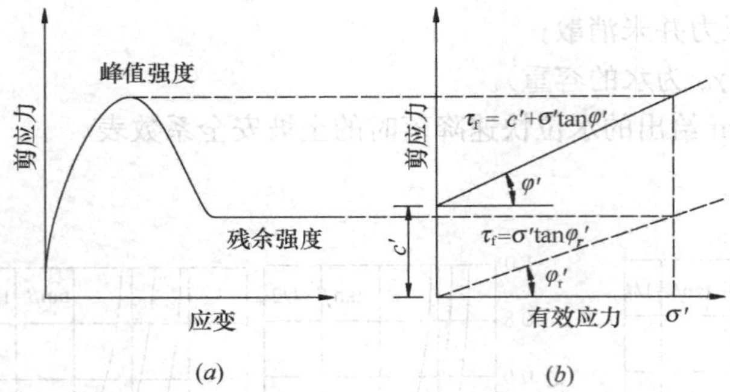

图 10-38　超固结黏土的峰值强度和残余强度

有些天然土坡或挖方土坡在形成以后很长时间才发生了滑动。分析其原因，并不是外荷载的变化或含水量的增加。这类土坡通常为超固结黏土，其抗剪强度的特点是小应变对应的峰值强度较高，而大应变对应的残余强度很低（见图 10-38），二者的差别很大（对于正常固结黏土的峰值和残余强度的差别相对较小）。

应力分析表明，在坡脚处有剪应力集中现象，如果剪应力超过峰值强度，则坡脚处破坏，应变增大，伴随着强度下降，引起应力重分布，应力集中现象从坡脚向坡内发展，最终导致滑动破坏。此外，在相同上覆压力作用下，超固结黏土中水平应力比正常固结黏土中大，这加剧了开挖时的剪应力集中。因超固结黏土中贮存了较大的应变能，开挖后初始阶段起到阻止横向扩张的作用。但随着土体逐渐风化，应变能释放，土坡才因剪应力集中和重分布而破坏，故表现出较长的延时。

对于非裂隙黏土边坡的短期稳定性分析，采用假定 $\varphi=0$ 的总应力法可以得到满意的结果。但对于其长期稳定性分析，应当采用有效应力方法。对于超固结黏土边坡的稳定分析，不应采用土的峰值强度指标，而应采用残余强度指标。所谓残余强度是大剪切应变对应的强度。在大应变条件下，破坏了土的黏聚力 c，同时 φ 也有所下降，这时土的抗剪强度不完全依赖于土中的含水量和液性指数，而主要由土的强度因素定。对已滑动土坡进行反分析所得到的强度指标和残余强度是接近的。

超固结黏土的应力—应变曲线见图 10-38（a）。图 10-38（b）给出了超固结黏土的峰值和残余有效强度包线。与正常固结状态的土一样，残余强度的破坏包线也是通过原点的直线，而且残余强度内摩擦角只决定于土的矿物成分，与其所受的应力历史等因素无关。注意：残余强度可近似表达为：

$$\tau_r \approx \sigma' \tan \varphi'_r \tag{10.8.3}$$

式中　φ'_r ——土的残余有效内摩擦角。

总结以上分析可见，稳定安全系数最小的临界状态，对填方坡出现在竣工时，对挖方坡存在一个逐渐下降的过程，直至土坡形成后很长时间才趋于常数；当土坡挡水时，上游坡最小安全系数出现在水位快速下降结束时，下游坡出现在稳定渗流形成时。这里分析的是最小安全系数，应该注意在安全系数下降的过程中，土坡也可能发生滑动。

10.8.2　孔隙水压力的估算

如前所述，当验算填方土坡竣工时的稳定安全系数时，采用总应力分析法，可以不计孔隙水压力的影响，其他情况稳定安全系数的计算均采用有效应力分析法，这时土的抗剪强度指标 c'、φ' 和土坡的稳定安全系数都受孔隙水压力 u 的影响，u 的初始值和最终值可由静止地下水位或稳定渗流的流网计算得到，可视为独立变量。但对于在填筑或挖方的施工过程，以及土坡前水位快速下降的情况，u 是变化的，可由第 7 章的 A、B 系数进行估算，这时 u 并非独立变量，而是依赖于主应力的变化，即

$$u = u_0 + \Delta u \tag{10.8.4}$$

$$\begin{aligned}\Delta u &= B\left[\Delta\sigma_3 + A\left(\Delta\sigma_1 - \Delta\sigma_3\right)\right] \\ &= B\Delta\sigma_1\left[\frac{\Delta\sigma_3}{\Delta\sigma_1} + A\left(1 - \frac{\Delta\sigma_3}{\Delta\sigma_1}\right)\right] \\ &= B\Delta\sigma_1\left[A + (1-A)\frac{\Delta\sigma_3}{\Delta\sigma_1}\right] = \overline{B}\Delta\sigma_1\end{aligned} \tag{10.8.5}$$

因此式（10.8.4）可表示为：

$$u = u_0 + \overline{B}\Delta\sigma_1 \tag{10.8.6}$$

$$\overline{B} = B\left[A + (1-A)\frac{\Delta\sigma_1}{\Delta\sigma_3}\right] \tag{10.8.7}$$

式中，$\overline{B}$ 可称为全孔隙压力系数。

从式（10.8.5）可知，$\overline{B}$ 是超静水孔隙压力 Δu 与大主应力增量 $\Delta\sigma_1$ 的比值，可从三轴不排水剪切试验获得。其方法是让试件在一定的 $\frac{\Delta\sigma_3}{\Delta\sigma_1}$ 比值下增加荷载，测出相应的孔隙水压力 Δu 。再变化不同的 $\frac{\Delta\sigma_3}{\Delta\sigma_1}$ 值进行系列试验。然后绘制各种加载比例 $\frac{\Delta\sigma_3}{\Delta\sigma_1}$ 下的 $u-\sigma_1$ 关系曲线，如图 10-39 所示。根据曲线的斜率就可以求出全孔压系数 $\overline{B}$ 。图 10-39 的曲线表明，在整个应力范围内，$\overline{B}$ 不是一个常数。应根据实际的应力变化范围，采用其平均值。

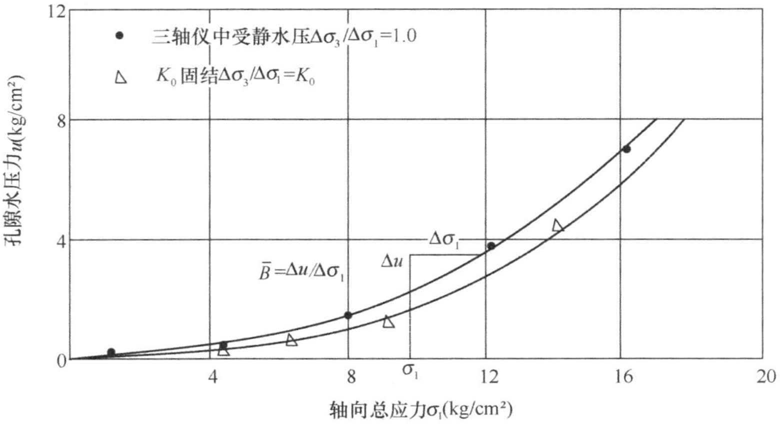

图 10-39　两种 $\frac{\Delta\sigma_3}{\Delta\sigma_1}$ 的 σ_1-u 曲线（引自陈仲颐等，1994）

1. 施工过程中 u 的估算

为简化起见，在土坡形成期间，假想滑动面上任一点大主应力的变化 $\Delta\sigma_1$ 近似等于该点以上土柱重量的变化，即 $\Delta\sigma_1 = \gamma(\Delta h)$ 。填筑时，Δh 为正值；挖方时，Δh 为负值，等于挖去的土柱高度。据式（10.8.6），得

$$u = u_0 + \overline{B}\gamma(\Delta h) \tag{10.8.8}$$

式中，u_0 为孔隙水压力的初始值。对非饱和土而言，u_0 为负值，含水量越高 u_0 越接近于零，故孔隙水压力 u 的上限值为

$$u = \overline{B}\gamma h \tag{10.8.9}$$

当填方土坡竣工时，如前所述采用总应力法分析。但实际上，填筑过程总要延续一段时间，u 是消散的，因此采用总应力法分析偏于保守。可用式（10.8.9）计算 u，并按有效应力法分析土坡稳定。

2. 上游坡水位快速下降过程中 u 的估算

上游坡水位快速下降过程如图 10-40 所示。

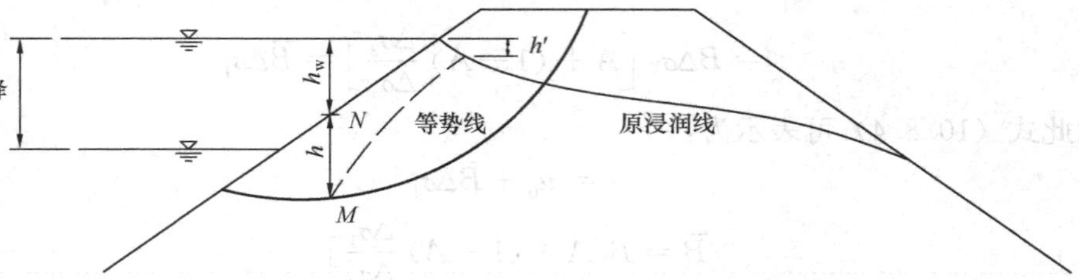

图 10-40　上游坡水位快速下降过程

假设土的渗透系数很小，水位下降过程中土坡不排水，则原浸润线以下的土仍是饱和的。水位下降前假想滑动面上一点 M 的孔隙水压力为：

$$u_0 = \gamma_w(h + h_w - h') \tag{10.8.10}$$

式中　h——M 点以上土柱高度；

h_w——N 点以上水柱高度；

h'——原稳定渗流至 M 点的水头损失。

假设水位下降至 N 点以下，则 M 点大主应力的改变，即为其上水柱的减小值：

$$\Delta\sigma_1 = -\gamma_w h_w$$

M 点孔隙水压力的变化 Δu 和 u 分别为，

$$\Delta u = \overline{B}\Delta\sigma_1 = -\overline{B}\gamma_w h_w$$

$$u = u_0 + \Delta u = \gamma_w(h + h_w - h') - \overline{B}\gamma_w h_w$$
$$= \gamma_w[h + h_w(1 - \overline{B}) - h']$$

饱和土在总应力减小情况（水位下降），$\overline{B}$ 值稍大于 1，偏于安全取 $\overline{B} = 1$ ，则

$$u = \gamma_w(h - h') \tag{10.8.11}$$

将假想滑动面上的 u 值［式（10.8.9）或（10.8.11)］代入土坡稳定分析的式（10.7.1）或（10.7.2)，即可按有效应力分析法计算安全系数。

从以上分析可见孔隙水压力估算的重要性。此外，估算的精度受到一些简化假设和 $\overline{B}$ 值的影响，有可能与实际土坡中的 u 值有差别。所以对一些重要的工程，例如高土石坝、高挖方土坡等，应在土坡或坝基埋设孔隙水压力计，用实测的 u 值进行稳定分析。

10.8.3 抗剪强度的取值

在土坡稳定分析中，土的抗剪强度对安全系数的影响是很大的，而抗剪强度的取值取决于加荷情况、土的性质和排水条件。一般结论是，用总应力法分析时，采用不排水或者固结不排水抗剪强度；采用有效应力法时，采用有效应力抗剪强度指标，即排水剪强度。总应力强度指标是通过控制试验方法得到，间接反应孔隙水压力的影响。例如在堤坝填筑或土坡挖方过程中和竣工时，如果土体和地基的渗透系数很小，且施工速度快，孔隙水来不及消散，可用总应力法，采用快剪或三轴不排水剪测得的抗剪强度；在分析挖方土坡的

长期稳定性或者稳定渗流条件下的稳定时，应采用有效应力分析法，采用慢剪或三轴排水剪测得的抗剪强度；在分析上游坡因水位快速下降对稳定的影响时，因堤坝已经历长期运行，土体固结并浸水饱和，可采用饱和土样的固结快剪或三轴固结不排水剪测得的抗剪强度。

在设计土坡时，如附近有已滑动的土坡，可采用反分析法确定土的抗剪强度。在反分析时，可令安全系数为 1，用勘测的滑动面反算平均抗剪强度，供设计时参考。

10.9 滑坡的防治和土坡稳定的安全系数

土坡失稳的原因是假想滑动面上的剪应力增加和抗剪强度减小。因此，可从减小剪应力和提高抗剪切力两方面采取措施，防治滑坡。

（1）排水和防渗。在坡顶和坡面设置排水沟，防止地表水渗入土坡或浸入坡顶裂缝中，必要时采取表面防渗措施，例如用灰土或混凝土护面；提高黏性土压实度亦可起到防渗作用。对存在渗透稳定问题的土坡，例如堤坝，应设置防渗斜墙或心墙，在坝内设置水平排水体以降低浸润线，或在渗流出逸的坡面设置贴坡排水体，在坡脚设排水棱体。

（2）支挡和加固。根据滑动力的大小采用重力式挡土墙或抗滑桩支护。对土坡下地基为软土的情况，可采用地基处理措施提高抗剪强度，如排水固结、振冲碎石桩等，地基处理的方法将在《基础工程》课程中介绍。

（3）减载。减载措施在坡顶或接近坡肩处的坡面进行，在不影响土坡使用功能的前提下，减小该区域的土方量，例如放缓坡比，或采用轻质填料；如坡顶有建筑物，应尽量远离坡肩等。

（4）反压。反压措施应在坡脚附近进行。在该处增加填方量形成反压平台有两个作用，一是因为该处假想滑弧的 α 值为负值，增加土重即增加了抗滑力；二是反压平台增加了滑弧的长度，也就增加了抗滑力。工程实践中，常用的放缓坡比或在坡面设置戗台（平台）的措施实质上是减载和反压的综合。

（5）坡面的防护。采用草皮、砌石或混凝土护面可防止坡面风化及坡脚被冲蚀。

以上滑坡的防治措施应根据工程地质、水文地质条件，以及设计和施工的具体情况，分析可能产生滑坡的主要原因，然后加以选用。例如，地形地貌上为两边陡峭的山坡，一边出现缓坡或坡积层，说明这里曾发生过滑坡，古滑坡常因坡顶加载而再次滑动。在具体水文地质条件下，坡脚处是否有泉水出露、是否会经受洪水冲蚀；在岩土性质上，土坡和地基中是否有软弱夹层，如软弱夹层富含蒙脱石、滑石和绿泥石等矿物成分，也极易形成滑坡。

对滑坡的初期监测是十分重要的。裂缝的开展、地表的变形、草木的倾倒反映了滑坡的迹象，应尽早采取防护和整治措施。

滑坡防治措施的选择和设计都是以稳定分析为基础的，大多数土坡形成和运行的实践表明，本章介绍的一些稳定分析方法是合适的，但也存在一些例外情况。普瑞嘉（Braja M. Das）引用了四个典型的土坡实例，采用毕肖普简化法和有效应力强度指标，并根据现场测量的孔隙水压力值分析土坡的稳定安全系数，这四个例子的 F_s 在 1.04～1.24，但都在堤坝填筑过程中，高度达 3.7～9.6m 时，发生了滑坡。分析这些事故，主要原因是抗剪强度选择偏高。但也从另一个侧面说明，安全系数等于1或稍大于1，并不表示边坡的稳定性能得到可靠的保证。安全系数必须大于1，并应留有足够的裕度，即必须满足一个最起码的要求，称为容许安全系数。容许安全系数值是以过去的工程经验为依据并以各种规范的形式确定的。因为采用不同的抗剪强度试验方法和不同的稳定分析方法所得到的安全系数差别甚大，所以在应用规范所给定的容许安全系数时，一定要注意它所规定的试验方法和计算方法。

目前对土坡稳定安全系数的取值，不同部门有不完全相同的要求，在具体应用时，应执行相关规范的规定。

习题和思考题

10.1　一均质无黏性土坡，土的浮重度$\gamma'=9.65\text{kN/m}^3$，内摩擦角$\varphi=\varphi'=33°$，设计稳定安全系数为1.2，问下列三种情况，坡角$\beta$应取多少度？(1) 干坡；(2) 水下浸没土坡；(3) 当有顺坡向下稳定渗流，且地下水位与坡面一致时。(答案：28.4°；28.4°；15.0°)

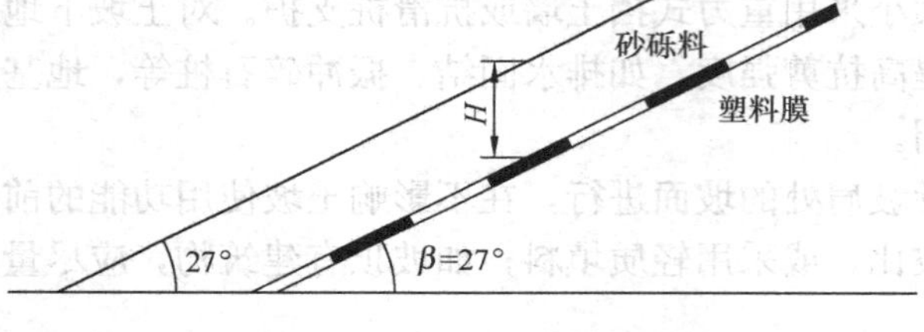

图 10-41　习题 10.2 图示

10.2　图10-41是一坝坡防渗层结构，防渗斜墙为塑料膜，其上是厚度$H=0.6\text{m}$的砂砾石保护层，砂砾石的$c=0$，$\varphi=\varphi'=35°$，重度$\gamma=19.2\text{kN/m}^3$，饱和重度$\gamma_{sat}=20.2\text{kN/m}^3$。测得砂砾料与膜的界面强度参数如下，黏聚力$c=c'=4\text{kPa}$，摩擦角$\varphi_1=\varphi_1'=15°$。已知坝坡和保护层坡角均为27°。求下列情况的稳定安全系数，(1) 干坡；(2) 地下水位同保护层表面，且有顺坡向下的稳定渗流时。(答案：1.29；0.71)

10.3　一深度为8m的基坑，放坡开挖坡角为45°，土的黏聚力$c=45\text{kPa}$，$\varphi_u=0°$，重度$\gamma=19\text{kN/m}^3$。试用整体圆弧法求图10-42所示滑弧的稳定安全系数，并用泰勒图表法求土坡的最小稳定安全系数。(答案：1.70；1.65)

10.4　若考虑坡顶张拉裂缝的影响，计算习题10.3中土坡在裂缝中无水和充满水两种情况下的安全系数。(答案：1.32；0.85)

10.5　已知有一挖方土坡，土的物理力学指标为：$\gamma=18.93\text{kN/m}^3$，$c'=11.58\text{kPa}$，$\varphi'=10°$。

采用Michalowski图表法：(1) 将边坡角做成$\beta=60°$，试求相对于边坡高度的安全系数F_s为1.5时，

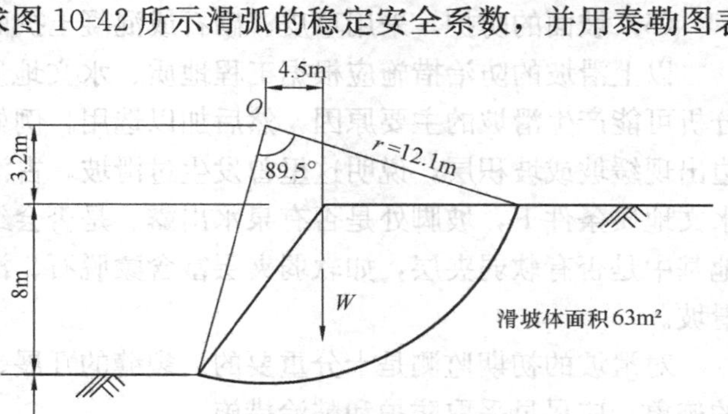

图 10-42　习题 10.3 图示

边坡的最大高度；（2）如果挖方开挖高度为6m，则相对于安全系数为1.5时，坡角最大能做成多大？（答案：2.91m；31°）

10.6　用瑞典条分法按有效应力分析，求图10-43所示土坡的稳定安全系数。土的重度γ=19.4kN/m，饱和重度γ_{sat}=20.0kN/m^3，有效黏聚力c'=10kPa，有效内摩擦角φ' = 29.5°。图中分条数为8，其中1～7条条宽1.5m，第8条条宽1.0m。（图中浸润线和坡外侧水位用于习题10.8）

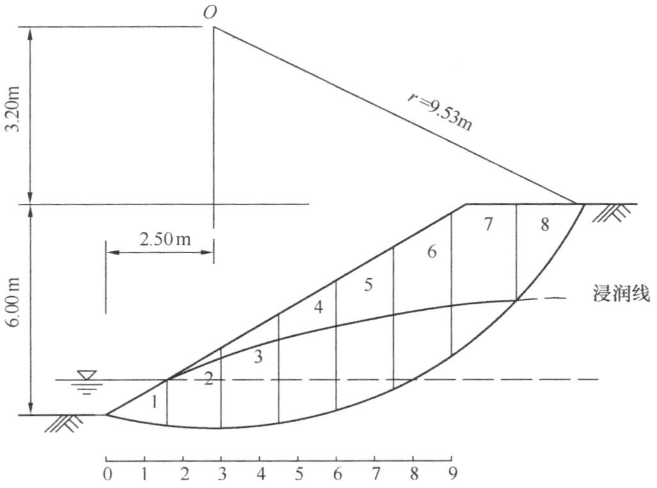

图10-43　习题10.6及10.7图示

10.7　用简化毕肖普条分法求习题10.6的土坡稳定安全系数。

10.8　当有地下水位，且坡外侧水位与第1分条顶部齐平时，考虑稳定渗流的作用，求土坡稳定安全系数。

10.9　请用FORTRAN语言或C语言编制简化毕肖普法程序，输入已知数据有坡高H，坡角β，土的重度γ，黏聚力c，内摩擦角φ，滑弧圆心坐标（x，y），分条数n。假设滑孤穿过坡趾，输出数据为安全系数F_s。用编制的程序计算习题10.7。

10.10　补充输入间距Δ，分别令滑弧圆心坐标为（$x+\Delta$，y），（$x-\Delta$，y），（x，$y+\Delta$），（x，$y-\Delta$），计算安全系数，并比较得最小安全系数，输出最小安全系数和相应圆心坐标。

参 考 文 献

[1] Bishop, A. W. The use of slip circle in the stability analysis of earth slopes. Getechnique, 1955, 5 (1): 7-17.

[2] Bishop, A. W. and Bjerrum, L. The relevance of the Triaxial test to the solution of stability problem. Proceedings, Research Conference on Shear Strength of Cohesive Soils, ASCE, 1960, 437-501.

[3] Braja M. D. Principle of Geotechnical Engineering, 7th ed., Cengage Learing, 2010.

[4] 陈仲颐，周景星，王洪瑾编．《土力学》，北京：清华大学出版社，1994.

[5] Cruden, D. M., and Varnes, D. J. (1996). Landslide Types and Processes. Special Report 247, Transportation Research Board, 36-75.

[6] Culmann, C. Die Graphische Statik, Meyer and Zeller, Zurich, 1875.

[7] Fellenius, W. Erdstatische Berechnungen, rev. ed., W. Ernst u. Sons, Berlin, 1927.
[8] 冯国栋主编．土力学．北京：水利电力出版社，1984.
[9] 李广信著．岩土工程50讲——岩坛漫画(第二版)．北京：人民交通出版社，2010.
[10] Michalowski, R. L. Stability Charts for Uniform Slopes. Journal of Geotechnical and Geoenvironmental Engineering, ASCE, 2002, 128(4): 351-355.
[11] Morgenstern, N. R. Stability charts for earth slope During rapid drawdown. Geotechnique, 1963, 13(2): 121-133.
[12] Pilot, G., Trak, B. and Larochelle, P. Effective stress analysis of the stability of embankments on soft soils. Canadian Geotchnical Journal, 1982, 19(44): 433-450.
[13] Taylor, D. W. Stability of earth slopes. Journal of the Boston Society of Civil Engineers, 1937, Vol. 24, 197-246.